高等学校教材

信号与线性系统

（第 2 版）

范世贵　李　辉　编著

西北工业大学出版社

【内容简介】 本书是根据教育部颁布的高等工业学校"信号与系统课程教学基本要求"编写的。全书内容共九章：信号与系统的基本概念；连续系统时域分析；连续信号频域分析；连续系统频域分析；连续系统 s 域分析；s 域系统函数与系统 s 域模拟；离散信号与系统时域分析；离散信号与系统 z 域分析；状态变量法。每章后有习题。书后有两个附录。

本书可作为高等工业学校电子、通信、自动化、自控、计算机、信号检测、电力等专业的本科、高职、大专学生信号与系统课程的教材，也可供其他专业选用和工程技术人员参考。

图书在版编目（CIP）数据

信号与线性系统/范世贵,李辉编著.—2版.—西安:西北工业大学出版社,2006.7
ISBN 7-5612-1461-8（2014.12重印）

Ⅰ.信… Ⅱ.①范…②李… Ⅲ.①信号理论—高等学校:技术学校—教材②线性系统—高等学校:技术学校—教材 Ⅳ.TN911.6

中国版本图书馆 CIP 数据核字（2002）第 014114 号

出版发行：西北工业大学出版社
通信地址：西安市友谊西路 127 号　　邮编：710072
电　　话：(029)88493844　88491757
网　　址：www.nwpup.com
印　刷　者：陕西丰源印务有限公司
开　　本：787 mm×1 092 mm　1/16
印　　张：22.125
字　　数：540 千字
版　　次：2006 年 7 月第 2 版　　2015 年 1 月第 2 次印刷
定　　价：45.00 元

前　言

信号与系统课程是电子、通信、计算机、自控、信息处理等专业的重要技术基础课之一。它主要研究信号与系统分析的基本理论与方法,在教学计划中起着承前启后的作用。本课程以工程数学和电路分析为基础,同时又是后续的技术基础课和专业课的基础,是学生合理知识结构中的重要组成部分,在发展智力、培养能力和良好的非智力素质方面,均起着极为重要的作用。

本书在编写中考虑了以下的原则和特点:

讲究教学法,遵循学生接受知识的规律,深入浅出,循序渐进。教材的宏观体系是,先连续,后离散;先信号,后系统;先时域,后变换域;先输入-输出法,后状态变量法;并自始至终贯彻辩证思维的思想方法,不搞烦琐哲学与形而上学。

注意了坚持传授知识、发展智力与培养能力相统一的教学原则。在培养能力方面,着重培养学生的科学思维能力,创新思维能力,分析问题、解决问题的能力,研究问题的方法论。另外,还注意培养学生良好的非智力素质,严谨的治学态度和科学工作作风,激励学生的学习精神。

内容结构上适合于学生自学,也适合于教师施教。在微观结构上努力做到主题突出,思路清晰,理论与实践结合,精选典型例题,以掌握基本理论、基本概念、基本方法和学会应用为目标。

注意了与工程数学、电路基础、数字信号处理、通信原理、自动控制理论等课程的分工与协作,既体现了信号与系统课程自身的"相对独立性",也体现了其"相对服务性"。

适合于不同层次的学校使用。三类、二类学校的本科可以使用,一类学校的本科也可使用;在筛选一些内容后,高职、大专院校也可使用。在使用的过程中,不会给教师的施教和学生的学习造成困难,而且被删减和不讲授的内容,还可为学有余力的学生通过自学掌握,以满足这些学生的个人发展。

努力做到:物理描述与数学描述并重;信号分析与系统分析并重;输入-输出法与状态变量法并重;时域分析法与变域分析法并重;连续时间系统与离散时间系统并重;学理论、做习题与做实验并重。

书中标有"*"号的内容不计在计划学时之内,为选学内容,供学有余力或有不同专业要求的学生自学,以拓宽知识面。

　　西北工业大学出版社出版的《信号与系统导教·导学·导考》一书,是与本书配套的教学与学习参考用书,此参考书对本书中的习题全部做了解答。

　　本书的编写与出版,得到了西北工业大学明德学院和西北工业大学出版社的支持和帮助;在编写中参阅了大量的国、内外书籍、资料及试题库试题,编者在此一并谨致诚挚的谢意。

编　者

2006 年 3 月

目　录

第一章　信号与系统的基本概念

内容提要

本章讲述信号与系统的基本概念。信号的定义与分类,基本的连续信号及其时域特性,信号的时域变换,信号的时域运算,信号的时域分解。系统的定义与分类,线性时不变系统的性质,线性系统分析概论。

1.1　信号的定义与分类

一、信号的定义

广义地说,信号就是随时间和空间变化的某种物理量或物理现象。例如在通信工程中,一般将语言、文字、图像、数据等统称为消息,在消息中包含着一定的信息。通信就是从一方向另一方传送消息,给对方以信息。但传送消息必须借助于一定形式的信号(光信号、电信号等)才能传送和进行各种处理。因而,信号是消息的载体,是消息的表现形式,是通信的客观对象,而消息则是信号的内容。

若信号表现为电压、电流、电荷、磁链,则称为电信号,它是现代科学技术中应用最广泛的信号。本书将只涉及电信号。

信号通常是时间变量 t 的函数。信号随时间变量 t 变化的函数曲线称为信号的波形。

应当注意,信号与函数在概念的内涵与外延上是有区别的。信号一般是时间变量 t 的函数,但函数并不一定都是信号,信号是实际的物理量或物理现象,而函数则可能只是一种抽象的数学定义。

本书对信号与函数两个概念混用,不予区分。例如正弦信号也说成正弦函数,或者相反;凡提到函数,指的均是信号。

信号的特性可从两方面来描述,即时域特性与频域特性。信号的时域特性指的是信号的波形,出现时间的先后,持续时间的长短,随时间变化的快慢和大小,重复周期的大小等。信号时域特性的这些表现,反映了信号中所包含的信息内容。信号频域特性的内涵,我们将在第三章中阐述。信号的特性还有它的功率和能量。

二、信号的分类

按不同的分类原则,信号可分为:

(1) 确定信号与随机信号。按信号随时间变化的规律来分,信号可分为确定信号与随机信号。

确定信号是指能够表示为确定的时间函数的信号。当给定某一时间值时,信号有确定的对应数值,其所含信息量的不同是体现在其分布值随时间或空间的变化规律上。电路基础课程中研究的正弦信号、指数信号、各种周期信号等都是确定信号的例子。

随机信号不是时间 t 的确定函数,它在每一个确定时刻的分布值是不确定的,只能通过大量试验测出它在某些确定时刻上取某些值的可能性的分布(概率分布)。空中的噪音,电路元件中的热噪声电流等,都是随机信号的例子。

实际传输的信号几乎都是随机信号。因为若传输的是确定信号,则对接收者来说,就不可能由它得知任何新的信息,从而失去了传送消息的本意。但是,在一定条件下,随机信号也会表现出某种确定性,例如在一个较长的时间内随时间变化的规律比较确定,即可近似地看成是确定信号。

随机信号是统计无线电理论研究的对象。本书中只研究确定信号。

(2) 连续时间信号与离散时间信号。按自变量 t 取值的连续与否来分,信号有连续时间信号与离散时间信号之分,分别简称为连续信号与离散信号。

连续信号自变量 t 的取值是连续的,电路基础课程中所引入的信号都是连续信号。离散信号自变量 t 的取值不是连续而是离散的,其定义与内涵,在本书第七、八两章中介绍。

(3) 周期信号与非周期信号。设信号 $f(t), t \in \mathbf{R}$,若存在一个常数 T,使得

$$f(t-nT) = f(t) \qquad n \in \mathbf{Z} \tag{1-1}$$

则称 $f(t)$ 是以 T 为周期的周期信号。从此定义看出,周期信号有三个特点:

1) 周期信号必须在时间上是无始无终的,即自变量时间 t 的定义域为 $t \in \mathbf{R}$。

2) 随时间变化的规律必须具有周期性,其周期为 T。

3) 在各周期内信号的波形完全一样。

不满足式(1-1)关系与上述条件的信号即为非周期信号。

(4) 正弦信号与非正弦信号。

(5) 功率信号与能量信号。

(6) 一维信号、二维信号与多维信号。电视图像是二维信号的例子。

本书主要讨论的时间信号是一维信号,用 $f(t)$ 表示。表示 $f(t)$ 的曲线,称为信号的波形。

三、有关信号的几个名词

以下用 $f(t)$ 表示信号。

1. 有时限信号与无时限信号

若在有限时间区间($t_1 < t < t_2$)内信号 $f(t)$ 存在,而在此时间区间以外,信号 $f(t) = 0$,则此信号即为有时限信号,简称时限信号,否则即为无时限信号。

2. 有始信号与有终信号

设 t_1 为实常数。当 $t < t_1$ 时 $f(t) = 0$,当 $t > t_1$ 时 $f(t) \neq 0$,则 $f(t)$ 即为有始信号,其起始时刻为 t_1。设 t_2 为实常数。若当 $t > t_2$ 时 $f(t) = 0$,当 $t < t_2$ 时 $f(t) \neq 0$,则 $f(t)$ 即为有终信号。其终止时刻为 t_2。

3. 因果信号与反因果信号

若当 $t < 0$ 时 $f(t) = 0$，当 $t > 0$ 时 $f(t) \neq 0$，则 $f(t)$ 为因果信号，可用 $f(t)U(t)$ 表示。其中 $U(t)$ 为单位阶跃信号。因果信号为有始信号的特例。若当 $t > 0$ 时 $f(t) = 0$，当 $t < 0$ 时 $f(t) \neq 0$，则 $f(t)$ 为反因果信号，可用 $f(t)U(-t)$ 表示。反因果信号为有终信号的特例。

1.2　基本的连续信号及其时域特性

所谓基本信号，是指在工程实际与理论研究中经常用到的信号。这些信号的波形及其时间函数表达式都十分简洁，用这些信号还可以组成一些比较复杂波形的信号。本节中仅介绍基本的连续信号，离散信号将在第七章中介绍。

一、直流信号

直流信号的函数定义式为

$$f(t) = A \qquad t \in \mathbf{R}$$

式中，A 为实常数，其波形如图 1-2-1 所示。若 $A = 1$，则称为单位直流信号。直流信号也称常量信号。

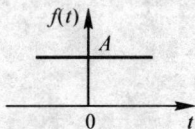

图　1-2-1

二、正弦信号

正弦信号的函数定义式为

$$f(t) = A\cos(\omega t + \psi) \qquad t \in \mathbf{R}$$

式中，A，ω，ψ 分别称为正弦信号的振幅、角频率、初相角，均为实常数。

正弦信号有如下性质：

(1) 是无时限信号。

(2) 是周期信号，其周期 $T = \dfrac{2\pi}{\omega}$。

(3) 其微分仍然是正弦信号，即

$$f'(t) = \frac{\mathrm{d}}{\mathrm{d}t}f(t) = \frac{\mathrm{d}}{\mathrm{d}t}[A\cos(\omega t + \psi)] = \omega A\cos\left(\omega t + \psi + \frac{\pi}{2}\right)$$

可见其微分信号 $f'(t)$ 与原信号 $f(t)$ 相比仍是正弦信号，仅是振幅变为 ωA，初相角增加了 $\dfrac{\pi}{2}$。

(4) 满足如下形式的二阶微分方程，即

$$f''(t) + \omega^2 f(t) = 0$$

三、单位阶跃信号

单位阶跃信号一般用 $U(t)^*$ 表示，其函数定义式为

$$U(t) = \begin{cases} 0 & t < 0 \\ 1 & t > 0 \end{cases}$$

也可定义为

---

* 有的书上也用 $\varepsilon(t)$ 表示单位阶跃信号。

$$U(t) = \begin{cases} 0 & t < 0 \\ \dfrac{1}{2} & t = 0 \\ 1 & t > 0 \end{cases}$$

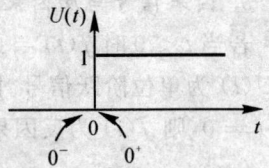

图　1 - 2 - 2

其波形如图 1 - 2 - 2 所示。

可见，$U(t)$ 在 $t = 0$ 时刻发生了阶跃，从 $U(0^-) = 0$ 阶跃到 $U(0^+) = 1$，阶跃的幅度为 1。

单位阶跃信号 $U(t)$ 具有使任意非因果信号 $f(t)$ 变为因果信号的功能，即将 $f(t)$ 乘以 $U(t)$，所得 $f(t)U(t)$ 即成为因果信号，如图 1 - 2 - 3 所示。

* 例 1 - 2 - 1　试画出下列函数的波形。

(1) $f(t) = U(t^2 + 3t + 2)$

(2) $f(t) = U(\sin\pi t)$

解　(1) $f(t) = U(t^2 + 3t + 2) =$

$$\begin{cases} 0 & t^2 + 3t + 2 < 0 \\ 1 & t^2 + 3t + 2 > 0 \end{cases} =$$

$$\begin{cases} 0 & -2 < t < -1 \\ 1 & t < -2, t > -1 \end{cases}$$

$f(t)$ 的波形如图 1 - 2 - 4 所示。

(2) $\qquad f(t) = U(\sin\pi t) = \begin{cases} 1 & \sin\pi t > 0 \\ 0 & \sin\pi t < 0 \end{cases}$

$f(t) = U(\sin\pi t)$ 的波形如图 1 - 2 - 5 所示。可见，$f(t)$ 为一周期信号，其周期 $T = 2$。

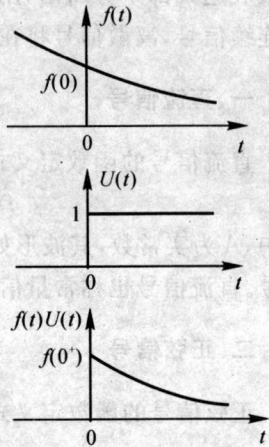

图　1 - 2 - 3

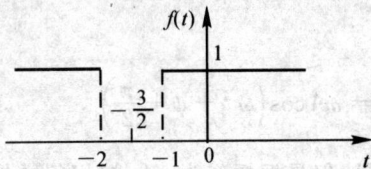

图　1 - 2 - 4

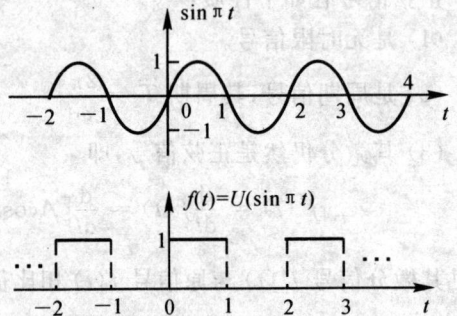

图　1 - 2 - 5

四、单位门信号

门宽为 τ、门高为 1 的单位门信号常用符号 $G_\tau(t)$ 表示，其函数定义式为

$$G_\tau(t) = \begin{cases} 1 & -\dfrac{\tau}{2} < t < \dfrac{\tau}{2} \\ 0 & t > \dfrac{\tau}{2}, t < -\dfrac{\tau}{2} \end{cases}$$

其波形如图 1 - 2 - 6(a) 所示。

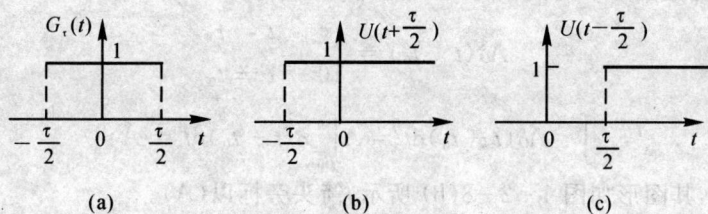

图　1 - 2 - 6

单位门信号可用两个分别在 $t = -\dfrac{\tau}{2}$ 和 $t = \dfrac{\tau}{2}$ 出现的单位阶跃信号之差表示,如图 1 - 2 - 6(b),(c) 所示。即

$$G_\tau(t) = U\left(t + \frac{\tau}{2}\right) - U\left(t - \frac{\tau}{2}\right)$$

五、单位冲激信号

1. **定义**

单位冲激信号用 $\delta(t)$ 表示,其函数定义式为

$$\delta(t) = \begin{cases} \infty & t = 0 \\ 0 & t \neq 0 \end{cases}$$

且面积

$$\int_{-\infty}^{+\infty} \delta(t)\,\mathrm{d}t = \int_{0^-}^{0^+} \delta(t)\,\mathrm{d}t = 1$$

其图形如图 1 - 2 - 7(a) 所示,即用一粗箭头表示,箭头旁标以(1),表示 $\delta(t)$ 图形下的面积为 1,称为冲激函数的强度,简称冲激强度。

单位冲激信号可理解为门宽为 τ、门高为 $\dfrac{1}{\tau}$ 的门函数 $f(t)$(见图 1 - 2 - 7(b))在 $\tau \to 0$ 时的极限,即

$$\delta(t) = \lim_{\tau \to 0} f(t) = \begin{cases} \infty & t = 0 \\ 0 & t \neq 0 \end{cases}$$

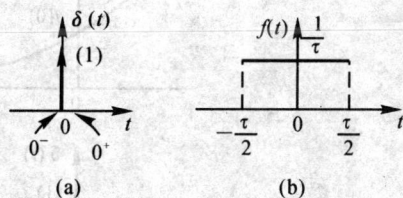

图　1 - 2 - 7

且

$$\int_{-\infty}^{+\infty} \delta(t)\,\mathrm{d}t = \int_{-\infty}^{+\infty} \lim_{\tau \to 0} f(t)\,\mathrm{d}t = \lim_{\tau \to 0} \int_{-\infty}^{+\infty} f(t)\,\mathrm{d}t = 1$$

推广

(1) 设 t_0 为正实常数,则有

$$\delta(t - t_0) = \begin{cases} \infty & t = t_0 \\ 0 & t \neq t_0 \end{cases}$$

且

$$\int_{-\infty}^{+\infty} \delta(t - t_0)\,\mathrm{d}t = \int_{t_0^-}^{t_0^+} \delta(t - t_0)\,\mathrm{d}t = 1$$

其图形如图 1 - 2 - 8(a) 所示,即 $\delta(t)$ 在时间上延迟了 t_0。

（2）若冲激函数图形下的面积为 A，则可写为

$$A\delta(t-t_0) = \begin{cases} \infty & t = t_0 \\ 0 & t \neq t_0 \end{cases}$$

且

$$\int_{-\infty}^{+\infty} A\delta(t-t_0)\mathrm{d}t = A\int_{t_0^-}^{t_0^+}\delta(t-t_0)\mathrm{d}t = A$$

即冲激强度为 A，其图形如图 1-2-8(b) 所示，箭头旁标以 (A)。

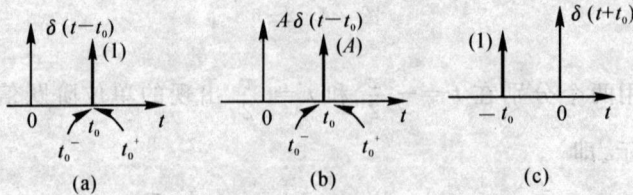

图　1-2-8

（3）若 $\delta(t)$ 在时间上超前了 t_0，则应写为 $\delta(t+t_0)$，其图形如图 1-2-8(c) 所示。

2. 性质

（1）设 $f(t)$ 为任意有界函数，且在 $t = 0$ 与 $t = t_0$ 时刻连续，其函数值分别为 $f(0)$ 和 $f(t_0)$，则有

$$f(t)\delta(t) = f(0)\delta(t)$$
$$f(t)\delta(t-t_0) = f(t_0)\delta(t-t_0)$$

即时间函数 $f(t)$ 与单位冲激函数相乘，就等于单位冲激函数出现时刻，$f(t)$ 的函数值 $f(t_0)$ 与单位冲激函数 $\delta(t-t_0)$ 相乘，亦即使冲激函数的强度变为 $f(t_0)$，如图 1-2-9 所示。

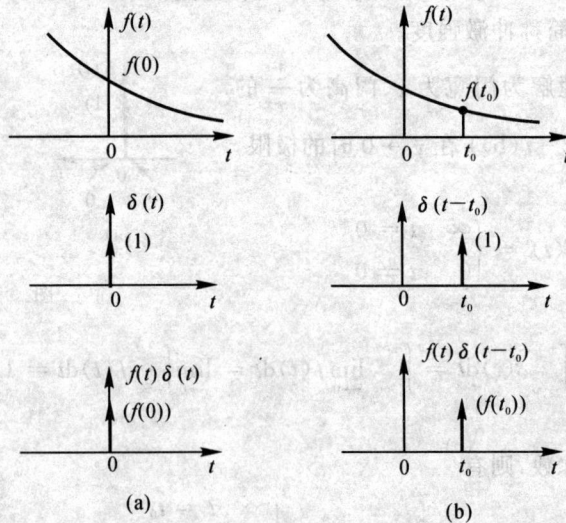

图　1-2-9

（2）抽样性（筛选性）。

$$\int_{-\infty}^{+\infty} f(t)\delta(t)\mathrm{d}t = \int_{-\infty}^{+\infty} f(0)\delta(t)\mathrm{d}t = f(0)\int_{-\infty}^{+\infty}\delta(t)\mathrm{d}t = f(0)$$

$$\int_{-\infty}^{+\infty} f(t)\delta(t-t_0)\mathrm{d}t = \int_{-\infty}^{+\infty} f(t_0)\delta(t-t_0)\mathrm{d}t = f(t_0)\int_{-\infty}^{+\infty}\delta(t-t_0)\mathrm{d}t = f(t_0)$$

即任意有界时间函数 $f(t)$ 与 $\delta(t)$ 或 $\delta(t-t_0)$ 相乘后,在无穷区间($t \in \mathbf{R}$)的积分值,等于单位冲激函数出现时刻 $f(t)$ 的函数值 $f(t_0)$。此即为冲激函数的抽样性,也称筛选性,$f(0)$ 或 $f(t_0)$ 即为 $f(t)$ 在抽样时刻的抽样值,$f(t)$ 为被抽样的函数。

(3) $\delta(t)$ 为偶函数,即有

$$\delta(-t) = \delta(t)$$

证明　给上式等号两端同乘以 $f(t)$ 并进行积分,即

$$\int_{-\infty}^{+\infty}\delta(-t)f(t)\mathrm{d}t = \int_{\infty}^{-\infty}\delta(t')f(-t')\mathrm{d}(-t') = \int_{-\infty}^{+\infty}\delta(t')f(-t')\mathrm{d}t' =$$

$$\int_{-\infty}^{+\infty}\delta(t')f(0)\mathrm{d}t' = f(0)$$

又有

$$\int_{-\infty}^{+\infty}\delta(t)f(t)\mathrm{d}t = f(0)$$

故得

$$\delta(-t) = \delta(t) \qquad\qquad (证毕)$$

推广

$$\delta(t-t_0) = \delta[-(t-t_0)]$$

(4) $\delta(at) = \dfrac{1}{a}\delta(t)$ 　　(a 为大于零的实常数)

证明　设 $t' = at$,则 $t = \dfrac{1}{a}t'$, $\mathrm{d}t = \dfrac{1}{a}\mathrm{d}t'$;且当 $t \to -\infty$ 时,$t' \to -\infty$;当 $t \to \infty$ 时,$t' \to \infty$。故

$$\int_{-\infty}^{+\infty}\delta(at)\mathrm{d}t = \int_{-\infty}^{+\infty}\delta(t')\frac{1}{a}\mathrm{d}t' = \frac{1}{a}\int_{-\infty}^{+\infty}\delta(t')\mathrm{d}t' = \frac{1}{a}$$

又

$$\int_{-\infty}^{+\infty}\frac{1}{a}\delta(t)\mathrm{d}t = \frac{1}{a}\int_{-\infty}^{+\infty}\delta(t)\mathrm{d}t = \frac{1}{a}$$

故得

$$\delta(at) = \frac{1}{a}\delta(t) \qquad\qquad (证毕)$$

推广

① $\delta(at-t_0) = \delta\left[a\left(t-\dfrac{t_0}{a}\right)\right] = \dfrac{1}{a}\delta\left(t-\dfrac{t_0}{a}\right)$

② $\displaystyle\int_{-\infty}^{+\infty} f(t)\delta(at)\mathrm{d}t = \dfrac{1}{a}f(0)$

③ $\displaystyle\int_{-\infty}^{+\infty} f(t)\delta(at-t_0)\mathrm{d}t = \dfrac{1}{a}f\left(\dfrac{t_0}{a}\right)$

3. $\delta(t)$ 与 $U(t)$ 的关系

$\delta(t)$ 与 $U(t)$ 互为微分与积分的关系,即

$$U(t) = \int_{-\infty}^{t}\delta(\tau)\mathrm{d}\tau, \quad \delta(t) = \frac{\mathrm{d}U(t)}{\mathrm{d}t}$$

现证明前一式：当 $t < 0$ 时有 $\delta(t) = 0$，故有

$$\int_{-\infty}^{t} \delta(\tau)\mathrm{d}\tau = \int_{-\infty}^{t} 0 \times \mathrm{d}\tau = 0$$

当 $t > 0$ 时有

$$\int_{-\infty}^{t} \delta(\tau)\mathrm{d}\tau = \int_{-\infty}^{0} 0 \times \mathrm{d}\tau + \int_{0^-}^{0^+} \delta(\tau)\mathrm{d}\tau + \int_{0^+}^{t} 0 \times \mathrm{d}\tau = 0 + 1 + 0 = 1$$

故得

$$\int_{-\infty}^{t} \delta(\tau)\mathrm{d}\tau = \begin{cases} 0 & t < 0 \\ 1 & t > 0 \end{cases} = U(t) \qquad \text{（证毕）}$$

式 $\delta(t) = \dfrac{\mathrm{d}U(t)}{\mathrm{d}t}$ 的成立是不言而喻的，无须证明。

推广
$$U(t - t_0) = \int_{-\infty}^{t} \delta(\tau - t_0)\mathrm{d}\tau$$

$$\delta(t - t_0) = \frac{\mathrm{d}U(t - t_0)}{\mathrm{d}t}$$

例 1 - 2 - 2 试画出 $f(t) = \delta[\sin\pi t] \,(t \geqslant 0)$ 的波形。

解 $f(t) = \delta[\sin\pi t] = \begin{cases} \infty & \sin\pi t = 0 \\ 0 & \sin\pi t \neq 0 \end{cases}$

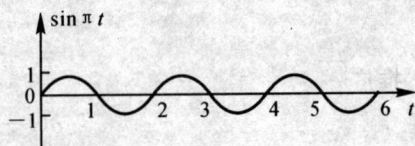

其波形如图 1 - 2 - 10 所示。

例 1 - 2 - 3 求下列积分。

(1) $\displaystyle\int_{-\infty}^{+\infty} (t^2 + 2t + 3)\delta(-2t)\mathrm{d}t$

(2) $\displaystyle\int_{-\infty}^{+\infty} (t^2 + 2t + 3)\delta(1 - 2t)\mathrm{d}t$

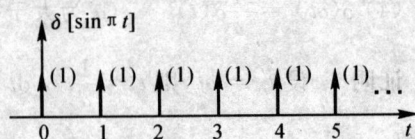

图 1 - 2 - 10

解 (1) 原式 $= \displaystyle\int_{-\infty}^{+\infty} (t^2 + 2t + 3) \times \frac{1}{2}\delta(t)\mathrm{d}t =$

$$\int_{-\infty}^{+\infty} (0^2 + 2 \times 0 + 3) \times \frac{1}{2}\delta(t)\mathrm{d}t = 1.5$$

(2) 原式 $= \displaystyle\int_{-\infty}^{+\infty} (t^2 + 2t + 3)\delta\left[-2\left(t - \frac{1}{2}\right)\right]\mathrm{d}t = \int_{-\infty}^{+\infty} (t^2 + 2t + 3)\delta\left[2\left(t - \frac{1}{2}\right)\right]\mathrm{d}t =$

$$\int_{-\infty}^{+\infty} (t^2 + 2t + 3) \times \frac{1}{2}\delta\left(t - \frac{1}{2}\right)\mathrm{d}t =$$

$$\int_{-\infty}^{+\infty} \left[\left(\frac{1}{2}\right)^2 + 2 \times \frac{1}{2} + 3\right] \times \frac{1}{2}\delta\left(t - \frac{1}{2}\right)\mathrm{d}t = \frac{17}{8}$$

六、单位冲激偶信号

1. 定义

$\delta(t)$ 函数的一阶导数 $\delta'(t)$ 称为单位冲激偶信号，即

$$\delta'(t) = \frac{\mathrm{d}}{\mathrm{d}t}\delta(t)$$

单位冲激偶信号 $\delta'(t)$ 可理解为门宽为 τ、门高为 $\dfrac{1}{\tau}$ 的门函数的一阶导数在 $\tau \to 0$ 时的极

限。设门宽为 τ，门高为 $\dfrac{1}{\tau}$ 的门函数为

$$f(t) = \frac{1}{\tau}\left[U\left(t+\frac{\tau}{2}\right) - U\left(t-\frac{\tau}{2}\right)\right]$$

其波形如图 $1-2-11(a)$ 所示。故有

$$\frac{\mathrm{d}f(t)}{\mathrm{d}t} = f'(t) = \frac{1}{\tau}\delta\left(t+\frac{\tau}{2}\right) - \frac{1}{\tau}\delta\left(t-\frac{\tau}{2}\right)$$

$f'(t)$ 的波形如图 $1-2-11(b)$ 所示。可见 $f'(t)$ 是位于 $t=\pm\dfrac{\tau}{2}$ 时刻的强度分别为 $\pm\dfrac{1}{\tau}$ 的两个冲激信号。又因有

$$\delta(t) = \lim_{\tau \to 0}f(t)$$

故
$$\delta'(t) = \frac{\mathrm{d}}{\mathrm{d}t}\left[\lim_{\tau \to 0}f(t)\right] = \lim_{\tau \to 0}\frac{\mathrm{d}}{\mathrm{d}t}f(t) = \lim_{\tau \to 0}f'(t)$$

$\delta'(t)$ 的波形如图 $1-2-11(c)$ 所示。可见 $\delta'(t)$ 是在 $t=0$ 时刻出现的方向相反的强度分别为 $\pm\infty$ 的一对冲激信号。

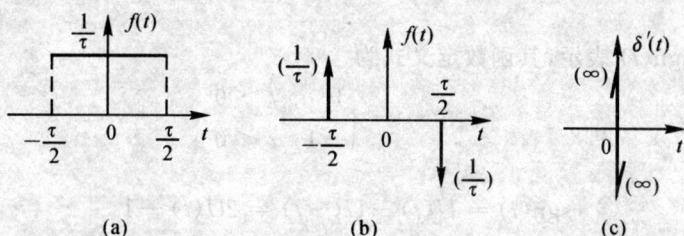

图 $1-2-11$

2. 性质

(1) $\delta'(t)$ 为奇函数，即有 $\delta'(t) = -\delta'(-t)$。

$$\delta'(t-t_0) = -\delta'[-(t-t_0)] = -\delta'(t_0-t)$$

(2) $\displaystyle\int_{-\infty}^{+\infty}\delta'(t)\mathrm{d}t = 0$ 　　（因 $\delta'(t)$ 为奇函数）

(3) $\displaystyle\int_{-\infty}^{t}\delta'(\tau)\mathrm{d}\tau = \delta(t)$

(4) $f(t)\delta'(t) = f(0)\delta'(t) - f'(0)\delta(t)$

证明 因有

$$[f(t)\delta(t)]' = f'(t)\delta(t) + f(t)\delta'(t)$$

即

$$[f(0)\delta(t)]' = f'(0)\delta(t) + f(t)\delta'(t)$$

即

$$f(0)\delta'(t) = f'(0)\delta(t) + f(t)\delta'(t)$$

故得

$$f(t)\delta'(t) = f(0)\delta'(t) - f'(0)\delta(t)$$

这是一个重要和有用的公式。

例 1 - 2 - 4　已知 $f(t) = 3t^2 + 2t + 1$，求下列积分：

(1) $\displaystyle\int_{-\infty}^{+\infty} f(t)\delta'(t)\mathrm{d}t$

(2) $\displaystyle\int_{-\infty}^{+\infty} f(t)\delta'(1-t)\mathrm{d}t$

解　(1) 原式 $= \displaystyle\int_{-\infty}^{+\infty}[f(0)\delta'(t) - f'(0)\delta(t)]\mathrm{d}t = -f'(0) = -(3t^2 + 2t + 1)'\big|_{t=0} =$
　　　　$-(6t + 2)|_{t=0} = -2$

(2) 原式 $= -\displaystyle\int_{-\infty}^{+\infty} f(t)\delta'(t-1)\mathrm{d}t = -[-f'(1)] = f'(1) =$
　　　　$(3t^2 + 2t + 1)'|_{t=1} = (6t + 2)|_{t=1} = 8$

例 1 - 2 - 5　求下列积分：$\displaystyle\int_{-\infty}^{t} \mathrm{e}^{-\tau}\delta'(\tau)\mathrm{d}\tau$。

解　原式 $= \displaystyle\int_{-\infty}^{t}[\mathrm{e}^{-0}\delta'(\tau) + \mathrm{e}^{-0}\delta(\tau)]\mathrm{d}\tau = \delta(t) + U(t)$

七、符号信号

符号信号用 $\mathrm{sgn}(t)$ 表示，其函数定义式为

$$\mathrm{sgn}(t) = \begin{cases} 1 & t > 0 \\ -1 & t < 0 \end{cases}$$

或写成

$$\mathrm{sgn}(t) = U(t) - U(-t) = 2U(t) - 1$$

其波形如图 1 - 2 - 12 所示。符号信号也称正负号信号。

例 1 - 2 - 6　试画出函数 $f(t) = \mathrm{sgn}\left(\cos\dfrac{\pi}{2}t\right)$ 的波形。

解　$f(t) = \mathrm{sgn}\left(\cos\dfrac{\pi}{2}t\right) = \begin{cases} 1 & \cos\dfrac{\pi}{2}t > 0 \\ -1 & \cos\dfrac{\pi}{2}t < 0 \end{cases}$

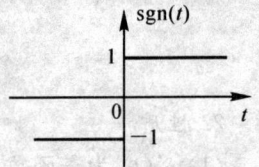

图　1 - 2 - 12

$\cos\dfrac{\pi}{2}t$ 与 $f(t)$ 的波形如图 1 - 2 - 13 所示。

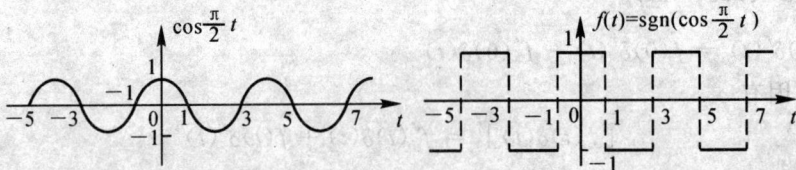

图　1 - 2 - 13

八、单位斜坡信号

单位斜坡信号用 $r(t)$ 表示，其函数定义式为

$$r(t) = tU(t) = \begin{cases} 0 & t < 0 \\ t & t \geqslant 0 \end{cases}$$

其波形如图 1-2-14 所示。

单位斜坡信号 $r(t)$ 与 $U(t)$，$\delta(t)$ 有如下关系：

$$r(t) = \int_{-\infty}^{t} U(\tau)\mathrm{d}\tau, \qquad \frac{\mathrm{d}r(t)}{\mathrm{d}t} = U(t)$$

$$r(t) = \int_{-\infty}^{t}\int_{-\infty}^{t} \delta(\tau)\mathrm{d}\tau\mathrm{d}\tau, \qquad \frac{\mathrm{d}^2 r(t)}{\mathrm{d}t^2} = \delta(t)$$

单位斜坡信号 $r(t)$ 的一次积分是抛物线，即

$$\int_{-\infty}^{t} r(\tau)\mathrm{d}\tau = \int_{0}^{t} \tau\mathrm{d}\tau = \frac{1}{2}t^2 U(t)$$

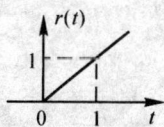

图　1-2-14

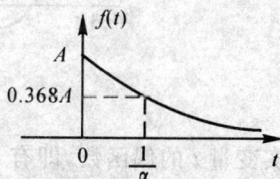

图　1-2-15

九、单边衰减指数信号

单边衰减指数信号的函数定义式为

$$f(t) = Ae^{-\alpha t}U(t) = \begin{cases} 0 & t < 0 \\ Ae^{-\alpha t} & t > 0 \end{cases}$$

其波形如图 1-2-15 所示。其中 α 为大于零的实常数。单边衰减指数信号有如下性质：

(1) $f(0^-) = 0$，$f(0^+) = A$，即在 $t = 0$ 时刻有跳变，跳变的幅度为 A。

(2) 当 $t = \dfrac{1}{\alpha}$ 时，$f\left(\dfrac{1}{\alpha}\right) = Ae^{-1} = 0.368A$，即经过 $\dfrac{1}{\alpha}$ 的时间，函数值从 $f(0^+) = A$ 衰减

到 $0.368A$。α 称为衰减系数，单位为 $\dfrac{1}{s}$。

十、复指数信号

复指数信号的函数定义式为

$$f(t) = Ae^{st} \qquad t \in \mathbf{R}$$

式中，A 为实常数；$s = \sigma + \mathrm{j}\omega$ 称为复数频率，简称复频率，其中 σ，ω 均为实常数，σ 的单位为 $\dfrac{1}{s}$，ω 的单位为 rad/s。

特例：

当 $s = 0$ 时，$f(t) = A$，为直流信号；

当 $s = \sigma$ 时，$f(t) = Ae^{\sigma t}$，为实指数信号；

当 $s = \mathrm{j}\omega$ 时，$f(t) = Ae^{\mathrm{j}\omega t} = A\cos\omega t + \mathrm{j}A\sin\omega t$，为等幅正弦信号，角频率为 ω；

当 $s = \sigma + \mathrm{j}\omega$ 时，$f(t) = Ae^{(\sigma+\mathrm{j}\omega)t} = Ae^{\sigma t}e^{\mathrm{j}\omega t} = Ae^{\sigma t}(\cos\omega t + \mathrm{j}\sin\omega t)$，为振幅按指数规律 $e^{\sigma t}$ 变化的正弦信号，变化的角频率为 ω。

十一、抽样信号

抽样信号的函数定义式为

$$f(t) = \frac{\sin t}{t} = \text{Sa}(t) \qquad t \in \mathbf{R}$$

其波形如图 1-2-16 所示。抽样信号有如下性质：

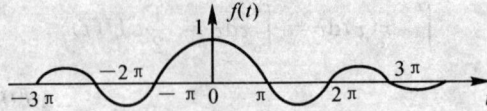

图　1-2-16

(1) 为实变量 t 的偶函数，即有 $f(t) = f(-t)$；

(2) $\lim\limits_{t \to 0} f(t) = f(0) = \lim\limits_{t \to 0} \dfrac{\sin t}{t} = 1$；

(3) 当 $t = k\pi(k = \pm 1, \pm 2, \cdots)$ 时，$f(t) = 0$，即 $t = k\pi$ 为 $f(t)$ 出现零值点的时刻；

(4) $\displaystyle\int_{-\infty}^{+\infty} f(t)\mathrm{d}t = \int_{-\infty}^{+\infty} \dfrac{\sin t}{t}\mathrm{d}t = \pi$；

(5) $\lim\limits_{t \to \pm\infty} f(t) = 0$。

现将基本的连续信号及函数 $\delta(t)$ 的性质分别汇总于表 1-2-1、表 1-2-2 中，以便查用。

表 1-2-1　基本的连续时间信号

序　号	名　称	函数式	波　形
1	直流信号	$f(t) = A \qquad t \in \mathbf{R}$	
2	正弦信号	$f(t) = A\cos(\omega t + \psi)$ $t \in \mathbf{R}$ $\psi = 0$	
3	单位阶跃信号	$U(t) = \begin{cases} 0 & t < 0 \\ 1 & t > 0 \end{cases}$	
4	单位门信号	$G_\tau(t) = \begin{cases} 1 & -\dfrac{\tau}{2} < t < \dfrac{\tau}{2} \\ 0 & \text{其余} \end{cases}$	

续 表

序 号	名 称	函数式	波 形
5	单位冲激信号	$\delta(t) = \begin{cases} \infty & t=0 \\ 0 & t\neq 0 \end{cases}$ 且 $\int_{-\infty}^{+\infty}\delta(t)\mathrm{d}t = 1$	
6	单位冲激偶信号	$\delta'(t) = \dfrac{\mathrm{d}}{\mathrm{d}t}\delta(t)$	
7	符号信号	$\mathrm{sgn}(t) = \begin{cases} -1 & t<0 \\ 1 & t>0 \end{cases}$	
8	单位斜坡信号	$r(t) = rU(t)$	
9	单边衰减指数信号	$f(t) = Ae^{-\alpha t}U(t)$ $\alpha > 0$	
10	抽样信号	$f(t) = \dfrac{\sin t}{t} = \mathrm{Sa}(t)$ $t \in \mathbf{R}$	
11	复指数信号	$f(t) = Ae^{st}\quad t \in \mathbf{R}$ $s = \delta + \mathrm{j}\omega$	

表 1-2-2 δ(t) 信号的性质

序 号	名 称	性质(函数表达)
1	与有界的 $f(t)$ 相乘	$f(t)\delta(t) = f(0)\delta(t)$ $f(t)\delta(t-t_0) = f(t_0)\delta(t-t_0)$
2	抽样性 (积分性)	$\int_{-\infty}^{+\infty}f(t)\delta(t)\mathrm{d}t = f(0)$ $\int_{-\infty}^{+\infty}f(t)\delta(t-t_0)\mathrm{d}t = f(t_0)$
3	$\delta(t)$ 为偶函数	$\delta(t) = \delta(-t)$

续　表

序　号	名　称	性质（函数表达）
4	$\delta(t)$ 与 $U(t)$ 的关系	$\delta(t) = \dfrac{\mathrm{d}}{\mathrm{d}t}U(t)$ $U(t) = \displaystyle\int_{-\infty}^{t} \delta(\tau)\mathrm{d}\tau$
5	微分性——单位 冲激偶信号	$\delta'(t) = \dfrac{\mathrm{d}}{\mathrm{d}t}\delta(t)$ $f(t)\delta'(t) = f(0)\delta'(t) - f'(0)\delta(t)$
6	展缩性	$\delta(at) = \dfrac{1}{a}\delta(t) \quad a > 0$
7	卷积性*	$f(t) * \delta(t) = f(t)$ $f(t) * \delta(t-T) = f(t-T)$ $f(t) * \delta(t+T) = f(t+T)$

* 卷积性见第二章 2.5 节。

1.3　信号时域变换

信号在时域中的变换有折叠、时移、展缩、倒相等。

一、折叠

信号的时域折叠，就是将信号 $f(t)$ 的波形以纵轴为轴翻转 $180°$。

设信号 $f(t)$ 的波形如图 1-3-1(a) 所示。今将 $f(t)$ 以纵轴为轴折叠，即得折叠信号 $f(-t)$。折叠信号 $f(-t)$ 的波形如图 1-3-1(b) 所示。可见，若欲求得 $f(t)$ 的折叠信号 $f(-t)$，则必须将 $f(t)$ 中的 t 换为 $-t$，同时 $f(t)$ 定义域中的 t 也必须换为 $-t$。

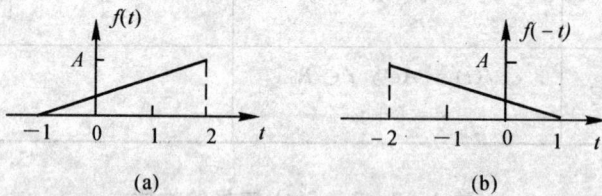

图　1-3-1

信号的折叠变换，就是将"未来"与"过去"互换，这显然是不能用硬件实现的，所以并无实际意义，但它具有理论意义。

二、时移

信号的时移，就是将信号 $f(t)$ 的波形沿时间轴 t 左、右平行移动，但波形的形状不变。

设信号 $f(t)$ 的波形如图 1-3-2(a) 所示。今将 $f(t)$ 沿 t 轴平移 t_0，即得时移信号 $f(t-t_0)$，t_0 为实常数。当 $t_0 > 0$ 时，为沿 t 轴的正方向移动（右移）；当 $t_0 < 0$ 时，为沿 t 轴的负方向移动

（左移）。时移信号 $f(t-t_0)$ 的波形如图 $1-3-2$(b),(c) 所示。可见，欲求得 $f(t)$ 的时移信号 $f(t-t_0)$，则必须将 $f(t)$ 中的 t 换为 $t-t_0$，同时 $f(t)$ 定义域中的 t 也必须换为 $t-t_0$。

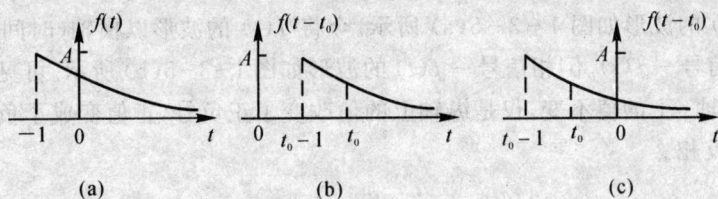

图 $1-3-2$

信号的时移变换用时移器（也称延时器）实现，如图 $1-3-3$ 所示。图中 $f(t)$ 是延时器的输入信号，$y(t)=f(t-t_0)$ 是延时器的输出信号。可见输出信号 $y(t)$ 较输入信号 $f(t)$ 延迟了时间 t_0。

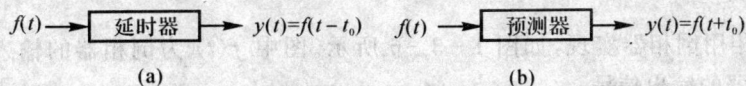

图 $1-3-3$

(a) 延时器（延时 t_0）； (b) 预测器

需要指出的是，当 $t_0 > 0$ 时，延时器为因果系统 *，是可以用硬件实现的；当 $t_0 < 0$ 时，延时器是非因果系统，此时的延时器成为预测器。延时器与预测器都是信号处理中常见的系统。

三、展缩

信号的时域展缩，就是将信号 $f(t)$ 在时间 t 轴上展宽或压缩，但纵轴上的值不变。

设信号 $f(t)$ 的波形如图 $1-3-4$(a) 所示。今以变量 at 置换 $f(t)$ 中的 t，所得信号 $f(at)$ 即为信号 $f(t)$ 的展缩信号。其中 a 为正实常数。若 $0 < a < 1$，则表示将 $f(t)$ 的波形在时间 t 轴上展宽到 a 倍（纵轴上的值不变），如图 $1-3-4$(b) 所示（图中取 $a=\frac{1}{2}$）；若 $a > 1$，则表示将 $f(t)$ 的波形在时间 t 轴上压缩到 $\frac{1}{a}$（纵轴上的值不变），如图 $1-3-4$(c) 所示（图中取 $a=2$）。

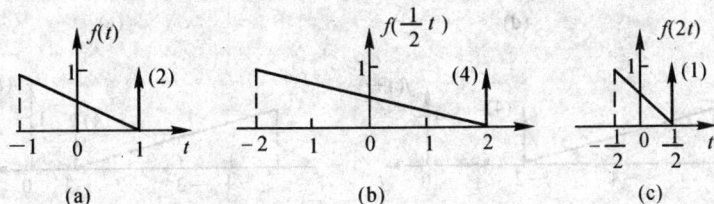

图 $1-3-4$

---

* 关于因果系统与非因果系统的定义，见本书 1.6。

需要注意的是,在用 at 置换 $f(t)$ 中的 t 时,必须同时将 $f(t)$ 定义域中的 t 也换为 at。

四、倒相

设信号 $f(t)$ 的波形如图 $1-3-5(a)$ 所示。今将 $f(t)$ 的波形以横轴(时间 t 轴)为轴翻转 $180°$,即得倒相信号 $-f(t)$。倒相信号 $-f(t)$ 的波形如图 $1-3-5(b)$ 所示。可见,信号进行倒相时,横轴(时间 t 轴)上的值不变,仅是纵轴上的值改变了正负号,正值变成了负值,负值变成了正值。倒相也称反相。

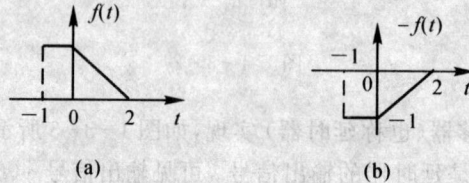

图　$1-3-5$

信号的倒相用倒相器实现,如图 $1-3-6$ 所示。图中 $f(t)$ 为倒相器的输入信号,$y(t)=-f(t)$ 为倒相器的输出信号。

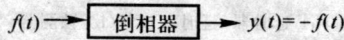

图　$1-3-6$

例 $1-3-1$ 已知信号 $f(1-2t)$ 的波形如图 $1-3-7(a)$ 所示。试画出 $f(t)$ 的波形。

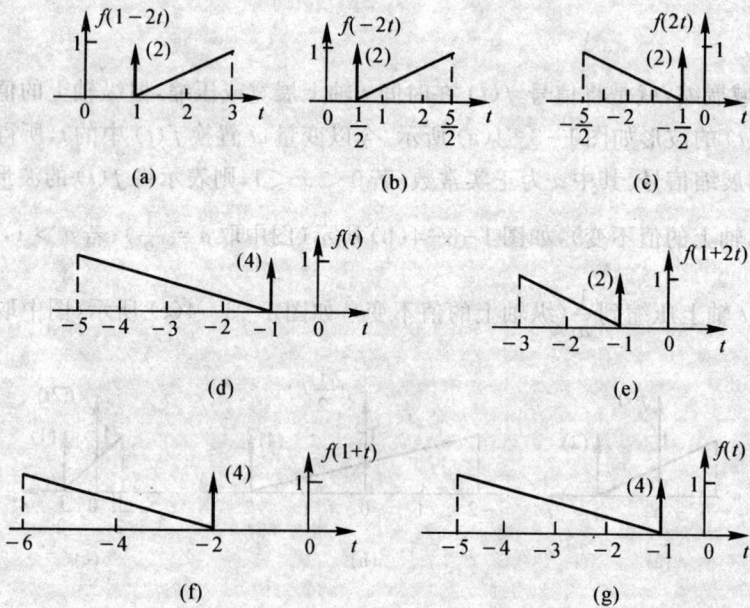

图　$1-3-7$

解 信号 $f(1-2t)$ 是将信号 $f(t)$ 经过折叠、时移、展缩三种变换后而得到的,但这三种变换的次序是可以任意的,故共有六种途径。下面用其中的两种途径求解。

方法一　时移──→折叠──→展缩

$$f(1-2t) = f\left[-2\left(t-\frac{1}{2}\right)\right] \xrightarrow{\text{左时移}\frac{1}{2}} f\left[-2\left(t+\frac{1}{2}-\frac{1}{2}\right)\right] = f(-2t) \xrightarrow{\text{折叠}} f(2t)$$

$$\xrightarrow{\text{展宽1倍}} f\left(2\times\frac{1}{2}t\right) = f(t)_\circ \text{其波形依次如图}1-3-7(b),(c),(d)\text{所示}_\circ$$

方法二　折叠──→展缩──→时移

$$f(1-2t) \xrightarrow{\text{折叠}} f(1+2t) \xrightarrow{\text{展宽1倍}} f\left(1+2\times\frac{1}{2}t\right) = f(1+t) \xrightarrow{\text{右时移1}} f[1+(t-1)] =$$

$f(t)_\circ$其波形依次如图$1-3-7(e),(f),(g)$所示。

可见两种途径所得结果完全相同。读者可用其余四种途径再求解之。

现将信号的时域变换汇总于表$1-3-1$中,以便查用。

表 1-3-1　信号的时域变换

序　号	原信号 $f(t)$	变　换	变换后的信号
1	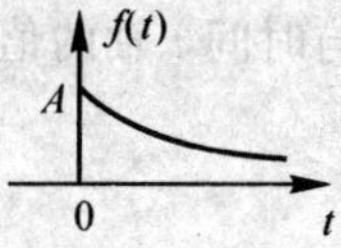	折叠	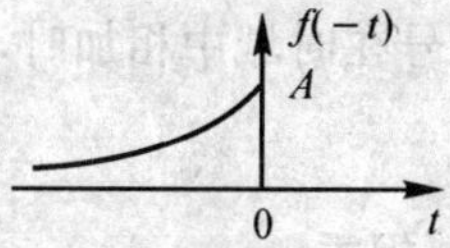
2	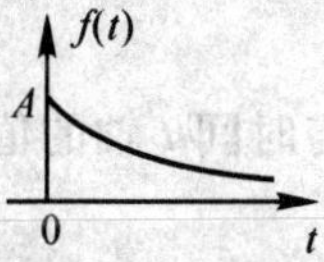	时移	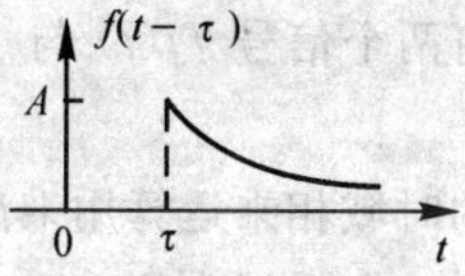 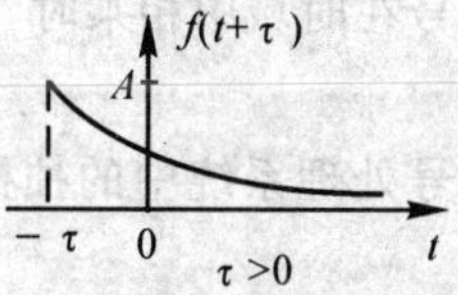
3	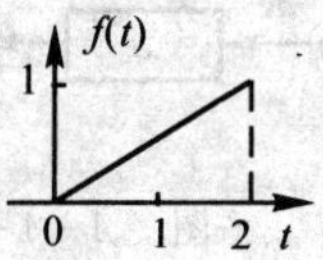	倒相	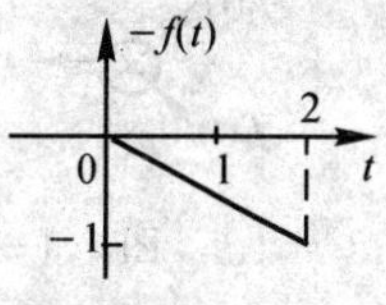
4	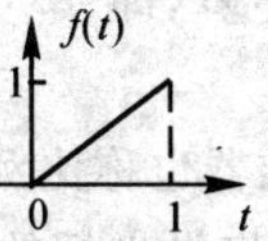	展缩 $0<a<1$展宽 $a>1$压缩	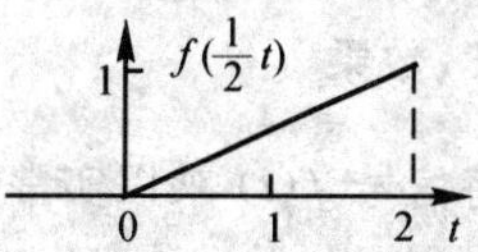 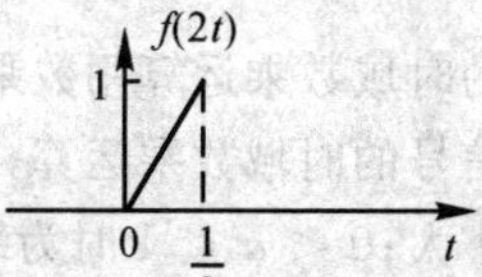

1.4　信号时域运算

信号在时域中的运算有相加、相乘、数乘(幅度变化)、微分、积分等。

一、相加

将 n 个信号 $f_1(t),f_2(t),\cdots,f_n(t)$ 相加,即得相加信号 $y(t)$,即

$$y(t) = f_1(t) + f_2(t) + \cdots + f_n(t) \qquad n \in \mathbf{Z}^+$$

信号的时域相加运算用加法器实现,如图 $1-4-1$ 所示。

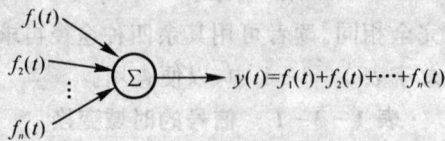

图　$1-4-1$

信号在时域中相加时,横轴(时间 t 轴)的值不变,仅是与时间 t 轴的值相对应的纵坐标值相加。

二、相乘

将两个信号 $f_1(t)$ 与 $f_2(t)$ 相乘,即得相乘信号 $y(t)$,即

$$y(t) = f_1(t)f_2(t)$$

信号的时域相乘运算用乘法器实现,如图 $1-4-2$ 所示。

信号在时域中相乘时,横轴(时间 t 轴)的值不变,仅是与时间 t 轴的值相对应的纵坐标值相乘。

信号处理系统中的抽样器和调制器,都是实现信号相乘运算功能的系统。乘法器也称调制器。

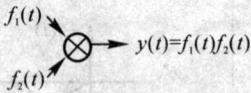 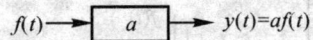

图　$1-4-2$　　　　　　　　　　　　　　　图　$1-4-3$

三、数乘

将信号 $f(t)$ 乘以实常数 a,称为对信号 $f(t)$ 进行数乘运算,即

$$y(t) = af(t)$$

信号的时域数乘运算用数乘器实现,如图 $1-4-3$ 所示。数乘器也称比例器或标量乘法器。

信号的时域数乘运算,实质上就是在对应的横坐标值上将纵坐标的值扩大到 a 倍($a > 1$ 时为扩大;$0 < a < 1$ 时为缩小)。

四、微分

将信号 $f(t)$ 求一阶导数,称为对信号 $f(t)$ 进行微分运算,所得信号

$$y(t) = \frac{\mathrm{d}f(t)}{\mathrm{d}t} = f'(t)$$

称为信号 $f(t)$ 的微分信号。

信号的时域微分运算用微分器实现,如图 $1-4-4$ 所示。

需要注意的是,当 $f(t)$ 中含有间断点时,则 $f'(t)$ 中在间断点上将有冲激函数存在,其冲激强度为间断点处函数 $f(t)$ 跳变的幅度值。

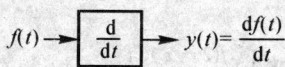

$$f(t) \longrightarrow \boxed{\frac{\mathrm{d}}{\mathrm{d}t}} \longrightarrow y(t) = \frac{\mathrm{d}f(t)}{\mathrm{d}t}$$

图　$1-4-4$

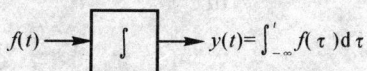

$$f(t) \longrightarrow \boxed{\int} \longrightarrow y(t) = \int_{-\infty}^{t} f(\tau)\mathrm{d}\tau$$

图　$1-4-5$

五、积分

将信号 $f(t)$ 在区间 $(-\infty, t)$ 内求一次积分,称为对信号 $f(t)$ 进行积分运算,所得信号 $y(t) = \int_{-\infty}^{t} f(\tau)\mathrm{d}\tau$ 称为信号 $f(t)$ 的积分信号。

信号的时域积分运算用积分器实现,如图 $1-4-5$ 所示。

例 $1-4-1$　已知图 $1-4-6$(a) 所示半波正弦信号 $f(t)$。(1) 求 $f''(t)$,画出其波形;
(2) 求 $\int_{-\infty}^{t} f(\tau)\mathrm{d}\tau$。

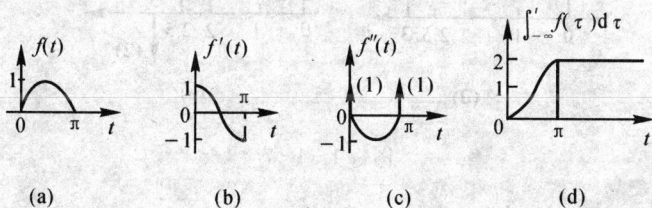

(a)　　　　　(b)　　　　　(c)　　　　　(d)

图　$1-4-6$

解　(1) 因
$$f(t) = \sin t [U(t) - U(t-\pi)]$$
故
$$f'(t) = \cos t [U(t) - U(t-\pi)]$$
$$f''(t) = \delta(t) - \sin t [U(t) - U(t-\pi)] + \delta(t-\pi)$$

$f'(t)$,$f''(t)$ 的波形如图 $1-4-6$(b),(c) 所示。

(2) 当 $t < 0$ 时,$f(t) = 0$,故

$$\int_{-\infty}^{t} f(\tau)\mathrm{d}\tau = \int_{-\infty}^{t} 0\mathrm{d}\tau = 0$$

当 $0 \leqslant t < \pi$ 时,$f(t) = \sin t$,故

$$\int_{-\infty}^{t} f(\tau)\mathrm{d}\tau = \int_{-\infty}^{0} f(\tau)\mathrm{d}\tau + \int_{0}^{t} f(\tau)\mathrm{d}\tau = \int_{-\infty}^{0} 0\mathrm{d}\tau + \int_{0}^{t} \sin\tau\mathrm{d}\tau =$$
$$0 + [-\cos\tau]_{0}^{t} = 1 - \cos t$$

当 $t \geqslant \pi$ 时, $f(t) = 0$,故

$$\int_{-\infty}^{t} f(\tau)d\tau = \int_{-\infty}^{0} 0d\tau + \int_{0}^{\pi} \sin\tau d\tau + \int_{\pi}^{t} 0d\tau = 0 + [-\cos\tau]_0^\pi + 0 = 2$$

故

$$\int_{-\infty}^{t} f(\tau)d\tau = \begin{cases} 0 & t < 0 \\ 1 - \cos t & 0 \leqslant t < \pi \\ 2 & t \geqslant \pi \end{cases}$$

其波形如图 1-4-6(d) 所示。

例 1-4-2　已知信号 $f(t)$ 的波形如图 1-4-7(a) 所示。(1) 求积分 $\int_{-\infty}^{t} f(2-\tau)d\tau$,并画出波形;(2) 求微分 $\dfrac{d}{dt}[f(6-2t)]$,并画出波形。

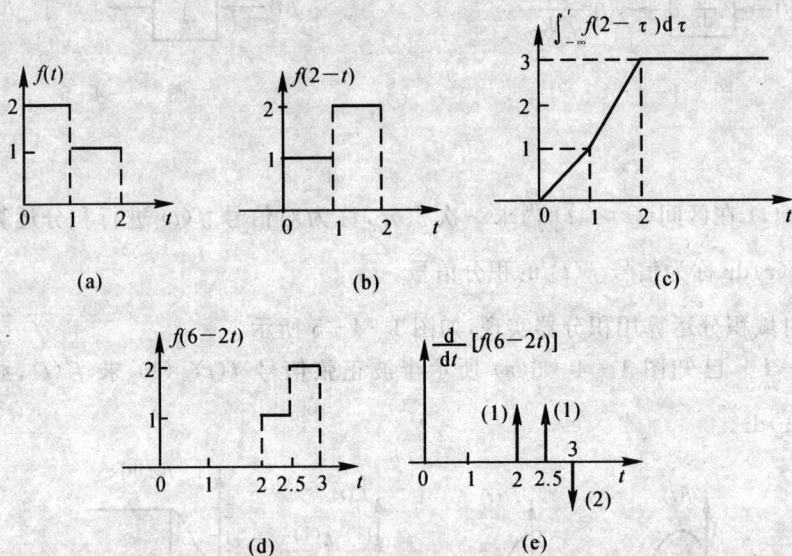

图　1-4-7

解　(1) 因 $f(2-t) = f[-(t-2)]$,故得 $f(2-t)$ 的波形如图 1-4-7(b) 所示。

当 $t < 0$ 时,$f(2-t) = 0$,故

$$\int_{-\infty}^{t} f(2-\tau)d\tau = \int_{-\infty}^{t} 0d\tau = 0$$

当 $0 < t < 1$ 时, $f(2-t) = 1$,故

$$\int_{-\infty}^{t} f(2-\tau)d\tau = \int_{-\infty}^{0} 0d\tau + \int_{0}^{t} 1d\tau = t$$

当 $1 < t < 2$ 时, $f(2-t) = 2$,故

$$\int_{-\infty}^{t} f(2-\tau)d\tau = \int_{-\infty}^{0} 0d\tau + \int_{0}^{1} 1d\tau + \int_{1}^{t} 2d\tau = 0 + 1 + (2t-2) = 2t-1$$

当 $t > 2$ 时, $f(2-t) = 0$,故

$$\int_{-\infty}^{t} f(2-\tau)d\tau = \int_{-\infty}^{0} 0d\tau + \int_{0}^{1} 1d\tau + \int_{1}^{2} 2d\tau + \int_{2}^{t} 0d\tau = 0 + 1 + 2 + 0 = 3$$

故得

$$\int_{-\infty}^{t} f(2-\tau)\mathrm{d}\tau = \begin{cases} 0 & t < 0 \\ t & 0 < t < 1 \\ 2t-1 & 1 < t < 2 \\ 3 & t > 2 \end{cases}$$

其波形如图 1-4-7(c) 所示。

（2）因 $f(6-2t) = f[-2(t-3)]$，故得 $f(6-2t)$ 的波形如图 1-4-7(d) 所示，其函数表达式为

$$f(6-2t) = U(t-2) + U(t-2.5) - 2U(t-3)$$

故得

$$\frac{\mathrm{d}}{\mathrm{d}t}[f(6-2t)] = \delta(t-2) + \delta(t-2.5) - 2\delta(t-3)$$

其波形如图 1-4-7(e) 所示。

例 1-4-3　画出信号 $f(t) = (t-1)U(t^2-1)$ 和 $f'(t)$ 的波形，并写出 $f'(t)$ 的函数式。

解　$(t-1)$ 和 $U(t^2-1)$ 的波形分别如图 1-4-8(a),(b) 所示；$f(t) = (t-1)U(t^2-1)$ 的波形如图 1-4-8(c) 所示；$f'(t)$ 的波形则如图 1-4-8(d) 所示。故由图 1-4-8(d) 可直接写出 $f'(t)$ 的函数式为

$$f'(t) = 2\delta(t+1) + U(t^2-1) = 2\delta(t+1) + U(t-1) + U(-t-1)$$

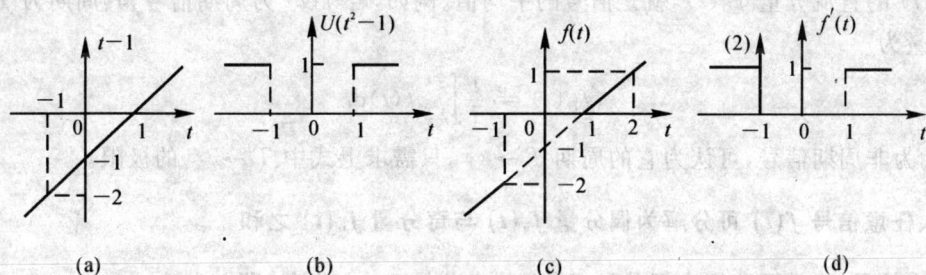

图　1-4-8

现将信号的时域运算汇总于表 1-4-1 中，以便查用。

表 1-4-1　信号的时域运算

序　号	运算名称	系统的模型	运算式
1	相加	$f_1(t) \rightarrow \Sigma \rightarrow y(t)$，$f_2(t)$	$y(t) = f_1(t) + f_2(t)$
2	相乘	$f_1(t) \rightarrow \pi \rightarrow y(t)$，$f_2(t)$	$y(t) = f_1(t) f_2(t)$
3	数乘	$f(t) \rightarrow \boxed{a} \rightarrow y(t)$	$y = af(t)$

续　表

序　号	运算名称	系统的模型	运算式
4	微分	$f(t) \longrightarrow \boxed{\dfrac{\mathrm{d}}{\mathrm{d}t}} \longrightarrow y(t)$	$y(t) = \dfrac{\mathrm{d}}{\mathrm{d}t} f(t)$
5	积分	$f(t) \longrightarrow \boxed{\displaystyle\int} \longrightarrow y(t)$	$y(t) = \displaystyle\int_{-\infty}^{t} f(\tau)\,\mathrm{d}\tau$

*1.5　信号时域分解

为了对信号与系统进行分析,可将信号 $f(t)$ 在时域中进行各种分解。

一、任意信号 $f(t)$ 可分解为直流分量 $f_D(t)$ 与交流分量 $f_A(t)$ 之和

任意信号 $f(t)$ 可分解为直流分量 $f_D(t)$ 与交流分量 $f_A(t)$ 之和,即

$$f(t) = f_D(t) + f_A(t)$$

信号 $f(t)$ 的直流分量 $f_D(t)$,就是信号的平均值。例如,若 $f(t)$ 为周期信号,其周期为 T,则其直流分量为

$$f_D(t) = \frac{1}{T} \int_{-\frac{T}{2}}^{\frac{T}{2}} f(t)\,\mathrm{d}t$$

若 $f(t)$ 为非周期信号,可认为它的周期 $T \to \infty$,只需求上式中 $T \to \infty$ 的极限。

二、任意信号 $f(t)$ 可分解为偶分量 $f_e(t)$ 与奇分量 $f_o(t)$ 之和

任意信号 $f(t)$ 可分解为偶分量 $f_e(t)$ 与奇分量 $f_o(t)$ 之和,即

$$f(t) = f_e(t) + f_o(t)$$

式中

$$f_e(t) = \frac{1}{2}[f(t) + f(-t)] \qquad (1-5-1\mathrm{a})$$

$$f_o(t) = \frac{1}{2}[f(t) - f(-t)] \qquad (1-5-1\mathrm{b})$$

证明　因　　$f(t) = \dfrac{1}{2}[f(t) + f(t) + f(-t) - f(-t)] =$

$$\frac{1}{2}[f(t) + f(-t)] + \frac{1}{2}[f(t) - f(-t)] =$$

$$f_e(t) + f_o(t) \qquad\qquad\qquad (证毕)$$

例 1-5-1　已知图 1-5-1(a) 所示因果信号。试画出奇分量 $f_o(t)$ 与偶分量 $f_e(t)$ 的波形。

解　首先画出 $f(-t)$ 的波形,如图 1-5-1(b) 所示。然后再根据式(1-5-1),用图解法进行波形合成,即可画出 $f_o(t)$ 与 $f_e(t)$ 的波形,分别如图 1-5-1(c),(d) 所示。从图 1-5-1 中看出,若 $f(t)$ 为因果信号,则其 $f_o(t)$ 与 $f_e(t)$ 之间满足如下关系:

$$f_e(t) = f_o(t) \qquad 当 t > 0 时$$
$$f_e(t) = -f_o(t) \qquad 当 t < 0 时$$

若用符号函数 sgn(t) 表示,则可写为

$$f_e(t) = f_o(t)\mathrm{sgn}(t) \qquad (1-5-2a)$$
$$f_o(t) = f_e(t)\mathrm{sgn}(t) \qquad (1-5-2b)$$

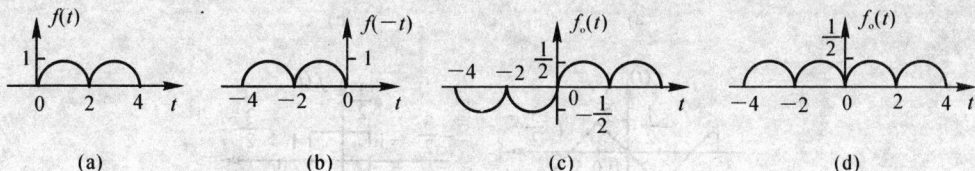

图 1-5-1

证明 给式(1-5-1a)等号两端同乘以 sgn(t),得

$$f_e(t)\mathrm{sgn}(t) = \frac{1}{2}[f(t)\mathrm{sgn}(t) + f(-t)\mathrm{sgn}(t)] =$$
$$\frac{1}{2}[f(t) - f(-t)] = f_o(t)$$

此即式(1-5-2b)。

用同法可证式(1-5-2a)。

例 1-5-2 已知图 1-5-2(a)所示反因果信号,试画出奇分量 $f_o(t)$ 与偶分量 $f_e(t)$ 的波形。

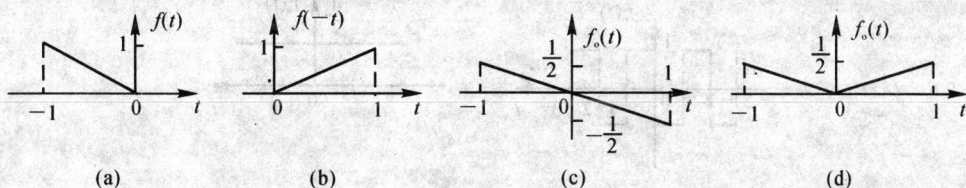

图 1-5-2

解 首先画出 $f(-t)$ 的波形,如图 1-5-2(b)所示。然后再根据式(1-5-1)用图解法进行波形合成,即可画出 $f_o(t)$ 与 $f_e(t)$ 的波形,分别如图 1-5-2(c),(d)所示。从图 1-5-1 中看出,若 $f(t)$ 为反因果信号,则其 $f_o(t)$ 与 $f_e(t)$ 之间满足如下关系:

$$f_e(t) = -f_o(t) \qquad 当 t > 0 时$$
$$f_e(t) = f_o(t) \qquad 当 t < 0 时$$

或写成

$$f_e(t) = -f_o(t)\mathrm{sgn}(t)$$
$$f_o(t) = -f_e(t)\mathrm{sgn}(t)$$

例 1-5-3 已知图 1-5-3(a)所示信号。试画出奇分量 $f_o(t)$ 与偶分量 $f_e(t)$ 的波形。

解 首先画出 $f(-t)$ 的波形,如图 1-5-3(b)所示。然后再根据式(1-5-1),用图解法进行波形合成,即可画出 $f_o(t)$ 与 $f_e(t)$ 的波形,分别如图 1-5-3(c),(d)所示。

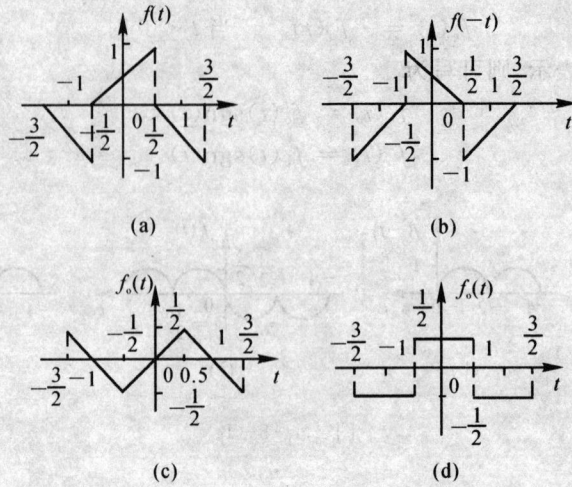

图　1-5-3

例 1-5-4　已知图 1-5-4(a) 所示信号。试画出奇分量 $f_o(t)$ 与偶分量 $f_e(t)$ 的波形。

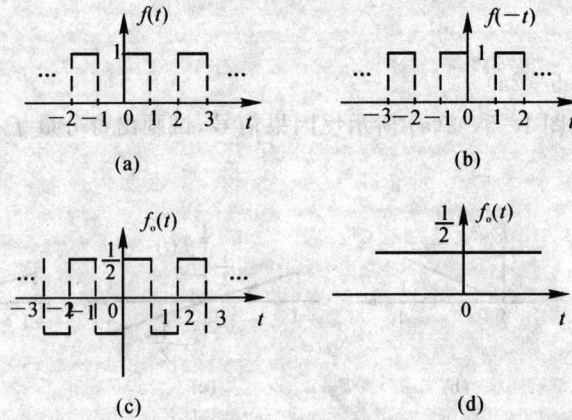

图　1-5-4

解　首先画出 $f(-t)$ 的波形,如图 1-5-4(b) 所示。然后根据式(1-5-1),用图解法进行波形合成,即可画出 $f_o(t)$ 与 $f_e(t)$ 的波形,分别如图 1-5-4(c),(d) 所示。

三、任意信号 $f(t)$ 可分解为在不同时刻出现的具有不同强度的无穷多个冲激函数的连续和

任意信号 $f(t)$ 可分解为无穷多个冲激函数的连续和,即

$$f(t) \approx \sum_{k=-\infty}^{\infty} f(k\Delta\tau)\delta(t-k\Delta\tau)\Delta\tau \qquad (1-5-3a)$$

或

$$f(t) = \int_{-\infty}^{+\infty} f(\tau)\delta(t-\tau)\mathrm{d}\tau \qquad (1-5-3b)$$

现对上两式予以推导。设任意信号 $f(t)$ 的波形如图 1-5-5 所示,把 $f(t)$ 分解为许多宽度

为 $\Delta\tau$ 的矩形窄脉冲信号,如图 $1-5-5$ 中所示。然后再将每一个窄脉冲信号视为具有一定强度的冲激函数。例如第 k 个窄脉冲信号出现在 $t = k\Delta\tau$ 时刻,其强度(脉冲下的面积)为 $f(k\Delta\tau)\Delta\tau$,若视为冲激函数则为 $f(k\Delta\tau)\Delta\tau\delta(t-k\Delta\tau)$。这样,信号 $f(t)$ 即可近似地看做是由以下无穷多个在不同时刻出现的具有不同强度的冲激函数的叠加组成。即

$\vdots$

当 $t = -\Delta\tau$ 时,冲激函数为 $f(-\Delta\tau)\Delta\tau\delta(t+\Delta\tau)$;

当 $t = 0$ 时,冲激函数为 $f(0)\Delta\tau\delta(t)$;

当 $t = \Delta\tau$ 时,冲激函数为 $f(\Delta\tau)\Delta\tau\delta(t-\Delta\tau)$;

当 $t = 2\Delta\tau$ 时,冲激函数为 $f(2\Delta\tau)\Delta\tau\delta(t-2\Delta\tau)$;

$\vdots$

当 $t = k\Delta\tau$ 时,冲激函数为 $f(k\Delta\tau)\Delta\tau\delta(t-k\Delta\tau)$;

$\vdots$

将以上的全部冲激函数求和,即可认为近似等于原信号 $f(t)$。即

$$f(t) \approx \sum_{k=-\infty}^{\infty} f(k\Delta\tau)\delta(t-k\Delta\tau)\Delta\tau$$

此即为式($1-5-3a$)。

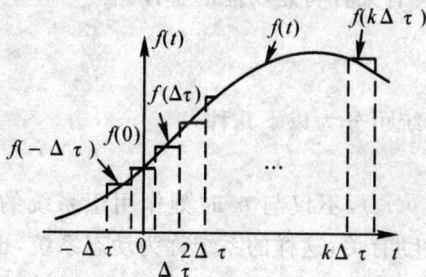

图 $1-5-5$

当 $\Delta\tau \to 0$ 时,即有 $\Delta\tau \to d\tau$,$k\Delta\tau \to \tau$,$f(k\Delta\tau) \to f(\tau)$,$\sum_{k=-\infty}^{\infty} \to \int_{-\infty}^{+\infty}$,于是上式即可写为

$$f(t) = \lim_{\Delta\tau \to 0} \sum_{k=-\infty}^{\infty} f(k\Delta\tau)\delta(t-k\Delta\tau)\Delta\tau = \int_{-\infty}^{+\infty} f(\tau)\delta(t-\tau)d\tau \qquad (证毕)$$

此即为式($1-5-3b$)。

四、实部分量与虚部分量

若 $f(t)$ 为实变量 t 的复数信号,则可将 $f(t)$ 分解为实部分量与虚部分量之和。即

$$f(t) = f_r(t) + jf_i(t)$$

$f(t)$ 的共轭复数为

$$\overset{*}{f}(t) = f_r(t) - jf_i(t)$$

$$f_r(t) = \frac{1}{2}[f(t) + \overset{*}{f}(t)]$$

故有

$$f_i(t) = \frac{1}{2j}[f(t) - \overset{*}{f}(t)]$$

又有

$$|f(t)|^2 = f(t)\overset{*}{f}(t) = f_r^2(t) + f_i^2(t)$$

1.6　系统的定义与分类

一、系统的定义

我们把能够对信号完成某种变换或运算功能的集合体称为系统,如图 1-6-1 所示。图中符号 $H[\ ]$ 称为算子,表示将输入信号 $f(t)$ 进行某种变换或运算后即得到输出信号 $y(t)$。即

$$y(t) = H[f(t)]$$

例如,在前面各节中引入的延时器、预测器、倒相器、加法器、乘法器、数乘器、微分器、积分器等都是系统,因为它们都能够对信号实现一定的变换或运算功能。

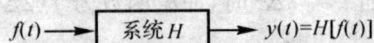

图　1-6-1

任一个大系统(例如通信系统、控制系统、电力系统、计算机系统等)可分解为若干个互相联系、互相作用的子系统。各子系统之间通过信号联系,信号在系统内部及各子系统之间流动。

系统这个词在系统论与哲学意义上有着更为广泛的涵义,一般是指由若干个相互作用和相互依赖的事物组合而成的具有某种特定功能的整体。

二、系统的分类

根据不同的分类原则,系统可分为以下几种。

1. 动态系统与静态系统

若系统在 t_0 时刻的响应 $y(t_0)$,不仅与 t_0 时刻作用于系统的激励有关,而且与区间 $t \in (-\infty, t_0)$ 内作用于系统的激励有关,这样的系统称为动态系统,也称具有记忆能力的系统(简称记忆系统)。凡含有记忆元件(如电感器、电容器、磁心等)与记忆电路(如延时器)的系统均为动态系统。

若系统在 t_0 时刻的响应 $y(t_0)$ 只与 t_0 时刻作用于系统的激励有关,而与区间 $t \in (-\infty, t_0)$ 内作用于系统的激励无关,这样的系统称为静态系统或非动态系统,也称无记忆系统。只含有电阻元件的电路即为静态系统。

2. 线性系统与非线性系统

凡能同时满足齐次性与叠加性的系统称为线性系统。满足叠加性仅是线性系统的必要条件。

凡不能同时满足齐次性与叠加性的系统称为非线性系统。

若电路中的无源元件全部是线性元件,则这样的电路系统一定是线性系统,但不能说含有非线性元件的电路系统就一定是非线性系统。

3. 时不变系统与时变系统

设激励 $f(t)$ 产生的响应为 $y(t)$,今若激励 $f(t-t_0)$ 产生的响应为 $y(t-t_0)$,如图 1-6-2 所示,此性质即称为时不变性,也称非时变性或定常性、延迟性。它说明,当激励 $f(t)$ 延迟时间 t_0 时,其响应 $y(t)$ 也同样延迟时间 t_0,且波形不变。

凡能满足时不变性的系统称为时不变系统(也称非时变系统或定常系统),否则即为时变系统。

若系统中元件的参数不随时间变化,则这样的系统一定是时不变系统。

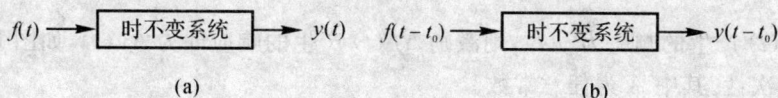

$$f(t) \longrightarrow \boxed{时不变系统} \longrightarrow y(t) \qquad f(t-t_0) \longrightarrow \boxed{时不变系统} \longrightarrow y(t-t_0)$$

　　　　　　　(a)　　　　　　　　　　　　　　　　　　(b)

图　1-6-2

4. 因果系统与非因果系统

当 $t > 0$ 时作用于系统的激励,在 $t < 0$ 时不会在系统中产生响应,此性质称为因果性。它说明激励是产生响应的原因,响应是激励产生的结果。无原因即不会有结果。例如我们绝不会在昨天就听见了今天打钟的钟声。

凡具有因果性的系统称为因果系统。凡不具有因果性的系统称为非因果系统。

任何时间系统都具有因果性,因而都是因果系统。这是因为时间具有单方向性。时间是一去不复返的。非时间系统是否具有因果性,则要看它的自变量是否具有单方向性。一个较复杂的光学系统,即使其输入物是单侧的,其输出的像也可能是双侧的,它就不具有因果性。在用计算机对数据进行事后处理时,可以由输入-输出之间的相对延时实现某些非因果操作。

时间因果系统是可以用硬件实现的,故也称为可实现系统。时间非因果系统是不能用硬件实现的,故也称为不可实现系统。

时间非因果系统在客观世界中是不存在的,但研究它的数学模型却有助于对时间因果系统的分析,可以借助延时的处理方法来逼近时间非因果系统。因此,在系统分析中,对时间非因果系统的研究也有一定意义。

由于一般都是以 $t = 0$ 时刻作为计算时间的起点,从而定义了从零时刻开始的信号称为因果信号。所以,在因果信号的激励下,因果系统的响应信号也必然是因果信号。

5. 连续时间系统与离散时间系统

若系统的输入信号与输出信号均为连续时间信号,则这样的系统称为连续时间系统,也称模拟系统,简称连续系统。由 R,L,C 等元件组成的电路都是连续时间系统的例子。

若系统的输入信号与输出信号均为离散时间信号,则这样的系统称为离散时间系统,简称离散系统。数字计算机是典型的离散时间系统的例子。

由连续时间系统与离散时间系统组合而成的系统称为混合系统。

6. 集总参数系统与分布参数系统

仅由集总参数元件组成的系统称为集总参数系统。含有分布参数元件的系统称为分布参数系统(如传输线、波导等)。

系统的分类还有其他许多方法,其中有些将在本书有关章节中引入。本书仅限于研究在确定性信号激励下的集总参数、线性、时不变系统(以后简称线性系统),包括连续时间系统与离散时间系统。

1.7　线性时不变系统的性质

线性时不变系统有一些重要的性质,其中有的在电路基础课中已有所介绍,有的在本书1.6 中已介绍了。在此再予以总结,以便给读者一个完整的概念。

一、齐次性

若激励 $f(t)$ 产生的响应为 $y(t)$，则激励 $Af(t)$ 产生的响应即为 $Ay(t)$，如图 $1-7-1$ 所示。此性质即为齐次性。其中 A 为任意常数。

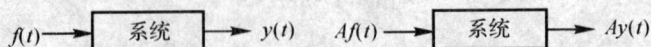

$$f(t) \rightarrow \boxed{系统} \rightarrow y(t) \qquad Af(t) \rightarrow \boxed{系统} \rightarrow Ay(t)$$

图　$1-7-1$

二、叠加性

若激励 $f_1(t)$ 与 $f_2(t)$ 产生的响应分别为 $y_1(t)$，$y_2(t)$，则激励 $f_1(t)+f_2(t)$ 产生的响应即为 $y_1(t)+y_2(t)$，如图 $1-7-2$ 所示。此性质称为叠加性。

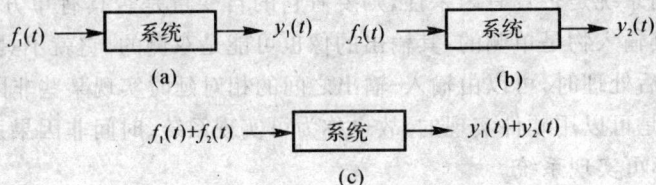

$$f_1(t) \rightarrow \boxed{系统} \rightarrow y_1(t) \qquad f_2(t) \rightarrow \boxed{系统} \rightarrow y_2(t)$$
(a) \qquad\qquad (b)

$$f_1(t)+f_2(t) \rightarrow \boxed{系统} \rightarrow y_1(t)+y_2(t)$$
(c)

图　$1-7-2$

三、线性

若激励 $f_1(t)$ 与 $f_2(t)$ 产生的响应分别为 $y_1(t)$，$y_2(t)$，则激励 $A_1 f_1(t)+A_2 f_2(t)$ 产生的响应即为 $A_1 y_1(t)+A_2 y_2(t)$，如图 $1-7-3$ 所示。此性质称为线性。

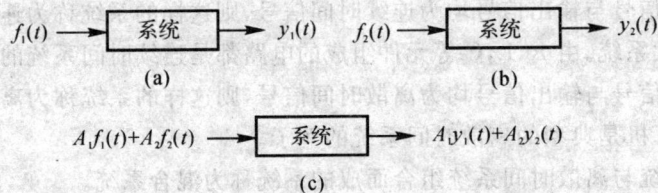

$$f_1(t) \rightarrow \boxed{系统} \rightarrow y_1(t) \qquad f_2(t) \rightarrow \boxed{系统} \rightarrow y_2(t)$$
(a) \qquad\qquad (b)

$$A_1 f_1(t)+A_2 f_2(t) \rightarrow \boxed{系统} \rightarrow A_1 y_1(t)+A_2 y_2(t)$$
(c)

图　$1-7-3$

四、时不变性

若激励 $f(t)$ 产生的响应为 $y(t)$，则激励 $f(t-t_0)$ 产生的响应即为 $y(t-t_0)$，如图 $1-7-4$ 所示。此性质称为时不变性，也称定常性或延迟性。它说明，当激励 $f(t)$ 延迟时间 t_0 时，其响应 $y(t)$ 也延迟时间 t_0，且波形不变。

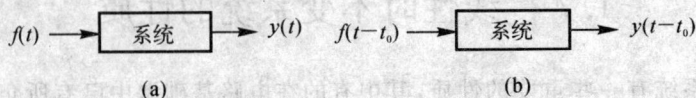

$$f(t) \rightarrow \boxed{系统} \rightarrow y(t) \qquad f(t-t_0) \rightarrow \boxed{系统} \rightarrow y(t-t_0)$$
(a) \qquad\qquad (b)

图　$1-7-4$

五、微分性

若激励 $f(t)$ 产生的响应为 $y(t)$，则激励 $\dfrac{\mathrm{d}f(t)}{\mathrm{d}t}$ 产生的响应即为 $\dfrac{\mathrm{d}y(t)}{\mathrm{d}t}$，如图 $1-7-5$ 所示。此性质称为微分性。

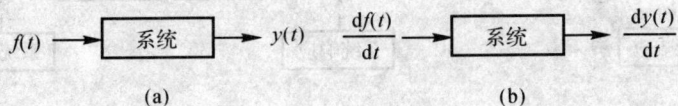

$$f(t) \rightarrow \boxed{系统} \rightarrow y(t) \qquad \frac{\mathrm{d}f(t)}{\mathrm{d}t} \rightarrow \boxed{系统} \rightarrow \frac{\mathrm{d}y(t)}{\mathrm{d}t}$$

(a) 　　　　　　　　　　(b)

图　$1-7-5$

六、积分性

若激励 $f(t)$ 产生的响应为 $y(t)$，则激励 $\displaystyle\int_{-\infty}^{t} f(\tau)\mathrm{d}\tau$ 产生的响应即为 $\displaystyle\int_{-\infty}^{t} y(\tau)\mathrm{d}\tau$，如图 $1-7-6$ 所示。此性质称为积分性。

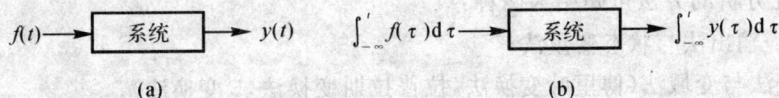

$$f(t) \rightarrow \boxed{系统} \rightarrow y(t) \qquad \int_{-\infty}^{t} f(\tau)\mathrm{d}\tau \rightarrow \boxed{系统} \rightarrow \int_{-\infty}^{t} y(\tau)\mathrm{d}\tau$$

(a) 　　　　　　　　　　(b)

图　$1-7-6$

现将线性时不变系统的性质汇总于表 $1-7-1$ 中，以便查用。

表 $1-7-1$　　线性时不变系统的性质

设 $f(t) \rightarrow y(t)$，$f_1(t) \rightarrow y_1(t)$，$f_2(t) \rightarrow y_2(t)$

序　　号	名　　称	数学描述
1	齐次性	$Af(t) \rightarrow Ay(t)$
2	叠加性	$f_1(t) + f_2(t) \rightarrow y_1(t) + y_2(t)$
3	线　性	$A_1 f_1(t) + A_2 f_2(t) \rightarrow A_1 y_1(t) + A_2 y_2(t)$
4	时不变性	$f(t-t_0) \rightarrow y(t-t_0)$
5	微分性	$\dfrac{\mathrm{d}f(t)}{\mathrm{d}t} \rightarrow \dfrac{\mathrm{d}}{\mathrm{d}t}y(t)$
6	积分性	$\displaystyle\int_{-\infty}^{t} f(\tau)\mathrm{d}\tau \rightarrow \int_{-\infty}^{t} y(\tau)\mathrm{d}\tau$

1.8　线性系统分析概论

本书仅限于研究确定信号激励下的集总参数，以及线性、时不变系统，后者简称线性系统，包括连续时间系统与离散时间系统。

对系统的研究包含三个方面：系统分析、系统综合与系统诊断。给定系统的结构、元件特性，研究系统对激励信号所产生的响应，这称为系统分析，如图 $1-8-1$(a) 所示。当已知的是系统的响应，而要求出系统的结构与元件特性，这称为系统综合，如图 $1-8-1$(b) 所示。当给定系统的结构与系统的响应,而要求出系统元件的特性变化,这称为系统诊断,如图 $1-8-1$(c) 所示。系统分析、综合与诊断,三者密切相关,但又有各自的体系和研究方法。学习系统分析是学习系统综合与诊断的基础。本书仅限于对系统分析的研究。

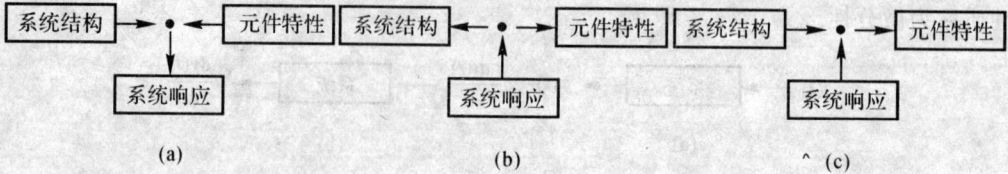

图　$1-8-1$

信号分析与系统分析密不可分。对信号进行传输与加工处理,必须借助于系统;离开了信号,系统将失去意义。分析系统,就是分析某一特定信号,分析信号与信号的相互作用。所以信号分析是系统分析的基础。

线性系统分析的方法可归结为两种:

(1) 输入-输出法与状态变量法;

(2) 时域法与变域法(傅里叶变换法,拉普拉斯变换法,z 变换法)。

本书将按先输入-输出法后状态变量法,先时域法后变域法,先连续时间系统后离散时间系统的顺序,研究线性时不变系统的基本分析方法,并结合电子系统与控制系统中的一般问题,较深入地介绍这些方法在信号传输与处理以及控制系统方面的基本应用。

本课程的基本任务是:

(1) 研究信号分析的方法,研究信号的时间特性与频率特性以及两者之间的关系;

(2) 研究线性时不变系统(包括连续时间系统与离散时间系统)在任意信号激励下响应的各种求解方法,从而认识系统的基本特性。

读者在学习本课程时应注意以下原则:物理描述与数学描述并重;信号分析与系统分析并重;输入输出法与状态变量法并重;时域分析法与变域分析法并重;连续时间系统与离散时间系统并重;学理论、做习题与做实验并重。

习　题　一

1-1　画出下列各信号的波形:

(1) $f_1(t) = (2-e^{-t})U(t)$;　(2) $f_2(t) = e^{-t}\cos 10\pi t \times [U(t-1)-U(t-2)]$。

1-2　已知各信号的波形如图题 $1-2$ 所示,试写出它们各自的函数式。

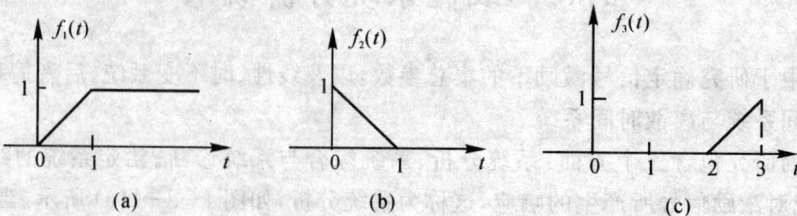

图题 $1-2$

1-3 写出图题 1-3 所示各信号的函数表达式。

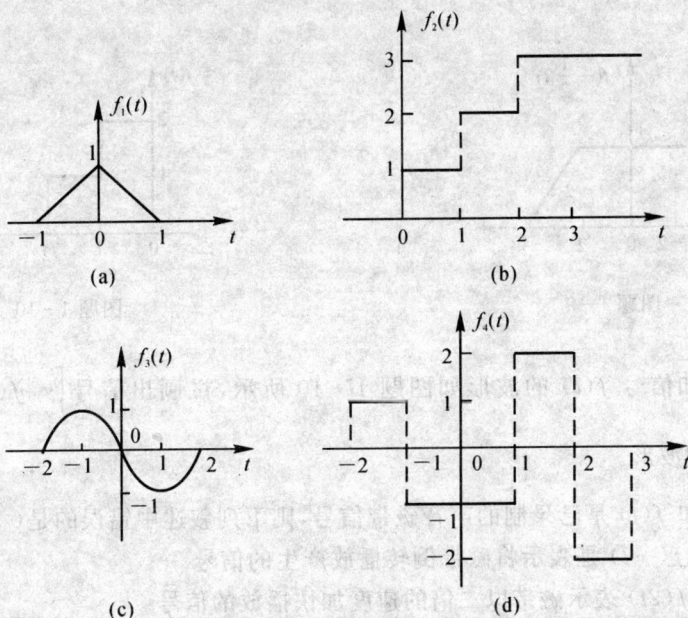

图题 1-3

1-4 画出下列各信号的波形:(1) $f_1(t) = U(t^2 - 1)$;(2) $f_2(t) = (t-1)U(t^2-1)$;(3) $f_3(t) = U(t^2 - 5t + 6)$;(4) $f_4(t) = U(\sin \pi t)$。

1-5 判断下列各信号是否为周期信号,若是周期信号,求其周期 T。

(1) $f_1(t) = 2\cos\left(2t - \dfrac{\pi}{4}\right)$;(2) $f_2(t) = \left[\sin\left(t - \dfrac{\pi}{6}\right)\right]^2$;(3) $f_3(t) = 3\cos 2\pi t\, U(t)$。

1-6 化简下列各式:

(1) $\displaystyle \int_{-\infty}^{t} \delta(2\tau - 1)\mathrm{d}\tau$;(2) $\dfrac{\mathrm{d}}{\mathrm{d}t}\left[\cos\left(t + \dfrac{\pi}{4}\right)\delta(t)\right]$;(3) $\displaystyle \int_{-\infty}^{+\infty} \dfrac{\mathrm{d}}{\mathrm{d}t}\left[\cos t\,\delta(t)\right]\sin t\,\mathrm{d}t$。

1-7 求下列积分:

(1) $\displaystyle \int_{0}^{+\infty} \cos[\omega(t-3)\delta(t-2)]\mathrm{d}t$;(2) $\displaystyle \int_{0}^{+\infty} \mathrm{e}^{\mathrm{j}\omega t}\delta(t+3)\mathrm{d}t$;(3) $\displaystyle \int_{0}^{+\infty} \mathrm{e}^{-2t} \times \delta(t_0 - t)\mathrm{d}t$。

1-8 试求图题 1-8 中各信号一阶导数的波形,并写出其函数表达式,其中 $f_3(t) = \cos\dfrac{\pi}{2}t[U(t) - U(t-5)]$。

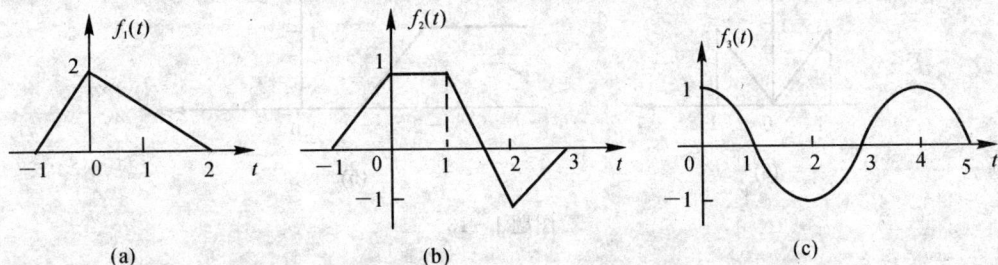

图题 1-8

1-9 已知信号 $f\left(-\dfrac{1}{2}t\right)$ 的波形如图题 1-9 所示,试画出 $y(t)=f(t+1)U(-t)$ 的波形。

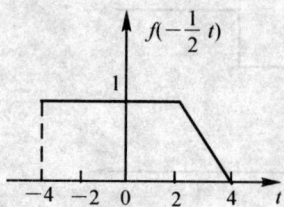

图题 1-9

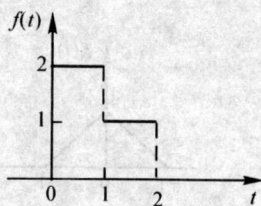

图题 1-10

1-10 已知信号 $f(t)$ 的波形如图题 1-10 所示,试画出信号 $\displaystyle\int_{-\infty}^{t} f(2-\tau)\mathrm{d}\tau$ 与信号 $\dfrac{\mathrm{d}}{\mathrm{d}t}[f(6-2t)]$ 的波形。

1-11 已知 $f(t)$ 是已录制的声音磁带信号,则下列叙述中错误的是( )。

A. $f(-t)$ 是表示将磁带倒转播放产生的信号

B. $f(2t)$ 表示磁带以二倍的速度加快播放的信号

C. $f(2t)$ 表示磁带放音速度降低一半播放的信号

D. $2f(t)$ 表示将磁带音量放大一倍播放的信号

1-12 求解并画出图题 1-12 所示信号 $f_1(t)$,$f_2(t)$ 的偶分量 $f_e(t)$ 与奇分量 $f_o(t)$。

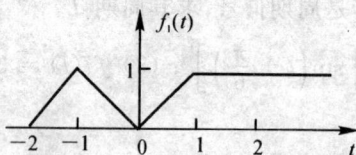

(a)

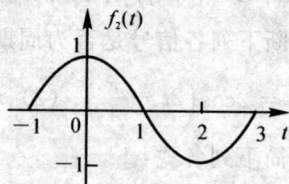

(b)

图题 1-12

1-13 已知信号 $f(t)$ 的偶分量 $f_e(t)$ 的波形如图题 1-13(a) 所示,信号 $f(t+1)\times U(-t-1)$ 的波形如图题 1-13(b) 所示。求 $f(t)$ 的奇分量 $f_o(t)$,并画出 $f_o(t)$ 的波形。

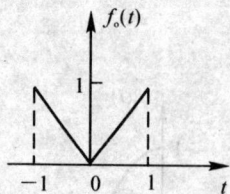

(a)

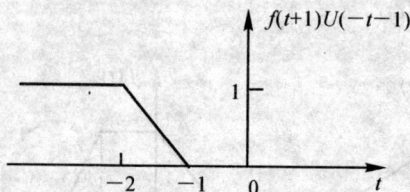

(b)

图题 1-13

1-14 设连续信号 $f(t)$ 无间断点。试证明:若 $f(t)$ 为偶函数,则其一阶导数 $f'(t)$ 为奇函数;若 $f(t)$ 为奇函数,则其一阶导数 $f'(t)$ 为偶函数。

1-15 试判断下列各方程所描述的系统是否为线性的、时不变的、因果的系统。式中 $f(t)$ 为激励,$y(t)$ 为响应。

(1) $y(t) = \dfrac{\mathrm{d}}{\mathrm{d}t}f(t)$;　　　　(2) $y(t) = f(t)U(t)$;

(3) $y(t) = \sin[f(t)]U(t)$;　　(4) $y(t) = f(1-t)$;

(5) $y(t) = f(2t)$;　　　　　(6) $y(t) = [f(t)]^2$;

(7) $y(t) = \displaystyle\int_{-\infty}^{t} f(\tau)\mathrm{d}\tau$;　　　(8) $y(t) = \displaystyle\int_{-\infty}^{5t} f(\tau)\mathrm{d}\tau$。

1-16 图题 1-16(a) 所示为线性时不变系统,已知 $h_1(t) = \delta(t) - \delta(t-1)$,$h_2(t) = \delta(t-2) - \delta(t-3)$。(1) 求响应 $h(t)$;(2) 求当 $f(t) = U(t)$ 时的响应 $y(t)$(见图题 1-16(b))。

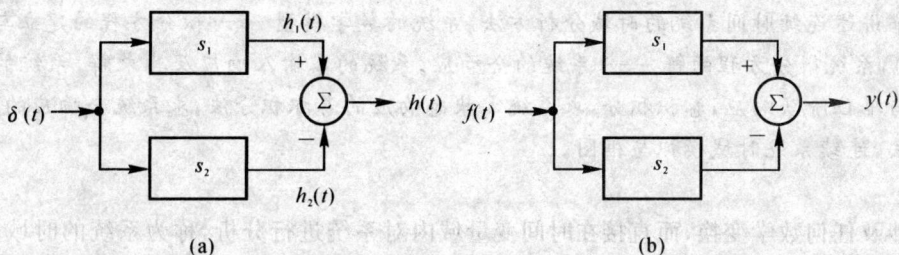

图题 1-16

1-17 已知系统激励 $f(t)$ 的波形如图题 1-17(a) 所示,所产生的响应 $y(t)$ 的波形如图题 1-17(b) 所示。试求激励 $f_1(t)$(波形见图题 1-17(c))所产生的响应 $y_1(t)$ 的波形。

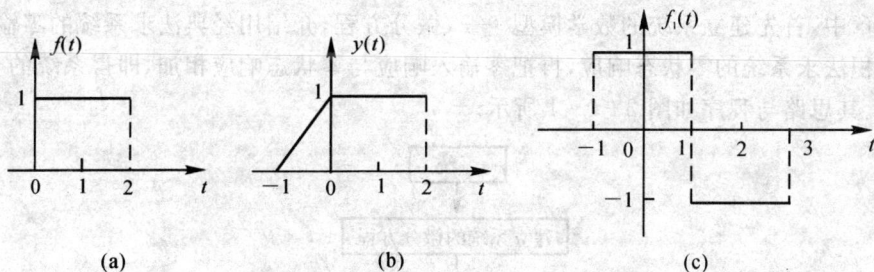

图题 1-17

1-18 已知线性时不变系统在信号 $\delta(t)$ 激励下的零状态响应为 $h(t) = U(t) - U(t-2)$。试求在信号 $U(t-1)$ 激励下的零状态响应 $y(t)$,并画出 $y(t)$ 的波形。

1-19 线性非时变系统具有非零的初始状态,已知激励为 $f(t)$ 时的全响应为 $y_1(t) = 2e^{-t}U(t)$;在相同的初始状态下,当激励为 $2f(t)$ 时的全响应为 $y_2(t) = (e^{-t} + \cos\pi t)U(t)$。求在相同的初始状态下,当激励为 $4f(t)$ 时的全响应 $y_3(t)$。

1-20 已知 RL 一阶电路的全响应为 $i_L(t) = (8 - 2e^{-5t})U(t)$ A,若激励不变而将初始条件减小一半,求此时的全响应。

第二章　　连续系统时域分析

内容提要

本章讲述连续时间系统的时域分析方法。系统的数学模型——微分方程的建立与传输算子 $H(p)$，系统微分方程的解——系统的全响应。系统的零输入响应及其求解，系统的单位冲激响应与单位阶跃响应，卷积积分，求系统零状态响应的卷积积分法，求系统全响应的零输入-零状态法，连续系统时域模拟与框图。

不涉及任何数学变换，而直接在时间变量域内对系统进行分析，称为系统的时域分析。其方法有两种：时域经典法与时域卷积法。时域经典法就是直接求解系统微分方程的方法。这种方法的优点是直观，物理概念清楚，缺点是求解过程冗繁，应用上也有局限性。所以在 20 世纪 50 年代以前，人们普遍喜欢采用变换域分析方法（例如拉普拉斯变换法），而较少采用时域经典法。20 世纪 50 年代以后，由于 $\delta(t)$ 函数及计算机的普遍应用，时域卷积法得到了迅速发展，且不断成熟和完善，已成为系统分析的重要方法之一。时域分析法是各种变换域分析法的基础。

在本章中，首先建立系统的数学模型——微分方程，介绍用经典法求系统的零输入响应，用时域卷积法求系统的零状态响应，再把零输入响应与零状态响应相加，即得系统的全响应的求解方法。其思路与程序如图 2-0-1 所示。

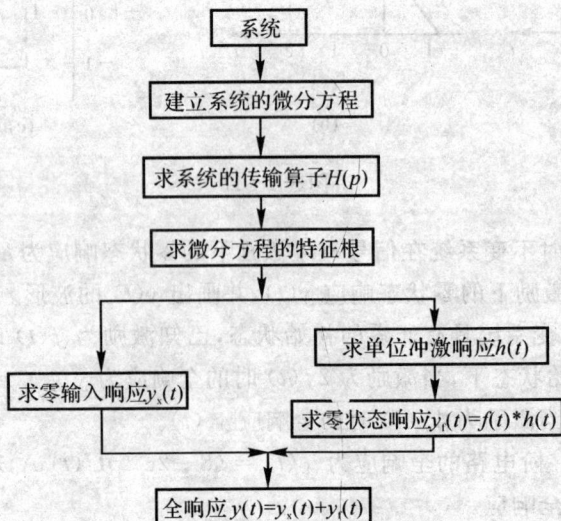

图　2-0-1

　　下面介绍：系统相当于一个微分方程；系统相当于一个传输算子 $H(p)$；系统相当于一个信号 —— 单位冲激响应信号 $h(t)$。对系统进行分析，就是研究激励信号 $f(t)$ 与单位冲激响应信号 $h(t)$ 之间的关系，这种关系就是卷积积分。

2.1　连续系统的数学模型 —— 微分方程与传输算子

　　研究系统，首先要建立系统的数学模型 —— 微分方程。建立电路系统微分方程的依据是电路的两种约束：拓扑约束（KCL，KVL）与元件约束（元件的时域伏安关系）。为了使读者容易理解和接受，我们采取从特殊到一般的方法来研究。

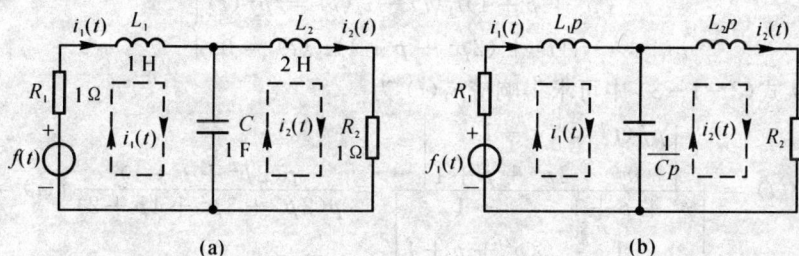

图　2 - 1 - 1

　　图 2 - 1 - 1(a) 所示为一含有三个独立动态元件的双网孔电路，其中 $f(t)$ 为激励，$i_1(t)$，$i_2(t)$ 为响应。对两个网孔回路可列出 KVL 方程为

$$\begin{cases} L_1 \dfrac{\mathrm{d}i_1}{\mathrm{d}t} + R_1 i_1 + \dfrac{1}{C}\displaystyle\int_{-\infty}^{t} i_1(\tau)\mathrm{d}\tau - \dfrac{1}{C}\displaystyle\int_{-\infty}^{t} i_2(\tau)\mathrm{d}\tau = f(t) \\[3mm] -\dfrac{1}{C}\displaystyle\int_{-\infty}^{t} i_1(\tau)\mathrm{d}\tau + L_2 \dfrac{\mathrm{d}i_2}{\mathrm{d}t} + R_2 i_2 + \dfrac{1}{C}\displaystyle\int_{-\infty}^{t} i_2(\tau)\mathrm{d}\tau = 0 \end{cases}$$

上两式为含有两个待求变量 $i_1(t)$，$i_2(t)$ 的联立微分积分方程。为了得到只含有一个变量的微分方程，须引用微分算子 p，即

$$p = \frac{\mathrm{d}}{\mathrm{d}t}, \quad p^2 = \frac{\mathrm{d}^2}{\mathrm{d}t^2}, \quad \cdots, \quad p^n = \frac{\mathrm{d}^n}{\mathrm{d}t^n}$$

$$\frac{1}{p} = p^{-1} = \int_{-\infty}^{t} (\quad)\mathrm{d}\tau, \quad \cdots$$

在引入了微分算子 p 后，上述微分方程即可写为

$$\begin{cases} L_1 p i_1(t) + R_1 i_1(t) + \dfrac{1}{Cp} i_1(t) - \dfrac{1}{Cp} i_2(t) = f(t) \\[3mm] -\dfrac{1}{Cp} i_1(t) + L_2 p i_2(t) + R_2 i_2(t) + \dfrac{1}{Cp} i_2(t) = 0 \end{cases}$$

即

$$\left. \begin{array}{l} \left(L_1 p + R_1 + \dfrac{1}{Cp} \right) i_1(t) - \dfrac{1}{Cp} i_2(t) = f(t) \\[3mm] -\dfrac{1}{Cp} i_1(t) + \left(L_2 p + R_2 + \dfrac{1}{Cp} \right) i_2(t) = 0 \end{array} \right\} \qquad (2 - 1 - 1)$$

根据式（2 - 1 - 1）可画出算子形式的电路模型，如图 2 - 1 - 1(b) 所示。将图 2 - 1 - 1(a) 与(b)

对照，可很容易地根据图 2-1-1(a) 画出图 2-1-1(b)，即将 L 改写成 Lp，将 C 改写成 $\dfrac{1}{Cp}$，其余一切均不变。当画出了算子电路模型后，即可很容易地根据图 2-1-1(b) 算子电路模型列写出式(2-1-1)。

给式(2-1-1) 等号两端同时左乘以 p，即得联立的微分方程，即

$$\begin{cases} \left(L_1 p^2 + R_1 p + \dfrac{1}{C}\right)i_1(t) - \dfrac{1}{C}i_2(t) = pf(t) \\ -\dfrac{1}{C}i_1(t) + \left(L_2 p^2 + R_2 p + \dfrac{1}{C}\right)i_2(t) = 0 \end{cases}$$

将已知数据代入上式，得

$$\left. \begin{array}{r} (p^2 + p + 1)i_1(t) - i_2(t) = pf(t) \\ -i_1(t) + (2p^2 + p + 1)i_2(t) = 0 \end{array} \right\} \tag{2-1-2}$$

用行列式法从式(2-1-2)中可求得响应 $i_1(t)$ 为

$$i_1(t) = \frac{\begin{vmatrix} pf(t) & -1 \\ 0 & 2p^2+p+1 \end{vmatrix}}{\begin{vmatrix} p^2+p+1 & -1 \\ -1 & 2p^2+p+1 \end{vmatrix}} = \frac{p(2p^2+p+1)}{p(2p^3+3p^2+4p+2)}f(t) = \frac{2p^2+p+1}{2p^3+3p^2+4p+2}f(t)$$

注意，在上式的演算过程中，消去了分子与分母中的公因子 p。这是因为所研究的电路是三阶的，因而电路的微分方程也应是三阶的。但应注意，并不是在任何情况下分子与分母中的公因子都可消去。有些情况可以消去，有些情况则不能消去，应视具体情况而定。故有

$$(2p^3 + 3p^2 + 4p + 2)i_1(t) = (2p^2 + p + 1)f(t)$$

即

$$2\frac{d^3 i_1(t)}{dt^3} + 3\frac{d^2 i_1(t)}{dt^2} + 4\frac{di_1(t)}{dt} + 2i_1(t) = 2\frac{d^2 f(t)}{dt^2} + \frac{df(t)}{dt} + f(t)$$

即

$$\frac{d^3 i_1(t)}{dt^3} + \frac{3}{2}\frac{d^2 i_1(t)}{dt^2} + 2\frac{di_1(t)}{dt} + i_1(t) = \frac{d^2 f(t)}{dt^2} + \frac{1}{2}\frac{df(t)}{dt} + \frac{1}{2}f(t)$$

上式即为待求变量为 $i_1(t)$ 的三阶常系数线性非齐次常微分方程。方程等号左端为响应 $i_1(t)$ 及其各阶导数的线性组合，等号右端为激励 $f(t)$ 及其各阶导数的线性组合。

利用同样的方法可求得 $i_2(t)$ 为

$$i_2(t) = \frac{1}{2p^3 + 3p^2 + 4p + 2}f(t)$$

即

$$(2p^3 + 3p^2 + 4p + 2)i_2(t) = f(t)$$

$$\left(p^3 + \frac{3}{2}p^2 + 2p + 1\right)i_2(t) = \frac{1}{2}f(t)$$

$$\frac{d^3 i_2(t)}{dt^3} + \frac{3}{2}\frac{d^2 i_2(t)}{dt^2} + 2\frac{di_2(t)}{dt} + i_2(t) = \frac{1}{2}f(t)$$

上式即为描述响应 $i_2(t)$ 与激励 $f(t)$ 关系的微分方程。

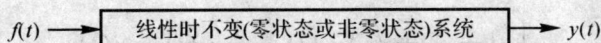

图 2-1-2

推广之,对于 n 阶系统,若设 $y(t)$ 为响应变量,$f(t)$ 为激励,如图 2-1-2 所示,则系统微分方程的一般形式为

$$\frac{\mathrm{d}^n y(t)}{\mathrm{d}t^n} + a_{n-1}\frac{\mathrm{d}^{n-1} y(t)}{\mathrm{d}t^{n-1}} + \cdots + a_1\frac{\mathrm{d}y(t)}{\mathrm{d}t} + a_0 y(t) =$$

$$b_m\frac{\mathrm{d}^m f(t)}{\mathrm{d}t^m} + b_{m-1}\frac{\mathrm{d}^{m-1} f(t)}{\mathrm{d}t^{m-1}} + \cdots + b_1\frac{\mathrm{d}f(t)}{\mathrm{d}t} + b_0 f(t) \qquad (2-1-3)$$

用微分算子 p 表示则为

$$(p^n + a_{n-1}p^{n-1} + \cdots + a_1 p + a_0)y(t) = (b_m p^m + b_{m-1}p^{m-1} + \cdots + b_1 p + b_0)f(t)$$

或写成

$$D(p)y(t) = N(p)f(t)$$

又可写成

$$y(t) = \frac{N(p)}{D(p)}f(t) = H(p)f(t)$$

式中

$$D(p) = p^n + a_{n-1}p^{n-1} + \cdots + a_1 p + a_0$$

称为系统或微分方程式(2-1-3)的特征多项式;

$$N(p) = b_m p^m + b_{m-1}p^{m-1} + \cdots + b_1 p + b_0$$

$$H(p) = \frac{N(p)}{D(p)} = \frac{b_m p^m + b_{m-1}p^{m-1} + \cdots + b_1 p + b_0}{p^n + a_{n-1}p^{n-1} + \cdots + a_1 p + a_0} \qquad (2-1-4)$$

$H(p)$ 称为响应 $y(t)$ 对激励 $f(t)$ 的传输算子或转移算子,它为 p 的两个实系数有理多项式之比,其分母即为微分方程的特征多项式 $D(p)$。$H(p)$ 描述了系统本身的特性,与系统的激励无关。

这里指出一点:字母 p 在本质上是一个微分算子,但从数学形式的角度,以后可以人为地把它看成是一个变量(一般是复数)。这样,传输算子 $H(p)$ 就是变量 p 的两个实系数有理多项式之比。

例 2-1-1 图 2-1-3(a) 所示电路。求响应 $u_1(t)$,$u_2(t)$ 对激励 $i(t)$ 的传输算子及 $u_1(t)$,$u_2(t)$ 分别对 $i(t)$ 的微分方程。

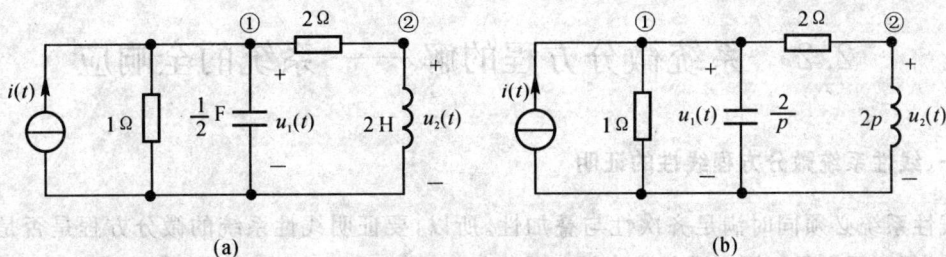

图 2-1-3

解 其算子形式的电路如图 $2-1-3$(b) 所示。对节点 ①,② 列算子形式的 KCL 方程为

$$\begin{cases} \left(1+\dfrac{1}{2}+\dfrac{p}{2}\right)u_1(t) - \dfrac{1}{2}u_2(t) = i(t) \\ -\dfrac{1}{2}u_1(t) + \left(\dfrac{1}{2p}+\dfrac{1}{2}\right)u_2(t) = 0 \end{cases}$$

代入数据得

$$\begin{cases} \left(1+\dfrac{1}{2}p+\dfrac{1}{2}\right)u_1(t) - \dfrac{1}{2}u_2(t) = i(t) \\ -\dfrac{1}{2}u_1(t) + \left(\dfrac{1}{2p}+\dfrac{1}{2}\right)u_2(t) = 0 \end{cases}$$

对上式各项同时左乘以 p,并整理得

$$\begin{cases} (p+3)u_1(t) - u_2(t) = 2i(t) \\ -pu_1(t) + (p+1)u_2(t) = 0 \end{cases}$$

用行列式法联立求解得

$$u_1(t) = \frac{2(p+1)}{p^2+3p+3}i(t) = H_1(p)i(t)$$

$$u_2(t) = \frac{2p}{p^2+3p+3}i(t) = H_2(p)i(t)$$

故得 $u_1(t)$ 对 $i(t)$,$u_2(t)$ 对 $i(t)$ 的传输算子分别为

$$H_1(p) = \frac{u_1(t)}{i(t)} = \frac{2(p+1)}{p^2+3p+3}$$

$$H_2(p) = \frac{u_2(t)}{i(t)} = \frac{2p}{p^2+3p+3}$$

进而得 $u_1(t)$,$u_2(t)$ 分别对 $i(t)$ 的微分方程为

$$(p^2+3p+3)u_1(t) = (2p+2)i(t)$$

$$(p^2+3p+3)u_2(t) = 2pi(t)$$

即

$$\frac{d^2u_1(t)}{dt^2} + 3\frac{du_1(t)}{dt} + 3u_1(t) = 2\frac{di(t)}{dt} + 2i(t)$$

$$\frac{d^2u_2(t)}{dt^2} + 3\frac{du_2(t)}{dt} + 3u_2(t) = 2\frac{di(t)}{dt}$$

可见,对不同的响应 $u_1(t)$,$u_2(t)$,其特征多项式 $D(p) = p^2+3p+3$ 都是相同的,这就是系统特征多项式的不变性与相同性。

*2.2 系统微分方程的解 —— 系统的全响应

一、线性系统微分方程线性的证明

线性系统必须同时满足齐次性与叠加性。所以,要证明线性系统的微分方程是否是线性的,就必须证明它是否同时满足齐次性与叠加性。

线性系统微分方程的一般形式是

$$D(p)y(t) = N(p)f(t) \qquad (2-2-1)$$

设该方程对输入 $f_1(t)$ 的解是 $y_1(t)$，则有

$$D(p)y_1(t) = N(p)f_1(t) \qquad (2-2-2)$$

设该方程对输入 $f_2(t)$ 的解是 $y_2(t)$，则有

$$D(p)y_2(t) = N(p)f_2(t) \qquad (2-2-3)$$

给式(2-2-2)等号两端同乘以任意常数 A_1，给式(2-2-3)等号两端同乘以任意常数 A_2，则有

$$D(p)A_1y_1(t) = N(p)A_1f_1(t)$$
$$D(p)A_2y_2(t) = N(p)A_2f_2(t)$$

将此两式相加即有

$$D(p)[A_1y_1(t) + A_2y_2(t)] = N(p)[A_1f_1(t) + A_2f_2(t)]$$

这就是说，若 $f_1(t) \longrightarrow y_1(t)$，$f_2(t) \longrightarrow y_2(t)$，则 $A_1f_1(t) + A_2f_2(t) \longrightarrow A_1y_1(t) + A_2y_2(t)$，即式(2-2-1)所描述的系统是线性的。(证毕)

二、系统微分方程的解 —— 系统的全响应

求系统微分方程的解，实际上就是求系统的全响应 $y(t)$。系统微分方程的解就是系统的全响应 $y(t)$。线性系统的全响应 $y(t)$，可分解为零输入响应 $y_x(t)$ 与零状态响应 $y_f(t)$ 的叠加，即 $y(t) = y_x(t) + y_f(t)$。下面证明此结论。

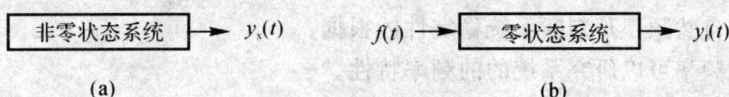

图　2-2-1

在图2-2-1中，若激励 $f(t) = 0$，但系统的初始条件不等于零，此时系统的响应即为零输入响应 $y_x(t)$，如图2-2-1(a)所示。根据式(2-2-1)可写出此时系统的微分方程为

$$D(p)y_x(t) = 0 \qquad (2-2-4)$$

在图2-2-1中，若激励 $f(t) \neq 0$，但系统的初始条件等于零(即为零状态系统)，此时系统的响应即为零状态响应 $y_f(t)$，如图2-2-1(b)所示。根据式(2-2-1)可写出此时系统的微分方程为

$$D(p)y_f(t) = N(p)f(t) \qquad (2-2-5)$$

将式(2-2-4)与式(2-2-5)相加得

$$D(p)[y_x(t) + y_f(t)] = N(p)f(t)$$

即

$$D(p)y(t) = N(p)f(t)$$

式中

$$y(t) = y_x(t) + y_f(t)$$

可见 $y(t) = y_x(t) + y_f(t)$ 确是系统微分方程(2-2-1)的解。这个结论提供了求系统全响应 $y(t)$ 的途径和方法，即先分别求出零输入响应 $y_x(t)$ 与零状态响应 $y_f(t)$，然后再将 $y_x(t)$ 与 $y_f(t)$ 叠加，即得系统的全响应 $y(t)$，即 $y(t) = y_x(t) + y_f(t)$。这种方法称为求系统全响应的零输入-零状态法。

2.3　系统的零输入响应及其求解

一、系统的自然频率

传输算子 $H(p) = \dfrac{N(p)}{D(p)}$ 的分母多项式

$$D(p) = p^n + a_{n-1}p^{n-1} + \cdots + a_1 p + a_0$$

称为系统(或微分方程)的特征多项式。令特征多项式

$$D(p) = p^n + a_{n-1}p^{n-1} + \cdots + a_1 p + a_0 = 0$$

称为系统(或微分方程)的特征方程,其根称为系统(或微分方程)的特征根,也称为系统的自然频率或固有频率,也称为 $H(p)$ 的极点[因当 $D(p) = 0$ 时,$H(p) \to \infty$]。系统的特征多项式 $D(p)$、特征方程 $D(p) = 0$ 及特征根(自然频率),只与系统本身的结构和参数有关,而与激励和响应均无关。

由于传输算子 $H(p)$ 反映了系统本身的特性,所以系统的自然频率也是反映和描述系统本身特性的。研究系统自然频率的意义在于:

(1) 系统的自然频率确定了系统零输入响应随时间而变化的规律。

(2) 系统的自然频率确定了系统单位冲激响应 $h(t)$ 随时间而变化的规律。

(3) 系统的自然频率是判断系统稳定性的根据。

(4) 从自然频率可以研究系统的的频率特性。

二、系统零输入响应 $y_x(t)$ 的求解

当系统的外加激励 $f(t) = 0$ 时,仅由系统初始条件(初始储能)产生的响应 $y_x(t)$ 称为系统的零输入响应。由式(2-2-4)看出,由于 $y_x(t)$ 在一般情况下不为零,故欲使式(2-2-4)成立,则必须有 $D(p) = 0$。下面分两种情况来求 $y_x(t)$。

1. $D(p) = 0$ 的根为 n 个单根

当 $D(p) = 0$ 的根(特征根)为 n 个单根(不论实根、虚根、复数根)p_1, p_2, $\cdots$, p_n 时,则 $y_x(t)$ 的通解表达式为

$$y_x(t) = A_1 e^{p_1 t} + A_2 e^{p_2 t} + \cdots + A_n e^{p_n t} \qquad (2-3-1)$$

2. $D(p) = 0$ 的根为 n 重根

当 $D(p) = 0$ 的根(特征根)为 n 个重根(不论实根、虚根、复数根)$p_1 = p_2 = \cdots = p_n = p$ 时,$y_x(t)$ 的通解表达式为

$$y_x(t) = A_1 e^{pt} + A_2 t e^{pt} + A_3 t^2 e^{pt} + \cdots + A_n t^{n-1} e^{pt} \qquad (2-3-2)$$

式(2-3-1)和式(2-3-2)中的 A_1, A_2, A_3, $\cdots$, A_n 为积分常数,应将 $y_x(t)$ 及其各阶导数的初始值 $y_x(0^+)$, $y_x'(0^+)$, $y_x''(0^+)$, $\cdots$, $y_x^{(n-1)}(0^+)$ 代入式(2-3-1),式(2-3-2)而确定。

三、求 $y_x(t)$ 的基本步骤

(1) 求系统的自然频率。

(2) 写出 $y_x(t)$ 的通解表达式,如式(2-3-1)或式(2-3-2)所示。

（3）根据换路定律、电荷守恒定律、磁链守恒定律，从系统的初始条件（即初始状态），求系统的初始值 $y_x(0^+)$，$y_x'(0^+)$，$y_x''(0^+)$，…，$y_x^{(n-1)}(0^+)$。

（4）将已求得的初始值 $y_x(0^+)$，$y_x'(0^+)$，$y_x''(0^+)$，…，$y_x^{(n-1)}(0^+)$ 代入式（2-3-1）或式（2-3-2），确定积分常数 A_1，A_2，…，A_n。

（5）将确定出的积分常数 A_1，A_2，…，A_n 代入式（2-3-1）或式（2-3-2），即得 $y_x(t)$。

（6）画出 $y_x(t)$ 的波形。至此求解工作即告完毕。

例 2-3-1 已知各系统的传输算子及初始值，求各系统的自然频率与零输入响应 $y_x(t)$。

（1）$H(p) = \dfrac{p+4}{p(p^2+3p+2)}$，$y_x(0^+)=0$，$y_x'(0^+)=1$，$y_x''(0^+)=0$；

（2）$H(p) = \dfrac{1}{p^2+2p+5}$，$y_x(0^+)=1$，$y_x'(0^+)=7$；

（3）$H(p) = \dfrac{2p^2+8p+3}{(p+1)(p+3)^2}$，$y_x(0^+)=2$，$y_x'(0^+)=1$，$y_x''(0^+)=0$。

解　（1）$D(p)=p(p^2+3p+2)=p(p+1)(p+2)=0$，故得系统的自然频率（特征根）为 $p_1=0$，$p_2=-1$，$p_3=-2$。故可写出

$$y_x(t) = A_1 e^{p_1 t} + A_2 e^{p_2 t} + A_3 e^{p_3 t} = A_1 + A_2 e^{-t} + A_3 e^{-2t}$$

又

$$y_x'(t) = -A_2 e^{-t} - 2A_3 e^{-2t}$$
$$y_x''(t) = A_2 e^{-t} + 4A_3 e^{-2t}$$

故

$$y_x(0^+) = A_1 + A_2 + A_3 = 0$$
$$y_x'(0^+) = -A_2 - 2A_3 = 1$$
$$y_x''(0^+) = A_2 + 4A_3 = 0$$

联立求解得 $A_1=\dfrac{3}{2}$，$A_2=-2$，$A_3=\dfrac{1}{2}$。故得

$$y_x(t) = \frac{3}{2} - 2e^{-t} + \frac{1}{2}e^{-2t} \qquad t>0$$

（2）$D(p)=p^2+2p+5=0$ 的根（自然频率）为 $p_1=-1+j2$，$p_2=-1-j2=p_1^*$。故可写出

$$y_x(t) = A_1 e^{(-1+j2)t} + A_2 e^{(-1-j2)t}$$

又

$$y'_x(t) = (-1+j2)A_1 e^{(-1+j2)t} + (-1-j2)A_2 e^{(-1-j2)t}$$

故

$$y_x(0^+) = A_1 + A_2 = 1$$
$$y_x'(0^+) = (-1+j1)A_1 + (-1-j1)A_2 = 7$$

联立求解得 $A_1=\dfrac{1}{2}-j2$，$A_2=\dfrac{1}{2}+j2=A_1^*$。故得

$$y_x(t) = \left(\frac{1}{2}-j2\right)e^{(-1+j2)t} + \left(\frac{1}{2}+j2\right)e^{(-1-j2)t} = e^{-t}(\cos 2t + 4\sin 2t) \qquad t>0$$

（3）$D(p)=(p+1)(p+3)^2=0$ 的根（自然频率）为 $p_1=-1$，$p_2=p_3=-3$（二重根）。

故可写出

$$y_x(t) = A_1 e^{-t} + A_2 e^{-3t} + A_3 t e^{-3t}$$

又

$$y_x'(t) = -A_1 e^{-t} - 3A_2 e^{-3t} - 3A_3 t e^{-3t} + A_3 e^{-3t}$$

$$y_x''(t) = A_1 e^{-t} + 9A_2 e^{-3t} + 9A_3 t e^{-3t} - 3A_3 e^{-3t} - 3A_3 e^{-3t}$$

故

$$y_x(0^+) = A_1 + A_2 = 2$$
$$y_x'(0^+) = -A_1 - 3A_2 + A_3 = 1$$
$$y_x''(0^+) = A_1 + 9A_2 - 6A_3 = 0$$

联立求解得 $A_1 = 6$, $A_2 = -4$, $A_3 = -5$,故得

$$y_x(t) = 6e^{-t} - 4e^{-3t} - 5te^{-3t} \qquad t > 0$$

例 2-3-2 求图 2-3-1(a) 所示电路中关于电流 $i(t)$ 的零输入响应 $i_x(t)$。已知 $i(0^-) = 1\,A$,$u_C(0^-) = -7\,V$。

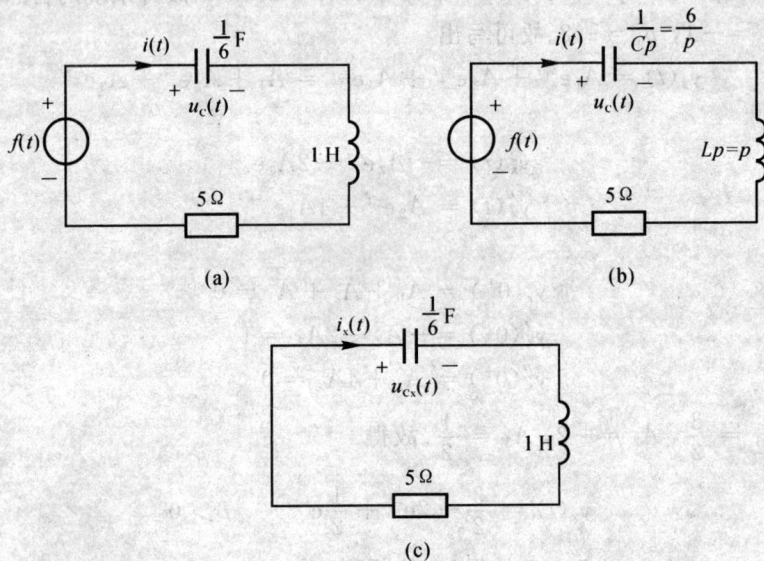

图 2-3-1

解 图 2-3-1(a) 电路的算子电路模型如图 2-3-1(b) 电路所示,根据此电路即可列写出电流 $i(t)$ 的微分方程为

$$\left(p + 5 + \frac{6}{p}\right)i(t) = f(t)$$

即

$$(p^2 + 5p + 6)i(t) = pf(t)$$

$$i(t) = \frac{p}{p^2 + 5p + 6}f(t)$$

故得

$$H(p) = \frac{p}{p^2 + 5p + 6}$$

故

$$D(p) = p^2 + 5p + 6 = 0$$

即
$$(p+2)(p+3) = 0$$
故得电路的自然频率（即微分方程的特征根）为 $p_1 = -2$，$p_2 = -3$。故可写出零输入响应 $i_x(t)$ 的通解形式为
$$i_x(t) = A_1 e^{p_1 t} + A_2 e^{p_2 t} = A_1 e^{-2t} + A_2 e^{-3t}$$
故
$$i_x'(t) = -2A_1 e^{-2t} - 3A_2 e^{-3t}$$
故
$$\begin{cases} i_x(0^+) = A_1 + A_2 & ① \\ i_x'(0^+) = -2A_1 - 3A_2 & ② \end{cases}$$
根据换路定律有 $i_x(0^+) = i_x(0^-) = i(0^-) = 1\,\text{A}$。

下面求 $i_x'(0^+)$：因在图 2-3-1(c) 中有
$$u_{Cx}(t) + L\frac{\mathrm{d}i_x(t)}{\mathrm{d}t} + Ri_x(t) = 0$$
故
$$u_{Cx}(0^+) + Li_x'(0^+) + Ri_x(0^+) = 0$$
故得
$$i_x'(0^+) = \frac{-u_{Cx}(0^+) - Ri_x(0^+)}{L} = \frac{-u_C(0^-) - 5i(0^-)}{1} = \frac{-(-7) - 5\times1}{1} = 2\,\text{A/s}$$
将已求得的 $i_x(0^+) = 1\,\text{A}$ 和 $i_x'(0^+) = 2\,\text{A/s}$ 代入式 ①，② 有
$$\begin{cases} A_1 + A_2 = 1 \\ -2A_1 - 3A_2 = 2 \end{cases}$$
联立求解得 $A_1 = 5$，$A_2 = -4$。代入 $i_x(t)$ 的通解式中，即得零输入响应为
$$i_x(t) = (5e^{-2t} - 4e^{-3t})U(t)\,\text{A}$$

2.4　系统的单位冲激响应与单位阶跃响应及其求解

一、单位冲激响应的定义

单位冲激激励 $\delta(t)$ 在零状态系统中产生的响应称为单位冲激响应，简称冲激响应，用 $h(t)$ 表示，如图 2-4-1 所示。此时系统的微分方程变为
$$h(t) = H(p)\delta(t) = \frac{N(p)}{D(p)}\delta(t) = \frac{b_m p^m + b_{m-1} p^{m-1} + \cdots + b_1 p + b_0}{p^n + a_{n-1} p^{n-1} + \cdots + a_1 p + a_0}\delta(t) \qquad (2-4-1)$$

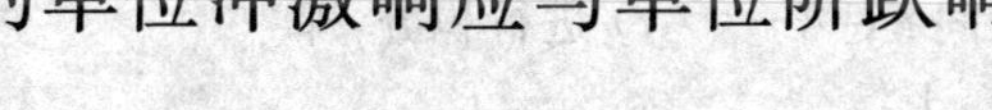

$$\delta(t) \longrightarrow \boxed{\text{线性非时变零状态系统}} \longrightarrow h(t)$$

图　2-4-1

二、单位冲激响应 $h(t)$ 的求法

单位冲激响应 $h(t)$ 可通过将 $H(p)$ 展开成部分分式而求得。以下分三种情况研究之。

1. 当 $n > m$ 时

当 $n > m$ 时，$H(p)$ 为真分式。设 $D(p) = 0$ 的根为 n 个单根（不论实根、虚根、复数根）p_1，

$p_2, \cdots, p_n$，则可将 $H(p)$ 展开成部分分式*，即

$$H(p) = \frac{b_m p^m + b_{m-1} p^{m-1} + \cdots + b_1 p + b_0}{p^n + a_{n-1} p^{n-1} + \cdots + a_1 p + a_0} =$$

$$\frac{b_m p^m + \cdots + b_1 p + b_0}{(p-p_1)(p-p_2)\cdots(p-p_n)} = \frac{K_1}{p-p_1} + \frac{K_2}{p-p_2} + \cdots + \frac{K_n}{p-p_n}$$

其中 $K_1, K_2, \cdots, K_n$ 为待定系数，是可以求得的（其求法见 5.1 节中的七）。于是式（2-4-1）可写为

$$h(t) = \frac{K_1}{p-p_1}\delta(t) + \frac{K_2}{p-p_2}\delta(t) + \cdots + \frac{K_n}{p-p_n}\delta(t) \qquad (2-4-2)$$

为了求得 $h(t)$，先来研究式（2-4-2）中等号右端的第 n 项。令

$$h_n(t) = \frac{K_n}{p-p_n}\delta(t) \qquad n \in \mathbf{Z}^+$$

即

$$(p-p_n)h_n(t) = K_n\delta(t)$$

即

$$ph_n(t) - p_n h_n(t) = K_n\delta(t)$$

即

$$\frac{\mathrm{d}}{\mathrm{d}t}h_n(t) - p_n h_n(t) = K_n\delta(t)$$

给上式等号两端同时左乘以 $e^{-p_n t}$，即

$$e^{-p_n t}\frac{\mathrm{d}h_n(t)}{\mathrm{d}t} - p_n e^{-p_n t}h_n(t) = K_n e^{-p_n t}\delta(t) = K_n\delta(t)$$

即

$$\frac{\mathrm{d}}{\mathrm{d}t}[e^{-p_n t}h_n(t)] = K_n\delta(t)$$

将上式等号两端同时在区间 $t \in (-\infty, t)$ 进行积分，即

$$\int_{-\infty}^{t} \frac{\mathrm{d}}{\mathrm{d}\tau}[e^{-p_n \tau}h_n(\tau)]\mathrm{d}\tau = \int_{-\infty}^{t} K_n\delta(\tau)\mathrm{d}\tau = K_n U(t)$$

即

$$[e^{-p_n \tau}h_n(\tau)]_{-\infty}^{t} = K_n U(t)$$

即

$$e^{-p_n t}h_n(t) - e^{-p_n(-\infty)}h_n(-\infty) = K_n U(t)$$

因为必有 $h_n(-\infty) = 0$，故得

$$h_n(t) = K_n e^{p_n t}U(t)$$

用同样方法可求得式（2-4-2）等号右端的其余各项。故得

$$h(t) = K_1 e^{p_1 t}U(t) + K_2 e^{p_2 t}U(t) + \cdots + K_n e^{p_n t}U(t) = \sum_{i=1}^{n} K_i e^{p_i t}U(t) \quad i \in \mathbf{Z}^+$$

$$(2-4-3)$$

可见单位冲激响应 $h(t)$ 的形式与系统零输入响应 $y_x(t)$ 的形式（式（2-3-1））相同，但两者中

---

* 关于部分分式的有关知识，在中学和大学数学课中均已学过，或先参看本书 5.1 节中的七。

系数的求法不同。式$(2-3-1)$中的系数 A_n 由系统零输入响应的初始值确定,而式$(2-4-3)$中的系数 K_i 则是部分分式中的待定系数。

若 $D(p) = 0$ 的根(特征根)中含有 r 重根 p_i,则 $H(p)$ 的部分分式中将含有形如 $\dfrac{K}{(p-p_i)^r}$ 的项,可以证明,与之对应的单位冲激响应的形式将为 $\dfrac{K}{(r-1)!}t^{r-1}\mathrm{e}^{p_i t}U(t)$。

表 $2-4-1$ 给出了各种形式的 $H(p)$ 及其对应的 $h(t)$。

表 2 - 4 - 1 $H(p)$ 及其对应的 $h(t)$

$H(p)$	$h(t)$
K	$K\delta(t)$
p	$\delta'(t)$
$\dfrac{K}{p-p_n}$	$K\mathrm{e}^{p_n t}U(t)$
$\dfrac{K_1+jK_2}{p-(a+j\omega)}+\dfrac{K_1-jK_2}{p-(a-j\omega)}$	$2\mathrm{e}^{at}(K_1\cos\omega t - K_2\sin\omega t)U(t)$
$\dfrac{K\mathrm{e}^{j\theta}}{p-(a+j\omega)}+\dfrac{K\mathrm{e}^{-j\theta}}{p-(a-j\omega)}$	$2K\mathrm{e}^{at}\cos(\omega t+\theta)U(t)$
$\dfrac{K}{(p-p_i)^r}$ r 为正整数	$\dfrac{K}{(r-1)!}t^{r-1}\mathrm{e}^{p_i t}U(t)$

例 2 - 4 - 1   已知 $h(t)=\dfrac{p+3}{p^2+3p+2}\delta(t)$。求 $h(t)$。

解 $H(p)=\dfrac{p+3}{p^2+3p+2}=\dfrac{p+3}{(p+1)(p+2)}=\dfrac{K_1}{p+1}+\dfrac{K_2}{p+2}$

式中 K_1,K_2 的求法如下:

$$K_1=\dfrac{p+3}{(p+1)(p+2)}(p+1)\Big|_{p=-1}=2$$

$$K_2=\dfrac{p+3}{(p+1)(p+2)}(p+2)\Big|_{p=-2}=-1$$

故

$$H(p)=\dfrac{2}{p+1}-\dfrac{1}{p+2}$$

故

$$h(t)=\left(\dfrac{2}{p+1}-\dfrac{1}{p+2}\right)\delta(t)=\dfrac{2}{p+1}\delta(t)-\dfrac{1}{p+2}\delta(t)=$$
$$2\mathrm{e}^{-t}U(t)-\mathrm{e}^{-2t}U(t)=(2\mathrm{e}^{-t}-\mathrm{e}^{-2t})U(t)$$

2. 当 $n=m$ 时

当 $n=m$ 时,应将 $H(p)$ 用除法化为一个常数项 b_m 与一个真分式 $\dfrac{N_0(p)}{N(p)}$ 之和,即

$$H(p)=b_m+\dfrac{N_0(p)}{N(p)}=b_m+\dfrac{K_1}{p-p_1}+\dfrac{K_2}{p-p_2}+\cdots+\dfrac{K_n}{p-p_n}$$

故得单位冲激响应为

$$h(t) = b_m\delta(t) + \sum_{i=1}^{n} K_i e^{p_i t} U(t) \qquad i \in \mathbf{Z}^+$$

可见，此种情况下，$h(t)$ 中将含有冲激函数 $\delta(t)$。

例 2-4-2　已知 $h(t) = \dfrac{p^2+4p+5}{p^2+3p+2}\delta(t)$，求 $h(t)$。

解　$H(p) = \dfrac{p^2+4p+5}{p^2+3p+2} = 1 + \dfrac{p+3}{p^2+3p+2} = 1 + \dfrac{2}{p+1} - \dfrac{1}{p+2}$

故

$$h(t) = \left(1 + \frac{2}{p+1} - \frac{1}{p+2}\right)\delta(t) =$$

$$\delta(t) + \frac{2}{p+1}\delta(t) - \frac{1}{p+2}\delta(t) = \delta(t) + (2e^{-t} - e^{-2t})U(t)$$

3. 当 $n < m$ 时

当 $n < m$ 时，$h(t)$ 中除了包含指数项 $\sum_{i=1}^{n} K_i e^{p_i t} U(t)$ 和冲激函数 $\delta(t)$ 外，还将包含有直到 $\delta^{(m-n)}(t)$ 的冲激函数 $\delta(t)$ 的各阶导数。

例 2-4-3　已知 $h(t) = \dfrac{3p^3+5p^2-5p-5}{p^2+3p+2}\delta(t)$，求 $h(t)$。

解　$H(p) = \dfrac{3p^3+5p^2-5p-5}{p^2+3p+2} = 3p - 4 + \dfrac{p+3}{p^2+3p+2} =$

$$3p - 4 + \frac{2}{p+1} - \frac{1}{p+2}$$

故

$$h(t) = \left(3p - 4 + \frac{2}{p+1} - \frac{1}{p+2}\right)\delta(t) =$$

$$3p\delta(t) - 4\delta(t) + \frac{2}{p+1}\delta(t) - \frac{1}{p+2}\delta(t) =$$

$$3\delta'(t) - 4\delta(t) + (2e^{-t} - e^{-2t})U(t)$$

例 2-4-4　已知系统的微分方程为

$$(p+1)^3(p+2)y(t) = (4p^3 + 16p^2 + 23p + 13)f(t)$$

求系统的单位冲激响应 $h(t)$。

解　$H(p) = \dfrac{4p^3+16p^2+23p+13}{(p+1)^3(p+2)} = \dfrac{K_{11}}{(p+1)^3} + \dfrac{K_{12}}{(p+1)^2} + \dfrac{K_{13}}{p+1} + \dfrac{K_2}{p+2} =$

$$\frac{2}{(p+1)^3} + \frac{1}{(p+1)^2} + \frac{3}{p+1} + \frac{1}{p+2}$$

故

$$h(t) = \frac{2}{(p+1)^3}\delta(t) + \frac{1}{(p+1)^2}\delta(t) + \frac{3}{p+1}\delta(t) + \frac{1}{p+2}\delta(t) =$$

$$\frac{2}{(3-1)!}t^2 e^{-t}U(t) + \frac{1}{(2-1)!}t e^{-t}U(t) + 3e^{-t}U(t) + e^{-2t}U(t) =$$

$$(t^2 e^{-t} + t e^{-t} + 3e^{-t} + e^{-2t})U(t)$$

例 2-4-5　图 2-4-2(a) 所示电路。求关于 $u_1(t)$，$u_2(t)$ 的单位冲激响应 $h_1(t)$ 与 $h_2(t)$。

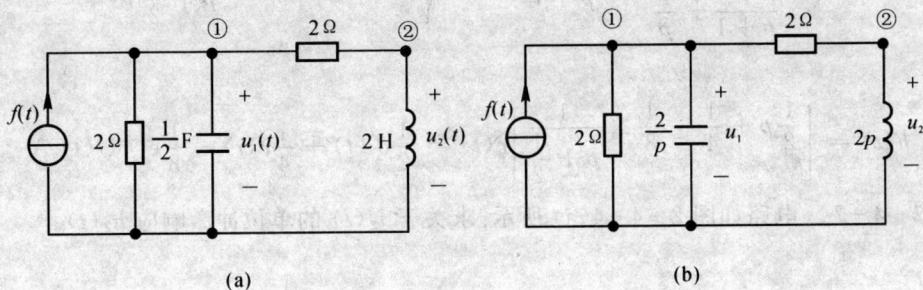

图　2-4-2

解　图 2-4-2(a) 电路的算子电路模型如图 2-4-2(b) 所示。于是根据图 2-4-2(b) 电路，对节点 ①，② 列 KCL 方程为

$$\left(\frac{p}{2}+1\right)u_1(t)-\frac{1}{2}u_2(t)=f(t)$$

$$-\frac{1}{2}u_1(t)+\left(\frac{1}{2p}+\frac{1}{2}\right)u_2(t)=0$$

联立求解得

$$u_1(t)=\frac{2(p+1)}{p^2+2p+2}f(t)=2\frac{p+1}{(p+1)^2+1}f(t)$$

$$u_2(t)=\frac{2p}{p^2+2p+2}f(t)=2\left[\frac{p+1}{(p+1)^2+1}-\frac{1}{(p+1)^2+1}\right]f(t)$$

故得

$$h_1(t)=\frac{2(p+1)}{(p+1)^2+1}\delta(t)=2e^{-t}\cos t U(t)\ \text{V}$$

$$h_2(t)=2\frac{p+1}{(p+1)^2+1}\delta(t)-2\frac{1}{(p+1)^2+1}\delta(t)=$$

$$(2e^{-t}\cos t-2e^{-t}\sin t)U(t)\ \text{V}$$

例 2-4-6　电路如图 2-4-3(a) 所示。求关于 $i(t)$ 的单位冲激响应 $h(t)$。

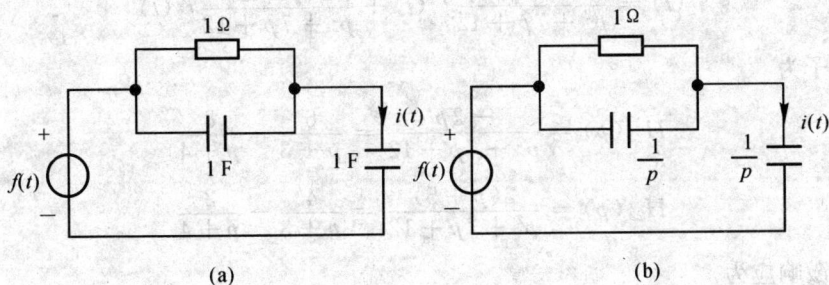

图　2-4-3

解　图 2-4-3(a) 电路的算子电路模型如图 2-4-3(b) 所示。根据图 2-4-3(b) 电路可求得

$$i(t) = \frac{f(t)}{\frac{1}{p+1} + \frac{1}{p}} = \frac{p^2 + p}{2p+1}f(t) = \left[\frac{1}{2}p + \frac{1}{4} - \frac{1}{8} \times \frac{1}{p + \frac{1}{2}}\right]f(t)$$

故

$$h(t) = \left[\frac{1}{2}p + \frac{1}{4} - \frac{1}{8} \times \frac{1}{p + \frac{1}{2}}\right]\delta(t) = \frac{1}{2}\delta'(t) + \frac{1}{4}\delta(t) - \frac{1}{8}e^{-\frac{1}{2}t}U(t) \text{ A}$$

例 2 - 4 - 7 电路如图 2 - 4 - 4(a) 所示。求关于 $i_2(t)$ 的单位冲激响应 $h_2(t)$。

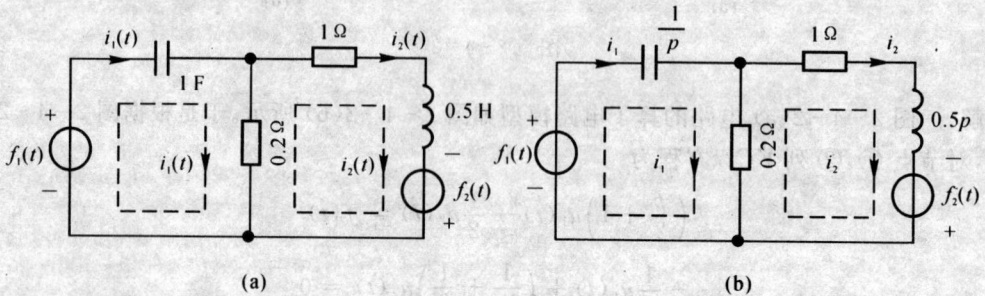

图 2 - 4 - 4

解 图 2 - 4 - 4(a) 电路的算子电路模型如图 2 - 4 - 4(b) 所示。根据图 2 - 4 - 4(b) 电路，对两个网孔回路可列出 KVL 方程为

$$\begin{cases} \left(\frac{1}{p} + 0.2\right)i_1(t) - 0.2i_2(t) = f_1(t) \\ -0.2i_1(t) + (1.2 + 0.5p)i_2(t) = f_2(t) \end{cases}$$

即

$$\begin{cases} (1 + 0.2p)i_1(t) - 0.2pi_2(t) = pf_1(t) \\ -0.2i_1(t) + (1.2 + 0.5p)i_2(t) = f_2(t) \end{cases}$$

联立求解得

$$i_2(t) = \frac{-2p}{p^2 + 7p + 12}f_1(t) + \frac{2(p+5)}{p^2 + 7p + 12}f_2(t)$$

故得传输算子为

$$H_{21}(p) = \frac{-2p}{p^2 + 7p + 12} = \frac{6}{p+3} - \frac{8}{p+4}$$

$$H_{22}(p) = \frac{2(p+5)}{p^2 + 7p + 12} = \frac{4}{p+3} - \frac{2}{p+4}$$

故得单位冲激响应为

$$h_2(t) = \left(\frac{6}{p+3} - \frac{8}{p+4}\right)\delta(t) + \left(\frac{4}{p+3} - \frac{2}{p+4}\right)\delta(t) =$$

$$(6e^{-3t} - 8e^{-4t})U(t) + (4e^{-3t} - 2e^{-4t})U(t) =$$

$$(10e^{-3t} - 8e^{-4t})U(t) \text{ A}$$

三、单位阶跃响应

单位阶跃激励 $U(t)$ 在零状态系统中产生的响应称为单位阶跃响应，简称阶跃响应，用 $g(t)$ 表示，如图 2-4-5 所示。

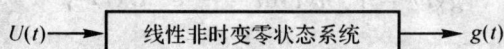

$$U(t) \longrightarrow \boxed{\text{线性非时变零状态系统}} \longrightarrow g(t)$$

图　2-4-5

阶跃响应 $g(t)$ 的求解方法之一，是根据线性系统的积分性，可通过将 $h(t)$ 进行积分而求得。即

$$g(t) = \int_{0^-}^{t} h(\tau)d\tau$$

例 2-4-8　求图 2-4-3 所示电路中关于 $i(t)$ 的单位阶跃响应 $g(t)$。

解　在例 2-4-6 中已求得该电路的单位冲激响应为

$$h(t) = \frac{1}{2}\delta'(t) + \frac{1}{4}\delta(t) - \frac{1}{8}e^{-\frac{1}{2}t}U(t) \text{ A}$$

故得单位阶跃响应为

$$g(t) = \int_{0^-}^{t} h(\tau)d\tau = \int_{0^-}^{t}\left[\frac{1}{2}\delta'(\tau) + \frac{1}{4}\delta(\tau) - \frac{1}{8}e^{-\frac{1}{2}\tau}\right]d\tau = \frac{1}{2}\delta(t) + \frac{1}{4}e^{-\frac{1}{2}t}U(t) \text{ A}$$

例 2-4-9　求图 2-4-6(a) 所示电路关于 $u(t)$ 的单位冲激响应 $h(t)$ 与单位阶跃响应 $g(t)$。

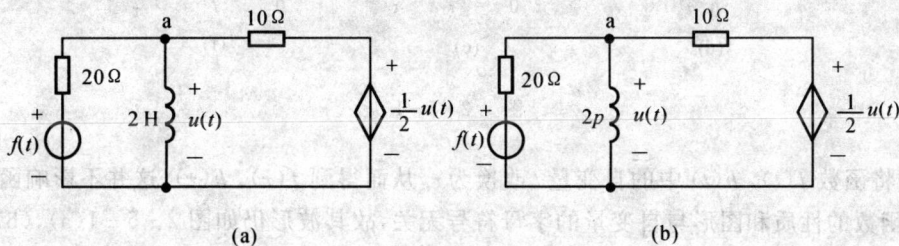

图　2-4-6

解　图 2-4-6(a) 电路的算子电路模型如图 2-4-6(b) 所示。根据图 2-4-6(b) 电路，对节点 a 可列出 KCL 方程为

$$\left(\frac{1}{20} + \frac{1}{2p} + \frac{1}{10}\right)u(t) = \frac{1}{20}f(t) + \frac{1}{10}\times\frac{1}{2}u(t)$$

即

$$\left(1 + \frac{p}{5}\right)u(t) = \frac{1}{10}pf(t)$$

故得

$$u(t) = \frac{\frac{1}{2}p}{p+5}f(t) = \left(\frac{1}{2} - \frac{5}{2}\times\frac{1}{p+5}\right)f(t)$$

故又得

$$h(t) = \left(\frac{1}{2} - \frac{5}{2} \times \frac{1}{p+5}\right)\delta(t) = \frac{1}{2}\delta(t) - \frac{5}{2}e^{-5t}U(t) \ \text{V}$$

又

$$g(t) = \int_0^t h(\tau)\mathrm{d}\tau = \frac{1}{2}e^{-5t}U(t) \ \text{V}$$

2.5　卷 积 积 分

一、定义

设有两个任意的时间函数,例如 $f(t) = U(t)$ 和 $h(t) = Ae^{-\alpha t}U(t)$($\alpha$ 为大于零的实常数),其波形分别如图 2-5-1(a),(b)所示。利用图解法进行如下五个步骤的运算,从而引出卷积积分的定义。

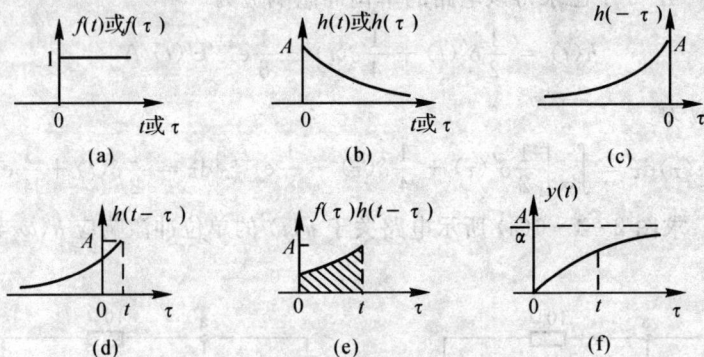

图　2-5-1

(1) 将函数 $f(t)$,$h(t)$ 中的自变量 t 改换为 τ,从而得到 $f(\tau)$,$h(\tau)$,这并不影响函数的图形,因为函数的性质和图形与自变量的字母符号无关,故其波形仍如图 2-5-1(a),(b)所示。

(2) 将函数 $h(\tau)$ 以纵坐标轴为轴折叠,从而得到折叠信号 $h(-\tau)$,如图 2-5-1(c)所示。

(3) 将折叠信号 $h(-\tau)$ 沿 τ 轴平移 t,t 为参变量,从而得到平移信号 $h[-(\tau-t)] = h(t-\tau)$,如图 2-5-1(d)所示。当 $t>0$ 时为向右平移,当 $t<0$ 时为向左平移。

(4) 将 $f(\tau)$ 与 $h(t-\tau)$ 相乘,从而得到相乘信号 $f(\tau)h(t-\tau)$,其波形如图 2-5-1(e)所示。

(5) 将函数 $f(\tau)h(t-\tau)$ 在区间 $(-\infty, \infty)$ 上积分得

$$y(t) = \int_{-\infty}^{+\infty} f(\tau)h(t-\tau)\mathrm{d}\tau$$

由于积分变量为 τ,其积分结果必为参变量 t 的函数,故用 $y(t)$ 表示。该积分就是相乘函数 $f(\tau)h(t-\tau)$ 曲线下的面积(图 2-5-1(e)中画斜线的部分)。上式所表述的内容即称为函数 $f(t)$ 与 $h(t)$ 的卷积积分,用符号"$*$"表示,即

$$y(t) = f(t) * h(t) = \int_{-\infty}^{+\infty} f(\tau)h(t-\tau)\mathrm{d}\tau \tag{2-5-1}$$

读作 $f(t)$ 与 $h(t)$ 的卷积积分,简称卷积。

观察图 $2-5-1$(e) 可见,当 $\tau<0^-$ 和 $\tau>t$ 时,被积函数 $f(\tau)h(t-\tau)=0$,这是因为 $f(t)=U(t)$, $h(t)=Ae^{-\alpha t}U(t)$ 均为因果函数的缘故。故式$(2-5-1)$ 中的积分限可改写为 $(0^-,\ t)$,即

$$y(t)=\int_{0^-}^{t}f(\tau)h(t-\tau)\mathrm{d}\tau \qquad (2-5-2)$$

但要注意,卷积积分的严格定义式仍然是式$(2-5-1)$,即积分的上下限仍然是$(-\infty,+\infty)$。

若将 $f(t)=U(t)$, $h(t)=Ae^{-\alpha t}U(t)$ 代入式$(2-5-2)$ 中,并积分即得

$$y(t)=\int_{0^-}^{t}U(\tau)Ae^{-\alpha(t-\tau)}\cdot U(t-\tau)\mathrm{d}\tau=\int_{0^-}^{t}1Ae^{-\alpha t}e^{\alpha\tau}\times1\mathrm{d}\tau=$$

$$\frac{A}{\alpha}e^{-\alpha t}\big[e^{\alpha\tau}\big]_{0^-}^{t}=\frac{A}{\alpha}(1-e^{-\alpha t})U(t)$$

$y(t)$ 的曲线如图 $2-5-1$(f) 所示,称为卷积积分曲线。

求卷积积分时,积分上下限的确定是关键,也是难点,读者应通过做题仔细揣摩。

＊ 二、卷积积分上下限的讨论

卷积积分的严格定义应如式$(2-5-1)$ 所示,其积分的上下限应为区间$(-\infty,+\infty)$。但在具体计算时,积分的上下限可视函数 $f(t)$ 与 $h(t)$ 的特性而做些简化。

(1) 若 $f(t)$ 和 $h(t)$ 均为因果信号,则积分的上下限可写为$(0^-,\ t)$,即

$$y(t)=f(t)*h(t)=\int_{0^-}^{t}f(\tau)h(t-\tau)\mathrm{d}\tau$$

(2) 若 $f(t)$ 为因果信号,$h(t)$ 为无时限信号,则积分的上下限可写为$(0^-,\ \infty)$,即

$$y(t)=f(t)*h(t)=\int_{0^-}^{\infty}f(\tau)h(t-\tau)\mathrm{d}\tau$$

(3) 若 $f(t)$ 为无时限信号,$h(t)$ 为因果信号,则积分的上下限可写为$(-\infty,\ t)$,即

$$y(t)=f(t)*h(t)=\int_{-\infty}^{t}f(\tau)h(t-\tau)\mathrm{d}\tau$$

(4) 若 $f(t)$ 和 $h(t)$ 均为无时限信号,则积分的上下限应写为$(-\infty,+\infty)$,即

$$y(t)=f(t)*h(t)=\int_{-\infty}^{+\infty}f(\tau)h(t-\tau)\mathrm{d}\tau$$

三、运算规律

卷积积分的运算遵从数学中的一些运算规律。关于这些运算规律,留给读者自己证明(可参看工程数学书籍)。

(1) 交换律

$$f_1(t)*f_2(t)=f_2(t)*f_1(t)=\int_{-\infty}^{+\infty}f_1(\tau)f_2(t-\tau)\mathrm{d}\tau=\int_{-\infty}^{+\infty}f_2(\tau)f_1(t-\tau)\mathrm{d}\tau$$

(2) 分配律

$$f_1(t)*[f_2(t)+f_3(t)]=f_1(t)*f_2(t)+f_1(t)*f_3(t)$$

(3) 结合律

$$f_1(t)*[f_2(t)*f_3(t)]=[f_1(t)*f_2(t)]*f_3(t)=[f_1(t)*f_3(t)]*f_2(t)$$

四、主要性质

卷积积分有一些重要性质,深刻理解和掌握这些性质将对卷积的计算带来极大简便。关于这些性质,也留给读者自己证明(可参看工程数学书籍)。

1. 积分

$$\int_{-\infty}^{t} [f_1(\tau) * f_2(\tau)]d\tau = f_1(t) * \int_{-\infty}^{t} f_2(\tau)d\tau = f_2(t) * \int_{-\infty}^{t} f_1(\tau)d\tau$$

2. 微分

$$\frac{d}{dt}[f_1(t) * f_2(t)] = f_1(t) * \frac{df_2(t)}{dt} = f_2(t) * \frac{df_1(t)}{dt}$$

3. $f_1(t)$ 的微分与 $f_2(t)$ 的积分的卷积

$$\frac{df_1(t)}{dt} * \int_{-\infty}^{t} f_2(\tau)d\tau = f_1(t) * f_2(t)$$

应用性质 2,3 的充要条件是必须有 $\lim_{t \to -\infty} f_1(t) = f_1(-\infty) = 0$。证明如下:

因有

$$\int_{-\infty}^{t} \frac{df_1(\tau)}{d\tau}d\tau = [f_1(\tau)]_{-\infty}^{t} = f_1(t) - f_1(-\infty)$$

可见,只有当 $f_1(-\infty) = 0$ 时才会有 $\int_{-\infty}^{t} \frac{df_1(\tau)}{d\tau}d\tau = [f_1(\tau)]_{-\infty}^{t} = f_1(t)$。

对 $f_2(t)$ 要求的条件也是一样,即 $f_2(-\infty) = 0$。

4. $f(t)$ 与 $\delta(t)$ 的卷积

$$f(t) * \delta(t) = f(t)$$

推论

$$f(t) * \delta(t - T) = f(t - T)$$
$$f(t - T_1) * \delta(t - T_2) = f(t - T_1 - T_2)$$

5. $f(t)$ 与 $U(t)$ 的卷积

$$f(t) * U(t) = \int_{-\infty}^{t} f(\tau)d\tau$$

6. $f(t)$ 与 $\delta'(t)$ 的卷积

$$f(t) * \delta'(t) = f'(t) * \delta(t) = f'(t)$$

*7. 时移性

设 $f_1(t) * f_2(t) = y(t)$,则有

$$f_1(t - T_1) * f_2(t - T_2) = y(t - T_1 - T_2)$$

证明 因有

$$f_1(t - T_1) = f_1(t) * \delta(t - T_1)$$
$$f_2(t - T_2) = f_2(t) * \delta(t - T_2)$$

故

$$f_1(t - T_1) * f_2(t - T_2) = [f_1(t) * \delta(t - T_1)] * [f_2(t) * \delta(t - T_2)] =$$
$$[f_1(t) * f_2(t)] * [\delta(t - T_1) * \delta(t - T_2)] =$$
$$y(t) * \delta(t - T_1 - T_2) = y(t - T_1 - T_2) \qquad (证毕)$$

最后需要指出,上面所研究的卷积积分,其前提是卷积积分必须存在,即必须有

$f_1(t) * f_2(t) < \infty$。若卷积积分不存在，即当 $f_1(t) * f_2(t) \to \infty$ 时，则卷积积分就没有意义了。

五、常用的卷积积分表

常用的卷积积分如表 $2-5-1$ 所列。

表 $2-5-1$　卷积积分表

序　号	$f_1(t)$	$f_2(t)$	$f_1(t) * f_2(t)$
1	$f(t)$	$\delta'(t)$	$f'(t)$
2	$f(t)$	$\delta(t)$	$f(t)$
3	$f(t)$	$U(t)$	$\int_{-\infty}^{t} f(\tau)\mathrm{d}\tau$
4	$U(t)$	$U(t)$	$tU(t)$
5	$tU(t)$	$U(t)$	$\frac{1}{2}t^2 U(t)$
6	$\mathrm{e}^{-\alpha t}U(t)$	$U(t)$	$\frac{1}{\alpha}(1 - \mathrm{e}^{-\alpha t})U(t)$
7	$\mathrm{e}^{-\alpha_1 t}U(t)$	$\mathrm{e}^{-\alpha_2 t}U(t)$	$\frac{1}{\alpha_2 - \alpha_1}(\mathrm{e}^{-\alpha_1 t} - \mathrm{e}^{-\alpha_2 t})U(t),\ \alpha_2 \neq \alpha_1$
8	$\mathrm{e}^{-\alpha t}U(t)$	$\mathrm{e}^{-\alpha t}U(t)$	$t\mathrm{e}^{-\alpha t}U(t)$
9	$tU(t)$	$\mathrm{e}^{-\alpha t}U(t)$	$\left(\frac{\alpha t - 1}{\alpha^2} + \frac{1}{\alpha^2}\mathrm{e}^{-\alpha t}\right)U(t)$
10	$t\mathrm{e}^{-\alpha t}U(t)$	$\mathrm{e}^{-\alpha t}U(t)$	$\frac{1}{2}t^2 \mathrm{e}^{-\alpha t}U(t)$
11	$f(t)$	$tU(t)$	$\int_{-\infty}^{t}\left[\int_{-\infty}^{t} f(\tau)\mathrm{d}\tau\right]\mathrm{d}\tau$

例 $2-5-1$　求图 $2-5-2$(a)，(b) 所示两函数的卷积积分 $y(t) = f_1(t) * f_2(t)$，并画出 $y(t)$ 的波形，其中 $f_1(t) = \mathrm{e}^{-(t-\frac{1}{2})}U\left(t - \frac{1}{2}\right)$，$f_2(t) = U\left[-\left(t + \frac{1}{2}\right)\right]$。

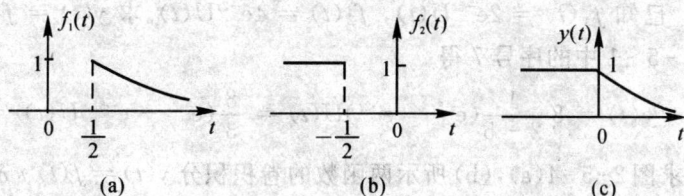

图　$2-5-2$

解　因　　　$y(t) = f_1(t) * f_2(t) = \int_{-\infty}^{+\infty} f_1(\tau)f_2(t-\tau)\mathrm{d}\tau$

当 $t < 0$ 时

$$y(t) = \int_{-\infty}^{+\infty} f_1(\tau) f_2(t-\tau) \mathrm{d}\tau = \int_{-\infty}^{\frac{1}{2}} 0 \times f_2(t-\tau) \mathrm{d}\tau + \int_{\frac{1}{2}}^{+\infty} f_1(\tau) \mathrm{d}\tau =$$

$$\int_{\frac{1}{2}}^{+\infty} \mathrm{e}^{-(\tau-\frac{1}{2})} U\left(\tau - \frac{1}{2}\right) \times 1 \, \mathrm{d}\tau = \int_{\frac{1}{2}}^{+\infty} \mathrm{e}^{-\tau} \mathrm{e}^{\frac{1}{2}} \mathrm{d}\tau = -\mathrm{e}^{\frac{1}{2}} [\mathrm{e}^{-\tau}]_{\frac{1}{2}}^{\infty} = 1$$

当 $t > 0$ 时

$$y(t) = \int_{-\infty}^{+\infty} f_1(\tau) f_2(t-\tau) \mathrm{d}\tau = \int_{-\infty}^{t+\frac{1}{2}} 0 \mathrm{d}\tau + \int_{t+\frac{1}{2}}^{+\infty} f_1(\tau) \mathrm{d}\tau =$$

$$\int_{t+\frac{1}{2}}^{+\infty} \mathrm{e}^{-(\tau-\frac{1}{2})} U\left(\tau - \frac{1}{2}\right) \times 1 \mathrm{d}\tau = \int_{t+\frac{1}{2}}^{+\infty} \mathrm{e}^{-\tau} \mathrm{e}^{\frac{1}{2}} \times 1 \mathrm{d}\tau =$$

$$-\mathrm{e}^{\frac{1}{2}} [\mathrm{e}^{-\tau}]_{t+\frac{1}{2}}^{+\infty} = \mathrm{e}^{-t}$$

故得

$$y(t) = \begin{cases} 1 & t < 0 \\ \mathrm{e}^{-t} & t \geqslant 0 \end{cases} = U(-t) + \mathrm{e}^{-t} U(t)$$

$y(t)$ 的波形如图 $2-5-2(c)$ 所示。

例 $2-5-2$ 求图 $2-5-3$ 所示两函数的卷积积分 $y(t) = f_1(t) * f_2(t)$。

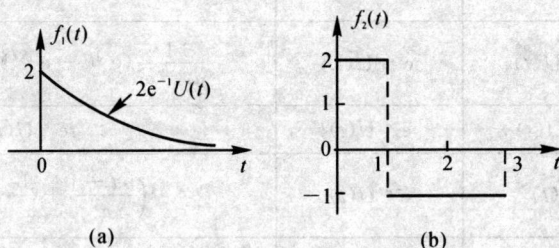

图 $2-5-3$

解 $y(t) = f_1(t) * f_2(t) = \int_{-\infty}^{t} f_1(\tau) \mathrm{d}\tau * f'_2(t) =$

$$\int_0^t 2\mathrm{e}^{-\tau} \mathrm{d}\tau * [2\delta(t) - 3\delta(t-1) + \delta(t-3)] =$$

$$(2 - 2\mathrm{e}^{-t}) U(t) * [2\delta(t) - 3\delta(t-1) + \delta(t-3)] =$$

$$2(2 - 2\mathrm{e}^{-t}) U(t) - 3[2 - 2\mathrm{e}^{-(t-1)}] U(t-1) + [2 - 2\mathrm{e}^{-(t-3)}] U(t-3)$$

例 $2-5-3$ 已知 $f_1(t) = 2\mathrm{e}^{-5t} U(t)$，$f_2(t) = 4\mathrm{e}^{-2t} U(t)$，求 $y(t) = f_1(t) * f_2(t)$。

解 查表 $2-5-1$ 中的序号 7 得

$$y(t) = 8 \frac{1}{2-5} (\mathrm{e}^{-5t} - \mathrm{e}^{-2t}) U(t) = \frac{8}{3} (\mathrm{e}^{-2t} - \mathrm{e}^{-5t}) U(t)$$

例 $2-5-4$ 求图 $2-5-4(a)$，(b) 所示两函数的卷积积分 $y(t) = f(t) * \delta_{\mathrm{T}}(t)$，并画出 $y(t)$ 的波形。

解 $\delta_{\mathrm{T}}(t)$ 称为单位冲激序列，其函数表示式为

$$\delta_{\mathrm{T}}(t) = \sum_{n=-\infty}^{\infty} \delta(t - nT) \qquad n \in \mathbf{Z}$$

其中 T 为周期。

$$y(t) = f(t) * \delta_{\mathrm{T}}(t) = f(t) * \sum_{n=-\infty}^{\infty} \delta(t - nT) =$$

$$\sum_{n=-\infty}^{\infty} f(t) * \delta(t - nT) = \sum_{n=-\infty}^{\infty} f(t - nT)$$

若 $\tau < T$，则 $y(t)$ 的波形如图 $2-5-4$(c) 所示，可见 $y(t)$ 的波形是 $f(t)$ 波形的周期性延拓，延拓的周期为 T。若 $\tau = T$，则 $y(t)$ 的波形如图 $2-5-4$(d) 所示。若 $\tau > T$，则 $y(t)$ 的波形如何？请读者画出。

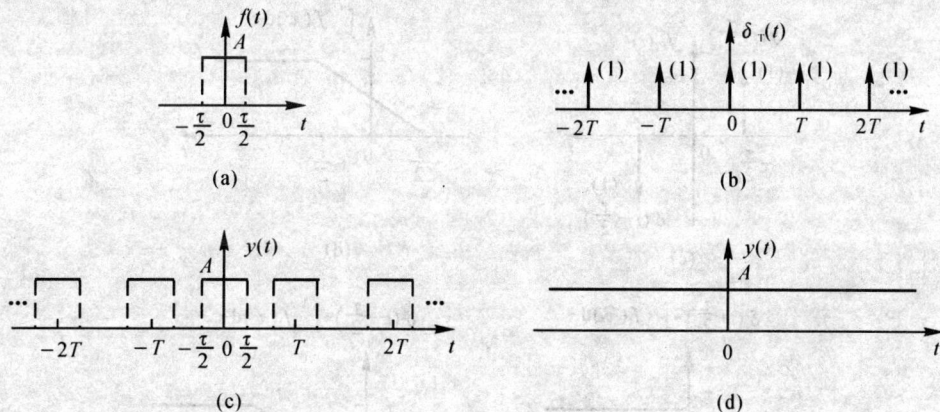

图　$2-5-4$

(c) $\tau < T$ 时；　(d) $\tau = T$ 时

例 $2-5-5$　求图 $2-5-5$(a)，(b) 所示两函数的卷积积分 $y(t) = f_1(t) * f_2(t)$。

解　根据卷积的微分积分性质有

$$y(t) = f_1(t) * f_2(t) = f_1'(t) * \int_{-\infty}^{t} f_2(\tau)\mathrm{d}\tau =$$

$$\left[\delta\left(t + \frac{\tau}{2}\right) - \delta\left(t - \frac{\tau}{2}\right) \right] * \int_{-\infty}^{t} f_2(\tau)\mathrm{d}\tau =$$

$$\delta\left(t + \frac{\tau}{2}\right) * \int_{-\infty}^{t} f_2(\tau)\mathrm{d}\tau - \delta\left(t - \frac{\tau}{2}\right) * \int_{-\infty}^{t} f_2(\tau)\mathrm{d}\tau$$

在上式中

$$f_1'(t) = \delta\left(t + \frac{\tau}{2}\right) - \delta\left(t - \frac{\tau}{2}\right)$$

$$\int_{-\infty}^{t} f_2(\tau)\mathrm{d}\tau = \begin{cases} 0 & t < -\dfrac{\tau}{2} \\[2mm] t + \dfrac{\tau}{2} & -\dfrac{\tau}{2} < t < \dfrac{\tau}{2} \\[2mm] \tau & t > \dfrac{\tau}{2} \end{cases}$$

$f_1'(t)$ 和 $\int_{-\infty}^{t} f_2(\tau)\mathrm{d}\tau$ 的波形分别如图 $2-5-5$(c)，(d) 所示。于是可得 $\delta\left(t + \dfrac{\tau}{2}\right) * \int_{-\infty}^{t} f_2(\tau)\mathrm{d}\tau$

和 $\delta\left(t - \dfrac{\tau}{2}\right) * \int_{-\infty}^{t} f_2(\tau)\mathrm{d}\tau$ 的曲线分别如图 $2-5-5$(e)，(f) 所示。进而可得 $y(t) = f_1(t) *$

$f_2(t)$ 的波形如图 2-5-5(g) 所示。可见，$y(t)$ 的波形为"三角形"，宽度为 2τ，幅度为 $\tau = 1 \times 1 \times \tau$。

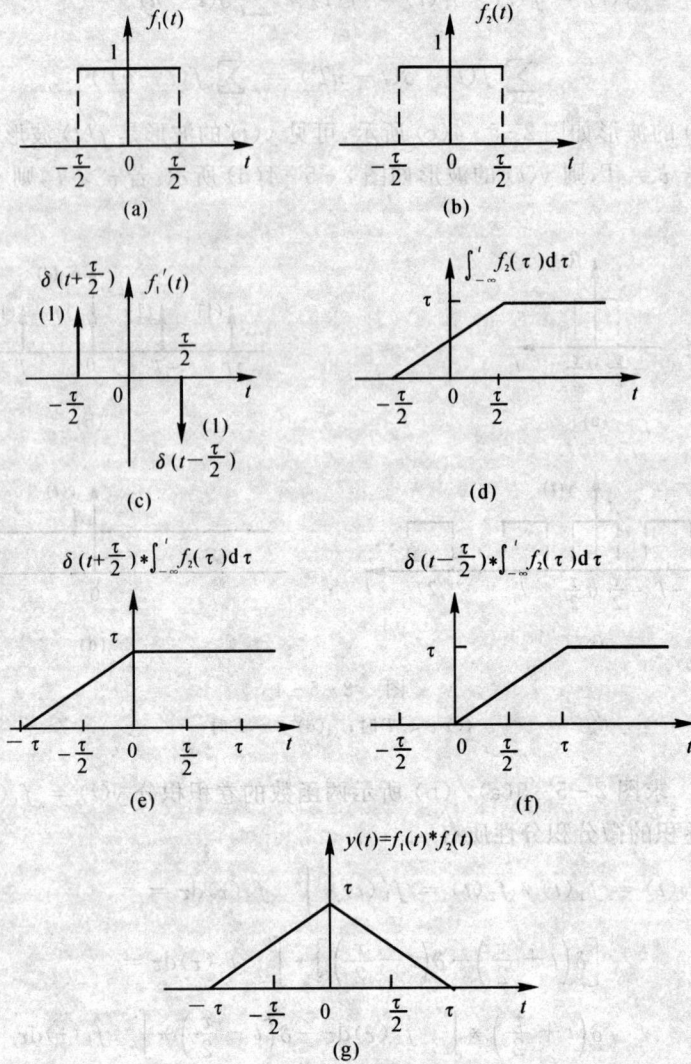

图　2-5-5

2.6　求系统零状态响应的卷积积分法

线性非时变系统对任意激励 $f(t)$ 的零状态响应 $y_f(t)$，可用 $f(t)$ 与其单位冲激响应 $h(t)$ 的卷积积分求解，即

$$y_f(t) = f(t) * h(t) = \int_{-\infty}^{+\infty} f(\tau)h(t-\tau)\mathrm{d}\tau \tag{2-6-1}$$

式(2-6-1)的证明过程如图 2-6-1 所示。

用卷积积分法求线性非时变系统零状态响应 $y_f(t)$ 的步骤如下：

（1）求系统的单位冲激响应 $h(t)$。

（2）按式（2-6-1）求系统的零状态响应 $y_f(t)$。

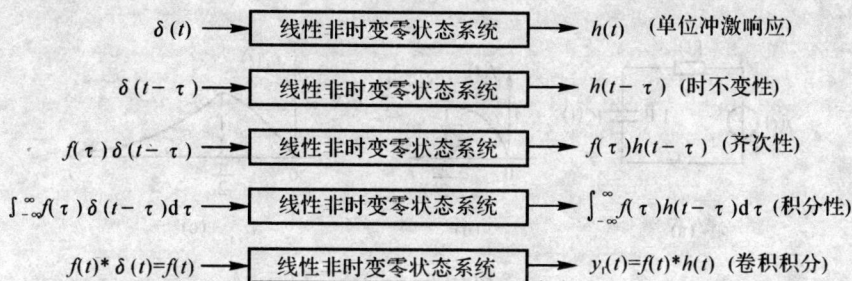

图 2-6-1

$f(\tau) = f(t)\mid_{t=\tau}$ 为 $t = \tau$ 时 $f(t)$ 的函数值

例 2-6-1 如图 2-6-2(a) 所示电路，激励 $f(t) = U(t) - U(t - 6\pi)$，其波形如图 2-6-2(b) 所示。求零状态响应 $u_C(t)$，并画出波形。

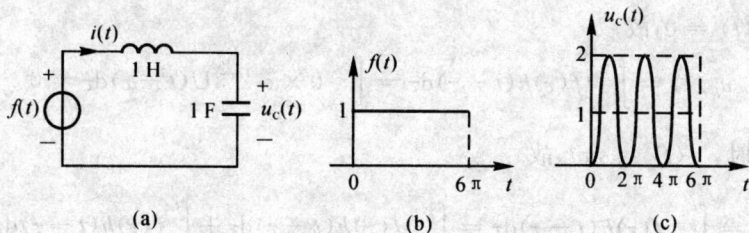

图 2-6-2

解 该电路的微分方程为

$$\frac{d^2 u_C(t)}{dt^2} + u_C = f(t)$$

即

$$(p^2 + 1)u_C(t) = f(t)$$

其转移算子为

$$H(p) = \frac{1}{p^2 + 1}$$

单位冲激响应为

$$h(t) = \sin t\, U(t)$$

故零状态响应为

$$u_C(t) = f(t) * h(t) = f'(t) * \int_{-\infty}^{t} \sin\tau\, U(\tau)d\tau =$$

$$[\delta(t) - \delta(t - 6\pi)] * \int_0^t \sin\tau\, d\tau = [\delta(t) - \delta(t - 6\pi)] * [-\cos\tau]_0^t =$$

$$[\delta(t) - \delta(t - 6\pi)] * [1 - \cos t]U(t) =$$

$$[1 - \cos t]U(t) - [1 - \cos(t - 6\pi)]U(t - 6\pi)$$

$u_C(t)$ 的波形如图 2-6-2(c) 所示。

* **例 2 - 6 - 2** 图 2 - 6 - 3(a) 所示电路,已知 $f(t) = \sin t\left[U(t) - U\left(t - \frac{\pi}{2}\right)\right]$,其波形如图 2 - 6 - 3(b) 所示。求零状态响应 $u_C(t)$。

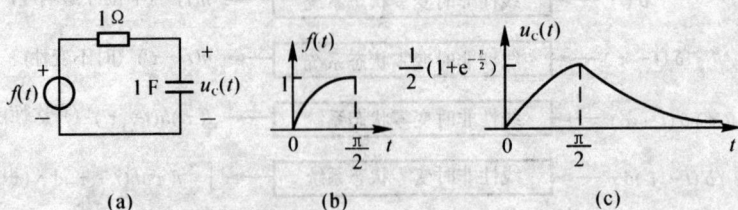

图 2 - 6 - 3

解 电路的单位冲激响应为

$$h(t) = e^{-t}U(t) \text{ V}$$

故零状态响应为

$$u_C(t) = f(t) * h(t) = \int_{-\infty}^{t} f(\tau)h(t - \tau)d\tau$$

当 $t < 0$ 时,$f(t) = 0$,故

$$u_C(t) = \int_{-\infty}^{t} f(\tau)h(t - \tau)d\tau = \int_{-\infty}^{t} 0 \times e^{-(t-\tau)}U(t - \tau)d\tau = 0$$

当 $0 \leqslant t < \frac{\pi}{2}$ 时,$f(t) = \sin t$,故

$$u_C(t) = \int_{-\infty}^{t} f(\tau)h(t - \tau)d\tau = \int_{-\infty}^{0} f(\tau)h(t - \tau)d\tau + \int_{0}^{t} f(\tau)h(t - \tau)d\tau =$$

$$\int_{-\infty}^{0} 0 \times h(t - \tau)d\tau + \int_{0}^{t} \sin\tau e^{-(t-\tau)}U(t - \tau)d\tau =$$

$$\int_{0}^{t} \sin\tau e^{-t}e^{\tau} \times 1 d\tau = e^{-t}\int_{0}^{t} \sin\tau \times e^{\tau}d\tau = \frac{1}{2}(\sin t - \cos t + e^{-t}) \text{ V}$$

当 $t \geqslant \frac{\pi}{2}$ 时,$f(t) = 0$,故

$$u_C(t) = \int_{0}^{t} f(\tau)h(t - \tau)d\tau = \int_{0}^{\frac{\pi}{2}} f(\tau)h(t - \tau)d\tau + \int_{\frac{\pi}{2}}^{t} f(\tau)h(t - \tau)d\tau =$$

$$\int_{0}^{\frac{\pi}{2}} \sin\tau e^{-(t-\tau)}U(t - \tau)d\tau + \int_{\frac{\pi}{2}}^{t} 0 \times e^{-(t-\tau)}U(t - \tau)d\tau =$$

$$\int_{0}^{\frac{\pi}{2}} \sin\tau e^{-t}e^{\tau} \times 1 d\tau + 0 = e^{-t}\int_{0}^{\frac{\pi}{2}} \sin\tau \times e^{\tau}d\tau = \frac{1}{2}(1 + e^{\frac{\pi}{2}})e^{-t} \text{ V}$$

故得

$$u_C(t) = \begin{cases} 0 & t < 0 \\ \dfrac{1}{2}(\sin t - \cos t + e^{-t}) & 0 \leqslant t < \dfrac{\pi}{2} \\ \dfrac{1}{2}(1 + e^{\frac{\pi}{2}})e^{-t} \text{ V} & t \geqslant \dfrac{\pi}{2} \end{cases}$$

$u_C(t)$ 的波形如图 2 - 6 - 3(c) 所示。

* **例 2 - 6 - 3** 已知线性时不变系统对激励 $f(t) = \sin t U(t)$ 的零状态响应 $y_f(t)$ 如图 2 - 6 - 4(a) 所示。求系统的单位冲激响应 $h(t)$，写出 $h(t)$ 的表示式，画出其波形。

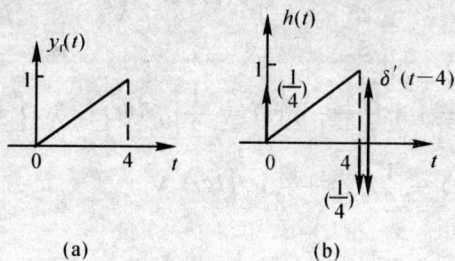

图 2 - 6 - 4

解 根据图 2 - 6 - 4(a) 可写出

$$y_f(t) = \frac{1}{4}t[U(t) - U(t-4)]$$

又因有

$$y_f(t) = f(t) * h(t) = \sin t U(t) * h(t)$$

故有

$$y_f'(t) = \cos t U(t) * h(t)$$

$$y_f''(t) = [\delta(t) - \sin t U(t)] * h(t) = h(t) - \sin t U(t) * h(t) = h(t) - y_f(t) \qquad ①$$

又

$$y_f'(t) = \frac{1}{4}[U(t) - U(t-4)] - \delta(t-4)$$

$$y_f''(t) = \frac{1}{4}[\delta(t) - \delta(t-4)] - \delta'(t-4) \qquad ②$$

式 ① 和 ② 相等，即得

$$h(t) = \frac{1}{4}[\delta(t) - \delta(t-4)] - \delta'(t-4) + y_f(t) =$$

$$\frac{1}{4}[\delta(t) - \delta(t-4)] - \delta'(t-4) + \frac{1}{4}t[U(t) - U(t-4)]$$

$h(t)$ 的波形如图 2 - 6 - 4(b) 所示。

2.7 求系统全响应的零状态-零输入法

根据响应产生的原因，可将系统的全响应分解为零状态响应与零输入响应的叠加。因此要求系统的全响应，可先分别求出零状态响应与零输入响应，再把两者叠加，即得全响应。这种求全响应的方法称为零状态-零输入法。

例 2 - 7 - 1 图 2 - 7 - 1(a) 所示电路，已知 $i_1(0^-) = 2$ A，$i_2(0^-) = 0$，$f(t) = e^{-t}U(t)$ A。求关于 $u(t)$ 的单位冲激响应 $h(t)$、零输入响应 $u_x(t)$、零状态响应 $u_f(t)$ 及全响应 $u(t)$。

解 (1) 求 $h(t)$。图 2 - 7 - 1(a) 所示电路的算子电路模型如图 2 - 7 - 1(b) 所示。故

$$i_2(t) = \frac{p}{p+2+p}f(t) = \frac{p}{2(p+1)}f(t)$$

$$u(t) = pi_2(t) = \frac{1}{2} \times \frac{p^2}{p+1}f(t) = \frac{1}{2}\left(p-1+\frac{1}{p+1}\right)f(t)$$

故

$$h(t) = \frac{1}{2}\left(p-1+\frac{1}{p+1}\right)\delta(t) = \frac{1}{2}\left[p\delta(t) - \delta(t) + \frac{1}{p+1}\delta(t)\right] =$$

$$\frac{1}{2}\delta'(t) - \frac{1}{2}\delta(t) + \frac{1}{2}e^{-t}U(t) \text{ V}$$

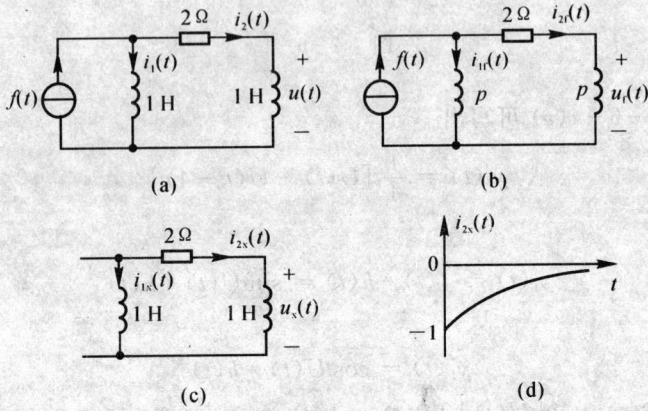

图 2-7-1

(2) 求 $u_x(t)$。求零输入响应 $u_x(t)$ 的电路如图 2-7-1(c) 所示。根据磁链守恒定律与 KCL 有

$$-1i_{1x}(0^+) + 1i_{2x}(0^+) = -1i_{1x}(0^-) + 1i_{2x}(0^-) = -2+0 = -2$$

$$-i_{1x}(0^+) = i_{2x}(0^+)$$

联立求解得

$$i_{2x}(0^+) = -1 \text{ A}$$

又因分母 $D(p) = p+1 = 0$，故得特征根 $p_1 = -1$。故

$$i_{2x}(t) = Ae^{p_1 t} = Ae^{-t}$$

故

$$i_{2x}(0^+) = A = -1$$

故得

$$i_{2x}(t) = -e^{-t} \text{ A} \qquad t > 0$$

$i_{2x}(t)$ 的波形如图 2-7-1(d) 所示。进而得

$$u_x(t) = \frac{\mathrm{d}}{\mathrm{d}t}i_{2x}(t) = -\delta(t) + e^{-t}U(t) \text{ V}$$

(3) 求 $f(t) = e^{-t}U(t)$ 激励下的零状态响应 $u_f(t)$。即

$$u_f(t) = f(t) * h(t) = e^{-t}U(t) * \frac{1}{2}[\delta'(t) - \delta(t) + e^{-t}U(t)] =$$

$$\frac{1}{2}[e^{-t}U(t) * \delta'(t) - e^{-t}U(t) + te^{-t}U(t)] =$$

$$\frac{1}{2}\{[e^{-t}U(t)]' * \delta(t) - e^{-t}U(t) + te^{-t}U(t)\} =$$

$$\frac{1}{2}[\delta(t) - e^{-t}U(t) - e^{-t}U(t) + te^{-t}U(t)] =$$

$$\frac{1}{2}[\delta(t) - 2e^{-t}U(t) + te^{-t}U(t)] = \frac{1}{2}\delta(t) - e^{-t}U(t) + \frac{1}{2}te^{-t}U(t) \text{ V}$$

(4) 全响应。即

$$u(t) = u_x(t) + u_f(t) = -\frac{1}{2}\delta(t) + \frac{1}{2}te^{-t}U(t) \text{ V}$$

2.8 连续系统的时域模拟与框图

一、四种运算器

系统时域模拟应用的运算器有四种:

(1) 加法器,用来对输入信号 $f_1(t)$,$f_2(t)$ 完成加法运算的功能,其表示符号如图 2-8-1(a) 所示。

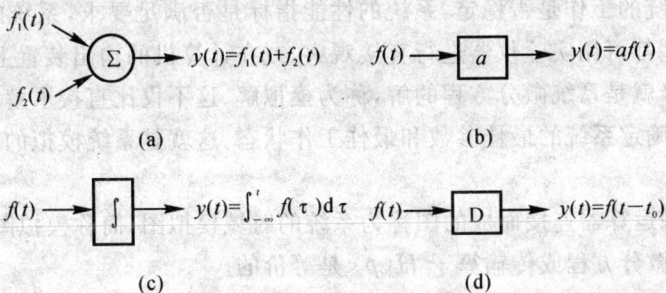

图 2-8-1 四种运算器

(2) 数乘器,用来对输入信号 $f(t)$ 完成数乘运算的功能,其表示符号如图 2-8-1(b) 所示。数乘器也称标量乘法器或倍乘器。

(3) 积分器,用来对输入信号 $f(t)$ 完成积分运算的功能,其表示符号如图 2-8-1(c) 所示。

(4) 延迟器,用来对输入信号 $f(t)$ 在时间上完成延迟的功能,其表示符号如图 2-8-1(d) 所示,其中的 t_0 为所延迟的时间。

二、系统模拟的定义与系统的时域模拟

在实验室中用四种运算器来模拟给定系统的数学模型 —— 微分方程或传输算子 $H(p)$,称为线性系统的模拟,简称系统模拟。经过模拟而得到的系统,称为模拟系统。例如若已知二阶系统的微分方程为

$$y''(t) + a_1 y'(t) + a_0 y(t) = f(t)$$

故
$$y''(t) = f(t) - a_1 y'(t) - a_0 y(t)$$

则可画出与此微分方程相对应的二阶时域模拟图如图 2-8-2 所示。也可以相反进行，即若已知系统的时域模拟图如图 2-8-2 所示，则可写出描述此模拟系统的二阶微分方程为 $y''(t) + a_1 y'(t) + a_0 y(t) = f(t)$。

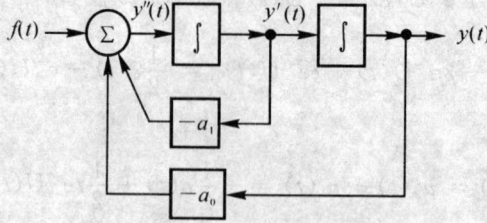

图 2-8-2　二阶时域模拟系统

注意：一个微分方程的时域模拟图不是唯一的，但一个时域模拟图的微分方程则是唯一的。

从上述系统模拟的定义可看出，所谓系统模拟，仅指数字意义上的模拟，模拟的不是实际存在的系统，而是实际系统的数学模型——微分方程或传输算子 $H(p)$。这就是说，不管是任何实际的系统，只要它们的数学模型相同，则它们的模拟系统就都一样，则可以在实验室里用同一个模拟系统对系统的特性和性能进行研究。例如当系统的参数或输入信号改变时，系统的响应如何变化，系统的工作是否稳定，系统的性能指标是否满足要求，系统的频率响应如何变化，等等。所有这些都可用实验仪器进行直接观察，或在计算机的输出装置上直接显示出来。模拟系统的输出信号就是系统微分方程的解，称为模拟解。这不仅比直接求解系统的微分方程来得简便，而且便于确定系统的最佳参数和最佳工作状态。这就是系统模拟的重要实用意义和理论价值。

由上述的四种运算器连接而成的图称为系统的时域模拟图，简称模拟图。在描述系统的特性方面，模拟图与微分方程或传输算子 $H(p)$ 是等价的。

例 2-8-1　已知系统的时域模拟图如图 2-8-3 所示。试求联系响应 $y(t)$ 与激励 $f(t)$ 的微分方程与传输算子 $H(p) = \dfrac{y(t)}{f(t)}$。

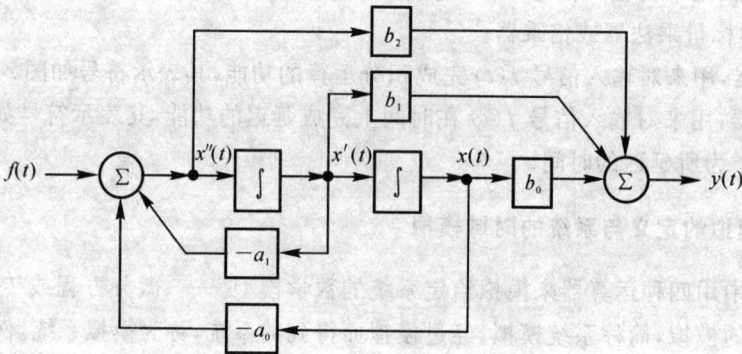

图　2-8-3

解　该系统有两个加法器，两个积分器，五个数乘器。引入中间变量 $x(t),x'(t),x''(t)$，故有

$$x''(t) = f(t) - a_1 x'(t) - a_0 x(t)$$

即

$$x''(t) + a_1 x'(t) + a_0 x(t) = f(t)$$

即

$$(p^2 + a_1 p + a_0)x(t) = f(t)$$

故得

$$x(t) = \frac{1}{p^2 + a_1 p + a_0} f(t)$$

又

$$y(t) = b_2 x''(t) + b_1 x'(t) + b_0 x(t) = b_2 p^2 x(t) + b_1 p x(t) + b_0 x(t) =$$

$$(b_2 p^2 + b_1 p + b_0)x(t) = \frac{b_2 p^2 + b_1 p + b_0}{p^2 + a_1 p + a_0} f(t)$$

此式即为该系统的微分方程。可见为二阶系统，因为该系统中有两个积分器。所以传输算子为

$$H(p) = \frac{y(t)}{f(t)} = \frac{b_2 p^2 + b_1 p + b_0}{p^2 + a_1 p + a_0}$$

反之，若已知系统的传输算子 $H(p)$ 如上式所示，则可画出与之相对应的一种时域模拟图，如图 2-8-3 所示。

例 2-8-2　已知系统的传输算子

$$H(p) = \frac{y(t)}{f(t)} = \frac{3p^2 + 4}{p^3 + 2p^2 + 4p + 7}$$

试画出该系统的一种时域模拟图。

解　对例 2-8-1 进行反向思维，即可画出该 $H(p)$ 所描述的系统的一种时域模拟图如图 2-8-4 所示。

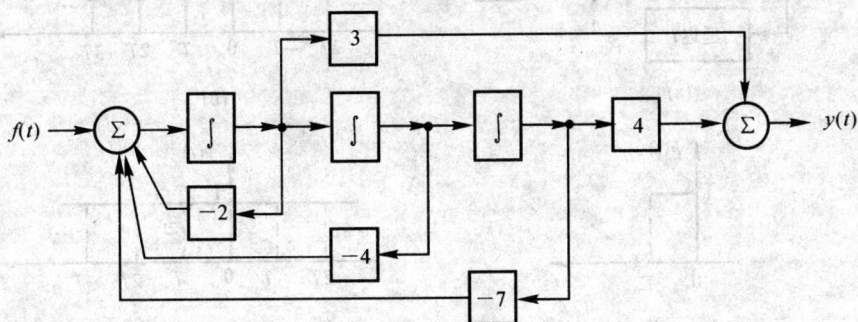

图　2-8-4

例 2-8-3　求图 2-8-5 所示系统的单位冲激响应 $h(t)$ 及单位阶跃响应 $g(t)$。

解　(1)

$$h'(t) = \delta(t) - \int_{-\infty}^{t} h(\tau)\mathrm{d}\tau$$

将上式求导一次，有

$$h''(t) = \delta'(t) - h(t)$$

即
$$h''(t) + h(t) = \delta'(t)$$

即
$$(p^2 + 1)h(t) = p\delta(t)$$

故
$$h(t) = \frac{p}{p^2+1}\delta(t) = \frac{p}{(p+\mathrm{j}1)(p-\mathrm{j}1)}\delta(t) = \left[\frac{\frac{1}{2}}{p+\mathrm{j}1} + \frac{\frac{1}{2}}{p-\mathrm{j}1}\right]\delta(t) =$$

$$\frac{1}{2}\left[\frac{1}{p+\mathrm{j}1}\delta(t) + \frac{1}{p-\mathrm{j}1}\delta(t)\right] = \frac{1}{2}(\mathrm{e}^{-\mathrm{j}1t} + \mathrm{e}^{\mathrm{j}1t}) = \cos t U(t)$$

(2)　　　　　　$$g(t) = \int_{-\infty}^{t} h(\tau)\mathrm{d}(\tau) = \int_{0}^{t} \cos\tau U(\tau)\mathrm{d}\tau = \sin t U(t)$$

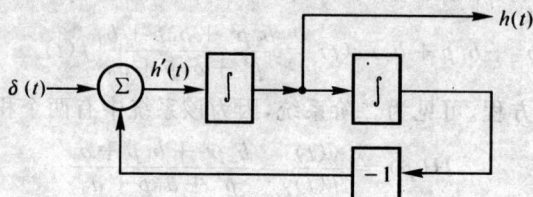

图　2 - 8 - 5

例 2 - 8 - 4　图 2 - 8 - 6 所示系统，已知激励 $f(t) = \delta_{\mathrm{T}}(t) = \sum_{k=-\infty}^{\infty}\delta(t-kT), k \in \mathbf{Z}$，其波形如图 2 - 8 - 6(b) 所示。求系统的零状态响应 $y(t)$。

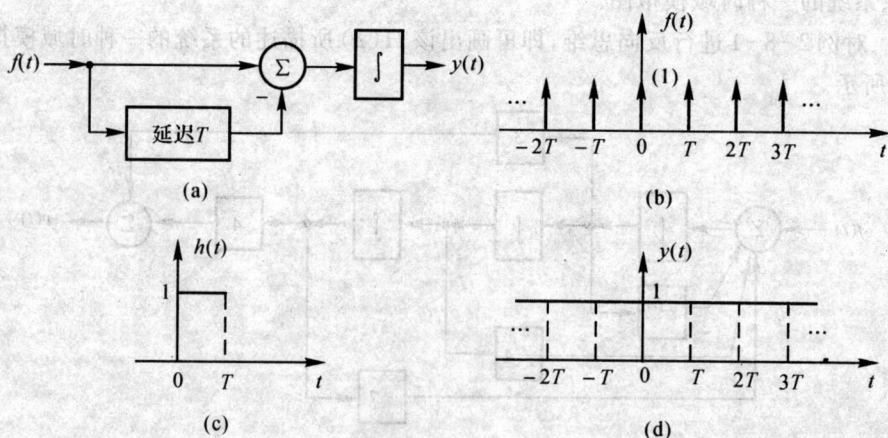

(a)

(b)

(c)

(d)

图　2 - 8 - 6

解　系统的单位冲激响应为
$$h(t) = \int_{-\infty}^{t} \left[\delta(\tau) - \delta(\tau - T)\right]\mathrm{d}\tau = U(t) - U(t - T)$$

$h(t)$ 的波形如图 2 - 8 - 6(c) 所示。故系统的零状态响应为

$$y(t) = h(t) * f(t) = h(t) * \sum_{k=-\infty}^{\infty} \delta(t - kT) = \sum_{k=-\infty}^{\infty} h(t) * \delta(t - kT) =$$

$$\sum_{k=-\infty}^{\infty} h(t - kT) = 1$$

$y(t)$ 的波形如图 2-8-6(d) 所示。

三、系统的框图

一个系统是由许多部件或单元组成的,将这些部件或单元各用能完成相应运算功能的方框表示,然后将这些方框按系统的功能要求及信号流动的方向连接起来而构成的图,称为系统的框图表示,简称系统的框图。如图 2-8-7 所示为一个子系统的框图,它完成了对激励信号 $f(t)$ 与单位冲激响应 $h(t)$ 的卷积积分运算功能。

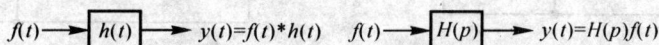

图 2-8-7 系统的框图

系统框图表示的好处是,可以使我们一目了然地看出一个大系统是由哪些小系统(子系统)组成的,各子系统之间是什么样的关系,以及信号是如何在系统内部流动的。

注意:系统的框图与模拟图不是一个概念,两者涵意不同。

习　题　二

2-1　图题 2-1 所示电路,求响应 $u_2(t)$ 对激励 $f(t)$ 的转移算子 $H(p)$ 及微分方程。

2-2　图题 2-2 所示电路,求响应 $i(t)$ 对激励 $f(t)$ 的转移算子 $H(p)$ 及微分方程。

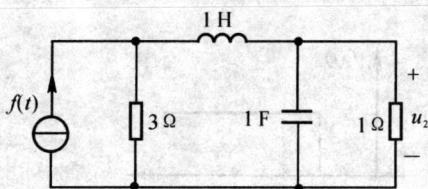

图题 2-1

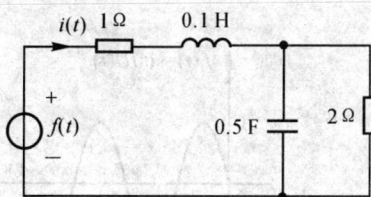

图题 2-2

2-3　图题 2-3 所示电路,已知 $u_C(0^-) = 1$ V, $i(0^-) = 2$ A。求 $t > 0$ 时的零输入响应 $i(t)$ 和 $u_C(t)$。

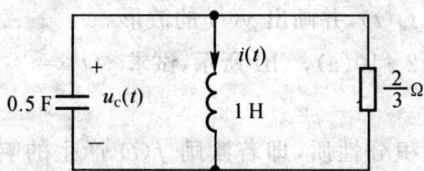

图题 2-3

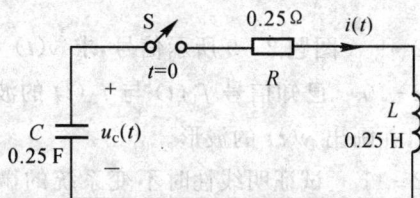

图题 2-4

2-4　图题2-4所示电路,$t < 0$时S打开,已知$u_C(0^-) = 6\,\text{V}$,$i(0^-) = 0$。(1) 今于$t = 0$时刻闭合S,求$t > 0$时的零输入响应$u_C(t)$和$i(t)$;(2) 为使电路在临界阻尼状态下放电,并保持L和C的值不变,求R的值。

2-5　图题2-5所示电路,(1) 求激励$f(t) = \delta(t)$ A时的单位冲激响应$u_C(t)$和$i(t)$;(2) 求激励$f(t) = U(t)$ A时对应于$i(t)$的单位阶跃响应$g(t)$。

2-6　图题2-6所示电路,以$u_C(t)$为响应,求电路的单位冲激响应$h(t)$和单位阶跃响应$g(t)$。

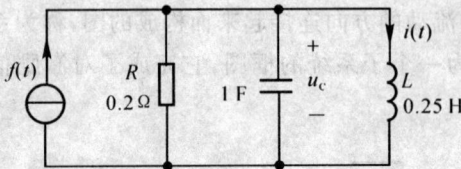 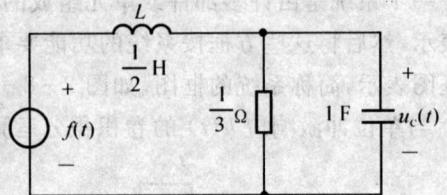

图题2-5　　　　　　　　　　　　　　　　图题2-6

2-7　求下列卷积积分:

(1) $t[U(t) - U(t-2)] * \delta(1-t)$;　(2) $[(1-3t)\delta'(t)] * e^{-3t}U(t)$。

2-8　已知信号$f_1(t)$和$f_2(t)$的波形如图题2-8(a),(b)所示.求$y(t) = f_1(t) * f_2(t)$,并画出$y(t)$的波形。

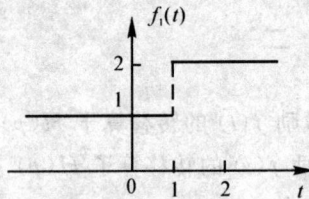 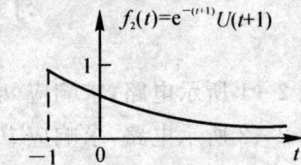

(a)

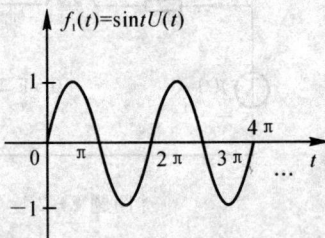 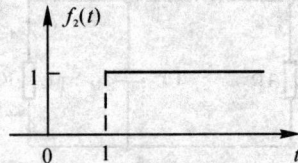

(b)

图题2-8

2-9　图题2-9所示信号,求$y(t) = f_1(t) * f_2(t)$,并画出$y(t)$的波形。

2-10　已知信号$f_1(t)$与$f_2(t)$的波形如图题2-10(a),(b)所示,试求$y(t) = f_1(t) * f_2(t)$,并画出$y(t)$的波形。

2-11　试证明线性时不变系统的微分性质与积分性质,即若激励$f(t)$产生的响应为$y(t)$,则激励$\dfrac{\mathrm{d}f(t)}{\mathrm{d}t}$产生的响应为$\dfrac{\mathrm{d}}{\mathrm{d}t}y(t)$(微分性质),激励$\displaystyle\int_{-\infty}^{t} f(\tau)\mathrm{d}\tau$产生的响应为

$\int_{-\infty}^{t} y(\tau)\mathrm{d}\tau$（积分性质）。

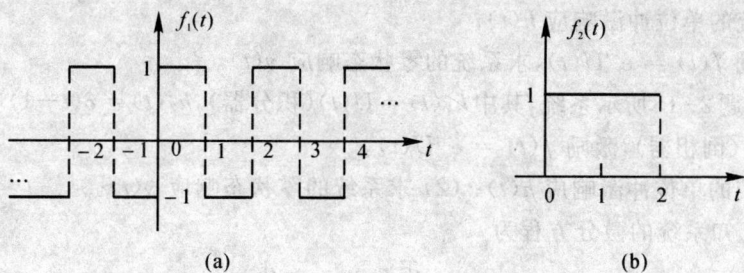

图题 2-9

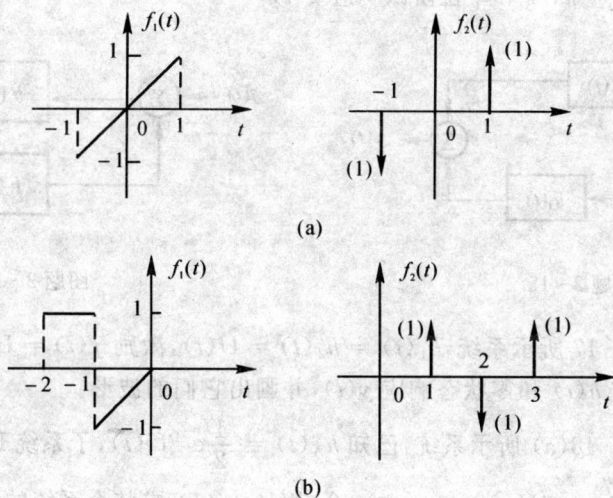

图题 2-10

2-12 已知系统的单位冲激响应 $h(t) = \mathrm{e}^{-t}U(t)$，激励 $f(t) = U(t)$。

（1）求系统的零状态响应 $y(t)$。

（2）如图题 2-12 所示系统，$h_1(t) = \dfrac{1}{2}[h(t) + h(-t)]$，$h_2(t) = \dfrac{1}{2}[h(t) - h(-t)]$，求响应 $y_1(t)$ 和 $y_2(t)$。

（3）说明图 2-12(a)，(b) 哪个是因果系统，哪个是非因果系统。

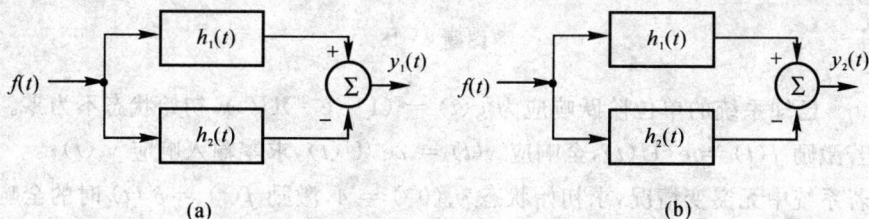

图题 2-12

2-13 已知激励 $f(t) = \mathrm{e}^{-5t}U(t)$ 产生的响应为 $y(t) = \sin\omega\, tU(t)$，试求该系统的单位冲

激响应 $h(t)$。

2-14　已知系统的微分方程为 $y''(t) + 3y'(t) + 2y(t) = f(t)$。

(1) 求系统的单位冲激响应 $h(t)$;

(2) 若激励 $f(t) = e^{-t}U(t)$,求系统的零状态响应 $y(t)$。

2-15　图题 2-15 所示系统,其中 $h_1(t) = U(t)$(积分器),$h_2(t) = \delta(t-1)$(单位延时器),$h_3(t) = -\delta(t)$(倒相器),激励 $f(t) = e^{-t}U(t)$。

(1) 求系统的单位冲激响应 $h(t)$;(2) 求系统的零状态响应 $y(t)$。

2-16　已知系统的微分方程为

$$\frac{\mathrm{d}}{\mathrm{d}t}y(t) + 2y(t) = \frac{\mathrm{d}^2}{\mathrm{d}t^2}f(t) + 3\frac{\mathrm{d}}{\mathrm{d}t}f(t) + 3f(t)$$

求系统的单位冲激响应 $h(t)$ 和单位阶跃响应 $g(t)$。

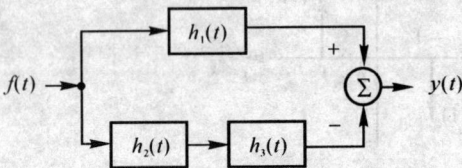
图题 2-15

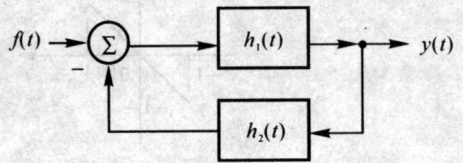
图题 2-17

2-17　图题 2-17 所示系统,$h_1(t) = h_2(t) = U(t)$,激励 $f(t) = U(t) - U(t-6\pi)$。求系统的单位冲激响应 $h(t)$ 和零状态响应 $y(t)$,并画出它们的波形。

2-18　图题 2-18(a) 所示系统,已知 $h_A(t) = \frac{1}{2}e^{-4t}U(t)$,子系统 B 和 C 的单位阶跃响应分别为 $g_B(t) = (1 - e^{-t})U(t)$,$g_C(t) = 2e^{-3t}U(t)$。(1) 求整个系统的单位阶跃响应 $g(t)$;(2) 激励 $f(t)$ 的波形如图 2-18(b) 所示,求大系统的零状态响应 $y(t)$。

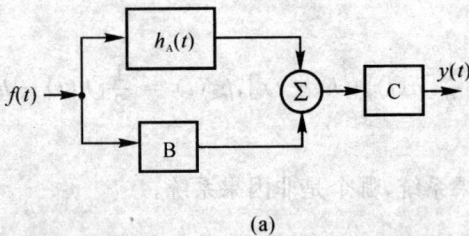
(a)

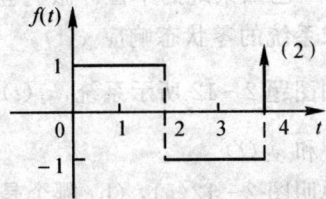
(b)

图题 2-18

2-19　已知系统的单位阶跃响应为 $g(t) = (1 - e^{-2t})U(t)$,初始状态不为零。

(1) 若激励 $f(t) = e^{-t}U(t)$,全响应 $y(t) = 2e^{-t}U(t)$,求零输入响应 $y_x(t)$;

(2) 若系统中无突变情况,求初始状态 $y_x(0^-) = 4$,激励 $f(t) = \delta'(t)$ 时的全响应 $y(t)$。

2-20　图题 2-20 所示系统,求单位冲激响应 $h(t)$ 和阶跃响应 $g(t)$。

2-21　已知系统的微分方程为 $y'''(t) + 2y''(t) + 5y'(t) + 4y(t) = 2f''(t) + 3f(t)$。试画出该系统的一种时域模拟图。

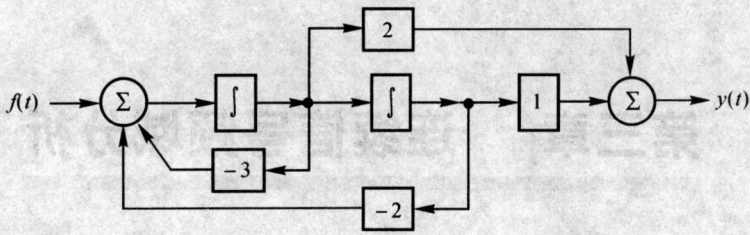

图题 2－20

第三章　连续信号频域分析

内容提要

本章讲述信号的频谱,在频域内对信号的特性进行分析。非正弦周期函数展开成傅里叶级数,周期信号的频谱分析,非周期信号的频谱分析——傅里叶变换,傅里叶变换的性质及应用,常用信号的傅里叶变换,周期信号的傅里叶变换。功率信号与功率谱,能量信号与能量谱。

3.1　非正弦周期函数展开成傅里叶级数

一、非正弦周期函数的定义

周期函数的一般定义是:设时间函数为 $f(t)$, $t \in \mathbf{R}$,若满足 $f(t-nT) = f(t)$, $n \in \mathbf{Z}$,则称 $f(t)$ 为周期函数,其中 T 为常数,称为 $f(t)$ 变化的周期,单位为秒(s); $f = \dfrac{1}{T}$,称为 $f(t)$ 变化的频率,单位为 Hz; $\omega_1 = 2\pi f = \dfrac{2\pi}{T}$,为 $f(t)$ 变化的角频率,单位为 rad/s。若周期函数 $f(t)$ 不是正弦函数,则 $f(t)$ 称为非正弦周期函数。图 3-1-1 所示矩形脉冲序列信号 $f(t)$,即为非正弦周期函数的举例之一,其中 E 为 $f(t)$ 的幅度, τ 为脉冲的宽度。

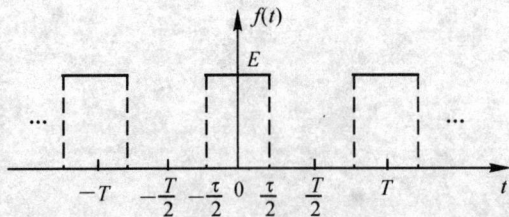

图　3-1-1

二、傅里叶级数的三角函数形式

设 $f(t)$ 为一非正弦周期函数,其周期为 T,频率和角频率分别为 f,ω_1。由于工程实际中的非正弦周期函数,一般都满足狄里赫利条件,所以可将它展开成傅里叶级数。即

$$f(t) = \frac{A_0}{2} + A_1\cos(\omega_1 t + \psi_1) + A_2\cos(2\omega_1 t + \psi_2) +$$

$$A_3\cos(3\omega_1 t + \psi_3) + \cdots + A_n\cos(n\omega_1 t + \psi_n) + \cdots =$$

$$\frac{A_0}{2} + \sum_{n=1}^{+\infty} A_n\cos(n\omega_1 t + \psi_n) \qquad n \in \mathbf{Z}^+ \qquad (3-1-1)$$

其中 $\frac{A_0}{2}$ 称为直流分量或恒定分量；其余所有的项是具有不同振幅、不同初相角而角频率成整数倍关系的一些正弦量。$A_1\cos(\omega_1 t + \psi_1)$ 项称为一次谐波或基波，A_1，ψ_1 分别为其振幅和初相角；$A_2\cos(2\omega_1 t + \psi_2)$ 项的角频率为基波角频率 ω_1 的 2 倍，称为二次谐波，A_2，ψ_2 分别为其振幅和初相角；其余的项分别称为三次谐波、四次谐波等。基波、三次谐波、五次谐波 …… 统称为奇次谐波；二次谐波、四次谐波 …… 统称为偶次谐波。除恒定分量和基波外，其余各项统称为高次谐波。式（3-1-1）说明，一个非正弦周期函数可以表示成一个直流分量与一系列不同频率的正弦量的叠加。

式（3-1-1）又可改写为如下形式，即

$$f(t) = \frac{a_0}{2} + \sum_{n=1}^{+\infty} A_n[\cos\psi_n \cos n\omega_1 t - \sin\psi_n \sin n\omega_1 t] =$$

$$\frac{a_0}{2} + \sum_{n=1}^{+\infty} a_n\cos n\omega_1 t + \sum_{n=1}^{+\infty} b_n\sin n\omega_1 t \qquad (3-1-2)$$

式中

$$a_0 = A_0$$
$$a_n = A_n\cos\psi_n$$
$$b_n = -A_n\sin\psi_n$$

a_0，a_n，b_n 的求法为

$$\left. \begin{aligned} a_0 &= \frac{2}{T}\int_{-\frac{T}{2}}^{+\frac{T}{2}} f(t)\mathrm{d}t \\ a_n &= \frac{2}{T}\int_{-\frac{T}{2}}^{+\frac{T}{2}} f(t)\cos n\omega_1 t \,\mathrm{d}t \\ b_n &= \frac{2}{T}\int_{-\frac{T}{2}}^{+\frac{T}{2}} f(t)\sin n\omega_1 t \,\mathrm{d}t \\ A_n &= \sqrt{a_n^2 + b_n^2} \\ \psi_n &= \arctan\frac{-b_n}{a_n} = -\arctan\frac{b_n}{a_n} \end{aligned} \right\} \qquad (3-1-3)$$

故进而又可求得

在 A_0，A_n，ψ_n 求得后，代入式（3-1-1），即求得了非正弦周期函数 $f(t)$ 的傅里叶级数展开式。

把非正弦周期函数 $f(t)$ 展开成傅里叶级数也称为谐波分析。在工程实际中所遇到的非正弦周期函数大约有 10 余种，它们的傅里叶级数展开式前人都已做出，可从各种数学书籍中直接查用。

从式（3-1-3）中看出，将 n 换成（$-n$）后即可证明有

$$a_{-n} = a_n$$
$$b_{-n} = -b_n$$
$$A_{-n} = A_n$$

$$\psi_{-n} = -\psi_n$$

即 a_n 和 A_n 是离散变量 n 的偶函数，b_n 和 ψ_n 是离散变量 n 的奇函数。

三、傅里叶级数的复指数形式

将式(3-1-2)改写为

$$f(t) = \frac{a_0}{2} + \sum_{n=1}^{+\infty}\left[a_n\frac{e^{jn\omega_1 t}+e^{-jn\omega_1 t}}{2}+b_n\frac{e^{jn\omega_1 t}-e^{-jn\omega_1 t}}{2j}\right]=$$

$$\frac{a_0}{2} + \frac{1}{2}\sum_{n=1}^{+\infty}\left[(a_n-jb_n)e^{jn\omega_1 t}+(a_n+jb_n)e^{-jn\omega_1 t}\right] \qquad (3-1-4)$$

令

$$\dot{A}_n = a_n - jb_n \qquad (3-1-5)$$

则又有

$$\dot{A}_{-n} = a_{-n} - jb_{-n} = a_n + jb_n = \dot{A}_n$$

可见 $\dot{A}_{-n}$ 与 $\dot{A}_n$ 互为共轭复数。代入式(3-1-4)有

$$f(t) = \frac{\dot{A}_0}{2} + \frac{1}{2}\sum_{n=1}^{+\infty}\dot{A}_n e^{jn\omega_1 t} + \frac{1}{2}\sum_{n=1}^{+\infty}\dot{A}_{-n}e^{-jn\omega_1 t}=$$

$$\frac{1}{2}\sum_{n=-\infty}^{-1}\dot{A}_n e^{jn\omega_1 t}+\frac{1}{2}A_0 e^{j0\omega_1 t}+\frac{1}{2}\sum_{n=1}^{+\infty}\dot{A}_n e^{jn\omega_1 t}=\frac{1}{2}\sum_{n=-\infty}^{+\infty}\dot{A}_n e^{jn\omega_1 t} \qquad (3-1-6)$$

式(3-1-6)即为傅里叶级数的复指数形式。

下面对 $\dot{A}_n$ 和式(3-1-6)的物理意义予以说明：

由式(3-1-5)得 $\dot{A}_n$ 的模和辐角分别为

$$|\dot{A}_n| = A_n = \sqrt{a_n^2+b_n^2}$$

$$\psi_n = \arctan\frac{-b_n}{a_n} = -\arctan\frac{b_n}{a_n}$$

可见 $\dot{A}_n$ 的模与辐角即分别为傅里叶级数第 n 次谐波的振幅 A_n 与初相角 ψ_n，物理意义十分明确，故称 $\dot{A}_n$ 为第 n 次谐波的复数振幅。

$\dot{A}_n$ 的求法如下：将式(3-1-3)代入式(3-1-5)有

$$\dot{A}_n = \frac{2}{T}\int_{-\frac{T}{2}}^{+\frac{T}{2}}f(t)\cos n\omega_1 t\,\mathrm{d}t - j\frac{2}{T}\int_{-\frac{T}{2}}^{+\frac{T}{2}}f(t)\sin n\omega_1 t\,\mathrm{d}t = \frac{2}{T}\int_{-\frac{T}{2}}^{+\frac{T}{2}}f(t)e^{-jn\omega_1 t}\,\mathrm{d}t$$

$$(3-1-7)$$

式(3-1-7)即为从已知的 $f(t)$ 求 $\dot{A}_n$ 的公式。这样我们就得到了一对相互的变换式(3-1-7)与式(3-1-6)，通常用下列符号表示，即

$$f(t) \longleftrightarrow \dot{A}_n$$

即根据式(3-1-7)可由已知的 $f(t)$ 求得 $\dot{A}_n$，再将所求得的 $\dot{A}_n$ 代入式(3-1-6)，即将 $f(t)$ 展开成了复指数形式的傅里叶级数。

在式(3-1-6)中，由于离散变量 n 是从 $-\infty$ 取值，从而出现了负频率($-n\omega_1$)。但实际工程中负频率是无意义的，负频率的出现只具有数学意义，负频率($-n\omega_1$)一定是与正频率($n\omega_1$)成对存在的，它们的和构成了一个频率为 $n\omega_1$ 的正弦波分量。即

$$\frac{1}{2}\dot{A}_{-n}e^{-jn\omega_1 t}+\frac{1}{2}\dot{A}_n e^{jn\omega_1 t}=\frac{1}{2}\left[A_n e^{-j\psi_n}e^{-jn\omega_1 t}+A_n e^{j\psi_n}e^{jn\omega_1 t}\right]=A_n\cos(n\omega_1 t+\psi_n)$$

引入傅里叶级数复指数形式的好处有二:① 复数振幅 $\dot{A}_n$ 同时描述了第 n 次谐波的振幅 A_n 和初相角 ψ_n;② 为进一步研究信号的频谱提供了途径和方便。

3.2 非正弦周期信号的频谱

我们已经知道一个非正弦周期函数可以展开成傅里叶级数。今将傅里叶级数中每一个正弦分量的振幅和初相角,按着频率的大小有次序有规律地画出来而构成的图形,称为信号的频谱图,简称频谱。前者称为振幅频谱或幅度频谱,后者称为相位频谱。研究信号的频谱,对于认识信号的特性有重要意义,也是电路与系统设计的重要依据之一。下面以图 3-2-1 所示周期矩形脉冲信号为例,来研究非正弦周期信号频谱分析的方法与结论。

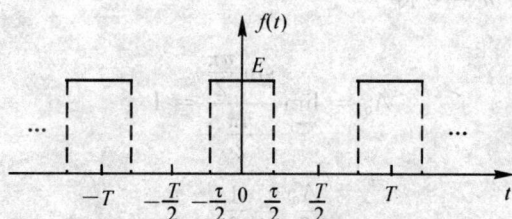

图 3-2-1 周期矩形脉冲信号

一、求 $\dot{A}_n$

$f(t)$ 在一个周期内 $\left(-\dfrac{T}{2},+\dfrac{T}{2}\right)$ 的表达式为

$$f(t)=\begin{cases} 0 & -\dfrac{T}{2}<t<-\dfrac{\tau}{2} \\[2mm] E & -\dfrac{\tau}{2}<t<+\dfrac{\tau}{2} \\[2mm] 0 & \dfrac{\tau}{2}<t<\dfrac{T}{2} \end{cases}$$

$$\dot{A}_n=\frac{2}{T}\int_{-\frac{T}{2}}^{+\frac{T}{2}}f(t)\mathrm{e}^{-\mathrm{j}n\omega_1 t}\mathrm{d}t=\frac{2}{T}\int_{-\frac{\tau}{2}}^{+\frac{\tau}{2}}E\mathrm{e}^{-\mathrm{j}n\omega_1 t}\mathrm{d}t=$$

$$\frac{2E}{-\mathrm{j}n\omega_1 T}\int_{-\frac{\tau}{2}}^{+\frac{\tau}{2}}\mathrm{e}^{-\mathrm{j}n\omega_1 t}\mathrm{d}(-\mathrm{j}n\omega_1 t)=\frac{2E}{-\mathrm{j}n\omega_1 T}\left[\mathrm{e}^{-\mathrm{j}n\omega_1 t}\right]_{-\frac{\tau}{2}}^{+\frac{\tau}{2}}=$$

$$\frac{2E\tau}{-\mathrm{j}n\omega_1 \tau T}\left[\mathrm{e}^{-\mathrm{j}n\omega_1 \frac{\tau}{2}}-\mathrm{e}^{-\mathrm{j}n\omega_1 \frac{\tau}{2}}\right]=\frac{2E\tau}{\mathrm{j}n\omega_1 \tau T}\left[\mathrm{e}^{\mathrm{j}n\omega_1 \frac{\tau}{2}}-\mathrm{e}^{-\mathrm{j}n\omega_1 \frac{\tau}{2}}\right]=$$

$$\frac{2E\tau}{T}\times\frac{1}{\frac{n\omega_1 \tau}{2}}\times\frac{\mathrm{e}^{\mathrm{j}n\omega_1 \frac{\tau}{2}}-\mathrm{e}^{-\mathrm{j}n\omega_1 \frac{\tau}{2}}}{2\mathrm{j}}=\frac{2E\tau}{T}\frac{\sin\dfrac{n\omega_1 \tau}{2}}{\dfrac{n\omega_1 \tau}{2}} \qquad (3-2-1)$$

此式说明 $\dot{A}_n$ 是离散变量 $n\omega_1$ 的函数。

将 $\omega_1=\dfrac{2\pi}{T}$ 代入式(3-2-1)又得

$$\dot{A}_n = \frac{2E\tau}{T}\frac{\sin\frac{n\pi\tau}{T}}{\frac{n\pi\tau}{T}} \tag{3-2-2}$$

二、画频谱图

为了具体地画出频谱图,我们取 $T = 2\tau, E = 1$,代入式(3-2-2)得

$$\dot{A}_n = A_n e^{j\psi_n} = \frac{\sin\frac{n\pi}{2}}{\frac{n\pi}{2}} \tag{3-2-3}$$

(1) 求直流分量 $\frac{A_0}{2}$:令 $n = 0$ 得

$$A_0 = \lim_{n\to 0}\frac{\sin\frac{n\pi}{2}}{\frac{n\pi}{2}} = 1$$

故 $$\frac{A_0}{2} = \frac{1}{2}$$

(2) 取 $n = \pm 1, \pm 2\cdots$ 代入式(3-2-3),可求得各次谐波的复数振幅值,其结果列于表 3-2-1,其复数振幅频谱、振幅频谱、相位频谱分别画出,如图3-2-2(a)、(b)、(c) 所示。图中垂直于横轴(频率轴 $\omega = n\omega_1$)的直线称为谱线,谱线的高度分别代表振幅值或初相角的值;连接各谱线的端点所构成的曲线(图中的虚线)称为包络线,它实际上并不存在,只是用来说明各频率分量振幅变化的趋势。

表 3-2-1   各次谐波的复数振幅

n	复数振幅 $\dot{A}_n$		振幅值 A_n	初相角值 ψ_n
1	$\dot{A}_1$	$\frac{2}{\pi}e^{j0°}$	$\frac{2}{\pi}$	$0°$
-1	$\dot{A}_{-1}$	$\frac{2}{\pi}e^{j0°}$	$\frac{2}{\pi}$	$0°$
2	$\dot{A}_2$	$0e^{j0°}$	0	$0°$
-2	$\dot{A}_{-2}$	$0e^{j0°}$	0	$0°$
3	$\dot{A}_3$	$\frac{2}{3\pi}e^{\pm j180°}$	$\frac{2}{3\pi}$	$180°$
-3	$\dot{A}_{-3}$	$\frac{2}{3\pi}e^{\pm j180°}$	$\frac{2}{3\pi}$	$-180°$
4	$\dot{A}_4$	$0e^{j0°}$	0	$0°$
-4	$\dot{A}_{-4}$	$0e^{j0°}$	0	$0°$
5	$\dot{A}_5$	$\frac{2}{5\pi}e^{j0°}$	$\frac{2}{5\pi}$	$0°$
-5	$\dot{A}_{-5}$	$\frac{2}{5\pi}e^{j0°}$	$\frac{2}{5\pi}$	$0°$

续　表

n	复数振幅 $\dot{A}_n$		振幅值 A_n	初相角值 ψ_n
6	$\dot{A}_6$	$0e^{j0°}$	0	$0°$
-6	$\dot{A}_{-6}$	$0e^{j0°}$	0	$0°$
7	$\dot{A}_7$	$\dfrac{2}{7\pi}e^{\pm j180°}$	$\dfrac{2}{7\pi}$	$180°$
-7	$\dot{A}_{-7}$	$\dfrac{2}{7\pi}e^{\pm j180°}$	$\dfrac{2}{7\pi}$	$-180°$

三、周期信号频谱的特点

由图 $3-2-2$ 可见,周期信号的频谱有如下特点:

(1) 离散性,即谱线的分布是离散的而不是连续的。

(2) 谐波性,即谱线在频率轴($\omega = n\omega_1$ 轴)上的位置刻度一定是 ω_1 的整数倍,且任意两根谱线之间的间隔均为 $\Delta\omega = \omega_1$。

(3) 收敛性,也称衰减性,即随着谐波次数的增高,各次谐波的振幅总趋势是减小的。

提问:若取 $T = 4\tau$, $T = 8\tau$,则频谱图的形状又各是什么样子?

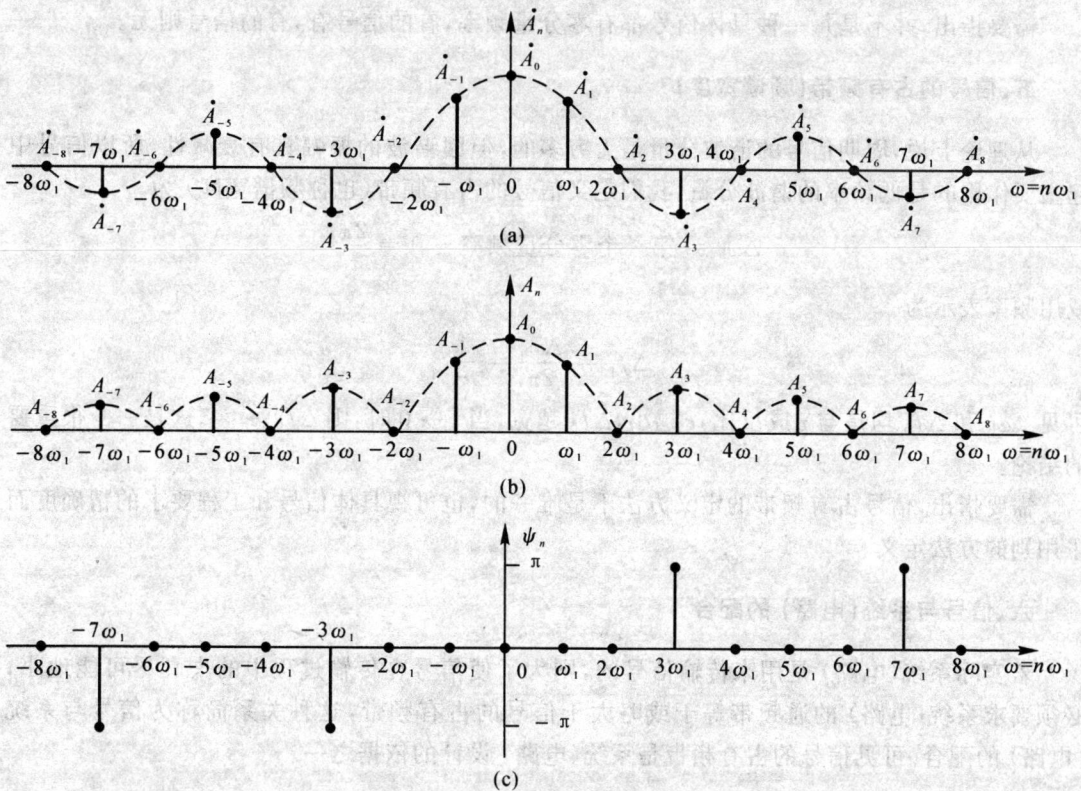

图　3-2-2

(a) 复数振幅频谱;　(b) 振幅频谱;　(c) 相位频谱

四、零分量频率

使振幅 $\dot{A}_n = 0$ 的频率称为零分量频率,例如图 $3-2-2$(a),(b) 中的 $2\omega_1, 4\omega_1, 6\omega_1, \cdots$ 均为零分量频率。由式 $(3-2-1)$ 看出,欲使 $\dot{A}_n = 0$,则必须使

$$\frac{n\omega_1\tau}{2} = k\pi, \qquad k = \pm 1, \pm 2, \cdots$$

故得求零分量频率的一般表示式为

$$\omega = n\omega_1 = \frac{2k\pi}{\tau}$$

当取 $k = \pm 1$ 时,得第一个零分量频率为

$$\omega = \pm \frac{2\pi}{\tau}$$

当取 $k = \pm 2$ 时,得第二个零分量频率为

$$\omega = \pm \frac{4\pi}{\tau}$$

当取 $k = \pm 3$ 时,得第三个零分量频率为

$$\omega = \pm \frac{6\pi}{\tau}$$

······

需要指出,并不是每一种具体信号都有零分量频率,有的信号有,有的信号则无。

五、信号的占有频带(频谱宽度)

从理论上说,周期信号的谐波分量是无穷多的,但因谐波的振幅具有衰减性,所以信号中起主要作用的是低频率的谐波分量。我们定义信号的占有频带(也称频谱宽度)为

$$\Delta\omega_b = 第一个零分量频率 - 0 = \frac{2\pi}{\tau}$$

或用频率表示为

$$\Delta f_b = \frac{\Delta\omega_b}{2\pi} = \frac{1}{\tau}$$

可见 $\Delta\omega_b$ 和 Δf_b 均是与 τ 成反比,τ 越小,Δf_b 越宽,当 $\tau \to 0$ 时,则 $\Delta f_b \to \infty$。这是一个很重要的结论。

需要指出,信号占有频带的定义方法不是唯一的,也可视具体信号和工程要求的精确度而采用别的方法定义。

六、信号与系统(电路)的配合

若实际系统(电路)是用来传输信号的,则为了使信号在传输过程中的失真尽可能地小,必须要求系统(电路)的通频带等于或略大于信号的占有频带,这种关系简称为信号与系统(电路)的配合。可见信号的占有频带是系统(电路)设计的依据之一。

例 $3-2-1$ 已知图 $3-2-3$(a) 所示单位冲激序列信号 $f(t) = \delta_T(t) = \sum\limits_{k=-\infty}^{\infty} \delta(t - kT)$,$k \in \mathbf{Z}$,求其傅里叶级数及其频谱。

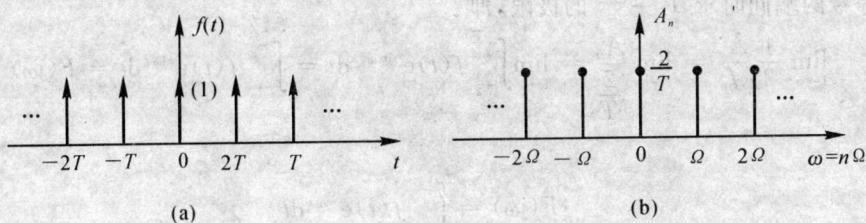

图 3-2-3 单位冲激序列信号及其频谱

解
$$\dot{A}_n = \frac{2}{T}\int_{-\frac{T}{2}}^{+\frac{T}{2}} f(t)\mathrm{e}^{-jn\Omega t}\mathrm{d}t = \frac{2}{T}\int_{-\frac{T}{2}}^{+\frac{T}{2}}\delta(t)\mathrm{e}^{-jn\Omega t}\mathrm{d}t = \frac{2}{T}\int_{-\frac{T}{2}}^{+\frac{T}{2}}\delta(t)\mathrm{d}t = \frac{2}{T}\times 1 = \frac{2}{T}$$

故
$$f(t) = \frac{1}{2}\sum_{n=-\infty}^{+\infty}\dot{A}_n\mathrm{e}^{jn\Omega t} = \frac{1}{2}\sum_{n=-\infty}^{+\infty}\frac{2}{T}\mathrm{e}^{jn\Omega t}$$

其频谱如图 3-2-3(b) 所示。其中 $\Omega = \dfrac{2\pi}{T}$。可以看出,此频谱中没有零分量频率。

3.3 非周期信号的频谱

一、非周期信号的定义及其频谱的特点

当图 3-2-1 所示周期信号的周期 $T\to\infty$ 时,周期信号 $f(t)$ 就转化成了非周期信号,如图 3-3-1 所示。可见,非周期信号可理解为 $T\to\infty$ 的周期信号。非周期信号的频谱有如下特点:

(1) 各次谐波的振幅值均趋近于无穷小,即由式(3-1-7) 有

$$\lim_{T\to\infty}\dot{A}_n = \lim_{T\to\infty}\frac{2}{T}\int_{-\frac{T}{2}}^{+\frac{T}{2}}f(t)\mathrm{e}^{-jn\omega_1 t}\mathrm{d}t = 0$$

但要注意,虽然各次谐波的振幅值均趋近于无穷小了,但它们各自趋近于无穷小的速度却是彼此不同的。

(2) 当 $T\to\infty$ 时有 $\omega_1 = \dfrac{2\pi}{T}\to 0$,即离散频谱中任意两根谱

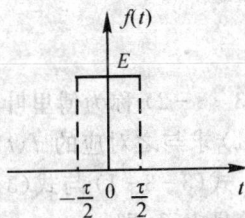

图 3-3-1 非周期信号举例

线之间的间隔 $\Delta\omega = \omega_1$ 就转化成了微分量 $\mathrm{d}\omega$,即 $\Delta\omega = \omega_1\to\mathrm{d}\omega$,离散变量 $n\omega_1$ 就转化成了连续变量 ω,即 $n\omega_1\to\omega$,亦即离散频谱转化成了连续频谱。

由于以上两个特点,因此就不能再用复数振幅频谱 $\dot{A}_n$ 来描述非周期信号的频谱特性了,而必须用频谱密度函数(简称频谱函数)来描述了。

二、傅里叶变换

1. 正变换

将式(3-1-7) 加以改写,即

$$\frac{\dot{A}_n}{\frac{2}{T}} = \frac{1}{2}\frac{\dot{A}_n}{f} = \int_{-\frac{T}{2}}^{+\frac{T}{2}}f(t)\mathrm{e}^{-jn\omega_1 t}\mathrm{d}t$$

对上式等号两端同时求 $T \to \infty$ 的极限,即

$$\lim_{T \to \infty} \frac{1}{2} \frac{\dot{A}_n}{f} = \lim_{T \to \infty} \frac{\dot{A}_n}{\frac{2}{T}} = \lim_{T \to \infty} \int_{-\frac{T}{2}}^{+\frac{T}{2}} f(t) e^{-jn\omega_1 t} dt = \int_{-\infty}^{+\infty} f(t) e^{-j\omega t} dt = F(j\omega)$$

其中式

$$F(j\omega) = \int_{-\infty}^{+\infty} f(t) e^{-j\omega t} dt \qquad (3-3-1)$$

称为傅里叶正变换,简称傅里叶变换,它通过积分变换式 $\int_{-\infty}^{+\infty} f(t) e^{-j\omega t} dt$,将时间函数 $f(t)$ 变换成了频率函数 $F(j\omega)$,用来从已知的 $f(t)$ 求与之对应的 $F(j\omega)$,通常用符号 $\mathscr{F}[f(t)] = F(j\omega)$ 表示。$F(j\omega)$ 称为 $f(t)$ 的频谱密度函数,简称频谱函数。其物理意义是,它描述了非周期信号中每个谐波的振幅与频率 f 的比随角频率变量 ω 的变化关系。

$F(j\omega)$ 一般是角频率变量 ω 的复数函数,故可写成指数形式,即

$$F(j\omega) = |F(j\omega)| e^{j\varphi(\omega)}$$

其中 $|F(j\omega)|$ 称为 $f(t)$ 的幅度频谱,$\varphi(\omega)$ 称为 $f(t)$ 的相位频谱。

2. 反变换

将式(3-1-6)加以改写,即

$$f(t) = \frac{1}{2} \sum_{n=-\infty}^{+\infty} \frac{\dot{A}_n}{\frac{2}{T}} e^{jn\omega_1 t} \frac{2}{T} = \frac{1}{2} \sum_{n=-\infty}^{+\infty} \frac{\dot{A}_n}{\frac{2}{T}} e^{jn\omega_1 t} \frac{2}{\frac{2\pi}{\omega_1}} = \frac{1}{2\pi} \sum_{n=-\infty}^{+\infty} \frac{\dot{A}_n}{\frac{2}{T}} e^{jn\omega_1 t} \omega_1$$

考虑到当 $T \to \infty$ 时,周期信号就转化成了非周期信号,且有 $\lim\limits_{T \to \infty} \dfrac{\dot{A}_n}{\frac{2}{T}} = F(j\omega)$,$\omega_1 \to d\omega$,$n\omega_1 \to \omega$,$\sum\limits_{n=-\infty}^{+\infty} \to \int_{-\infty}^{+\infty}$。代入上式有

$$f(t) = \frac{1}{2\pi} \int_{-\infty}^{+\infty} F(j\omega) e^{j\omega t} d\omega \qquad (3-3-2)$$

式(3-3-2)称为傅里叶反变换,它将频率函数 $F(j\omega)$ 变换成了时间函数 $f(t)$,用来从已知的 $F(j\omega)$ 求与之对应的 $f(t)$,通常用符号 $\mathscr{F}^{-1}[F(j\omega)] = f(t)$ 表示。

式(3-3-1)与式(3-3-2)统称为傅里叶变换,它们构成了一对傅里叶变换对,通常用下列符号表示,即

$$f(t) \longleftrightarrow F(j\omega)$$

三、非周期信号频谱分析举例

我们以图 3-3-1 所示单个矩形脉冲信号为例,来研究非周期信号频谱分析的方法与结论。

1. 求 $F(j\omega)$

$f(t)$ 的表示式为

$$f(t) = \begin{cases} 0 & t < -\dfrac{\tau}{2} \\ E & -\dfrac{\tau}{2} < t < \dfrac{\tau}{2} \\ 0 & t > \dfrac{\tau}{2} \end{cases}$$

代入式(3-3-1)得

$$F(j\omega) = \mid F(j\omega) \mid e^{j\varphi(\omega)} = \int_{-\infty}^{+\infty} f(t)e^{-j\omega t}dt = \int_{-\frac{\tau}{2}}^{+\frac{\tau}{2}} Ee^{-j\omega t}dt = E\tau \frac{\sin\frac{\omega\tau}{2}}{\frac{\omega\tau}{2}} \quad (3-3-3)$$

2. 画频谱图

根据式(3-3-3)即可画出 $F(j\omega)$ 随 ω 变化的曲线,如图 3-3-2 所示。图中

$$F(j0) = \lim_{\omega \to 0} E\tau \frac{\sin\frac{\omega\tau}{2}}{\frac{\omega\tau}{2}} = E\tau$$

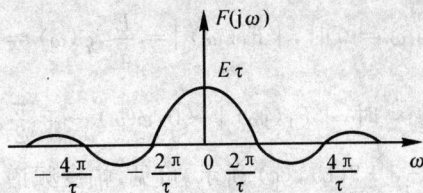

3. 求零分量频率

从式(3-3-3)看出,当 $\frac{\omega\tau}{2} = k\pi (k=\pm1,\pm2,$

$\pm3\cdots)$ 时,即有 $F(j\omega) = 0$,故得求零分量频率的一般表示式为

图 3-3-2 $F(j\omega)$ 的图形

$$\omega = \frac{2k\pi}{\tau}$$

当取 $k=\pm1$ 时,即得第一个零分量频率为

$$\omega = \pm\frac{2\pi}{\tau}$$

当取 $k=\pm2,\pm3\cdots$ 时,即得相应的第二个、第三个 …… 零分量频率为 $\pm\frac{4\pi}{\tau}$,$\pm\frac{6\pi}{\tau}\cdots$。

4. 信号的占有频带(频谱宽度)

其定义与周期信号的相同,即

$$\Delta\omega_b = 第一个零分量频率 - 0 = \frac{2\pi}{\tau}$$

或

$$\Delta f_b = \frac{\Delta\omega_b}{2\pi} = \frac{1}{\tau}$$

5. 信号与系统的配合

其涵义与 3.2 节中所述全同。

四、几种典型信号的傅里叶变换

1. 单边衰减指数信号的频谱

单边衰减指数信号 $f_1(t)$ 的函数表达式为

$$f_1(t) = Ee^{-\alpha t}U(t) = \begin{cases} Ee^{-\alpha t} & t > 0 \\ 0 & t < 0 \end{cases}$$

其中 α 为大于零的实常数,其波形如图 3-3-3(a) 所示,故

$$F_1(j\omega) = \mid F_1(j\omega) \mid e^{j\varphi(\omega)} = \int_{-\infty}^{+\infty} f_1(t)e^{-j\omega t}dt = \int_0^{+\infty} Ee^{-\alpha t}e^{-j\omega t}dt =$$

$$E\int_0^{+\infty} e^{-(\alpha+j\omega)t}dt = \frac{-E}{(\alpha+j\omega)}\int_0^{+\infty} e^{-(\alpha+j\omega)}d[-(\alpha+j\omega)t] =$$

$$\frac{E}{-(\alpha+j\omega)}\left[e^{-(\alpha+j\omega)t}\right]_0^{+\infty}=\frac{E}{\alpha+j\omega}=\frac{E}{\sqrt{\alpha^2+\omega^2}}e^{-j\arctan\frac{\omega}{\alpha}}$$

故得幅度频谱和相位频谱分别为

$$|F_1(j\omega)|=\frac{E}{\sqrt{\alpha^2+\omega^2}}$$

$$\varphi(\omega)=-\arctan\frac{\omega}{\alpha}$$

当 $\omega=0$ 时，$|F_1(j\omega)|=\dfrac{E}{\alpha}$，$\varphi(\omega)=0$；当 $\omega=\pm\alpha$ 时，$|F_1(j\omega)|=\dfrac{E}{\sqrt{2}\alpha}$，$\varphi(\omega)=\mp\dfrac{\pi}{4}$；当 $\omega\to\pm\infty$ 时，$|F_1(j\omega)|\to0$，$\varphi(\omega)\to\mp\dfrac{\pi}{2}$。于是可画出幅度频谱曲线与相位频谱曲线，分别如图 3-3-3(b)，(c) 所示。可见，幅度频谱 $|F_1(j\omega)|$ 为实变量 ω 的偶函数，相位频谱 $\varphi(\omega)$ 为实变量 ω 的奇函数。同时看出，该信号没有零分量频率。

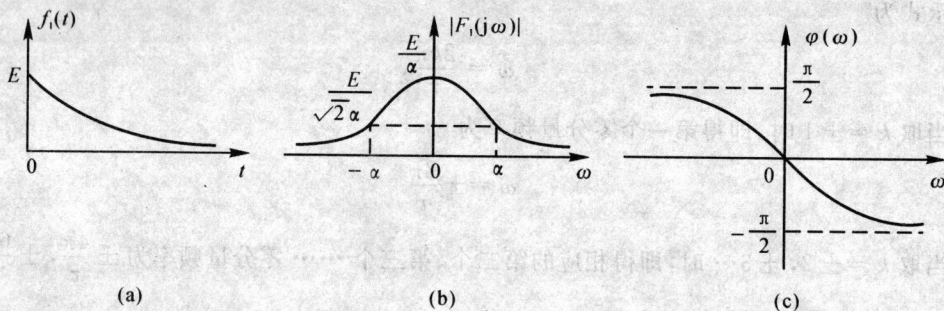

图 3-3-3　单边衰减指数信号的频谱曲线

2. 单位冲激函数 $f(t)=\delta(t)$ 的频谱

单位冲激信号 $f(t)=\delta(t)$ 的波形如图 3-3-4(a) 所示。故

$$F(j\omega)=|F(j\omega)|e^{j\varphi(\omega)}=\int_{-\infty}^{+\infty}\delta(t)e^{-j\omega t}dt=\int_{-\infty}^{+\infty}\delta(t)e^{-j\omega0}dt=\int_{-\infty}^{+\infty}\delta(t)\times1\times dt=1$$

故得

$$|F_1(j\omega)|=1$$

$$\varphi(\omega)=0$$

其对应的幅度频谱曲线和相位频谱曲线，分别如图 3-3-4(b)，(c) 所示。

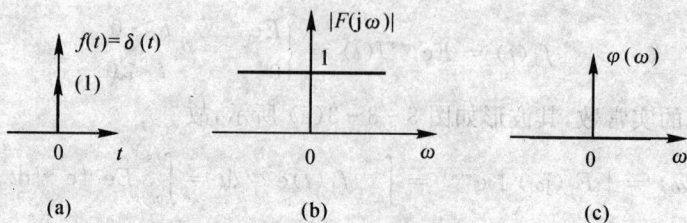

图 3-3-4　单位冲激信号的频谱曲线

3. 钟形信号的频谱

信号 $f(t) = Ee^{-\left(\frac{t}{\tau}\right)^2}$ $(t \in \mathbf{R})$ 称为钟形信号，其波形如图 3-3-5(a) 所示。求其傅里叶变换 $F(j\omega)$。

$$F(j\omega) = \int_{-\infty}^{+\infty} f(t)e^{-j\omega t} \mathrm{d}t = \int_{-\infty}^{+\infty} Ee^{-\left(\frac{t}{\tau}\right)^2}\left[\cos\omega t - j\sin\omega t\right]\mathrm{d}t =$$

$$E\int_{-\infty}^{+\infty} e^{-\left(\frac{t}{\tau}\right)^2}\cos\omega t\,\mathrm{d}t - jE\int_{-\infty}^{+\infty} e^{-\left(\frac{t}{\tau}\right)^2}\sin\omega t\,\mathrm{d}t =$$

$$2E\int_{0}^{+\infty} e^{-\left(\frac{t}{\tau}\right)^2}\cos\omega t\,\mathrm{d}t + 0 = \sqrt{\pi}E\tau e^{-\left(\frac{\omega\tau}{2}\right)^2} \quad \omega \in \mathbf{R}$$

$F(j\omega)$ 的图形如图 3-3-5(b) 所示。可见 $F(j\omega)$ 的图形也是钟形，即 $f(t)$ 与 $F(j\omega)$ 的形状均为钟形，这就是钟形信号频谱的特点。

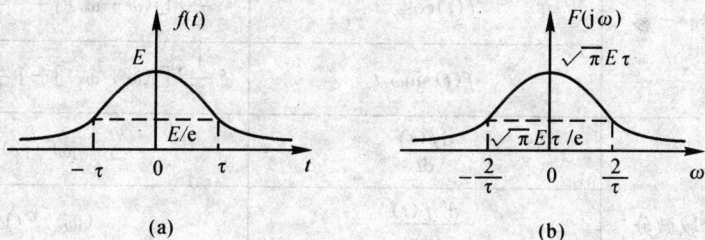

图　3-3-5

3.4　傅里叶变换的性质

一、傅里叶变换的性质

傅里叶变换有一些重要性质，这些性质揭示了信号 $f(t)$ 的时域特性与频域特性之间的内在关系，利用这些性质可以简便地求解 $f(t)$ 与 $F(j\omega)$ 之间的正、反傅里叶变换。关于这些性质的严格证明本书略去（有的性质在下面的例题中予以证明）。现将其性质列于表 3-4-1 中，供查用。

表 3-4-1　傅里叶变换的性质

序　号	性质名称	$f(t)$	$F(j\omega)$
1	唯一性	$f(t)$	$F(j\omega)$
2	齐次性	$Af(t)$	$AF(j\omega)$
3	叠加性	$f_1(t) + f_2(t)$	$F_1(j\omega) + F_2(j\omega)$
4	线　性	$A_1 f_1(t) + A_2 f_2(t)$	$A_1 F_1(j\omega) + A_2 F_2(j\omega)$
5	折叠性	$f(-t)$	$F(-j\omega)$
6	对称性	$F(jt)$（一般函数）	$2\pi f(-\omega)$
		$F(t)$（实偶函数）	$2\pi f(\omega)$

续　表

序　号	性质名称	$f(t)$	$F(j\omega)$
7	奇偶性	$f(t)$ 为实、偶函数	$F(j\omega)$ 为实、偶函数
		$f(t)$ 为实、奇函数	$F(j\omega)$ 为虚、奇函数
8	尺度展缩	$f(at)$（a 为大于零的实数）	$\dfrac{1}{a}F\left(j\dfrac{\omega}{a}\right)$
9	时域延迟	$f(t-t_0)$（t_0 为实数）	$F(j\omega)e^{-j\omega t_0}$
		$f(at-t_0)$（t_0 为实数）	$\dfrac{1}{a}F\left(j\dfrac{\omega}{a}\right)e^{-j\frac{\omega}{a}t_0}$
10	频　移	$f(t)e^{\pm j\omega_0 t}$（ω_0 为实数）	$F[j(\omega\mp\omega_0)]$
		$f(t)\cos\omega_0 t$	$\dfrac{1}{2}F[j(\omega+\omega_0)]+\dfrac{1}{2}F[j(\omega-\omega_0)]$
		$f(t)\sin\omega_0 t$	$j\dfrac{1}{2}F[j(\omega+\omega_0)]-j\dfrac{1}{2}F[j(\omega-\omega_0)]$
11	时域微分 *	$\dfrac{df(t)}{dt}$	$j\omega F(j\omega)$
		$\dfrac{d^K f(t)}{dt^K}$	$(j\omega)^K F(j\omega)$
		$\dfrac{d}{dt}f(at-t_0)$	$j\omega\left[\dfrac{1}{a}F\left(j\dfrac{\omega}{a}\right)e^{-j\omega\frac{t_0}{a}}\right]$
12	时域积分	$\displaystyle\int_{-\infty}^{t} f(\tau)d\tau$	$\left[\pi\delta(\omega)+\dfrac{1}{j\omega}\right]F(j\omega)$
13	频域微分	$(-jt)f(t)$	$\dfrac{dF(j\omega)}{d\omega}$
		$(-jt)^K f(t)$	$\dfrac{d^K F(j\omega)}{d\omega^K}$
		$(-jt)f(at-t_0)$	$\dfrac{d}{d\omega}\left[\dfrac{1}{a}F\left(j\dfrac{\omega}{a}\right)e^{-j\omega\frac{t_0}{a}}\right]$
14	时域卷积	$f_1(t)*f_2(t)$	$F_1(j\omega)F_2(j\omega)$
15	频域卷积	$f_1(t)\cdot f_2(t)$	$\dfrac{1}{2\pi}F_1(j\omega)*F_2(j\omega)$
16	时域抽样	$\displaystyle\sum_{n=-\infty}^{+\infty} f(t)\delta(t-nT_s)$	$\dfrac{1}{T_s}\displaystyle\sum_{n=-\infty}^{+\infty} F\left[j\left(\omega-\dfrac{2\pi}{T_s}n\right)\right]$
17	频域抽样	$\dfrac{1}{\Omega_s}\displaystyle\sum_{n=-\infty}^{+\infty} f\left(t-n\dfrac{2\pi}{\Omega_s}\right)$	$\displaystyle\sum_{n=-\infty}^{+\infty} F(j\omega)\delta(\omega-n\Omega_s)$
18	信号能量	$W=\displaystyle\int_{-\infty}^{+\infty}[f(t)]^2 dt=\dfrac{1}{2\pi}\int_{-\infty}^{+\infty}\|F(j\omega)\|^2 d\omega$	
19		$F(0)=\displaystyle\int_{-\infty}^{+\infty} f(t)dt$　（条件：$\lim\limits_{t\to\pm\infty} f(t)=0$）	
		$f(0)=\dfrac{1}{2\pi}\displaystyle\int_{-\infty}^{+\infty} F(j\omega)d\omega$　（条件：$\lim\limits_{\omega\to\pm\infty} F(j\omega)=0$）	

* 注：时域微分性质要求信号 $f(t)$ 满足 $\displaystyle\int_{-\infty}^{+\infty} f(t)dt<\infty$，否则不能用。

例 3-4-1　试证明傅里叶变换的尺度展缩性(表 3-4-1 中的序号 8),即若 $f(t) \Leftrightarrow F(j\omega)$,求证 $f(at) \Leftrightarrow \dfrac{1}{a} F\left(j\dfrac{\omega}{a}\right)$,$a$ 为大于零的实常数。

证　令 $t' = at$,则有 $t = \dfrac{1}{a} t'$,$\mathrm{d}t = \dfrac{1}{a}\mathrm{d}t'$,且当 $t = \pm\infty$ 时,有 $t' = \pm\infty$,故有

$$\mathscr{F}[f(at)] = \int_{-\infty}^{+\infty} f(at)\mathrm{e}^{-j\omega t}\mathrm{d}t = \int_{-\infty}^{+\infty} f(t')\mathrm{e}^{-j\omega \frac{1}{a}t'} \frac{1}{a}\mathrm{d}t' =$$

$$\frac{1}{a}\int_{-\infty}^{+\infty} f(t')\mathrm{e}^{-j\frac{\omega}{a}t'}\mathrm{d}t' = \frac{1}{a}F\left(j\frac{\omega}{a}\right) \qquad\qquad (\text{证毕})$$

此性质说明,信号在时域中压缩,即等效于在频域中展宽;信号在时域中展宽,即等效于在频域中压缩。这是一个十分重要的结论。

例 3-4-2　已知 $f(t) \longleftrightarrow F(j\omega)$,求信号 $f(2t-5)$ 的傅里叶变换 $F_1(j\omega)$。

解　因 $$f(2t) \longleftrightarrow \frac{1}{2}F\left(j\frac{\omega}{2}\right)$$

又 $$f(2t-5) = f\left[2\left(t - \frac{5}{2}\right)\right]$$

故根据傅里叶变换的延时性(表 3-4-1 中的序号 9)有

$$F_1(j\omega) = \frac{1}{2}F\left(j\frac{\omega}{2}\right)\mathrm{e}^{-j\frac{5}{2}\omega}$$

例 3-4-3　试证明傅里叶变换的奇偶性与虚实性(表 3-4-1 中的序号 7)。

证　因有

$$F(j\omega) = \int_{-\infty}^{+\infty} f(t)\mathrm{e}^{-j\omega t}\mathrm{d}t = \int_{-\infty}^{+\infty} f(t)[\cos\omega t - j\sin\omega t]\mathrm{d}t =$$

$$\int_{-\infty}^{+\infty} f(t)\cos\omega t\,\mathrm{d}t - j\int_{-\infty}^{+\infty} f(t)\sin\omega t\,\mathrm{d}t$$

讨论:若 $f(t)$ 是实变量 t 的偶函数,则有 $\int_{-\infty}^{+\infty} f(t)\sin\omega t\,\mathrm{d}t = 0$,故有

$$F(j\omega) = \int_{-\infty}^{+\infty} f(t)\cos\omega t\,\mathrm{d}t$$

亦即 $F(j\omega)$ 就是实变量 ω 的实函数,且是偶函数。

若 $f(t)$ 是实变量 t 的奇函数,则有 $\int_{-\infty}^{+\infty} f(t)\cos\omega t\,\mathrm{d}t = 0$,故有

$$F(j\omega) = -j\int_{-\infty}^{+\infty} f(t)\sin\omega t\,\mathrm{d}t$$

亦即 $F(j\omega)$ 就是实变量 ω 的虚函数,且是奇函数。

以上的结论就是傅里叶变换的奇偶性与虚实性。 　　　　　　　　　　　(证毕)

例 3-4-4　试证明傅里叶变换的对称性(表 3-4-1 中的序号 6),即若 $f(t) \Leftrightarrow F(j\omega)$,求证 $F(jt) \Leftrightarrow 2\pi f(-\omega)$。

证　因有 $$f(t) = \frac{1}{2\pi}\int_{-\infty}^{+\infty} F(j\omega)\mathrm{e}^{j\omega t}\mathrm{d}\omega$$

故有

$$f(-t) = \frac{1}{2\pi}\int_{-\infty}^{+\infty} F(j\omega)\mathrm{e}^{-j\omega t}\mathrm{d}\omega$$

在上式中用 τ 置换 ω，则有

$$f(-t) = \frac{1}{2\pi}\int_{-\infty}^{+\infty}F(j\tau)e^{-j\tau t}d\tau$$

再将上式中的 t 换成 ω，则有

$$f(-\omega) = \frac{1}{2\pi}\int_{-\infty}^{+\infty}F(j\tau)e^{-j\tau\omega}d\tau$$

再把上式中的 τ 换成 t，则有

$$f(-\omega) = \frac{1}{2\pi}\int_{-\infty}^{+\infty}F(jt)e^{-j\omega t}dt$$

即

$$2\pi f(-\omega) = \int_{-\infty}^{+\infty}F(jt)e^{-j\omega t}dt$$

故得

$$F(jt) \Leftrightarrow 2\pi f(-\omega) \qquad\qquad (证毕)$$

特例：若有 $f(t) = f(-t)$，则有 $f(\omega) = f(-\omega)$；且根据傅里叶变换的奇偶性（表 $3-4-1$ 中的序号 7）有 $F(j\omega) = F(\omega)$，即有 $F(jt) = F(t)$。故有

$$F(t) \Leftrightarrow 2\pi f(\omega)$$

例 $3-4-5$ 设 $f(t) \longleftrightarrow F(j\omega)$，试证明：

(1) $F(0) = \int_{-\infty}^{+\infty}f(t)dt$；　　　　　　　(2) $f(0) = \frac{1}{2\pi}\int_{-\infty}^{+\infty}F(j\omega)d\omega$。

证 (1) 因有

$$F(j\omega) = \int_{-\infty}^{+\infty}f(t)e^{-j\omega t}dt$$

故当 $\omega = 0$ 时有

$$F(0) = \int_{-\infty}^{+\infty}f(t)e^{-j0t}dt = \int_{-\infty}^{+\infty}f(t)dt$$

(2) 因有

$$f(t) = \frac{1}{2\pi}\int_{-\infty}^{+\infty}F(j\omega)e^{j\omega t}d\omega$$

故当 $t = 0$ 时有

$$f(0) = \frac{1}{2\pi}\int_{-\infty}^{+\infty}F(j\omega)e^{j\omega\times 0}d\omega = \frac{1}{2\pi}\int_{-\infty}^{+\infty}F(j\omega)d\omega$$

注意：以上结果成立的条件是应满足

$$\lim_{t\to\pm\infty}f(t) = 0$$

$$\lim_{\omega\to\pm\infty}F(j\omega) = 0$$

否则不成立。

例 $3-4-6$ 试证明傅里叶变换的时域积分性（表 $3-4-1$ 中的序号 12）。

证 设 $f(t) \longleftrightarrow F(j\omega)$，$\int_{-\infty}^{t}f(\tau)d\tau \longleftrightarrow F_1(j\omega)$，则有

$$\int_{-\infty}^{t}f(\tau)d\tau = \left[\int_{-\infty}^{t}f(\tau)d\tau\right]*\delta(t) = f(t)*U(t)$$

根据傅里叶变换的时域卷积性（表 $3-4-1$ 中的序号 14）有

$$F_1(j\omega) = F(j\omega)\left[\pi\delta(\omega) + \frac{1}{j\omega}\right] = \pi F(j\omega)\delta(\omega) + \frac{F(j\omega)}{j\omega} = \left[\pi\delta(\omega) + \frac{1}{j\omega}\right]F(j\omega)$$

或
$$F_1(j\omega) = \pi F(0)\delta(\omega) + \frac{F(j\omega)}{j\omega}$$
（证毕）

若 $f(t)$ 为奇函数,则有

$$F(0) = \int_{-\infty}^{+\infty} f(t)dt = 0$$

故此时

$$F_1(j\omega) = \frac{1}{j\omega}F(j\omega)$$

二、应用傅里叶变换的性质求傅里叶正、反变换

例 3-4-7 求图 3-4-1(a) 所示信号 $f_2(t) = Ee^{\alpha t}U(-t)$ 的傅里叶变换 $F_2(j\omega)$。α 为大于零的实常数。

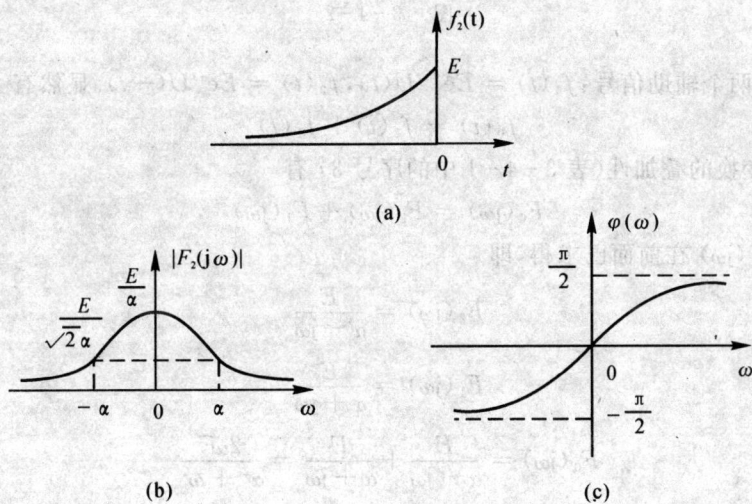

图 3-4-1

解 引入辅助信号 $f_1(t) = Ee^{-\alpha t}U(t)$,可见有 $f_2(t) = f_1(-t)$。$f_1(t)$ 的傅里叶变换 $F_1(j\omega)$,我们在 3.3 节中已求得为

$$F_1(j\omega) = \frac{E}{\alpha + j\omega}$$

故根据傅里叶变换的折叠性(表 3-4-1 中的序号 5),得 $f_2(t)$ 的傅里叶变换为

$$F_2(j\omega) = F_1(-j\omega) = \frac{E}{\alpha - j\omega}$$

即

$$|F_2(j\omega)|e^{j\varphi(\omega)} = \frac{E}{\sqrt{\alpha^2 + \omega^2}}e^{j\arctan\frac{\omega}{\alpha}}$$

故得

$$|F_2(j\omega)| = \frac{E}{\sqrt{\alpha^2 + \omega^2}}$$

$$\varphi(\omega) = \arctan\frac{\omega}{\alpha}$$

其频谱曲线分别如图 3-4-1(b),(c) 所示。

例 3 - 4 - 8　求双边指数信号

$$f_0(t) = \begin{cases} Ee^{\alpha t} & t \in (-\infty, 0] \\ Ee^{-\alpha t} & t \in [0, \infty) \end{cases}$$

α 为大于零的实常数。$f_0(t)$ 的波形如图 3 - 4 - 2(a) 所示。

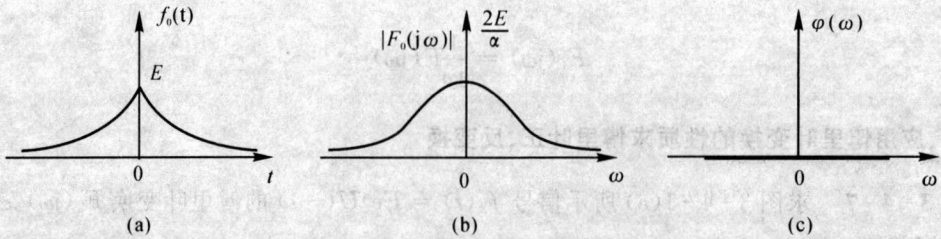

图　3 - 4 - 2

解　引入两个辅助信号：$f_1(t) = Ee^{-\alpha t}U(t)$，$f_2(t) = Ee^{\alpha t}U(-t)$。显然有

$$f_0(t) = f_2(t) + f_1(t)$$

故根据傅里叶变换的叠加性(表 3 - 4 - 1 中的序号 3) 有

$$F_0(j\omega) = F_2(j\omega) + F_1(j\omega)$$

而 $F_2(j\omega)$ 和 $F_1(j\omega)$ 在前面已求得，即

$$F_2(j\omega) = \frac{E}{\alpha - j\omega}$$

$$F_1(j\omega) = \frac{E}{\alpha + j\omega}$$

故

$$F_0(j\omega) = \frac{E}{\alpha - j\omega} + \frac{E}{\alpha + j\omega} = \frac{2\alpha E}{\alpha^2 + \omega^2}$$

即

$$|F_0(j\omega)| e^{j\varphi(\omega)} = \left|\frac{2\alpha E}{\alpha^2 + \omega^2}\right| e^{j0^\circ}$$

故得

$$|F_0(j\omega)| = \left|\frac{2\alpha E}{\alpha^2 + \omega^2}\right| = \frac{2\alpha E}{\alpha^2 + \omega^2}$$

$$\varphi(\omega) = 0^\circ$$

其幅度谱和相位谱曲线分别如图 3 - 4 - 2(b)，(c) 所示。

例 3 - 4 - 9　求直流信号 $f(t) = E(t \in \mathbf{R})$ 的傅里叶变换 $F(j\omega)$。$f(t) = E$ 的波形如图 3 - 4 - 3(a) 所示。

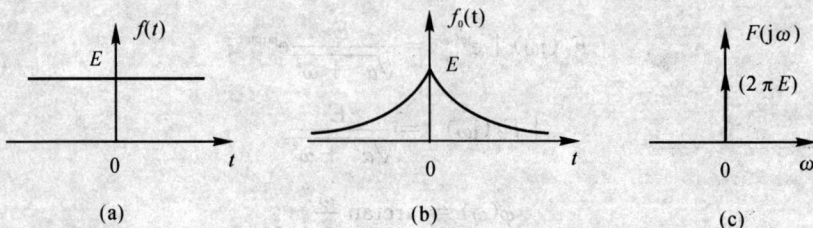

图　3 - 4 - 3

解 引入辅助信号

$$f_0(t) = \begin{cases} Ee^{\alpha t} & t \in (-\infty,0] \\ Ee^{-\alpha t} & t \in [0,\infty) \end{cases}$$

α 为大于零的实常数，$f_0(t)$ 的波形如图 3-4-3(b) 所示。显然有

$$f(t) = \lim_{\alpha \to 0} f_0(t)$$

故有

$$F(j\omega) = \lim_{\alpha \to 0} F_0(j\omega) = \lim_{\alpha \to 0} \frac{2\alpha E}{\alpha^2 + \omega^2} = \begin{cases} 0 & \omega \neq 0 \\ \infty & \omega = 0 \end{cases}$$

即

$$F(j\omega) = \begin{cases} 0 & \omega \neq 0 \\ \infty & \omega = 0 \end{cases}$$

可见 $F(j\omega)$ 为自变量为 ω 的冲激函数，其冲激强度为

$$\int_{-\infty}^{+\infty} F(j\omega) d\omega = \int_{-\infty}^{+\infty} \lim_{\alpha \to 0} \frac{2\alpha E}{\alpha^2 + \omega^2} d\omega = \lim_{\alpha \to 0} \int_{-\infty}^{+\infty} \frac{2E}{1 + \left(\frac{\omega}{\alpha}\right)^2} d\left(\frac{\omega}{\alpha}\right) =$$

$$E\left[2\arctan \frac{\omega}{\alpha} \right]_{-\infty}^{+\infty} = 2\pi E$$

故得直流信号 $f(t) = E(t \in \mathbf{R})$ 的傅里叶变换为

$$F(j\omega) = 2\pi E\delta(\omega)$$

其频谱如图 3-4-3(c) 所示。

当 $E = 1$ 时，单位直流信号 $f(t) = 1$ 的傅里叶变换为

$$F(j\omega) = 2\pi\delta(\omega)$$

例 3-4-10 求图 3-4-4(a) 所示信号 $f_0(t)$ 的傅里叶变换 $F_0(j\omega)$，$f_0(t)$ 的函数式为

$$f_0(t) = \begin{cases} 1 \times e^{-\alpha t} & t \in (0,\infty) \\ -1 \times e^{\alpha t} & t \in (-\infty,0) \end{cases}$$

即

$$f_0(t) = e^{-\alpha t}U(t) - e^{\alpha t}U(-t)$$

α 为大于零的实常数。

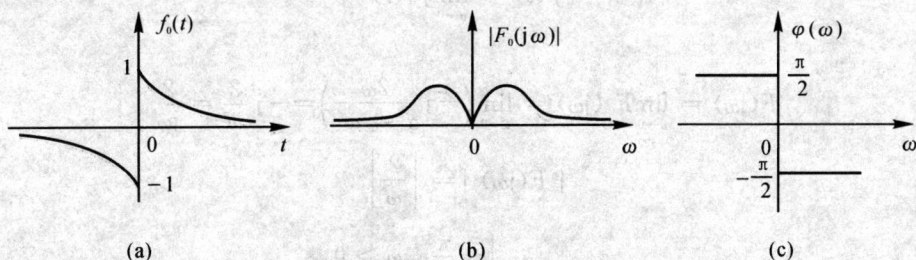

图 3-4-4

解 引入辅助信号：$f_1(t) = 1 \times e^{-\alpha t}U(t)$，$f_2(t) = 1 \times e^{\alpha t}U(-t)$。显然有

$$f_0(t) = f_1(t) - f_2(t)$$

故根据傅里叶变换的叠加性（表 3-4-1 中的序号 3）得

$$F_0(j\omega) = F_1(j\omega) - F_2(j\omega)$$

已知 $F_1(j\omega) = \dfrac{1}{\alpha + j\omega}$, $F_2(j\omega) = \dfrac{1}{\alpha - j\omega}$, 代入上式有

$$F_0(j\omega) = \frac{1}{\alpha + j\omega} - \frac{1}{\alpha - j\omega} = -j\frac{2\omega}{\alpha^2 + \omega^2}$$

即

$$F_0(j\omega) = |F_0(j\omega)| e^{j\varphi(\omega)} = \left|\frac{2\omega}{\alpha^2 + \omega^2}\right| e^{-j\frac{\pi}{2}}$$

故得

$$|F_0(j\omega)| = \left|\frac{2\omega}{\alpha^2 + \omega^2}\right|$$

$$\varphi(\omega) = \begin{cases} -\dfrac{\pi}{2} & \omega > 0 \\ \dfrac{\pi}{2} & \omega < 0 \end{cases}$$

其幅度频谱和相位频谱曲线,分别如图 3-4-4(b),(c) 所示。

例 3-4-11　求符号函数 $f(t) = \mathrm{sgn}(t) = U(t) - U(-t)$ 的傅里叶变换 $F(j\omega)$, $f(t) = \mathrm{sgn}(t)$ 的波形如图 3-4-5(a) 所示。

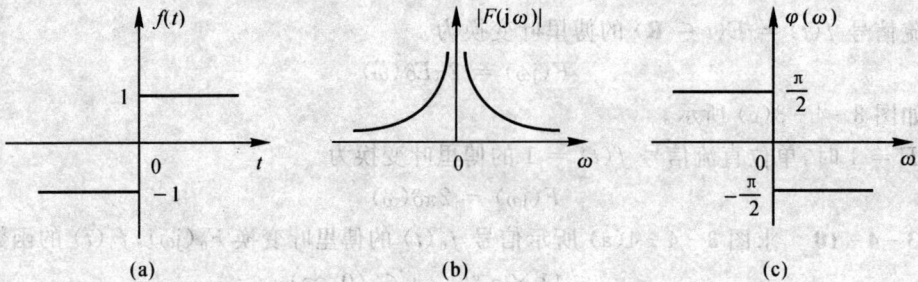

图　3-4-5

解　引入辅助信号 $f_0(t) = e^{-\alpha t}U(t) - e^{\alpha t}U(-t)$。显然有

$$f(t) = \lim_{\alpha \to 0} f_0(t)$$

故得

$$F(j\omega) = \lim_{\alpha \to 0} F_0(j\omega) = \lim_{\alpha \to 0}\left(-j\frac{2\omega}{\alpha^2 + \omega^2}\right) = -j\frac{2}{\omega} = \frac{2}{j\omega}$$

即

$$|F(j\omega)| = \left|\frac{2}{\omega}\right|$$

$$\varphi(\omega) = \begin{cases} -\dfrac{\pi}{2} & \omega > 0 \\ \dfrac{\pi}{2} & \omega < 0 \end{cases}$$

其幅度频谱和相位频谱曲线,分别如图 3-4-5(b),(c) 所示。

例 3-4-12　求单位阶跃信号 $f(t) = U(t)$ 的傅里叶变换 $F(j\omega)$。$f(t) = U(t)$ 的波形如图 3-4-6(a) 所示。

解　引入两个辅助信号

$$f_1(t) = \frac{1}{2}\mathrm{sgn}(t)$$

$$f_2(t) = \frac{1}{2}$$

显然有

$$f(t) = f_1(t) + f_2(t)$$

故根据傅里叶变换的叠加性（表 3-4-1 中的序号 3），得

$$F(\mathrm{j}\omega) = F_1(\mathrm{j}\omega) + F_2(\mathrm{j}\omega) = \frac{1}{2}\left(\frac{2}{\mathrm{j}\omega}\right) + \frac{1}{2} \times 2\pi\delta(\omega) = \pi\delta(\omega) + \frac{1}{\mathrm{j}\omega}$$

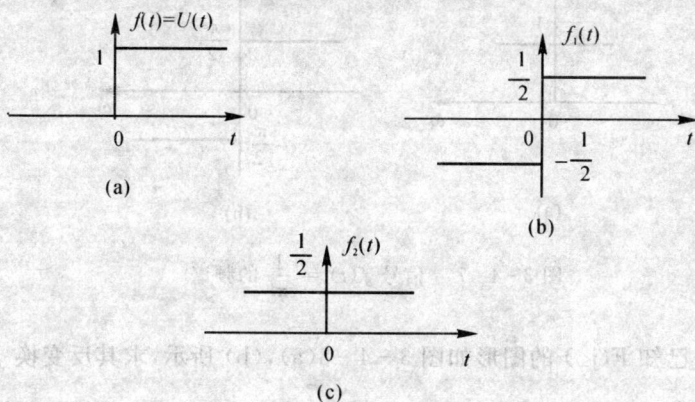

图　3-4-6

例 3-4-13　求信号：(1) $f(t) = \dfrac{1}{t}$；　(2) $f(t) = \dfrac{1}{t^2}$；　(3) $f(t) = \dfrac{1}{\pi t}$ 的 $F(\mathrm{j}\omega)$。

解　(1) $f(t) = \dfrac{1}{t}$：由傅里叶变换的对称性（表 3-4-1 中的序号 6）有

$$\mathrm{sgn}(t) \longleftrightarrow \frac{2}{\mathrm{j}\omega}$$

故有

$$2\pi\mathrm{sgn}(-\omega) \longleftrightarrow \frac{2}{\mathrm{j}t}$$

故

$$\frac{1}{t} \longleftrightarrow \mathrm{j}\pi\mathrm{sgn}(-\omega) = -\mathrm{j}\pi\mathrm{sgn}(\omega)$$

故得

$$F(\mathrm{j}\omega) = \mathscr{F}\left[\frac{1}{t}\right] = -\mathrm{j}\pi\mathrm{sgn}(\omega)$$

即

$$F(\mathrm{j}\omega) = \begin{cases} -\mathrm{j}\pi & \omega > 0 \\ \mathrm{j}\pi & \omega < 0 \end{cases}$$

注意：上面利用了 $\mathrm{sgn}(\omega)$ 是奇函数的性质。

(2) 因有 $\dfrac{1}{t^2} = -\dfrac{\mathrm{d}}{\mathrm{d}t}\left[\dfrac{1}{t}\right]$，故根据傅里叶变换的微分性（表 3-4-1 中的序号 11）有

$$F(\mathrm{j}\omega) = \mathscr{F}\left[\frac{1}{t^2}\right] = -\mathrm{j}\omega[-\mathrm{j}\pi\mathrm{sgn}(\omega)] = -\pi\omega\mathrm{sgn}(\omega) = \begin{cases} -\pi\omega & \omega > 0 \\ \pi\omega & \omega < 0 \end{cases}$$

（3）$f(t) = \dfrac{1}{\pi t}$，即 $f(t) = \dfrac{1}{\pi} \dfrac{1}{t}$，故根据傅里叶变换的齐次性（表 3-4-1 中的序号 2）有

$$F(j\omega) = \frac{1}{\pi}\left[-j\pi\,\mathrm{sgn}(\omega)\right]$$

即　　　$|F(j\omega)| e^{j\varphi(\omega)} = -j\,\mathrm{sgn}(\omega) = \begin{cases} -j \\ j \end{cases} = \begin{cases} e^{-j\frac{\pi}{2}} & \omega > 0 \\ e^{j\frac{\pi}{2}} & \omega < 0 \end{cases}$

其频谱如图 3-4-7(a)，(b) 所示。

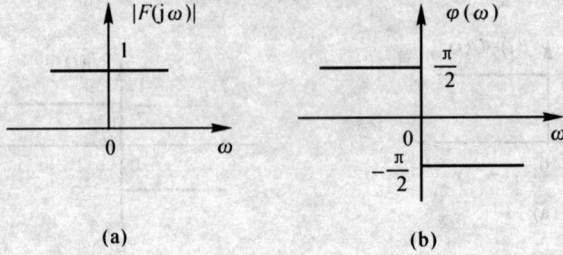

(a)　　　　　　　　(b)

图 3-4-7　信号 $f(t) = \dfrac{1}{\pi t}$ 的频谱

例 3-4-14　已知 $F(j\omega)$ 的图形如图 3-4-8(a)，(b) 所示，求其反变换 $f(t)$。

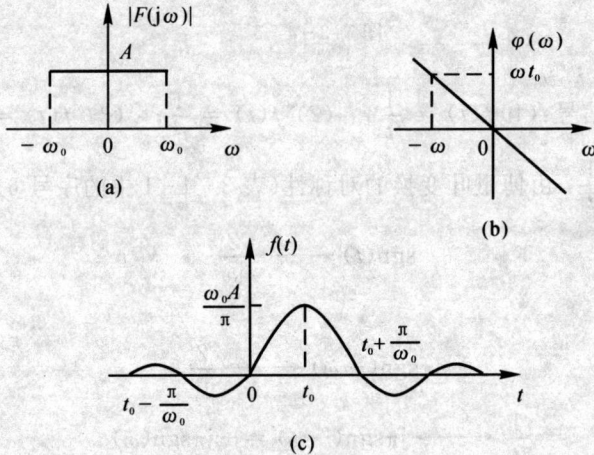

图　3-4-8

解　利用傅里叶变换的对称性（表 3-4-1 中的序号 6）求解。因有

$$F(j\omega) = AG_{2\omega_0}(\omega)e^{-jt_0\omega}$$

又因有

$$G_{\tau}(t) \longleftrightarrow \tau\,\frac{\sin\frac{\omega\tau}{2}}{\frac{\omega\tau}{2}}$$

取 $\tau = 2\omega_0$，有

$$G_{2\omega_0}(t) \longleftrightarrow 2\omega_0\,\frac{\sin\omega_0\omega}{\omega_0\omega}$$

故根据傅里叶变换的对称性（表 3 - 4 - 1 中的序号 6）有

$$2\pi G_{2\omega_0}(\omega) \longleftrightarrow 2\omega_0 \frac{\sin\omega_0 t}{\omega_0 t}$$

即

$$\frac{\omega_0}{\pi} \frac{\sin\omega_0 t}{\omega_0 t} \longleftrightarrow G_{2\omega_0}(\omega)$$

又根据傅里叶变换的齐次性（表 3 - 4 - 1 中的序号 2）有

$$\frac{A\omega_0}{\pi} \frac{\sin\omega_0 t}{\omega_0 t} \longleftrightarrow AG_{2\omega_0}(\omega)$$

又根据傅里叶变换的延迟性（表 3 - 4 - 1 中的序号 9）有

$$\frac{A\omega_0}{\pi} \frac{\sin\omega_0(t-t_0)}{\omega_0(t-t_0)} \longleftrightarrow AG_{2\omega_0}(\omega)e^{-jt_0\omega}$$

故得

$$f(t) = \frac{A\omega_0}{\pi} \frac{\sin\omega_0(t-t_0)}{\omega_0(t-t_0)} = \frac{A\omega_0}{\pi}\mathrm{Sa}[\omega_0(t-t_0)] \qquad t \in \mathbf{R}$$

$f(t)$ 的波形如图 3 - 4 - 8(c) 所示。

例 3 - 4 - 15 已知 $F(j\omega)$ 的图形如图 3 - 4 - 9(a)，(b) 所示，求 $f(t)$，并画出 $f(t)$ 的波形。

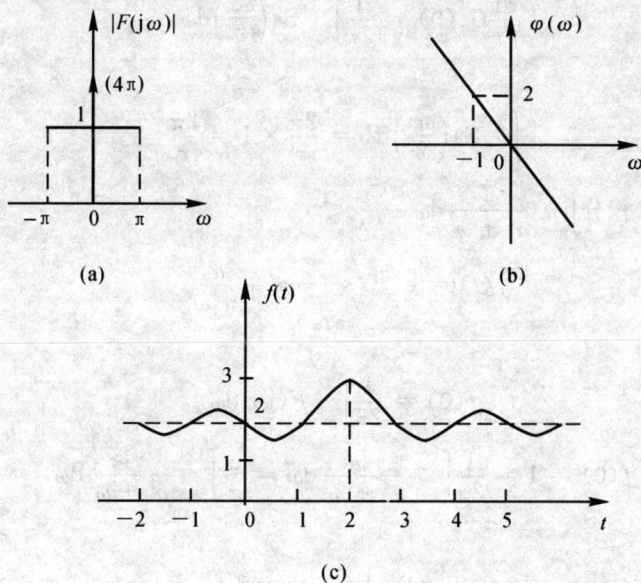

图 3 - 4 - 9

解
$$F(j\omega) = 4\pi\delta(\omega) + G_{2\pi}(\omega)e^{-j2\omega}$$

因有（表 3 - 4 - 1 中的序号 8）

$$\mathrm{Sa}(\omega_0 t) \longleftrightarrow \frac{\pi}{\omega_0}G_{2\omega_0}(\omega)$$

故

$$\frac{\omega_0}{\pi}\mathrm{Sa}(\omega_0 t) \longleftrightarrow G_{2\omega_0}(\omega)$$

今 $2\omega_0 = 2\pi$，故 $\omega_0 = \pi$，代入上式有

$$\mathrm{Sa}(\pi t) \longleftrightarrow G_{2\pi}(\omega)$$

故
$$\text{Sa}[\pi(t-2)] \longleftrightarrow G_{2\pi}(\omega)e^{-j2\omega}$$

又有
$$4\pi\delta(\omega) = 2 \times 2\pi\delta(\omega) \longleftrightarrow 2 \times 1 = 2$$

故得
$$f(t) = 2 + \text{Sa}[\pi(t-2)] \quad t \in \mathbf{R}$$

$f(t)$ 的波形如图 3-4-9(c) 所示。

例 3-4-16   求积分 $\int_{-\infty}^{+\infty} \text{Sa}\left(\dfrac{\omega\pi}{2}\right)d\omega$。

解   因有
$$G_\tau(t) \longleftrightarrow \tau\text{Sa}\left(\frac{\omega\tau}{2}\right)$$

故
$$\frac{1}{\tau}G_\tau(t) \longleftrightarrow \text{Sa}\left(\frac{\omega\tau}{2}\right)$$

从傅里叶反变换的定义式有
$$\frac{1}{\tau}G_\tau(t) = \frac{1}{2\pi}\int_{-\infty}^{+\infty} \text{Sa}\left(\frac{\omega\tau}{2}\right)e^{j\omega t}d\omega$$

取 $t=0$,有
$$\frac{1}{\tau}G_\tau(0) = \frac{1}{2\pi}\int_{-\infty}^{+\infty} \text{Sa}\left(\frac{\omega\tau}{2}\right)d\omega$$

故得
$$\int_{-\infty}^{+\infty} \text{Sa}\left(\frac{\omega\tau}{2}\right)d\omega = \frac{2\pi}{\tau} \times 1 = \frac{2\pi}{\tau}$$

例 3-4-17   求积分 $\int_{-\infty}^{+\infty} \dfrac{1}{\alpha^2+\omega^2}d\omega$。

解   因有
$$f(t) = e^{-\alpha|t|} \longleftrightarrow \frac{2\alpha}{\alpha^2+\omega^2}$$

又因
$$f(0) = \frac{1}{2\pi}\int_{-\infty}^{+\infty} F(j\omega)d\omega$$

故
$$f(0) = 1 = \frac{1}{2\pi}\int_{-\infty}^{+\infty} \frac{2\alpha}{\alpha^2+\omega^2}d\omega = \frac{\alpha}{\pi}\int_{-\infty}^{+\infty} \frac{1}{\alpha^2+\omega^2}d\omega$$

故得
$$\int_{-\infty}^{+\infty} \frac{1}{\alpha^2+\omega^2}d\omega = \frac{\pi}{\alpha}$$

例 3-4-18   求下列频谱函数的原函数 $f(t)$:
(1) $F(j\omega) = e^{\alpha\omega}U(-\omega)$;   (2) $F(j\omega) = \text{Sa}(2\omega)\cos\omega$。

解   (1) 因有 $e^{-\alpha t}U(t) \longleftrightarrow \dfrac{1}{j\omega+\alpha}$,故有
$$\frac{1}{jt+\alpha} \longleftrightarrow 2\pi e^{-\alpha(-\omega)}U(-\omega) = 2\pi e^{\alpha\omega}U(-\omega)$$

故得
$$f(t) = \frac{1}{2\pi} \times \frac{1}{jt+\alpha}$$

$$(2) \qquad \mathrm{Sa}(2\omega)\cos\omega = \frac{1}{2}\mathrm{Sa}(2\omega)(\mathrm{e}^{\mathrm{j}\omega} + \mathrm{e}^{-\mathrm{j}\omega})$$

因有

$$G_4(t) \longleftrightarrow 4\mathrm{Sa}(2\omega)$$

$$G_4(t-1) \longleftrightarrow 4\mathrm{Sa}(2\omega)\mathrm{e}^{-\mathrm{j}\omega}$$

$$G_4(t+1) \longleftrightarrow 4\mathrm{Sa}(2\omega)\mathrm{e}^{\mathrm{j}\omega}$$

$$G_4(t+1) + G_4(t-1) \longleftrightarrow 4\mathrm{Sa}(2\omega)(\mathrm{e}^{\mathrm{j}\omega} + \mathrm{e}^{-\mathrm{j}\omega}) = 8\mathrm{Sa}(2\omega)\cos\omega$$

故得

$$f(t) = \frac{1}{8}\big[G_4(t+1) + G_4(t-1)\big]$$

例 3 - 4 - 19 求图 3 - 4 - 10(a) 所示三角形信号 $y(t)$ 的傅里叶变换 $Y(\mathrm{j}\omega)$。

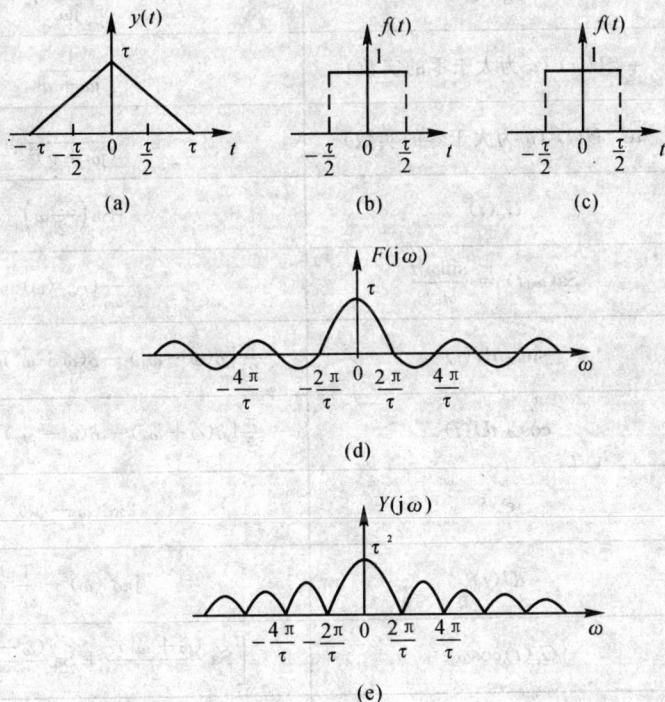

图 3 - 4 - 10

解 为了简便求解,引入辅助信号 $f(t)$,如图 3 - 4 - 10(b),(c) 所示。因有

$$y(t) = f(t) * f(t)$$

故根据傅里叶变换的时域卷积性(表 3 - 4 - 1 中的序号 14),有

$$Y(\mathrm{j}\omega) = F(\mathrm{j}\omega)F(\mathrm{j}\omega) = \big[F(\mathrm{j}\omega)\big]^2$$

又已知有 $F(\mathrm{j}\omega) = \tau\mathrm{Sa}\left(\dfrac{\omega\tau}{2}\right)$,代入上式得

$$Y(\mathrm{j}\omega) = \tau^2\left[\mathrm{Sa}\left(\frac{\omega\tau}{2}\right)\right]^2$$

$F(\mathrm{j}\omega)$ 与 $Y(\mathrm{j}\omega)$ 的图形如图 3 - 4 - 10(d),(e) 所示。

三、常用非周期信号傅里叶变换表

根据傅里叶变换的定义式和性质,可求出各种信号的傅里叶变换。现将常用非周期信号 $f(t)$ 的傅里叶变换 $F(j\omega)$ 列于表 $3-4-2$ 中。

表 $3-4-2$　常用非周期信号 $f(t)$ 的傅里叶变换

序　　号	$f(t)$	$F(j\omega)$
1	$\delta(t)$	1
2	单位直流信号 1	$2\pi\delta(\omega)$
3	$U(t)$	$\pi\delta(\omega) + \dfrac{1}{j\omega}$
4	$\text{sgn}(t)$	$\dfrac{2}{j\omega}$
5	$e^{-at}U(t)$ (a 为大于零的实数)	$\dfrac{1}{j\omega + a}$
6	$te^{-at}U(t)$ (a 为大于零的实数)	$\dfrac{1}{(j\omega + a)^2}$
7	$G_\tau(t)$	$\tau\text{Sa}\left(\dfrac{\tau}{2}\omega\right)$
8	$\text{Sa}(\omega_0 t) = \dfrac{\sin\omega_0 t}{\omega_0 t}$	$\dfrac{\pi}{\omega_0}G_{2\omega_0}(\omega)$
9	$\sin\omega_0 t\,U(t)$	$\dfrac{\pi}{2j}\left[\delta(\omega - \omega_0) - \delta(\omega + \omega_0)\right] + \dfrac{\omega_0}{\omega_0^2 - \omega^2}$
10	$\cos\omega_0 t\,U(t)$	$\dfrac{\pi}{2}\left[\delta(\omega + \omega_0) - \delta(\omega - \omega_0)\right] + \dfrac{j\omega}{\omega_0^2 - \omega^2}$
11	$e^{j\omega_0 t}$	$2\pi\delta(\omega - \omega_0)$
12	$tU(t)$	$j\pi\delta'(\omega) - \dfrac{1}{\omega^2}$
13	$G_\tau(t)\cos\omega_0 t$	$\left[\text{Sa}\dfrac{(\omega + \omega_0)\tau}{2} + \text{Sa}\dfrac{(\omega - \omega_0)\tau}{2}\right]\dfrac{\tau}{2}$
14	$e^{-at}\sin\omega_0 t\,U(t)$ ($a > 0$)	$\dfrac{\omega_0}{(j\omega + a)^2 + \omega_0^2}$
15	$e^{-at}\cos\omega_0 t\,U(t)$ ($a > 0$)	$\dfrac{j\omega + a}{(j\omega + a)^2 + \omega_0^2}$
16	双边指数信号 $e^{-a\lvert t\rvert}$ ($a > 0$)	$\dfrac{2a}{\omega^2 + a^2}$
17	钟形脉冲 $e^{-\left(\frac{t}{\tau}\right)^2}$	$\tau\sqrt{\pi}e^{-\left(\frac{\omega\tau}{2}\right)^2}$
18	$\dfrac{1}{t}$	$-j\pi\text{sgn}(\omega)$
19	$\lvert t\rvert$	$-\dfrac{2}{\omega^2}$

* 四、从非周期信号的频谱求周期信号的复数振幅 $\dot{A}_n$

图 3-4-11(a) 所示为非周期信号 $f_0(t)$，设其频谱为 $F_0(\mathrm{j}\omega)$；图 3-4-11(b) 所示为周期为 T 的周期信号 $f(t)$，设 $T \geqslant 2\tau$，其复数振幅为 $\dot{A}_n$。下面研究 $\dot{A}_n$ 与 $F_0(\mathrm{j}\omega)$ 的关系式。

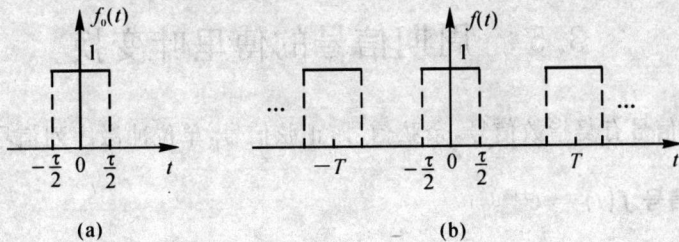

图 3-4-11　非周期信号与周期信号

因 $f(t)$ 可以表示成

$$f(t) = \sum_{n=-\infty}^{+\infty} f_0(t-nT) = \sum_{n=-\infty}^{+\infty} f_0(t) * \delta(t-nT) \qquad n \in \mathbf{Z}$$

进而又可写成

$$f(t) = f_0(t) * \sum_{n=-\infty}^{+\infty} \delta(t-nT)$$

于是根据傅里叶变换的时域卷积性(表 3-4-1 中的序号 14) 有

$$F(\mathrm{j}\omega) = F_0(\mathrm{j}\omega)\Omega \sum_{n=-\infty}^{+\infty} \delta(\omega - n\Omega) = \frac{2\pi}{T} \sum_{n=-\infty}^{+\infty} F_0(\mathrm{j}\omega)\delta(\omega - n\Omega) \quad \left(\Omega = \frac{2\pi}{T}\right)$$

对上式进行傅里叶反变换有

$$f(t) = \frac{1}{2\pi}\int_{-\infty}^{+\infty} F(\mathrm{j}\omega)\mathrm{e}^{\mathrm{j}\omega t}\,\mathrm{d}\omega = \frac{1}{2\pi}\int_{-\infty}^{+\infty} \frac{2\pi}{T} \sum_{n=-\infty}^{+\infty} F_0(\mathrm{j}\omega)\delta(\omega - n\Omega)\mathrm{e}^{\mathrm{j}\omega t}\,\mathrm{d}\omega =$$

$$\sum_{n=-\infty}^{+\infty} \frac{1}{T} F_0(\mathrm{j}n\Omega)\mathrm{e}^{\mathrm{j}n\Omega t}\int_{-\infty}^{+\infty} \delta(\omega - n\Omega)\,\mathrm{d}\omega =$$

$$\frac{1}{2}\sum_{n=-\infty}^{+\infty} \frac{2}{T} F_0(\mathrm{j}n\Omega)\mathrm{e}^{\mathrm{j}n\Omega t} \times 1 = \frac{1}{2}\sum_{n=-\infty}^{+\infty} \frac{2}{T} F_0(\mathrm{j}n\Omega)\mathrm{e}^{\mathrm{j}n\Omega t}$$

又知

$$f(t) = \frac{1}{2}\sum_{n=-\infty}^{+\infty} \dot{A}_n \mathrm{e}^{\mathrm{j}n\Omega t}$$

将上两式加以比较可得

$$\dot{A}_n = \frac{2}{T} F_0(\mathrm{j}n\Omega) = \frac{2}{T} F_0(\mathrm{j}\omega)\Big|_{\omega = n\Omega}$$

可见只要知道了 $F_0(\mathrm{j}\omega)$，令 $\omega = n\Omega$，代入此式即可求得 $\dot{A}_n$。这就给我们提供了求 $\dot{A}_n$ 的简便方法。

例如，已求得 $f_0(t)$ 的 $F_0(\mathrm{j}\omega) = \tau \dfrac{\sin\dfrac{\omega\tau}{2}}{\dfrac{\omega\tau}{2}}$，故周期信号 $f(t)$ 的复数振幅为

$$\dot{A}_n = \frac{2}{T}F_0(\mathrm{j}\omega)\Big|_{\omega=n\Omega} = \frac{2}{T}\tau\frac{\sin\frac{\omega\tau}{2}}{\frac{\omega\tau}{2}}\Big|_{\omega=n\Omega} = \frac{2\tau}{T}\frac{\sin\frac{n\Omega\tau}{2}}{\frac{n\Omega\tau}{2}} \quad (\text{此处 } E=1)$$

此结果与式(3-2-2)全同。

3.5　周期信号的傅里叶变换

常用的周期信号有复指数信号,余弦信号,正弦信号,单位冲激序列信号。

一、复指数信号 $f(t) = \mathrm{e}^{\pm \mathrm{j}\omega_0 t}$

复指数信号 $f(t) = \mathrm{e}^{\mathrm{j}\omega_0 t}, (t\in\mathbf{R})$ 不是时间变量 t 的实函数,而是 t 的复数函数,其周期 $T = \frac{2\pi}{\omega_0}$。下面根据傅里叶变换的对称性和频移性求它的频谱函数 $F(\mathrm{j}\omega)$。根据对称性(表3-4-1中的序号6)有

$$1 \longleftrightarrow 2\pi\delta(\omega)$$

又根据傅里叶变换的频移性(表3-4-1中的序号10)有

$$1\mathrm{e}^{\mathrm{j}\omega_0 t} \longleftrightarrow 2\pi\delta(\omega-\omega_0)$$

即

$$f(t) = 1\mathrm{e}^{\mathrm{j}\omega_0 t} \longleftrightarrow 2\pi\delta(\omega-\omega_0)$$

故得

$$F(\mathrm{j}\omega) = 2\pi\delta(\omega-\omega_0)$$

其频谱如图3-5-1(a)所示。

复指数信号 $f(t) = \mathrm{e}^{-\mathrm{j}\omega_0 t}, t\in\mathbf{R}$。与上面同理有

$$1 \longleftrightarrow 2\pi\delta(\omega)$$

故

$$1\mathrm{e}^{-\mathrm{j}\omega_0 t} \longleftrightarrow 2\pi\delta(\omega+\omega_0)$$

即

$$f(t) = 1\mathrm{e}^{-\mathrm{j}\omega_0 t} \longleftrightarrow 2\pi\delta(\omega+\omega_0)$$

故得

$$F(\mathrm{j}\omega) = 2\pi\delta(\omega+\omega_0)$$

其频谱如图3-5-1(b)所示。

可见复指数信号 $f(t) = 1\mathrm{e}^{\pm\mathrm{j}\omega_0 t}$ 是为频率域内强度为 2π 的冲激函数,分别位于 ω_0 和 $-\omega_0$ 处。

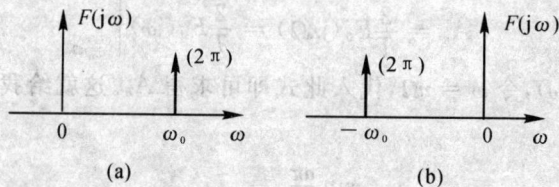

图3-5-1　复指数信号 $f(t) = \mathrm{e}^{\pm\mathrm{j}\omega_0 t}$ 的频谱

二、余弦信号 $f(t) = \cos\omega_0 t,\ t \in \mathbf{R}, T = \dfrac{2\pi}{\omega_0}$

因有 $f(t) = \dfrac{1}{2}(\mathrm{e}^{\mathrm{j}\omega_0 t} + \mathrm{e}^{-\mathrm{j}\omega_0 t}) = \dfrac{1}{2}\mathrm{e}^{\mathrm{j}\omega_0 t} + \dfrac{1}{2}\mathrm{e}^{-\mathrm{j}\omega_0 t}$。对上式等号两端同时求傅里叶变换，并根据上面所得到的结论有

$$F(\mathrm{j}\omega) = \frac{1}{2} \times 2\pi\delta(\omega - \omega_0) + \frac{1}{2} \times 2\pi\delta(\omega + \omega_0) = \pi\delta(\omega - \omega_0) + \pi\delta(\omega + \omega_0)$$

其频谱曲线如图 3-5-2 所示，可见余弦信号的频谱为在 ω_0 和 $-\omega_0$ 处出现的两个冲激函数，冲激强度均为 π。

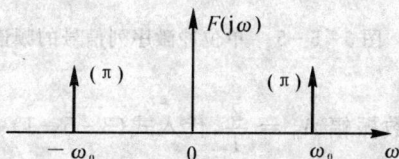

图 3-5-2　余弦信号的频谱　　　　　　图 3-5-3　正弦信号的频谱

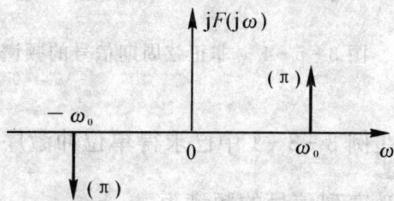

三、正弦信号 $f(t) = \sin\omega_0 t,\ t \in \mathbf{R}, T = \dfrac{2\pi}{\omega_0}$

因有 $\qquad f(t) = \sin\omega_0 t = \dfrac{1}{2\mathrm{j}}(\mathrm{e}^{\mathrm{j}\omega_0 t} - \mathrm{e}^{-\mathrm{j}\omega_0 t}) = \dfrac{1}{2\mathrm{j}}\mathrm{e}^{\mathrm{j}\omega_0 t} - \dfrac{1}{2\mathrm{j}}\mathrm{e}^{-\mathrm{j}\omega_0 t}$

故得

$$F(\mathrm{j}\omega) = \frac{1}{2\mathrm{j}} \times 2\pi\delta(\omega - \omega_0) - \frac{1}{2\mathrm{j}} \times 2\pi\delta(\omega + \omega_0) = \mathrm{j}\pi[\delta(\omega + \omega_0) - \delta(\omega - \omega_0)]$$

即 $\qquad\qquad \mathrm{j}F(\mathrm{j}\omega) = \pi\delta(\omega - \omega_0) - \pi\delta(\omega + \omega_0)$

$\mathrm{j}F(\mathrm{j}\omega)$ 的图形如图 3-5-3 所示。

四、非正弦周期信号

设 $f(t)$ 为非正弦周期信号，其周期为 T，变化角频率为 $\Omega = \dfrac{2\pi}{T}$，则可将 $f(t)$ 展开成指数形式的傅里叶级数为

$$f(t) = \frac{1}{2}\sum_{n=-\infty}^{+\infty}\dot{A}_n \mathrm{e}^{\mathrm{j}n\Omega t} \qquad n \in \mathbf{Z}$$

故得 $f(t)$ 的傅里叶变换为

$$F(\mathrm{j}\omega) = \frac{1}{2}\sum_{n=-\infty}^{+\infty}\dot{A}_n \times 2\pi\delta(\omega - n\Omega) = \sum_{n=-\infty}^{+\infty}\pi\dot{A}_n\delta(\omega - n\Omega) =$$
$$\cdots + \pi\dot{A}_{-2}\delta(\omega + 2\Omega) + \pi\dot{A}_{-1}\delta(\omega + \Omega) +$$
$$\pi\dot{A}_0\delta(\omega) + \pi\dot{A}_1\delta(\omega - \Omega) + \pi\dot{A}_2\delta(\omega - 2\Omega) + \cdots \qquad (3-5-1)$$

可见 $F(\mathrm{j}\omega)$ 是由无穷多个自变量为 ω，周期为 Ω，位于 $n\Omega$ 处，强度为 $\pi\dot{A}_n$ 的冲激函数组成，其频谱如图 3-5-4 所示。上式中的 $\dot{A}_n$ 按下式求解，即

$$\dot{A}_n = \frac{2}{T}\int_{-\frac{T}{2}}^{+\frac{T}{2}} f(t)\mathrm{e}^{-\mathrm{j}n\Omega t}\,\mathrm{d}t$$

五、单位冲激序列信号

单位冲激序列信号 $f(t) = \delta_{\mathrm{T}}(t) = \sum\limits_{K=-\infty}^{+\infty} \delta(t - KT)$，$t \in \mathbf{R}$，$K \in \mathbf{Z}$，周期为 T，$\Omega = \dfrac{2\pi}{T}$。

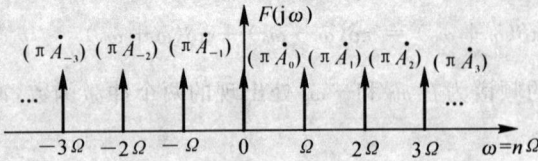

图 3 - 5 - 4　非正弦周期信号的频谱

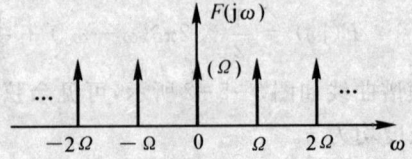

图 3 - 5 - 5　单位冲激序列信号的频谱

在例 3 - 3 - 1 中已求得单位冲激序列信号的复数振幅 $\dot{A}_n = \dfrac{2}{T}$，代入式(3 - 5 - 1)，即得单位冲激序列信号的频谱为

$$F(\mathrm{j}\omega) = \sum\limits_{n=-\infty}^{+\infty} \pi \dot{A}_n \delta(\omega - n\Omega) = \sum\limits_{n=-\infty}^{+\infty} \pi \frac{2}{T} \delta(\omega - n\Omega) = \Omega \sum\limits_{n=-\infty}^{+\infty} \delta(\omega - n\Omega) \quad n \in \mathbf{Z}$$

式中，$\Omega = \dfrac{2\pi}{T}$。其频谱如图 3 - 5 - 5 所示。可见也为一个冲激序列，其周期为 Ω，每个冲激的强度均为 Ω。

现将周期信号 $f(t)$ 的傅里叶变换汇总于表 3 - 5 - 1 中，供查用。

表 3 - 5 - 1　周期信号 $f(t)$ 的傅里叶变换

序　号	$f(t) \quad t \in \mathbf{R}$	$F(\mathrm{j}\omega)$
1	$\mathrm{e}^{\mathrm{j}\omega_0 t}$ $\mathrm{e}^{-\mathrm{j}\omega_0 t}$	$2\pi\delta(\omega - \omega_0)$ $2\pi\delta(\omega + \omega_0)$
2	$\cos\omega_0 t$	$\pi[\delta(\omega + \omega_0) + \delta(\omega - \omega_0)]$
3	$\sin\omega_0 t$	$\mathrm{j}\pi[\delta(\omega + \omega_0) - \delta(\omega - \omega_0)]$
4	$\delta_{\mathrm{T}}(t) = \sum\limits_{n=-\infty}^{+\infty} \delta(t - nT)$	$\Omega \sum\limits_{n=-\infty}^{+\infty} \delta(\omega - n\Omega)$，$\Omega = \dfrac{2\pi}{T}$
5	一般周期信号 $f(t) = \dfrac{1}{2} \sum\limits_{n=-\infty}^{+\infty} \dot{A}_n \mathrm{e}^{\mathrm{j}n\Omega t}$ 其中 $\dot{A}_n = \dfrac{2}{T} \int_{-\frac{T}{2}}^{+\frac{T}{2}} f(t) \mathrm{e}^{-\mathrm{j}n\Omega t}\,\mathrm{d}t$ 或 $A_n = \dfrac{2}{T} \cdot F_0(\mathrm{j}\omega)\Big|_{\omega = n\Omega}$	$\sum\limits_{n=-\infty}^{+\infty} \pi\dot{A}_n\delta(\omega - n\Omega)$，$\Omega = \dfrac{2\pi}{T}$

例 3 - 5 - 1　试证明傅里叶变换的频移性(表 3 - 4 - 1 中的序号 10)。即若有

$$f(t) \longleftrightarrow F(\mathrm{j}\omega)$$

则有

$$f(t)\cos\omega_0 t \longleftrightarrow \frac{1}{2}F[j(\omega+\omega_0)] + \frac{1}{2}F[j(\omega-\omega_0)]$$

证　设 $F(j\omega)$ 的图形如图 $3-5-6$(a) 所示。根据傅里叶变换的频域卷积性(表 $3-4-1$ 中的序号 15) 有

$$f(t)\cos\omega_0 t \longleftrightarrow \frac{1}{2\pi}F(j\omega) * [\pi\delta(\omega+\omega_0) + \pi\delta(\omega-\omega_0)] =$$

$$\frac{1}{2}F[j(\omega+\omega_0)] + \frac{1}{2}F[j(\omega-\omega_0)]$$

故得 $f(t)\cos\omega_0 t$ 的傅里叶变换为

$$F_1(j\omega) = \frac{1}{2}F[j(\omega+\omega_0)] + \frac{1}{2}F[j(\omega-\omega_0)]$$

$F_1(j\omega)$ 的图形如图 $3-5-6$(b) 所示。　　　　　　　　　　　　　　　　　（证毕）

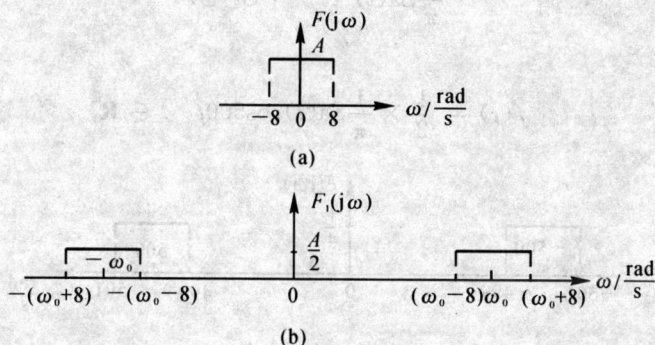

图　$3-5-6$

例 $3-5-2$　求 $f(t) = \mathrm{Sa}(2\pi t)\cos 1\,000 t$ $(t \in \mathbf{R})$ 的 $F(j\omega)$。

解　根据表 $3-4-2$ 中的序号 8 有

$$\mathrm{Sa}(2\pi t) \longleftrightarrow \frac{1}{2}G_{4\pi}(\omega)$$

再根据傅里叶变换的频域卷积性(表 $3-4-1$ 中的序号 15),有

$$F(j\omega) = \frac{1}{2\pi} \times \frac{1}{2}G_{4\pi}(\omega) * [\pi\delta(\omega+1\,000) + \pi\delta(\omega-1\,000)] =$$

$$\frac{1}{4}G_{4\pi}(\omega+1\,000) + \frac{1}{4}G_{4\pi}(\omega-1\,000)$$

$F(j\omega)$ 的图形如图 $3-5-7$ 所示。

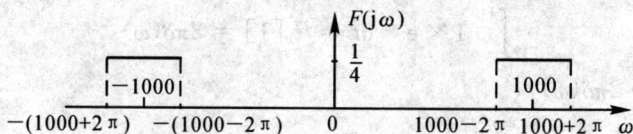

图　$3-5-7$

例 $3-5-3$　已知 $F(j\omega)$ 的图形如图 $3-5-8$ 所示,求 $f(t)$。

解
$$F(j\omega) = \frac{1}{4}G_2(\omega + 500) + \frac{1}{4}G_2(\omega - 500) =$$

$$\frac{1}{4} \times \frac{1}{\pi}G_2(\omega) * [\pi\delta(\omega + 500) + \pi\delta(\omega - 500)] =$$

$$\frac{1}{2} \times \frac{1}{2\pi}G_2(\omega) * [\pi\delta(\omega + 500) + \pi\delta(\omega - 500)]$$

因有(表 3-4-2 中的序号 8)

$$Sa(\omega_0 t) \longleftrightarrow \frac{\pi}{\omega_0}G_{2\omega_0}(\omega)$$

故

$$\frac{\omega_0}{\pi}Sa(\omega_0 t) \longleftrightarrow G_{2\omega_0}(\omega)$$

今有 $2\omega_0 = 2$，即 $\omega_0 = 1$，故代入上式有

$$\frac{1}{\pi}Sa(t) \longleftrightarrow G_2(\omega)$$

故得

$$f(t) = \frac{1}{2} \times \frac{1}{\pi}Sa(t)\cos 500t \quad t \in \mathbf{R}$$

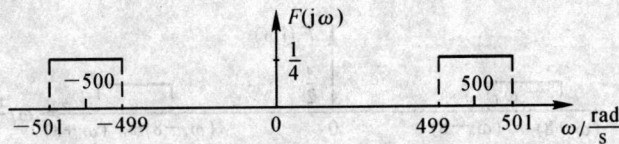

图　3-5-8

例 3-5-4　已知 $F(j\omega) = \delta(\omega - 100)$。求 $f(t)$。

解　因有

$$e^{j100t} \longleftrightarrow 2\pi\delta(\omega - 100)$$

故

$$\frac{1}{2\pi}e^{100t} \longleftrightarrow \delta(\omega - 100)$$

故得

$$f(t) = \frac{1}{2\pi}e^{j100t} \quad t \in \mathbf{R}$$

例 3-5-5　求下列积分：

(1) $\int_{-\infty}^{+\infty} \cos\omega t \, dt$；　(2) $\int_{-\infty}^{+\infty} e^{j\omega t} \, d\omega$。

解　(1) $\int_{-\infty}^{+\infty} \cos\omega t \, dt = \int_{-\infty}^{+\infty} \cos\omega t \, dt - j\int_{-\infty}^{+\infty} \sin\omega t \, dt = \int_{-\infty}^{+\infty} [\cos\omega t - j\sin\omega t] \, dt =$

$$\int_{-\infty}^{+\infty} 1 \times e^{-j\omega t} \, dt = \mathscr{F}_1[1] = 2\pi\delta(\omega)$$

(注：因有 $1 \longleftrightarrow 2\pi\delta(\omega)$)

(2) 因有 $\delta(t) \longleftrightarrow 1$，又有

$$\delta(t) = \frac{1}{2\pi}\int_{-\infty}^{+\infty} 1 \times e^{j\omega t} \, dt$$

故

$$\int_{-\infty}^{+\infty} e^{j\omega t} \, dt = 2\pi\delta(t)$$

*3.6　功率信号与功率谱、能量信号与能量谱

一、功率信号与功率谱

1. 功率信号

信号在时间无穷区间 $t \in (-\infty, \infty)$ 内的能量为 ∞，但在一个周期 $\left(-\dfrac{T}{2}, \dfrac{T}{2}\right)$ 内的平均功率为有限值，这样的信号称为功率信号。周期信号即为功率信号。

2. 功率信号平均功率 P 的计算公式

（1）时域计算公式。设 $f(t)$ 为电压源的电压或电流源的电流，如图 3-6-1(a) 所示，且 $f(t)$ 为非正弦周期信号，周期为 T。则瞬时功率为

$$p(t) = \frac{1}{R}[f(t)]^2 \quad 或 \quad p(t) = R[f(t)]^2$$

当取 $R = 1\ \Omega$ 时，有

$$p(t) = [f(t)]^2$$

故在一个周期 T 内的平均功率为

$$P = \frac{1}{T}\int_{-\frac{T}{2}}^{\frac{T}{2}} p(t)\mathrm{d}t = \frac{1}{T}\int_{-\frac{T}{2}}^{\frac{T}{2}}[f(t)]^2\mathrm{d}t \qquad (3-6-1)$$

$R = 1\ \Omega$ 时的平均功率 P 称为归一化功率，简称功率。式(3-6-1) 为在时域中求信号平均功率的公式。

（2）频域计算公式。将 $f(t)$ 展开成傅里叶级数为

$$f(t) = \frac{A_0}{2} \sum_{n=1}^{+\infty} A_n \cos(n\Omega t + \psi_n) \qquad \Omega = \frac{2\pi}{T}$$

代入式(3-6-1)，即得求平均功率 P 的计算公式为

$$P = \left(\frac{A_0}{2}\right)^2 + \sum_{n=1}^{+\infty}\left(\frac{A_n}{\sqrt{2}}\right)^2 = P_0 + P_1 + P_2 + \cdots + P_n \qquad n \in \mathbf{N} \qquad (3-6-2)$$

即平均功率 P 等于频域中直流分量的功率与各次谐波分量的功率的代数和。式(3-6-2) 即为在频域中求功率 P 的公式。

3. 功率谱

将各次谐波的平均功率随 $\omega = n\Omega (n \in \mathbf{Z}^+)$ 的分布关系画成图形，即称为功率信号（即周期信号）的功率频谱，简称功率谱，如图 3-6-1(b) 所示。功率谱可使我们一目了然地看出各次谐波所具有的平均功率的大小。

二、能量信号与能量谱

1. 能量信号

信号在时间无穷区间 $t \in (-\infty, +\infty)$ 内的能量为有限值，而在时间区间 $t \in (-\infty, +\infty)$ 内的平均功率为零，这样的信号称为能量信号。非周期信号即为能量信号。

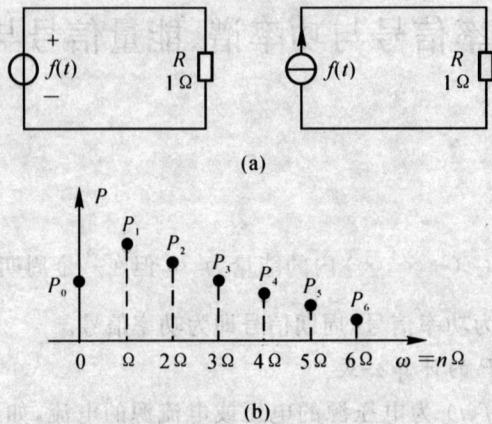

(a)

(b)

图 $3-6-1$ 功率谱

2. 能量信号能量 W 的计算公式

(1) 时域计算公式

$$W = \int_{-\infty}^{+\infty} p(t)\mathrm{d}t = \int_{-\infty}^{+\infty}\big[f(t)\big]^2\mathrm{d}t$$

(2) 频域计算公式与能量谱

$$W = \int_{-\infty}^{+\infty}\big[f(t)\big]^2\mathrm{d}t = \int_{-\infty}^{+\infty}f(t)f(t)\mathrm{d}t = \int_{-\infty}^{+\infty}\Big[\frac{1}{2\pi}\int_{-\infty}^{+\infty}F(\mathrm{j}\omega)\mathrm{e}^{\mathrm{j}\omega t}\,\mathrm{d}\omega\Big]f(t)\mathrm{d}t =$$

$$\frac{1}{2\pi}\int_{-\infty}^{+\infty}F(\mathrm{j}\omega)\mathrm{d}\omega\int_{-\infty}^{+\infty}f(t)\mathrm{e}^{\mathrm{j}\omega t}\mathrm{d}t$$

因有

$$F(\mathrm{j}\omega) = \int_{-\infty}^{+\infty}f(t)\mathrm{e}^{-\mathrm{j}\omega t}\,\mathrm{d}t$$

故有

$$F(-\mathrm{j}\omega) = \int_{-\infty}^{+\infty}f(t)\mathrm{e}^{\mathrm{j}\omega t}\,\mathrm{d}t = \overset{*}{F}(\mathrm{j}\omega)$$

代入上式有

$$W = \frac{1}{2\pi}\int_{-\infty}^{+\infty}F(\mathrm{j}\omega)\mathrm{d}\omega\overset{*}{F}(\mathrm{j}\omega) = \frac{1}{2\pi}\int_{-\infty}^{+\infty}\mid F(\mathrm{j}\omega)\mid^2\mathrm{d}\omega = \int_{-\infty}^{+\infty}G(\omega)\mathrm{d}\omega$$

式中

$$G(\omega) = \frac{1}{2\pi}\mid F(\mathrm{j}\omega)\mid^2$$

$G(\omega)$ 称为能量信号的能量频谱,简称能量谱。它描述了能量信号的能量随 ω 变化的关系。$G(\omega)$ 的单位为 $\mathrm{J}/\dfrac{\mathrm{rad}}{\mathrm{s}}$。

注意:(1) 有的书上把能量谱定义为 $G(\omega) = \mid F(\mathrm{j}\omega)\mid^2$。

(2) 一个信号只能是功率信号与能量信号两者中的一种,不会两者都是。

例 $3-6-1$ 已知信号 $f(t) = 10\mathrm{e}^{-t}U(t)$。求 $f(t)$ 的能量 W。

解 (1) 用时域公式计算

$$W = \int_{-\infty}^{+\infty} [f(t)]^2 \mathrm{d}t = \int_{-\infty}^{+\infty} [10\mathrm{e}^{-t}U(t)]^2 \mathrm{d}t = 100\int_0^{+\infty} \mathrm{e}^{-2t}\mathrm{d}t = \frac{100}{-2}[\mathrm{e}^{-2t}]_0^{+\infty} = 50 \text{ J}$$

（2）用频域公式计算

$$F(\mathrm{j}\omega) = \frac{10}{\mathrm{j}\omega + 1} = \frac{10}{\sqrt{1 + \omega^2}} \mathrm{e}^{-\mathrm{j}\mathrm{arctan}\omega}$$

$$|F(\mathrm{j}\omega)| = \frac{10}{\sqrt{1 + \omega^2}}$$

故

$$W = \frac{1}{2\pi}\int_{-\infty}^{+\infty} |F(\mathrm{j}\omega)|^2 \mathrm{d}\omega = \frac{1}{2\pi}\int_{-\infty}^{+\infty} \frac{100}{1 + \omega^2}\mathrm{d}\omega =$$

$$\frac{50}{\pi}[\mathrm{arctan}\omega]_{-\infty}^{+\infty} = \frac{50}{\pi}\left[\frac{\pi}{2} - \left(-\frac{\pi}{2}\right)\right] = 50 \text{ J}$$

例 3 - 6 - 2　求积分 $\int_{-\infty}^{+\infty} \frac{1}{(\alpha^2 + \omega^2)^2}\mathrm{d}\omega$。

解　因为

$$f(t) = \mathrm{e}^{-a|t|} \longleftrightarrow \frac{2\alpha}{\alpha^2 + \omega^2}$$

又有

$$f(0) = \frac{1}{2\pi}\int_{-\infty}^{+\infty} F(\mathrm{j}\omega)\mathrm{d}\omega$$

故得

$$f(0) = 1 = \frac{1}{2\pi}\int_{-\infty}^{+\infty} \frac{2\alpha}{\alpha^2 + \omega^2}\mathrm{d}\omega$$

故有

$$\int_{-\infty}^{+\infty} \frac{1}{\alpha^2 + \omega^2}\mathrm{d}\omega = \frac{\pi}{a}$$

又因有

$$\int_{-\infty}^{+\infty} [f(t)]^2 \mathrm{d}t = \frac{1}{2\pi}\int_{-\infty}^{+\infty} |F(\mathrm{j}\omega)|^2 \mathrm{d}\omega$$

即

$$\int_{-\infty}^{+\infty} \mathrm{e}^{-2a|t|}\mathrm{d}t = \frac{1}{2\pi}\int_{-\infty}^{+\infty} \left[\frac{2\alpha}{\alpha^2 + \omega^2}\right]^2 \mathrm{d}\omega$$

即

$$\int_{-\infty}^{+\infty} \frac{1}{(\alpha^2 + \omega^2)^2}\mathrm{d}\omega = \frac{\pi}{2\alpha^2}\int_{-\infty}^{+\infty} \mathrm{e}^{-2a|t|}\mathrm{d}t = \frac{\pi}{2\alpha^3}$$

习　题　三

3 - 1　图题 3 - 1 所示矩形波，试将此函数 $f(t)$ 用正弦函数来近似：$f(t) \approx C_1\sin t + C_2\sin 2t + \cdots + C_n\sin nt$。

3 - 2　求图题 3 - 2 所示周期锯齿波 $f(t)$ 的傅里叶级数。

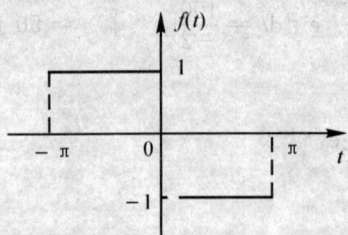

图题 3-1

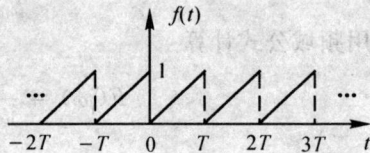

图题 3-2

3-3 求图题 3-3 所示信号 $f(t)$ 的傅里叶级数。

3-4 求图题 3-4 所示信号 $f(t)$ 的傅里叶级数，$T = 1$ s。

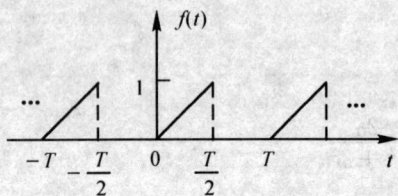

图题 3-3

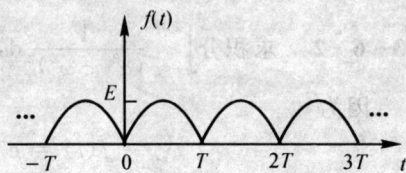

图题 3-4

3-5 设 $f(t)$ 为复数函数，可表示为 $f(t) = f_r(t) + jf_i(t)$，且设 $f(t) \longleftrightarrow F(j\omega)$。证明：

$$\mathscr{F}[f_r(t)] = \frac{1}{2}[F(j\omega) + \overset{*}{F}(-j\omega)]$$

$$\mathscr{F}[f_i(t)] = \frac{1}{2j}[F(j\omega) - \overset{*}{F}(-j\omega)]$$

式中

$$\overset{*}{F}(-j\omega) = \mathscr{F}[\overset{*}{f}(t)]$$

3-6 求图题 3-6 所示信号 $f(t)$ 的 $F(j\omega)$。

3-7 求图题 3-7 所示信号 $f(t)$ 的频谱函数 $F(j\omega)$。

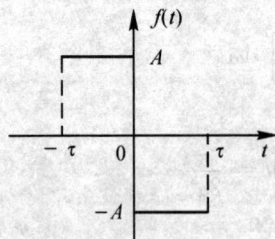

图题 3-6

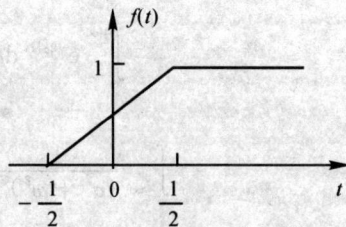

图题 3-7

3-8 求图题 3-8 所示信号 $f(t)$ 的 $F(j\omega)$。

3-9 设 $f(t) \longleftrightarrow F(j\omega)$。试证：

(1) $F(0) = \int_{-\infty}^{+\infty} f(t)dt$；　　　　(2) $f(0) = \frac{1}{2\pi}\int_{-\infty}^{+\infty} F(j\omega)d\omega$。

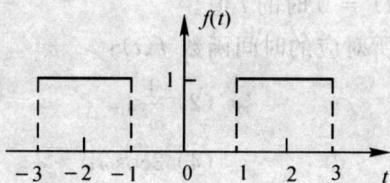

图题 3-8

3-10　已知 $f(t) \longleftrightarrow F(j\omega)$，求下列信号的傅里叶变换：

(1) $tf(2t)$；

(2) $(t-2)f(t)$；

(3) $(t-2)f(-2t)$；

(4) $t\dfrac{\mathrm{d}f(t)}{\mathrm{d}t}$；

(5) $f(1-t)$；

(6) $(1-t)f(1-t)$；

(7) $f(2t-5)$；

(8) $tU(t)$。

3-11　求图题 3-11 所示信号 $f(t)$ 的 $F(j\omega)$。

3-12　求图题 3-12 所示信号 $f(t)$ 的 $F(j\omega)$。

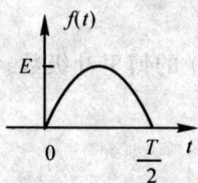

图题 3-11

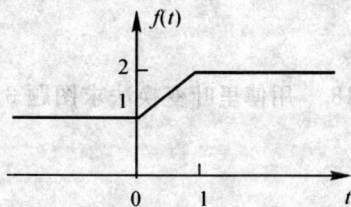

图题 3-12

3-13　求下列各时间函数的傅里叶变换：

(1) $\dfrac{1}{\pi t}$；　　　　(2) $-\dfrac{1}{\pi t^2}$；　　　　(3) t^n。

3-14　已知图题 3-14(a) 所示信号 $f(t)$ 的频谱函数 $F(j\omega) = a(\omega) - jb(\omega)$，$a(\omega)$ 和 $b(\omega)$ 均为 ω 的实函数。试求 $x(t) = [f_0(t+1) + f_0(t-1)]\cos\omega_0 t$ 的频谱函数 $X(j\omega)$。$f_0(t) = f(t) + f(-t)$，其波形如图题 3-14(b) 所示。

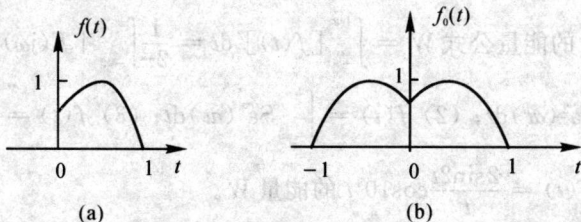

(a)　　　　　　　　　　(b)

图题 3-14

3-15　已知 $F(j\omega)$ 的模谱与相谱分别为

$$|F(j\omega)| = 2[U(\omega+3) - U(\omega-3)]$$

$$\varphi(\omega) = -\frac{3}{2}\omega + \pi$$

求 $F(j\omega)$ 的原函数 $f(t)$ 及 $f(t) = 0$ 时的 t 值。

3 - 16　求下列频谱函数所对应的时间函数 $f(t)$：

(1) ω^2；

(2) $\dfrac{1}{\omega^2}$；

(3) $\delta(\omega - 2)$；

(4) $2\cos\omega$；

(5) $e^{a\omega}U(-\omega)$；

(6) $6\pi\delta(\omega) + \dfrac{5}{(j\omega - 2)(j\omega + 3)}$。

3 - 17　$F(j\omega)$ 的图形如图题 3 - 17 所示，求反变换 $f(t)$。

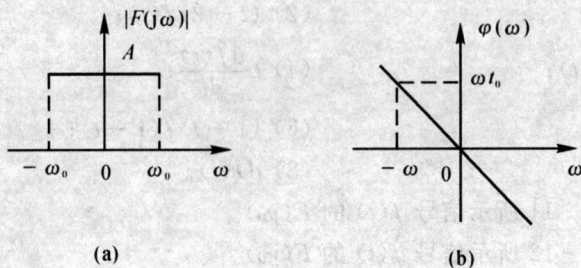

(a)　　　　　　　　　　　　　(b)

图题 3 - 17

3 - 18　用傅里叶变换法求图题 3 - 18 所示周期信号 $f(t)$ 的傅里叶级数。

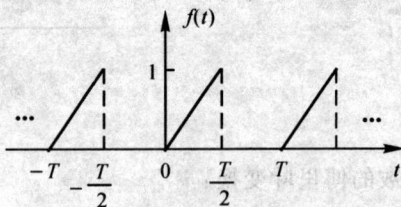

图题 3 - 18

3 - 19　已知信号 $f(t)$ 的 $F(j\omega) = \delta(\omega) + \begin{cases} 1 & 2 < |\omega| < 4 \\ 0 & 其他 \end{cases}$，求 $[f(t)]^2$ 的傅里叶变换 $Y(j\omega)$。

3 - 20　应用信号的能量公式 $W = \displaystyle\int_{-\infty}^{+\infty} [f(t)]^2 dt = \dfrac{1}{2\pi}\int_{-\infty}^{+\infty} |F(j\omega)|^2 d\omega$，求下列各积分：

(1) $f(t) = \displaystyle\int_{-\infty}^{+\infty} \text{Sa}^2(at)dt$；(2) $f(t) = \displaystyle\int_{-\infty}^{+\infty} \text{Sa}^4(at)dt$；(3) $f(t) = \displaystyle\int_{-\infty}^{+\infty} \dfrac{1}{(a^2 + t^2)^2}dt$。

3 - 21　求信号 $f(t) = \dfrac{2\sin2t}{t}\cos10^3 t$ 的能量 W。

3 - 22　求信号 $f(t) = \dfrac{2\sin5t}{\pi t}\cos997t$ 的能量 W。

第四章 连续系统频域分析

内容提要

本章讲述的核心内容是,如何用傅里叶变换的方法求解各种不同的系统(信号传输系统,信号处理系统,滤波系统,调制系统,解调系统,抽样系统等),在各种不同的激励信号作用下的零状态响应以及信号在传输过程中不产生失真(幅度失真与相位失真)的条件。具体内容如下:频域系统函数及其求法,非周期信号激励下系统零状态响应的求解,系统无失真传输及其条件,理想低通滤波器及其响应特性,调制与解调系统,系统的正弦稳态响应及求解,非正弦周期信号激励下的稳态响应及求解。

4.1 频域系统函数

一、定义

图 $4-1-1(a)$ 所示为零状态系统的时域模型,$f(t)$ 为激励,$h(t)$ 为系统的单位冲激响应,$y_f(t)$ 为零状态响应。我们已经知道有

$$y_f(t) = f(t) * h(t)$$

对此式等号两端同时求傅里叶变换,并根据傅里叶变换的时域卷积性质(表 $3-4-1$ 中的序号14),得

$$Y_f(j\omega) = F(j\omega) H(j\omega) \qquad (4-1-1)$$

其中,$Y_f(j\omega) = \mathscr{F}[y_f(t)]$,$F(j\omega) = \mathscr{F}[f(t)]$,$H(j\omega) = \mathscr{F}[h(t)]$,故有

$$H(j\omega) = \frac{Y_f(j\omega)}{F(j\omega)} \qquad (4-1-2)$$

$H(j\omega)$ 称为频域系统函数。它的物理意义有二:

(1) $H(j\omega)$ 是系统零状态响应 $y_f(t)$ 的傅里叶变换 $Y_f(j\omega)$ 与激励 $f(t)$ 的傅里叶变换 $F(j\omega)$ 之比。这是 $H(j\omega)$ 的基本定义式。

(2) $H(j\omega)$ 是系统单位冲激响应 $h(t)$ 的傅里叶变换,即

$$H(j\omega) = \mathscr{F}[h(t)] = \int_{-\infty}^{+\infty} h(t) e^{-j\omega t} dt$$

可见 $H(j\omega)$ 与 $h(t)$ 构成了一对傅里叶变换对,即

$$h(t) \longleftrightarrow H(j\omega)$$

$H(j\omega)$ 和 $h(t)$ 一样,都是描述系统本身特性的。所以,对系统特性的研究,本质上就归结为对系统函数 $H(j\omega)$ 的研究。因此,$H(j\omega)$ 在系统分析中占有十分重要的地位。

根据式(4-1-1),又可画出零状态系统的频域模型,如图 4-1-1(b) 所示。反过来,根据此图即可直接写出式(4-1-1)。

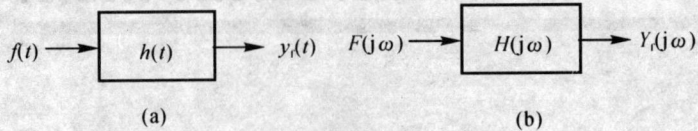

(a)   (b)

图 4-1-1   零状态系统的频域模型

二、$H(j\omega)$ 的求法

(1) 从系统的传输算子 $H(p)$ 求,即

$$H(j\omega) = H(p)\big|_{p=j\omega}$$

$H(p)$ 的求法,在第二章中已经讲述过了。

(2) 从系统的单位冲激响应 $h(t)$ 求,即

$$H(j\omega) = \mathscr{F}[h(t)] = \int_{-\infty}^{+\infty} h(t)e^{-j\omega t}\,dt$$

(3) 根据正弦稳态分析的方法(即相量法),从频域电路模型(即电路的相量模型),按 $H(j\omega)$ 的基本定义式(4-1-2)求(见例 4-1-1)。

(4) 用实验的方法求(在实验室和实验课中进行)。

三、频率特性

$H(j\omega)$ 一般为实变量 ω 的复数函数,故可写为模 $|H(j\omega)|$ 与辐角 $\varphi(\omega)$ 的形式,即

$$H(j\omega) = |H(j\omega)|e^{j\varphi(\omega)}$$

$|H(j\omega)|$ 和 $\varphi(\omega)$ 分别称为系统的模频特性与相频特性,统称为系统的频率特性,也称为系统的频率响应,简称频响。

利用频率特性 $H(j\omega)$,可分析滤波器的性能和设计滤波器电路。

注意:系统的频率特性 $H(j\omega)$ 与信号 $f(t)$ 的频谱函数 $F(j\omega)$ 是两个不同的概念,不可混淆。前者是描述系统特性的,后者是描述信号特性的。

例 4-1-1   求图 4-1-2(a)所示电路的频域系统函数 $H(j\omega) = \dfrac{Y_f(j\omega)}{F(j\omega)}$。

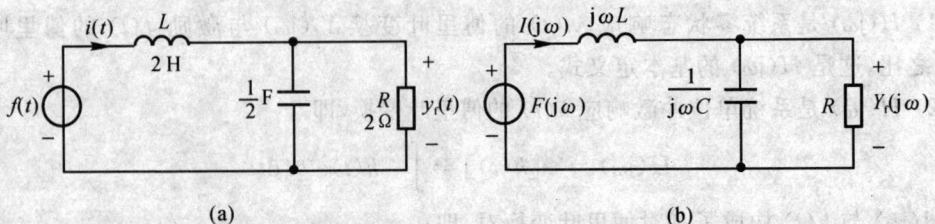

(a)   (b)

图   4-1-2

解　其频域电路模型如图 $4-1-2(b)$ 所示,故得

$$H(j\omega) = \frac{Y_f(j\omega)}{F(j\omega)} = \frac{1}{j\omega L + \dfrac{R \dfrac{1}{j\omega C}}{R + \dfrac{1}{j\omega C}}} \cdot \frac{R \dfrac{1}{j\omega C}}{R + \dfrac{1}{j\omega C}} = \frac{1}{(j\omega)^2 LC + j\omega \dfrac{L}{R} + 1}$$

代入数据得

$$H(j\omega) = \frac{1}{(j\omega)^2 + j\omega + 1} = \frac{1}{1 - \omega^2 + j\omega}$$

即

$$|H(j\omega)| e^{j\varphi(\omega)} = \frac{1}{\sqrt{(1-\omega^2)^2 + \omega^2}} e^{-j\arctan\frac{\omega}{1-\omega^2}}$$

故得模频特性与相频特性分别为

$$|H(j\omega)| = \frac{1}{\sqrt{(1-\omega^2)^2 + \omega^2}}$$

$$\varphi(\omega) = -\arctan\frac{\omega}{1-\omega^2}$$

可见 $|H(j\omega)|$ 与 $\varphi(\omega)$ 都是角频率 ω 的函数,而且 $|H(j\omega)|$ 是 ω 的偶函数,$\varphi(\omega)$ 是 ω 的奇函数。

例 4-1-2　已知系统的单位冲激响应 $h(t) = 5[U(t) - U(t-2)]$,求 $H(j\omega)$。

解　$$H(j\omega) = \mathscr{F}[h(t)] = 5\left\{\left[\pi\delta(\omega) + \frac{1}{j\omega}\right] - \left[\pi\delta(\omega) + \frac{1}{j\omega}\right]e^{-j2\omega}\right\} =$$

$$5\left[\pi\delta(\omega) + \frac{1}{j\omega} - \pi\delta(\omega) - \frac{1}{j\omega}e^{-j2\omega}\right] = \frac{5}{j\omega}(1 - e^{-j2\omega})$$

例 4-1-3　已知系统的微分方程为 $y''(t) + 3y'(t) + 2y(t) = f'(t) + 3f(t)$。求 $H(j\omega) = \dfrac{Y(j\omega)}{F(j\omega)}$。

解　系统的传输算子为 $H(p) = \dfrac{y(t)}{f(t)} = \dfrac{p+3}{p^2 + 3p + 2}$,故得

$$H(j\omega) = H(p)\mid_{p=j\omega} = \frac{j\omega + 3}{(j\omega)^2 + 3j\omega + 2} = \frac{3 + j\omega}{2 - \omega^2 + j3\omega}$$

4.2　非周期信号激励下系统的零状态响应及其求解

一、零状态响应 $y_f(t)$ 的求解

用傅里叶变换法求系统零状态响应 $y_f(t)$ 的步骤如下:

(1) 求系统激励信号 $f(t)$ 的傅里叶变换 $F(j\omega)$,即

$$F(j\omega) = \mathscr{F}[f(t)] = \int_{-\infty}^{+\infty} f(t)e^{-j\omega t}\, dt$$

(2) 求系统的频域系统函数 $H(j\omega)$。

(3) 求系统零状态响应的傅里叶变换 $Y_f(j\omega)$,即

$$Y_f(j\omega) = H(j\omega)F(j\omega)$$

（4）对 $Y_f(j\omega)$ 进行傅里叶反变换，即得系统的零状态响应 $y_f(t)$，即

$$y_f(t) = \mathscr{F}^{-1}[Y_f(j\omega)] = \frac{1}{2\pi}\int_{-\infty}^{+\infty} Y_f(j\omega)e^{j\omega t}\,d\omega = \frac{1}{2\pi}\int_{-\infty}^{+\infty} H(j\omega)F(j\omega)e^{j\omega t}\,d\omega$$

（5）画出 $y_f(t)$ 的波形。

二、系统零输入响应 $y_x(t)$ 的求解

傅里叶变换法只能用来求解系统的零状态响应 $y_f(t)$，而不能用来求解系统的零输入响应 $y_x(t)$。$y_x(t)$ 的求解，原则上还是采用第二章所介绍的时域法。

三、系统的全响应 $y(t) = y_x(t) + y_f(t)$

例 4-2-1 已知系统的微分方程为

$$y''(t) + 5y'(t) + 6y(t) = f'(t)$$

系统的激励 $f(t) = e^{-t}U(t)$，系统零输入响应 $y_x(t)$ 的初始值 $y_x(0^+) = 2$，$y'_x(0^+) = 1$。求系统的全响应 $y(t)$。

解 （1）求零输入响应 $y_x(t)$。系统的传输算子为

$$H(p) = \frac{p}{p^2 + 5p + 6} = \frac{p}{(p+2)(p+3)}$$

故得频域系统函数为

$$H(j\omega) = H(p)\Big|_{p=j\omega} = \frac{j\omega}{(j\omega)^2 + 5j\omega + 6} = \frac{j\omega}{(j\omega+2)(j\omega+3)}$$

令 $H(j\omega)$ 的分母 $(j\omega+2)(j\omega+3) = 0$，可求得系统的特征根（即系统的自然频率）为 $j\omega = -2$，$j\omega = -3$，故得 $y_x(t)$ 的通解式为

$$y_x(t) = A_1 e^{-2t} + A_2 e^{-3t}$$

又有

$$y'_x(t) = -2A_1 e^{-2t} - 3A_2 e^{-3t}$$

故有

$$\begin{cases} y_x(0^+) = A_1 + A_2 = 2 \\ y'_x(0^+) = -2A_1 - 3A_2 = 1 \end{cases}$$

联立求解得 $A_1 = 7$，$A_2 = -5$，故得

$$y_x(t) = 7e^{-2t} - 5e^{-3t} \qquad t \geq 0$$

或

$$y_x(t) = (7e^{-2t} - 5e^{-3t})U(t)$$

（2）求零状态响应 $y_f(t)$。

$$F(j\omega) = \mathscr{F}[f(t)] = \mathscr{F}[e^{-t}U(t)] = \frac{1}{j\omega + 1}$$

$$Y_f(j\omega) = H(j\omega)F(j\omega) = \frac{j\omega}{(j\omega+2)(j\omega+3)}\frac{1}{j\omega+1} =$$

$$\frac{K_1}{j\omega+2} + \frac{K_2}{j\omega+3} + \frac{K_3}{j\omega+1} = \frac{2}{j\omega+2} + \frac{-\dfrac{3}{2}}{j\omega+3} + \frac{-\dfrac{1}{2}}{j\omega+1}$$

故得

$$y_f(t) = \left(2e^{-2t} - \frac{3}{2}e^{-3t} - \frac{1}{2}e^{-t}\right)U(t)$$

（3）全响应

$$y(t) = y_x(t) + y_f(t) = \left(-\frac{1}{2}e^{-t} + 9e^{-2t} - \frac{13}{2}e^{-3t}\right)U(t)$$

强迫响应 　　　自由响应

瞬态响应

例 4 - 2 - 2 在图 4 - 2 - 1(a) 所示电路中，已知 $u_C(0^-) = 10$ V，$f(t) = U(t)$ V。求关于 $u_C(t)$ 的单位冲激响应 $h(t)$，零输入响应 $u_{Cx}(t)$，零状态响应 $u_{Cf}(t)$，全响应 $u_C(t)$。

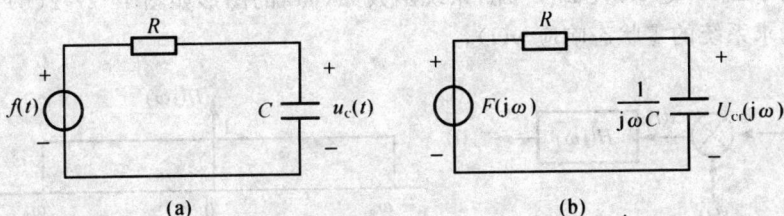

图 4 - 2 - 1

解 （1）求 $H(j\omega)$ 和 $h(t)$。根据图 4 - 2 - 1(b) 可求得

$$H(j\omega) = \frac{U_{Cf}(j\omega)}{F(j\omega)} = \frac{\frac{1}{j\omega C}}{R + \frac{1}{j\omega C}} = \frac{1}{jRC\omega + 1} = \frac{\frac{1}{RC}}{j\omega + \frac{1}{RC}} = \frac{\alpha}{j\omega + \alpha}$$

式中 $\alpha = \dfrac{1}{RC} = \dfrac{1}{\tau}$，$\alpha$ 称为衰减系数；$\tau = RC$ 为时间常数，故查表 3 - 4 - 2 中的序号 5，得

$$h(t) = \mathscr{F}^{-1}[H(j\omega)] = \alpha e^{-\alpha t}U(t) \text{ V}$$

（2）求 $u_{Cx}(t)$。电路的特征方程为 $j\omega + \alpha = 0$，求得特征根为 $j\omega = -\alpha$，故得零输入响应的通解式为

$$u_{Cx}(t) = Ae^{-\alpha t}$$

故

$$u_{Cx}(0^+) = u_{Cx}(0^-) = u_C(0^-) = 10 = A$$

即 $A = 10$，故得

$$u_{Cx}(t) = 10e^{-\alpha t}U(t) \text{ V}$$

（3）求零状态响应 $u_{Cf}(t)$。

$$F(j\omega) = \mathscr{F}[U(t)] = \pi\delta(\omega) + \frac{1}{j\omega}$$

故

$$U_{Cf}(j\omega) = F(j\omega)H(j\omega) = \left[\pi\delta(\omega) + \frac{1}{j\omega}\right]\frac{\alpha}{j\omega + \alpha} =$$

$$\pi\delta(\omega)\frac{\alpha}{j\omega + \alpha} + \frac{\alpha}{j\omega(j\omega + \alpha)} =$$

$$\pi\delta(\omega) + \frac{1}{j\omega} - \frac{1}{j\omega + \alpha} = \left[\pi\delta(\omega) + \frac{1}{j\omega}\right] - \frac{1}{j\omega + \alpha}$$

故得

$$u_{Cf}(t) = \mathscr{F}^{-1}[U_{Cf}(j\omega)] = U(t) - e^{-at}U(t) = (1 - e^{-at})U(t) \text{ V}$$

（4）求全响应 $u_C(t)$。

$$u_C(t) = u_{Cx}(t) + u_{Cf}(t) = \underbrace{10e^{-at}U(t)}_{\text{零输入响应}} + \underbrace{(1 - e^{-at})U(t)}_{\text{零状态响应}} =$$

$$\underbrace{9e^{-at}U(t)}_{\substack{\text{自由响应}\\ \text{（瞬态响应）}}} + \underbrace{U(t)}_{\substack{\text{强迫响应}\\ \text{（稳态响应）}}} \text{ V}$$

$$\underbrace{\phantom{9e^{-at}U(t) + U(t)}}_{\text{全响应}}$$

例 4-2-3　图 4-2-2(a) 所示信号处理系统，已知激励 $f(t) = 2\cos\omega_m t, t \in \mathbf{R}$；调制信号 $s(t) = 50\cos\omega_0 t, t \in \mathbf{R}$，且 $\omega_0 \gg \omega_m$；系统函数 $H(j\omega)$ 的图形如图 4-2-2(b) 所示，相频特性 $\varphi(\omega) = 0$。求系统的零状态响应 $y(t)$。

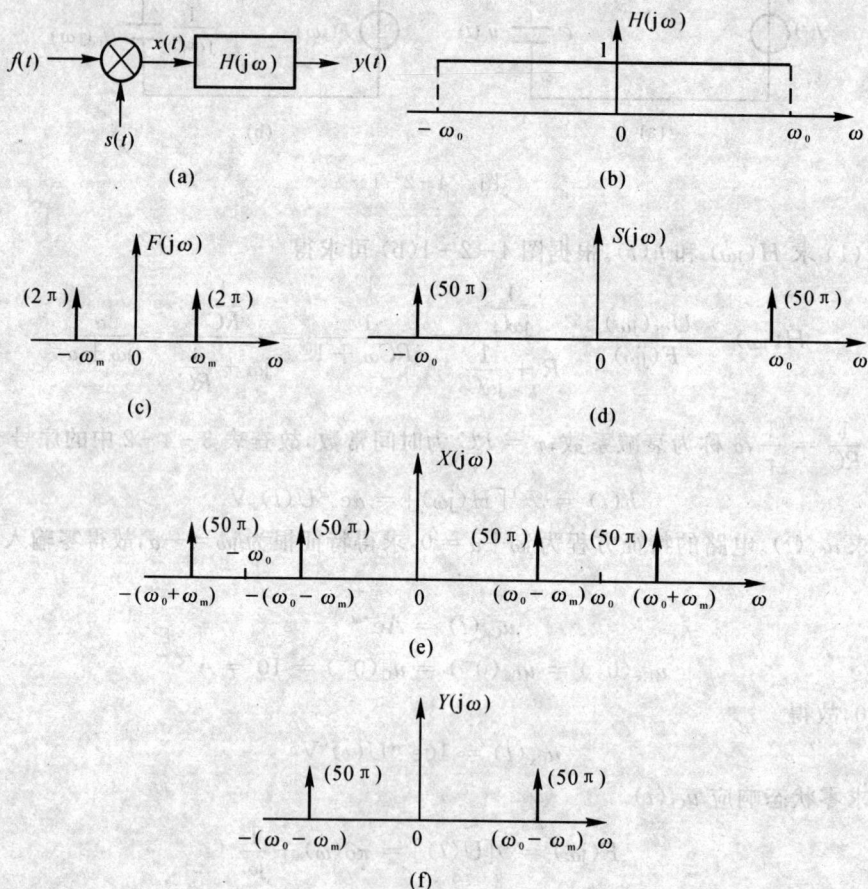

图　4-2-2

解　$F(j\omega) = \mathscr{F}[f(t)] = 2\pi[\delta(\omega - \omega_m) + \delta(\omega + \omega_m)]$，$F(j\omega)$ 的频谱如图 4-2-2(c) 所示。

$$S(j\omega) = \mathscr{F}[s(t)] = 50\pi[\delta(\omega - \omega_0) + \delta(\omega + \omega_0)]$$

$S(j\omega)$ 的图形如图 4-2-2(d) 所示。

$$x(t) = f(t)s(t)$$

故根据傅里叶变换的频域卷积性质(表 3-4-1 中的序号 15) 有

$$X(j\omega) = \frac{1}{2\pi}F(j\omega) * S(j\omega) =$$

$$\frac{1}{2\pi}2\pi[\delta(\omega-\omega_m)+\delta(\omega+\omega_m)] * 50\pi[\delta(\omega-\omega_0)+\delta(\omega+\omega_0)] =$$

$$50\pi[\delta(\omega-\omega_m-\omega_0)+\delta(\omega+\omega_m-\omega_0)+$$

$$\delta(\omega-\omega_m+\omega_0)+\delta(\omega+\omega_m+\omega_0)] =$$

$$50\pi\{\delta[\omega-(\omega_0+\omega_m)]+\delta[\omega+(\omega_0+\omega_m)]+$$

$$\delta[\omega-(\omega_0-\omega_m)]+\delta[\omega+(\omega_0-\omega_m)]\}$$

$X(j\omega)$ 的频谱如图 4-2-2(e) 所示,故

$$Y(j\omega) = X(j\omega)H(j\omega) = 50\pi\{\delta[\omega-(\omega_0-\omega_m)]+\delta[\omega+(\omega_0-\omega_m)]\}$$

$Y(j\omega)$ 的图形如图 4-2-2(f) 所示。从而可得系统的零状态响应为

$$y(t) = \mathscr{F}^{-1}[Y(j\omega)] = 50\cos(\omega_0-\omega_m)t \qquad t \in \mathbf{R}$$

4.3　无失真传输及其条件

一、定义

无失真传输就是系统在传输信号的过程中不产生任何失真。无失真或失真尽可能得小,是电子系统极其重要的质量指标。例如高保真的音响设备,就要求喇叭能高保真地重现磁带或唱盘上所录制的音乐;示波器应尽可能无失真地显示输入信号等。

二、无失真传输的条件

1. 时域条件

图 4-3-1(b) 所示为信号传输系统,$f(t)$ 为被传输的信号,设其波形如图 4-3-1(a) 所示;$y(t)$ 为输出信号。很显然,要使信号无失真地传输,只需要求 $y(t)$ 与 $f(t)$ 的波形相似即可,而不必要求 $y(t)$ 与 $f(t)$ 在大小上相等;$y(t)$ 在时间上也可以延迟某一时间 t_0 出现,用数学式子表示即为

$$y(t) = Kf(t-t_0) \qquad\qquad (4-3-1)$$

式中 K 为比例常数。式(4-3-1) 为系统无失真传输信号时在时域中应满足的条件。

2. 频域条件

对式(4-3-1) 等号两端同时求傅里叶变换,并根据傅里叶变换的延迟性(表 3-4-1 中的序号 9) 有

$$Y(j\omega) = KF(j\omega)e^{-j\omega t_0}$$

故得无失真传输系统的系统函数为

$$H(j\omega) = \frac{Y(j\omega)}{F(j\omega)} = Ke^{-j\omega t_0} \qquad\qquad (4-3-2)$$

即

$$|H(j\omega)|e^{j\varphi(\omega)} = Ke^{-j\omega t_0}$$

故有

$$\left.\begin{array}{l} |H(j\omega)| = K \\ \varphi(\omega) = -\omega t_0 \end{array}\right\} \qquad (4-3-3)$$

其模频与相频特性曲线分别如图 $4-3-2(a)$,(b) 所示。

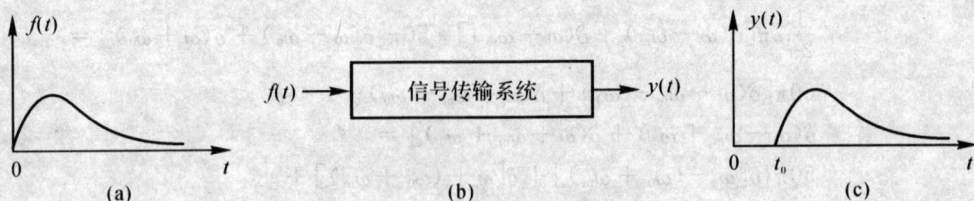

图 $4-3-1$ 时域无失真传输的条件

由式 $(4-3-3)$ 可见,无失真传输系统在频域中应满足两个条件:① 系统函数的模频特性 $|H(j\omega)|$ 在整个频率范围内(即 $\omega \in \mathbf{R}$)均为常数 K,即系统的通频带为无穷大;② 系统的相频特性 $\varphi(\omega)$ 在整个频率范围内(即 $\omega \in \mathbf{R}$)是与 ω 成正比,即 $\varphi(\omega) = -\omega t_0$,即相位频率特性是通过坐标原点的直线。

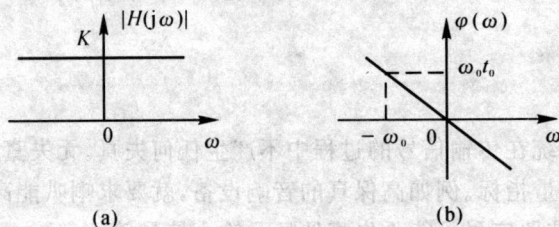

图 $4-3-2$ 频域无失真传输的条件

3. 用单位冲激响应 $h(t)$ 表示系统的无失真传输条件

对式 $(4-3-2)$ 求傅里叶反变换,得系统的单位冲激响应为

$$h(t) = K\delta(t - t_0) \qquad (4-3-4)$$

式 $(4-3-4)$ 表明,无失真传输系统,其单位冲激响应 $h(t)$ 仍为冲激函数,只是在时间上延迟了 t_0 才出现,在强度上变为原来的 K 倍,如图 $4-3-3$ 所示。

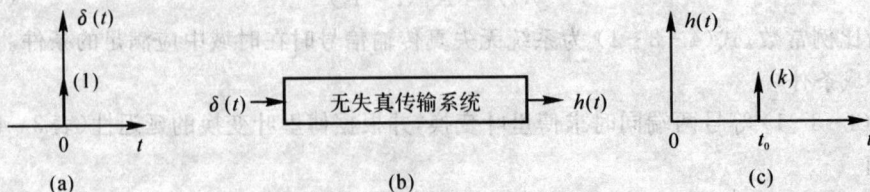

图 $4-3-3$ 用 $h(t)$ 表示的系统无失真传输的条件

无失真传输系统只是一种理想的系统模型,在实际中是不可能实现的,因为我们不可能把一个实际系统(或电路)的通频带做成无穷宽,也无此必要。在设计一个信号传输系统时,应根据质量指标要求,尽可能地减小失真,使失真不超过系统的质量指标要求即可。

三、群延时概念

系统的相位频率特性 $\varphi(\omega)=-\omega t_0$ 的一阶导数为

$$\frac{\mathrm{d}}{\mathrm{d}\omega}\varphi(\omega)=\frac{\mathrm{d}}{\mathrm{d}\omega}(-\omega t_0)=-t_0$$

其中 t_0 为信号通过系统的延迟时间。我们定义的一阶导数 $\dfrac{\mathrm{d}}{\mathrm{d}\omega}\varphi(\omega)$ 的绝对值为群延迟时间，简称群延时，即

$$\tau=\left|\frac{\mathrm{d}}{\mathrm{d}\omega}\varphi(\omega)\right|=|-t_0|=t_0$$

可见，当 $\tau=t_0$ 为常数时，信号通过系统却不产生相位失真。

*四、线性失真与非线性性失真

1. 线性失真

信号在线性系统中传输时所产生的失真，称为线性失真。产生线性失真的原因是，系统的频率特性 $H(\mathrm{j}\omega)$ 不满足式（4-3-3）。当 $|H(\mathrm{j}\omega)|\neq K$ 时产生的失真，称为振幅失真或幅度失真；当 $\varphi(\omega)\neq-\omega t_0$ 时产生的失真，称为相位失真。幅度失真与相位失真，统称为线性失真。

线性失真的特性是，响应中不会出现激励中所没有的频率分量，响应中可以不出现激励中的频率分量。

2. 非线性失真

信号在非线性系统中传输时产生的失真，称为非线性失真。产生非线性失真的原因是，系统中含有非线性元件。非线性失真的特性是，响应中要出现激励中所没有的频率分量。

例 4-3-1　图 4-3-4(a) 所示电路，欲使响应 $y(t)$ 不产生失真，求 R_1 和 R_2 的值。

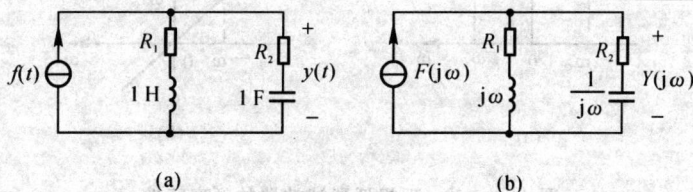

图　4-3-4

解　其频域电路模型如图 4-3-4(b) 所示。故有

$$Y(\mathrm{j}\omega)=\frac{(R_1+\mathrm{j}\omega)\left(R_2+\dfrac{1}{\mathrm{j}\omega}\right)}{(R_1+\mathrm{j}\omega)+R_2+\dfrac{1}{\mathrm{j}\omega}}F(\mathrm{j}\omega)$$

故得系统函数为

$$H(\mathrm{j}\omega)=\frac{Y(\mathrm{j}\omega)}{F(\mathrm{j}\omega)}=\frac{(R_1R_2+1)+\mathrm{j}\left(\omega R_2-\dfrac{R_1}{\omega_1}\right)}{(R_1+R_2)+\mathrm{j}\left(\omega-\dfrac{1}{\omega}\right)}$$

由此式可见，当 $R_1=R_2=1\ \Omega$ 时，有

$$H(j\omega) = 1 \underline{/0^\circ}$$

即有

$$\begin{cases} |H(j\omega)| = 1 \\ \varphi(\omega) = 0^\circ \end{cases}$$

此时，$y(t)$ 就可以不产生失真了。

4.4　理想低通滤波器及其响应特性

一、定义

若系统的系统函数 $H(j\omega)$ 满足式

$$H(j\omega) = |H(j\omega)| e^{j\varphi(\omega)} = \begin{cases} Ke^{-j\omega t_0} & |\omega| < \omega_c \\ 0 & |\omega| > \omega_c \end{cases} \tag{4-4-1}$$

则此系统称为理想低通滤波器。式中，t_0 为大于零的实常数，表示输入信号通过滤波器后所延迟的时间；ω_c 称为滤波器的截止频率，也称为理想低通滤波器的通频带。

式(4-4-1)也可写成如下的形式，即

$$H(j\omega) = |H(j\omega)| e^{j\varphi(\omega)} = KG_{2\omega_c}(\omega) e^{-j\omega t_0} \tag{4-4-2}$$

即

$$\begin{cases} |H(j\omega)| = KG_{2\omega_c}(\omega) \\ \varphi(\omega) = -\omega t_0 \end{cases}$$

其模频特性与相频特性曲线分别如图 4-4-1(a),(b) 所示。

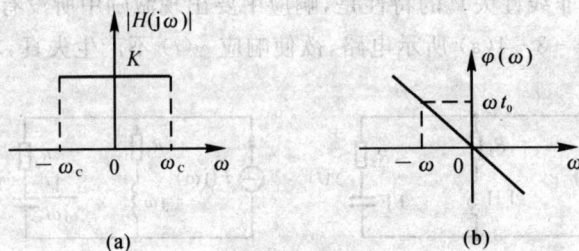

图 4-4-1　理想低通滤波器的频率特性

低通滤波器能使低频率(频率 $\omega < \omega_c$)的信号通过，而使高频率(频率 $\omega > \omega_c$)的信号不能通过，即把高频信号滤除了。

二、理想低通滤波器的单位冲激响应 $h(t)$

图 4-4-2(a) 所示为理想低通滤波器的单位冲激响应示意图。下面来求 $h(t)$。

因有

$$G_\tau(t) \longleftrightarrow \tau \text{Sa}\left(\frac{\omega\tau}{2}\right)$$

取 $\tau = 2\omega_c$，故有

$$G_{2\omega_c}(t) \longleftrightarrow 2\omega_c \text{Sa}(\omega_c \omega)$$

故根据傅里叶变换的对称性(表 3-4-1 中的序号 6)，有

$$2\pi G_{2\omega_c}(\omega) \longleftrightarrow 2\omega_c \mathrm{Sa}(\omega_c t)$$

故
$$G_{2\omega_c}(\omega) \longleftrightarrow \frac{\omega_c}{\pi}\mathrm{Sa}(\omega_c t)$$

故
$$KG_{2\omega_c}(\omega) \longleftrightarrow \frac{K\omega_c}{\pi}\mathrm{Sa}(\omega_c t)$$

故得
$$h_1(t) = \frac{K\omega_c}{\pi}\mathrm{Sa}(\omega_c t) = \frac{K\omega_c}{\pi}\frac{\sin\omega_c t}{\omega_c t}$$

$h_1(t)$ 的波形如图 $4-4-2$(b) 所示。

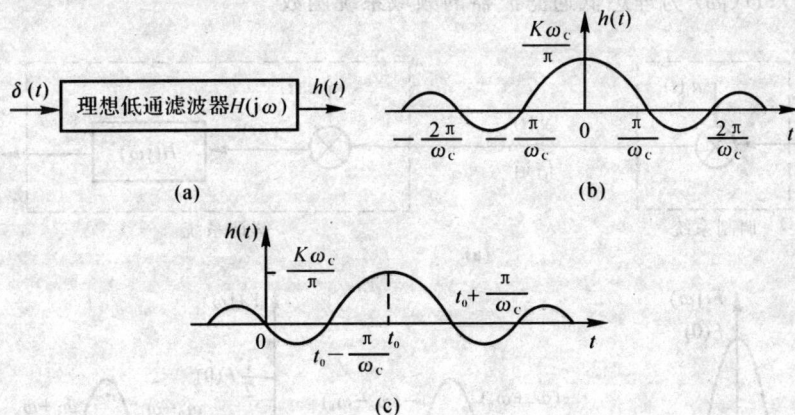

图 $4-4-2$　理想低通滤波器的单位冲激响应 $h(t)$

若把相位 $\varphi(\omega) = -\omega t_0$ 也考虑进去,则因在频域中在相位上滞后 ωt_0 的相位角,就等效于在时域中在时间上延迟 t_0 时间。故得

$$h(t) = h_1(t-t_0) = \frac{K\omega_c}{\pi}\mathrm{Sa}[\omega_c(t-t_0)] = \frac{K\omega_c}{\pi}\frac{\sin\omega_c(t-t_0)}{\omega_c(t-t_0)}$$

其波形如图 $4-4-2$(c) 所示。可见,理想低通滤波器的单位冲激响应 $h(t)$ 是延迟了 t_0 的抽样信号。

从图 $4-4-2$(c) 可以看出:

(1) 单位冲激响应 $h(t)$ 产生了失真。这是因为激励信号 $\delta(t)$ 的占有频带为无穷大,而理想低通滤波器的通频带为有限值 ω_c,激励信号 $\delta(t)$ 中的频率分量不能全部通过滤波器,从而产生了失真。

(2) $h(t)$ 延迟了 t_0,这是因为 $\varphi(\omega) = -\omega t_0$,频域中在相位上的滞后,反映在时域中,就是在时间上的延迟。

(3) 当 $t<0$ 时,响应 $h(t) \neq 0$,这不符合因果性,这说明理想低通滤波器为非因果系统。非因果系统在实际工程中不能用电路元件来实现,但它具有理论意义。

(4) $h(t)$ 的峰值等于 $\frac{K\omega_c}{\pi}$,与 ω_c 成正比;主峰宽度 $\Delta\tau = \left(t_0 + \frac{\pi}{\omega_c}\right) - \left(t_0 - \frac{\pi}{\omega_c}\right) = \frac{2\pi}{\omega_c}$ 与 ω_c 成反比。当 $\omega_c \to \infty$ 时,则有峰值 $\frac{K\omega_c}{\pi} \to \infty$,$\Delta\tau = \frac{2\pi}{\omega_c} \to 0$。即此时有 $h(t) \to \delta(t-t_0)$,即 $h(t)$ 就变为冲激信号。可见,欲使 $h(t)$ 不产生失真,则必须有 $\omega_c \to \infty$,即必须满足无失真传输的条件。

4.5   调制与解调系统

在通信和各种电子系统中,调制与解调的应用十分广泛。图 $4-5-1$(a) 所示为一幅度调制(AM)与解调系统。图中 $f(t)$ 为被传送的信号(亦即被调制的信号),设其频谱 $F(\mathrm{j}\omega)$ 如图 $4-5-1$(b) 所示;$a_1(t) = \cos\omega_0 t (t \in \mathbf{R})$ 为发射地的载波信号(即调制信号),ω_0 为载波角频率,一般数值很大(即高频),$\omega_0 \gg \omega_b$;$a_2(t) = \cos\omega_0 t (t \in \mathbf{R})$ 为接收地的解调信号,且有 $a_1(t) = a_2(t)$;$H(\mathrm{j}\omega)$ 为理想低通滤波器的频域系统函数。

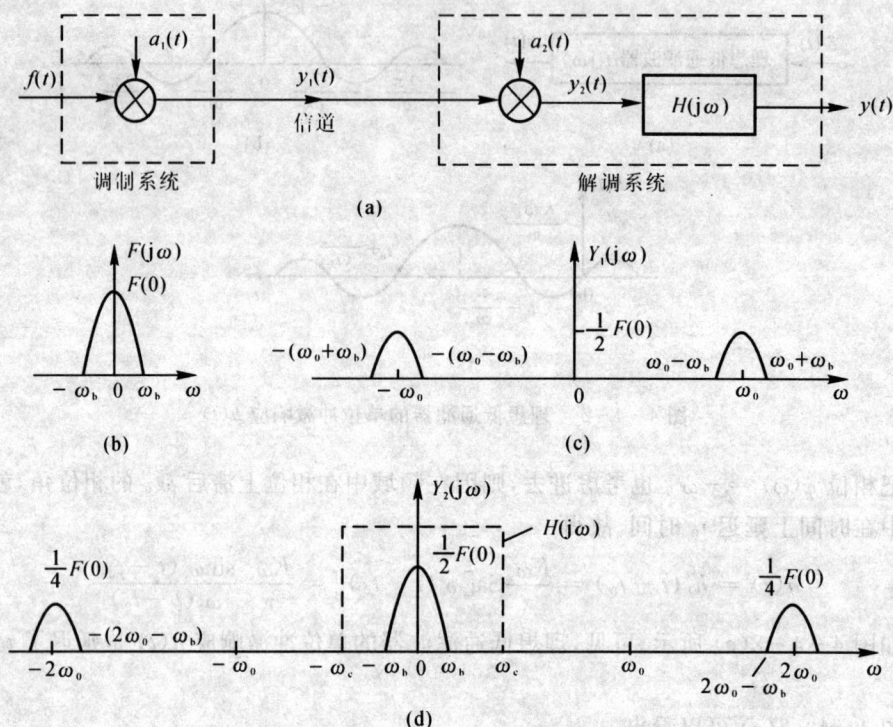

图 $4-5-1$ 调制与解调系统及其信号频谱分析

一、调制系统

调制系统的模型为一乘法器,如图 $4-5-1$(a) 的左边部分所示,$y_1(t)$ 为已调制的信号。从图中看出有

$$y_1(t) = f(t)a_1(t) = f(t)\cos\omega_0 t$$

故根据傅里叶变换的频域卷积性(表 $3-4-1$ 中的序号 15),有

$$Y_1(\mathrm{j}\omega) = \frac{1}{2\pi}F(\mathrm{j}\omega) * \pi[\delta(\omega-\omega_0)+\delta(\omega+\omega_0)] = \frac{1}{2}F[\mathrm{j}(\omega-\omega_0)] + \frac{1}{2}F[\mathrm{j}(\omega+\omega_0)]$$

$Y_1(\mathrm{j}\omega)$ 的图形如图 $4-5-1$(c) 所示。可见,经过调制以后,已将 $f(t)$ 的频谱 $F(\mathrm{j}\omega)$ 一分为二地搬移到了 ω_0 处和 $-\omega_0$ 处,以便于发射或传播,但幅度减小为原来的 $\frac{1}{2}$。

二、解调系统

解调系统的模型为一乘法器和理想低通滤波器连接而成的子系统，如图 $4-5-1(a)$ 的右边部分所示。从图中看出有

$$y_2(t) = y_1(t)a_2(t) = f(t)\cos\omega_0 t\cos\omega_0 t = f(t)\cos^2\omega_0 t \doteq$$

$$f(t)\left[\frac{1}{2}(1 + \cos2\omega_0 t)\right] = \frac{1}{2}f(t) + \frac{1}{2}f(t)\cos2\omega_0 t$$

故

$$Y_2(j\omega) = \frac{1}{2}F(j\omega) + \frac{1}{2}\times\frac{1}{2\pi}F(j\omega)*\pi[\delta(\omega - 2\omega_0) + \delta(\omega + 2\omega_0)] =$$

$$\frac{1}{2}F(j\omega) + \frac{1}{4}F[j(\omega - 2\omega_0)] + \frac{1}{4}F[j(\omega + 2\omega_0)]$$

$Y_2(j\omega)$ 的图形如图 $4-5-2(d)$ 所示。可见在 $Y_2(j\omega)$ 的频谱中包含着信号 $f(t)$ 的全部信息。因为图 $4-5-2(d)$ 中的每一个图形都与 $F(j\omega)$ 的图形相似。

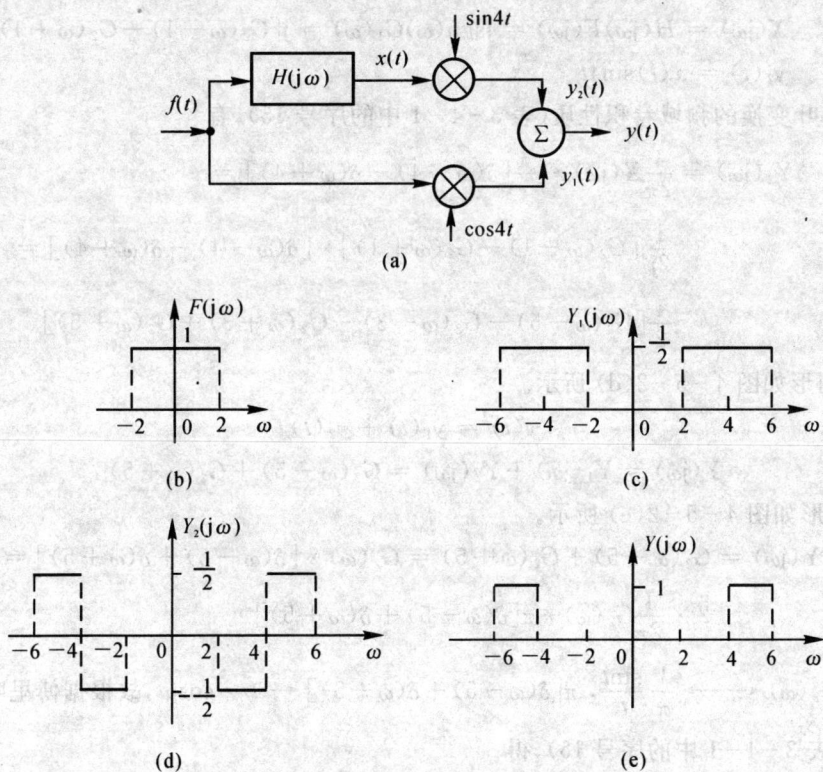

图　$4-5-2$

三、信号 $f(t)$ 的恢复

信号 $f(t)$ 的恢复就是使输出信号 $y(t) = f(t)$。欲达此目的，我们可在解调子系统的输出端接一理想低通滤波器，且滤波器的系统函数 $H(j\omega)$ 应如图 $4-5-1(d)$ 中的虚线所示。即

$$H(j\omega) = 2G_{2\omega_c}(\omega)$$

式中 ω_c 为理想低通滤波器的截止频率，且 ω_c 应满足条件

$$\omega_b < \omega_c < (2\omega_0 - \omega_b)$$

故此时必有

$$Y(j\omega) = Y_2(j\omega) H(j\omega) = F(j\omega)$$

故

$$y(t) = \mathscr{F}^{-1}[Y(j\omega)] = \mathscr{F}^{-1}[F(j\omega)] = f(t)$$

这样就恢复而得到了原信号 $f(t)$。

例 4-5-1 图 4-5-2(a) 所示系统，已知输入信号 $f(t)$ 的傅里叶变换为 $F(j\omega) = G_4(\omega)$，子系统函数 $H(j\omega) = j\operatorname{sgn}(\omega)$。求系统的零状态响应 $y(t)$。

解 $F(j\omega) = G_4(\omega)$ 的图形如图 4-5-2(b) 所示。

$$y_1(t) = f(t)\cos 4t$$

故根据傅里叶变换的频域卷积性质（表 3-4-1 中的序号 15），有

$$Y_1(j\omega) = \frac{1}{2\pi} F(j\omega) * \pi[\delta(\omega-4) + \delta(\omega+4)] = \frac{1}{2} F[j(\omega-4)] + \frac{1}{2} F[j(\omega+4)]$$

$Y_1(j\omega)$ 的图形如图 4-5-2(c) 所示。

$$X(j\omega) = H(j\omega) F(j\omega) = j\operatorname{sgn}(\omega) G_4(\omega) = j[G_2(\omega-1) - G_2(\omega+1)]$$

$$y_2(t) = x(t)\sin 4t$$

故根据傅里叶变换的频域卷积性质（表 3-4-1 中的序号 15），有

$$Y_2(j\omega) = \frac{1}{2\pi} X(j\omega) * \frac{\pi}{j}[\delta(\omega-4) - \delta(\omega+4)] =$$

$$\frac{1}{2j} j[G_2(\omega-1) - G_2(\omega+1)] * [\delta(\omega-4) - \delta(\omega+4)] =$$

$$\frac{1}{2}[G_2(\omega-5) - G_2(\omega-3) - G_2(\omega+3) + G_2(\omega+5)]$$

$Y_2(j\omega)$ 的图形如图 4-5-2(d) 所示。

$$y(t) = y_1(t) + y_2(t)$$

故

$$Y(j\omega) = Y_1(j\omega) + Y_2(j\omega) = G_2(\omega-5) + G_2(\omega+5)$$

$Y(j\omega)$ 的图形如图 4-5-2(e) 所示。

$$Y(j\omega) = G_2(\omega-5) + G_2(\omega+5) = G_2(\omega) * [\delta(\omega-5) + \delta(\omega+5)] =$$

$$2 \times \frac{1}{2\pi} G_2(\omega) * \pi[\delta(\omega-5) + \delta(\omega+5)]$$

因已知有 $G_2(\omega) \longleftrightarrow \dfrac{1}{\pi} \dfrac{\sin t}{t}$，$\pi[\delta(\omega-5) + \delta(\omega+5)] \longleftrightarrow \cos 5t$，故根据傅里叶变换的频域卷积性（表 3-4-1 中的序号 15），得

$$y(t) = 2 \times \frac{1}{\pi} \frac{\sin t}{t} \cos 5t \qquad t \in \mathbf{R}$$

例 4-5-2 图 4-5-3(a) 所示系统，$f_1(t) = \operatorname{Sa}(t)$，$t \in \mathbf{R}$，$s(t) = \cos 1\,000t$，$t \in \mathbf{R}$，低通滤波器的系统函数 $H(j\omega) = U(\omega+1) - U(\omega-1)$，$\varphi(\omega) = 0$。求系统的零状态响应 $y(t)$。

解 $\qquad F_1(j\omega) = \pi G_2(\omega)$

$$S(j\omega) = \pi[\delta(\omega+1\,000) + \delta(\omega-1\,000)]$$

$$F(j\omega) = \frac{1}{2\pi} F_1(j\omega) * S(j\omega) =$$

$$\frac{1}{2\pi} \times \pi G_2(\omega) * \pi[\delta(\omega+1\,000) + \delta(\omega-1\,000)] =$$

$$\frac{\pi}{2}G_2(\omega+1\,000) + \frac{\pi}{2}G_2(\omega-1\,000)$$

$$x(t) = f(t)s(t)$$

故　　　　　$$X(j\omega) = \frac{1}{2\pi}F(j\omega) * S(j\omega) =$$

$$\frac{1}{2\pi} \times \left[\frac{\pi}{2}G_2(\omega+1\,000) + \frac{\pi}{2}G_2(\omega-1\,000)\right] *$$

$$\pi[\delta(\omega+1\,000) + \delta(\omega-1\,000)] =$$

$$\frac{\pi}{4}G_2(\omega+2\,000) + \frac{\pi}{4}G_2(\omega-2\,000) + 2\times\frac{\pi}{4}G_2(\omega)$$

$$H(j\omega) = U(\omega+1) - U(\omega-1) = G_2(\omega),\text{其图形如图 } 4-5-3(b) \text{ 所示。故}$$

$$Y(j\omega) = X(j\omega)H(j\omega) = \frac{\pi}{2}G_2(\omega)$$

故得　　　　　$$y(t) = \frac{1}{2}\mathrm{Sa}(t) \quad t \in \mathbf{R}$$

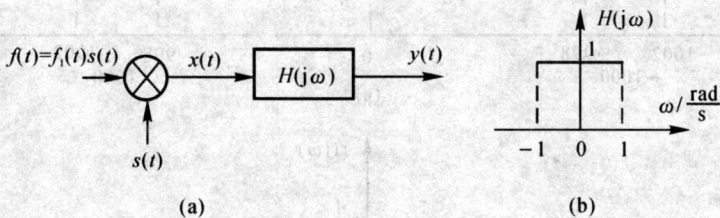

图　4-5-3

例 4-5-3　图 4-5-4(a) 所示系统,带通滤波器的 $H(j\omega)$ 如图 4-5-4(b) 所示,
$\varphi(\omega) = 0$, $f(t) = \dfrac{\sin 2t}{2\pi t}$, $t \in \mathbf{R}$, $s(t) = \cos 1\,000t$, $t \in \mathbf{R}$。求零状态响应 $y(t)$。

解　　　　　$$f(t) = \frac{1}{\pi}\mathrm{Sa}(2t)$$

故　　　　　$$F(j\omega) = \frac{1}{2}G_4(\omega)$$

$$x(t) = f(t)s(t)$$

故　　　$$X(j\omega) = \frac{1}{2\pi}F(j\omega) * S(j\omega) =$$

$$\frac{1}{2\pi} \times \frac{1}{2}G_4(\omega) * \pi[\delta(\omega+1\,000) + \delta(\omega-1\,000)] =$$

$$\frac{1}{4}G_4(\omega+1\,000) + \frac{1}{4}G(\omega-1\,000)$$

$X(j\omega)$ 的图形如图 4-5-4(c) 所示。

$$Y(j\omega) = X(j\omega)H(j\omega) = \frac{1}{4}G_2(\omega+1\,000) + \frac{1}{4}G(\omega-1\,000)$$

$Y(j\omega)$ 的图形如图 4-5-4(d) 所示。将上式改写为

$$Y(j\omega) = \frac{1}{2} \times \frac{1}{2\pi}G_2(\omega) * \pi[\delta(\omega + 1\ 000) + \delta(\omega - 1\ 000)]$$

故得
$$y(t) = \frac{1}{2}\text{Sa}(t)\cos 1\ 000t \qquad t \in \mathbf{R}$$

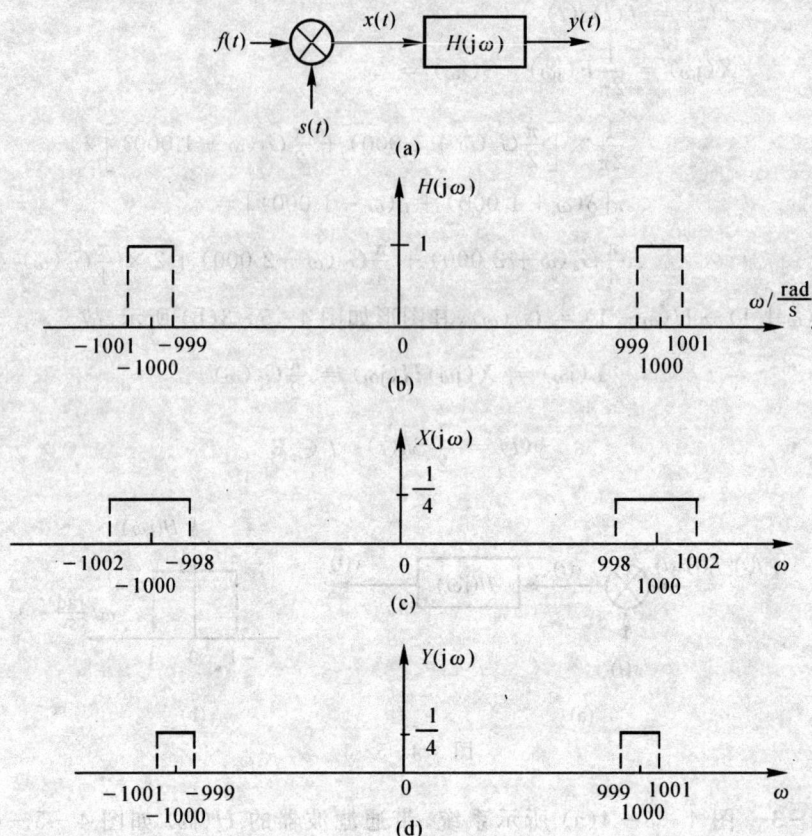

(a)

(b)

(c)

(d)

图 4-5-4

例 4-5-4 图 4-5-5(a) 所示系统，$f(t) = \dfrac{\sin 2t}{t}\cos 2\ 000\pi t$，$t \in \mathbf{R}$，$s(t)$ 的波形如图 4-5-5(b) 所示；子系统函数 $H(j\omega) = \begin{cases} 1e^{-j2\omega} & |\omega| < 1 \\ 0 & |\omega| > 1 \end{cases}$，$H(j\omega)$ 的图形如图 4-5-5(c)，(d) 所示。求系统的零状态响应 $y(t)$。

解 (1) 求 $f(t)$ 的 $F(j\omega)$。

设
$$f_1(t) = \frac{\sin 2t}{t} = 2\frac{\sin 2t}{2t} = 2\text{Sa}(2t)$$

故
$$F_1(j\omega) = \pi G_4(\omega)$$

故得
$$F(j\omega) = \frac{1}{2\pi} \times \pi G_4(\omega) * \pi[\delta(\omega + 2\ 000\pi) + \delta(\omega - 2\ 000\pi)] =$$
$$\frac{\pi}{2}[G_4(\omega + 2\ 000\pi) + G_4(\omega - 2\ 000\pi)]$$

$F(j\omega)$ 的图形如图 4-5-5(e) 所示。

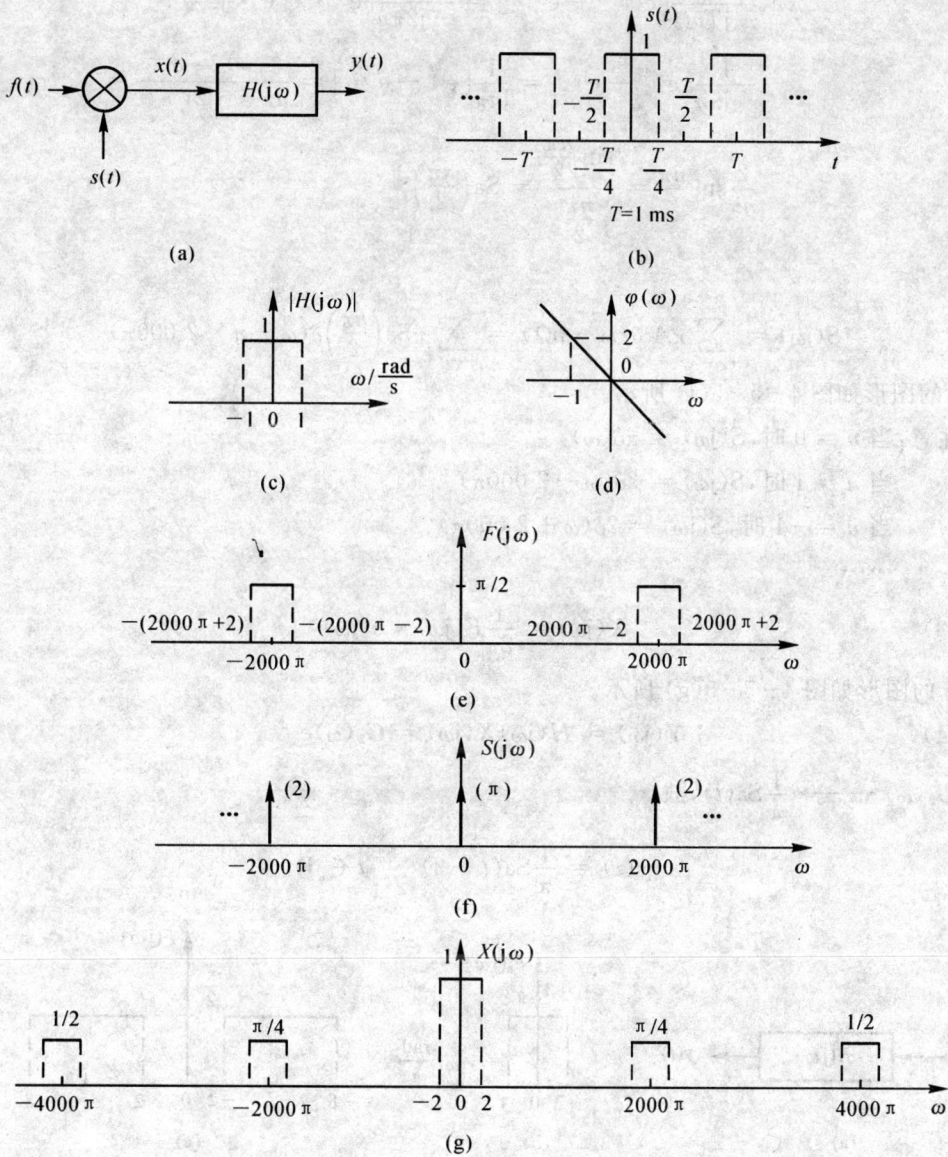

图 4-5-5

(2) 求 $s(t)$ 的 $S(j\omega)$。

$$T = 1 \text{ ms} = 1 \times 10^{-3} \text{s}$$

$$\Omega = \frac{2\pi}{T} = \frac{2\pi}{1 \times 10^{-3}} = 2000\pi \text{ rad/s}$$

$$\dot{A}_n = \frac{2}{T}\int_{-\frac{T}{2}}^{+\frac{T}{2}} s(t) e^{-jn\Omega t}\,dt = \frac{2}{T}\int_{-\frac{T}{2}}^{+\frac{T}{2}} 1 \times e^{-jn\Omega t}\,dt =$$

$$\frac{2}{T}\int_{-\frac{T}{4}}^{+\frac{T}{4}} \frac{1}{-jn\Omega} e^{-jn\Omega t}\,d(-jn\Omega t) = \frac{-2}{jTn\Omega}\left[e^{-jn\Omega t}\right]_{-\frac{T}{4}}^{+\frac{T}{4}} =$$

$$\frac{2}{-\mathrm{j}Tn\Omega}\big[\mathrm{e}^{-\mathrm{j}n\Omega\frac{T}{4}} - \mathrm{e}^{\mathrm{j}n\Omega\frac{T}{4}}\big] = \frac{2}{-\mathrm{j}2\pi n}\big[\mathrm{e}^{-\mathrm{j}n\frac{2\pi}{4}} - \mathrm{e}^{\mathrm{j}n\frac{2\pi}{4}}\big] =$$

$$\frac{1}{-\mathrm{j}\pi n}\big[\mathrm{e}^{-\mathrm{j}\frac{n\pi}{2}} - \mathrm{e}^{\mathrm{j}\frac{n\pi}{2}}\big] = \frac{1}{\mathrm{j}n\pi}\big[\mathrm{e}^{\mathrm{j}\frac{n\pi}{2}} - \mathrm{e}^{-\mathrm{j}\frac{n\pi}{2}}\big] = \frac{2}{n\pi}\frac{\mathrm{e}^{\mathrm{j}\frac{n\pi}{2}} - \mathrm{e}^{-\mathrm{j}\frac{n\pi}{2}}}{2\mathrm{j}} =$$

$$\frac{2}{n\pi}\sin\frac{n\pi}{2} = \frac{\sin\dfrac{n\pi}{2}}{\dfrac{n\pi}{2}} = \mathrm{Sa}\Big(\frac{n\pi}{2}\Big)$$

故得

$$S(\mathrm{j}\omega) = \sum_{n=-\infty}^{+\infty} \pi \dot{A}_n \delta(\omega - n\Omega) = \sum_{n=-\infty}^{+\infty} \pi \mathrm{Sa}\Big(\frac{n\pi}{2}\Big)\delta(\omega - n \times 2\,000\pi)$$

$S(\mathrm{j}\omega)$ 的图形如图 4-5-5(f) 所示。

　　注意：当 $n = 0$ 时，$S(\mathrm{j}\omega) = \pi\delta(\omega)$

　　　　　当 $n = 1$ 时，$S(\mathrm{j}\omega) = 2\delta(\omega - 2\,000\pi)$

　　　　　当 $n = -1$ 时，$S(\mathrm{j}\omega) = 2\delta(\omega + 2\,000\pi)$

　　　　　……

　　（3）　　　　　　　　　　$X(\mathrm{j}\omega) = \dfrac{1}{2\pi}F(\mathrm{j}\omega) * S(\mathrm{j}\omega)$

$X(\mathrm{j}\omega)$ 的图形如图 4-5-5(g) 所示。

　　（4）　　　　　　　　　$Y(\mathrm{j}\omega) = H(\mathrm{j}\omega)X(\mathrm{j}\omega) = G_2(\omega)\mathrm{e}^{-\mathrm{j}2\omega}$

因有 $G_2(\omega) \longleftrightarrow \dfrac{1}{\pi}\mathrm{Sa}(t)$，故

$$y(t) = \frac{1}{\pi}\mathrm{Sa}(t-2) \qquad t \in \mathbf{R}$$

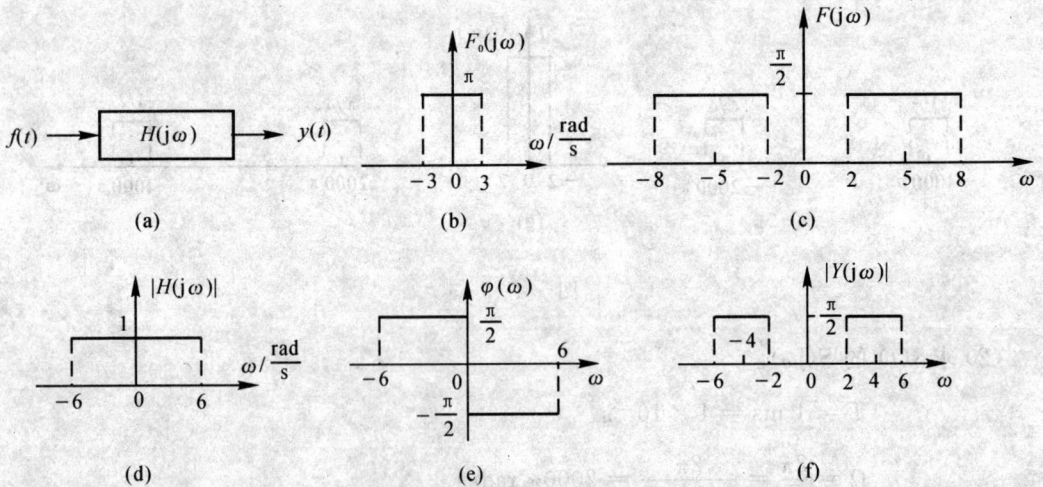

图　4-5-6

例 4-5-5　图 4-5-6(a) 所示系统，已知 $f(t) = \dfrac{\sin 3t}{t}\cos 5t$，$t \in \mathbf{R}$，

$$H(j\omega) = \begin{cases} e^{j\frac{\pi}{2}} & -6 < \omega < 0 \\ e^{-j\frac{\pi}{2}} & 0 < \omega < 6 \\ 0 & \text{其余} \end{cases}$$

求系统的零状态的响应 $y(t)$。

解
$$f_0(t) = \frac{\sin 3t}{t} = 3\frac{\sin 3t}{3t} = 3\mathrm{Sa}(3t)$$

故
$$F_0(j\omega) = \pi G_6(\omega)$$

$F_0(j\omega)$ 的图形如图 $4-5-6(b)$ 所示。

$$F(j\omega) = \frac{1}{2\pi} \times \pi G_6(\omega) * \pi[\delta(\omega+5) + \delta(\omega-5)] = \frac{\pi}{2}G_6(\omega+5) + \frac{\pi}{2}G_6(\omega-5)$$

$F(j\omega)$ 的图形如图 $4-5-6(c)$ 所示。

$H(j\omega)$ 的图形如图 $4-5-6(d),(e)$ 所示。

$|Y(j\omega)| = |H(j\omega)||F(j\omega)|$ 的图形如图 $4-5-6(f)$ 所示。故

$$Y(j\omega) = \frac{\pi}{2}[G_4(\omega+4)e^{j\frac{\pi}{2}} + G_4(\omega-4)e^{-j\frac{\pi}{2}}]$$

因有
$$G_4(\omega) \longleftrightarrow \frac{2}{\pi}\mathrm{Sa}(2t)$$

故
$$G_4(\omega+4) \longleftrightarrow \frac{2}{\pi}\mathrm{Sa}(2t)e^{-j4t}$$

$$G_4(\omega-4) \longleftrightarrow \frac{2}{\pi}\mathrm{Sa}(2t)e^{j4t}$$

故
$$y(t) = \frac{\pi}{2}e^{j\frac{\pi}{2}} \times \frac{2}{\pi}\mathrm{Sa}(2t)e^{-j4t} + \frac{\pi}{2}e^{-j\frac{\pi}{2}}\mathrm{Sa}(2t)e^{j4t} =$$

$$\mathrm{Sa}(2t)e^{j\left(4t-\frac{\pi}{2}\right)} + \mathrm{Sa}(2t)e^{-j\left(4t-\frac{\pi}{2}\right)} = 2\mathrm{Sa}(2t)\frac{e^{j\left(4t-\frac{\pi}{2}\right)} + e^{-j\left(4t-\frac{\pi}{2}\right)}}{2} =$$

$$2\mathrm{Sa}(2t)\cos\left(4t-\frac{\pi}{2}\right) = 2\mathrm{Sa}(2t)\sin 4t \qquad t \in \mathbf{R}$$

例 4-5-6　理想高通滤波器(图 $4-5-7(a)$)的系统函数为

$$H(j\omega) = \begin{cases} 1e^{-j\omega t_0} & |\omega| > \omega_c \\ 0 & |\omega| < \omega_c \end{cases}$$

其中 ω_c 为截止频率，t_0 为延迟时间。$H(j\omega)$ 的图形如图 $4-5-7(b)$ 所示。(1)求单位冲激响应 $h(t)$；(2) $f(t) = 2e^{-t}U(t)$ 时，若要求输出信号 $y(t)$ 的能量为输入信号 $f(t)$ 能量的 50%，求 ω_c 应具有的值。

解　(1)引入一个门函数 $G_{2\omega_c}(\omega)$，于是可将 $|H(j\omega)|$ 写为

$$|H(j\omega)| = 1 - G_{2\omega_c}(\omega)$$

又有
$$1 - G_{2\omega_c}(\omega) \longleftrightarrow \delta(t) - \frac{\omega_c}{\pi}\mathrm{Sa}(\omega_c t)$$

故得

$$h(t) = \mathscr{F}^{-1}[H(j\omega)] = \mathscr{F}^{-1}[|H(j\omega)|e^{-j\omega t_0}] = \mathscr{F}^{-1}\{[1 - G_{2\omega_c}(\omega)]e^{-j\omega t_0}\} =$$

$$\delta(t-t_0) - \frac{\omega_c}{\pi}\mathrm{Sa}[\omega_c(t-t_0)] \qquad t \in \mathbf{R}$$

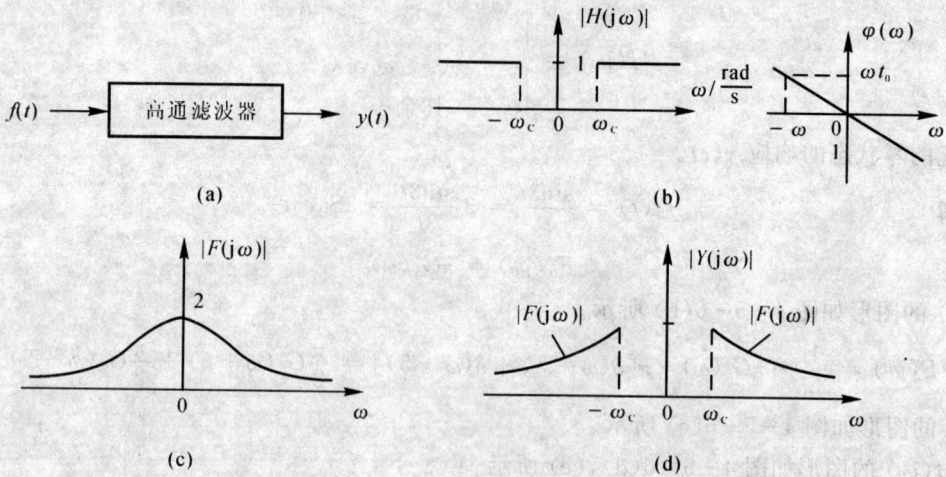

图 4-5-7

(2) $F(j\omega) = \dfrac{2}{j\omega + 1}$, $|F(j\omega)| = \dfrac{2}{\sqrt{1+\omega^2}}$, $|F(j\omega)|$ 的图形如图 4-5-7(c) 所示。故得 $f(t)$ 的能量为

$$W_f = \int_{-\infty}^{+\infty} [f(t)]^2 dt = \frac{1}{2\pi}\int_{-\infty}^{+\infty} |F(j\omega)|^2 d\omega = \frac{1}{2\pi}\int_{-\infty}^{+\infty} \frac{4}{1+\omega^2} d\omega$$

又有

$$Y(j\omega) = F(j\omega)H(j\omega)$$
$$|Y(j\omega)| = |F(j\omega)||H(j\omega)|$$

$|Y(j\omega)|$ 的图形如图 4-5-7(d) 所示。故得 $y(t)$ 的能量为

$$W_y = \int_{-\infty}^{+\infty} [y(t)]^2 dt = \frac{1}{2\pi}\int_{-\infty}^{+\infty} |Y(j\omega)|^2 d\omega =$$

$$\frac{1}{2\pi}\left[\int_{-\infty}^{-\omega_c} |F(j\omega)|^2 d\omega + \int_{-\omega_c}^{\omega_c} 0 d\omega + \int_{\omega_c}^{+\infty} |F(j\omega)|^2 d\omega\right] =$$

$$\frac{1}{2\pi}\left[\int_{-\infty}^{-\omega_c} \frac{4}{1+\omega^2} d\omega + 0 + \int_{\omega_c}^{+\infty} \frac{4}{1+\omega^2} d\omega\right]$$

因已知有

$$W_y = \frac{1}{2}W_f$$

即

$$\frac{1}{2\pi}\left[\int_{-\infty}^{-\omega_c} \frac{4}{1+\omega^2} d\omega + \int_{\omega_c}^{+\infty} \frac{4}{1+\omega^2} d\omega\right] = \frac{1}{2} \times \frac{1}{2\pi}\int_{-\infty}^{+\infty} \frac{4}{1+\omega^2} d\omega$$

即

$$2[\arctan\omega]_{-\infty}^{-\omega_c} + 2[\arctan\omega]_{\omega_c}^{+\infty} = [\arctan\omega]_{-\infty}^{+\infty}$$

即

$$2\left[-\arctan\omega_c + \frac{\pi}{2}\right] + 2\left[\frac{\pi}{2} - \arctan\omega_c\right] = \frac{\pi}{2} + \frac{\pi}{2}$$

即

$$\arctan\omega_c = \frac{\pi}{4}$$

故得

$$\omega_c = 1 \text{ rad/s}$$

4.6　系统的正弦稳态响应及其求解

一、定义

如图 4-6-1(a) 所示系统,设系统具有稳定性(因为只有具有稳定性的系统才会有稳态响应),其单位冲激响应为 $h(t)$,激励为正弦信号 $f(t) = F_m\cos\Omega t$, $t \in \mathbf{R}$。这样即可定义:在正弦信号激励下,系统达到稳定工作状态时的响应,称为正弦稳态响应,用 $y(t)$ 表示。

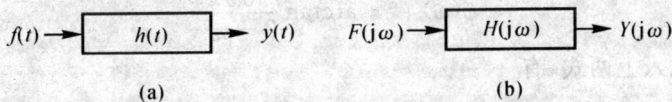

$$f(t) \to \boxed{h(t)} \to y(t) \qquad F(j\omega) \to \boxed{H(j\omega)} \to Y(j\omega)$$

$$\text{(a)} \qquad\qquad\qquad \text{(b)}$$

图 4-6-1　系统的正弦稳态响应

二、求法

因有
$$y(t) = h(t) * f(t) = h(t) * F_m\cos\Omega t$$
故
$$Y(j\omega) = H(j\omega)F(j\omega)$$
其中
$$H(j\omega) = |H(j\omega)| e^{j\varphi(\omega)} = \mathscr{F}[h(t)]$$
故
$$Y(j\omega) = |H(j\omega)| e^{j\varphi(\omega)} F_m\pi[\delta(\omega+\Omega) + \delta(\omega-\Omega)] =$$
$$\pi F_m[|H(-j\Omega)| e^{j\varphi(-\Omega)}\delta(\omega+\Omega) + |H(j\Omega)| e^{j\varphi(\Omega)}\delta(\omega-\Omega)]$$
因为有 $|H(-j\Omega)| = |H(j\Omega)|$, $\varphi(-\Omega) = -\varphi(\Omega)$,代入上式有
$$Y(j\omega) = F_m|H(j\Omega)| e^{-j\varphi(\Omega)}\pi\delta(\omega+\Omega) + F_m|H(j\Omega)| e^{j\varphi(\Omega)}\pi\delta(\omega-\Omega)$$
因有
$$e^{j\Omega t} \longleftrightarrow 2\pi\delta(\omega-\Omega), \quad e^{-j\Omega t} \longleftrightarrow 2\pi\delta(\omega+\Omega)$$
故有
$$\frac{1}{2}e^{j\Omega t} \longleftrightarrow \pi\delta(\omega-\Omega), \quad \frac{1}{2}e^{-j\Omega t} \longleftrightarrow \pi\delta(\omega+\Omega)$$
代入上式有
$$y(t) = F_m|H(j\Omega)| e^{-j\varphi(\Omega)}\frac{1}{2}e^{-j\Omega t} + F_m|H(j\Omega)| e^{j\varphi(\Omega)}\frac{1}{2}e^{j\Omega t} =$$
$$F_m|H(j\Omega)|\frac{e^{j[\Omega t+\varphi(\Omega)]} + e^{-j[\Omega t+\varphi(\Omega)]}}{2}$$
即
$$y(t) = F_m|H(j\Omega)|\cos[\Omega t + \varphi(\Omega)]$$
可见 $y(t)$ 仍为与 $f(t)$ 具有同一频率 Ω 的正弦响应,但幅度变为 $F_m|H(j\Omega)|$,相位角则增加了 $\varphi(\Omega)$。

推广:若 $f(t) = F_m\cos(\Omega t + \psi)$, $t \in \mathbf{R}$,则
$$y(t) = F_m|H(j\Omega)|\cos[\Omega t + \psi + \varphi(\Omega)] \quad t \in \mathbf{R}$$

例 4-6-1　已知系统的微分方程为
$$y''(t) + 3y'(t) + 2y(t) = f(t)$$
激励 $f(t) = 100\cos(t+60°)$, $t \in \mathbf{R}$。求系统的正弦稳态响应 $y(t)$。

解 系统的传输算子为

$$H(p) = \frac{1}{p^2 + 3p + 2}$$

故

$$H(j\omega) = H(p)\mid_{p=j\omega} = \frac{1}{(j\omega)^2 + 3j\omega + 2}$$

即

$$\mid H(j\omega) \mid e^{j\varphi(\omega)} = \frac{1}{(2 - \omega^2) + j3\omega}$$

故

$$\mid H(j\omega) \mid = \frac{1}{\sqrt{(2-\omega^2)^2 + 9\omega^2}}$$

$$\varphi(\omega) = -\arctan\frac{3\omega}{2 - \omega^2}$$

令 $\omega = 1$ rad/s,代入上两式,有

$$\mid H(j1) \mid = \frac{1}{\sqrt{(2-1)^2 + 9 \times 1}} = \frac{1}{\sqrt{10}} = \frac{\sqrt{10}}{10}$$

$$\varphi(1) = -\arctan\frac{3 \times 1}{2 - 1} = -\arctan 3 = -71.57°$$

故得系统的正弦稳态响应为

$$y(t) = 100 \times \frac{\sqrt{10}}{10}\cos(t + 60° - 71.57°) = 10\sqrt{10}\cos(t - 11.57°) \quad t \in \mathbf{R}$$

例 4-6-2 图 4-6-2(a) 所示电路,$f(t) = 10\sqrt{2}\cos t$ V, $t \in \mathbf{R}$,求正弦稳态响应 $y(t)$。

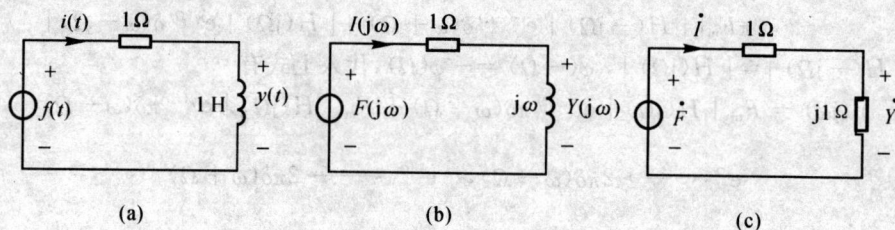

图 4-6-2

解 方法一:频域系统函数法。频域电路模型如图 4-6-2(b) 所示。

$$H(j\omega) = \frac{Y(j\omega)}{F(j\omega)} = \frac{j\omega}{1 + j\omega} = \frac{\omega\,\underline{/90°}}{\sqrt{1+\omega^2}\,\underline{/\arctan\omega}}$$

即

$$\mid H(j\omega) \mid \underline{/\varphi(\omega)} = \frac{\omega}{\sqrt{1+\omega^2}}\,\underline{/90° - \arctan\omega}$$

故

$$\mid H(j\omega) \mid = \frac{\omega}{\sqrt{1+\omega^2}}$$

$$\varphi(\omega) = 90° - \arctan\omega$$

令 $\omega = 1$ rad/s,代入上两式,有

$$\mid H(j1) \mid = \frac{1}{\sqrt{1+1}} = \frac{1}{\sqrt{2}}$$

$$\varphi(1) = 90° - \arctan 1 = 45°$$

故得正弦稳态响应为

$$y(t) = 10\sqrt{2} \times \frac{1}{\sqrt{2}}\cos(1t + 45°) = 10\cos(t + 45°) \text{ V} \quad t \in \mathbf{R}$$

方法二：傅里叶变换法。

$$F(j\omega) = 10\sqrt{2}\pi[\delta(\omega + 1) + \delta(\omega - 1)]$$

故

$$Y(j\omega) = H(j\omega)F(j\omega) = \frac{j\omega}{1 + j\omega} \times 10\sqrt{2}\pi[\delta(\omega + 1) + \delta(\omega - 1)] =$$

$$10\sqrt{2}\pi\left[\frac{-j}{1 - j}\delta(\omega + 1) + \frac{j}{1 + j}\delta(\omega - 1)\right] =$$

$$10\sqrt{2}\pi\left[\frac{1}{\sqrt{2}}e^{-j45°}\delta(\omega + 1) + \frac{1}{\sqrt{2}}e^{j45°}\delta(\omega - 1)\right] =$$

$$10[e^{-j45°}\pi\delta(\omega + 1) + e^{j45°}\pi\delta(\omega - 1)]$$

因有

$$e^{-jt} \longleftrightarrow 2\pi\delta(\omega + 1)$$

$$e^{jt} \longleftrightarrow 2\pi\delta(\omega - 1)$$

故有

$$\frac{1}{2}e^{-jt} \longleftrightarrow \pi\delta(\omega + 1)$$

$$\frac{1}{2}e^{jt} \longleftrightarrow \pi\delta(\omega - 1)$$

故得

$$y(t) = 10[e^{-j45°} \cdot \frac{1}{2}e^{-jt} + e^{j45°} \cdot \frac{1}{2}e^{jt}] = 10\frac{e^{j(t+45°)} + e^{-j(t+45°)}}{2} =$$

$$10\cos(t + 45°) \text{ V} \quad t \in \mathbf{R}$$

方法三：相量法。相量电路模型如图 4 - 6 - 2(c) 所示。$\dot{F} = 10 \underline{/0°}$ V, $Z = 1 + j = \sqrt{2} \underline{/45°}$ Ω。故

$$\dot{I} = \frac{\dot{F}}{Z} = \frac{10 \underline{/0°}}{\sqrt{2} \underline{/45°}} = \frac{10}{\sqrt{2}} \underline{/-45°} \text{ A}$$

$$\dot{Y} = j1\dot{I} = 1 \underline{/90°} \times \frac{10}{\sqrt{2}} \underline{/-45°} = \frac{10}{\sqrt{2}} \underline{/45°} \text{ V}$$

故得正弦稳态响应为

$$y(t) = \frac{10}{\sqrt{2}}\sqrt{2}\cos(t + 45°) = 10\cos(t + 45°) \text{ V} \quad t \in \mathbf{R}$$

从以上计算结果可见，三种方法计算结果全同（这是必然的），但傅里叶变换法显然要麻烦些。这说明，对于简单电路（或系统），采用傅里叶变换法求解并非上策。任何一种分析计算方法，都有它特定的优点，也有它特定的局限性，应从具体问题出发，择其简便者用之。这就是不同的锁要用不同的钥匙开。

*4.7 非正弦周期信号激励下系统的稳态响应

一、稳态响应的定义

要使系统产生稳态响应，系统必须具有稳定性，这是系统产生稳态响应的条件。稳态响应

的定义有两种观点：

（1）由于非正弦周期信号是无始无终、按一定规律周期性变化的，当这样的信号作用于系统时，其作用的起点必然是在 $t \rightarrow -\infty$ 的时刻，这样，由系统的初始状态（即 $t \rightarrow -\infty$ 时刻时系统的储能）所产生的零输入响应和在接入激励源（也是在 $t \rightarrow -\infty$ 时刻接入的）后所产生的随时间按指数规律衰减的瞬态响应，都由于时间的无限延续而早已衰减为零，系统已达到稳定工作状态，此时系统中存在的响应就只有稳态响应了，这就是系统的稳态响应。

（2）若认为非正弦周期信号是在 $t = 0$ 时刻作用于系统的，经过无限长的时间（实际上只需要有限长的时间）后，系统已达到稳定工作状态，此时系统的所有瞬态响应均已衰减为零，在系统中就只有稳态响应了，这就是系统的稳态响应。

以上两种定义本质上是一致的。

二、求法

通过下面的实例来研究非正弦周期信号激励下系统稳态响应的求解方法。

例 4 - 7 - 1 图 4-7-1(a) 所示系统，已知激励为非正弦周期信号 $f(t) = 2 + 4\cos 5t + 4\cos 10t$，$t \in \mathbf{R}$，系统函数 $H(j\omega)$ 的图形如图 4-7-1(b)，(c) 所示。求系统的稳态响应 $y(t)$。

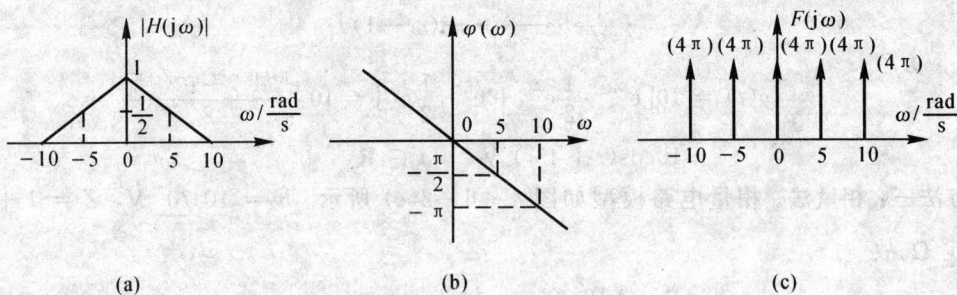

图 4 - 7 - 1

解 方法一：用叠加定理求解。

（1）直流分量 2 单独作用时，此时 $\omega = 0$，故 $|H(j\omega)| = 1$，$\varphi(0) = 0$。故

$$y_0 = F_m |H(j0)| \cos(0t + 0°) = 2 \times 1 = 2$$

（2）当 $4\cos 5t$ 单独作用时，此时 $\omega = 5$，故 $|H(j5)| = 0.5$，$\varphi(5) = -\dfrac{\pi}{2} = -90°$。故

$$y_1(t) = 4 \times 0.5\cos(5t - 90°) = 2\cos(5t - 90°)$$

（3）当 $4\cos 10t$ 单独作用时，此时 $\omega = 10$，故 $|H(j10)| = 0$，$\varphi(10) = -\pi = -180°$。故

$$y_2(t) = 4 \times 0 \times \cos(10t - 180°) = 0$$

故系统的稳态响应为

$$y = y_0(t) + y_1(t) + y_2(t) = 2 + 2\cos(5t - 90°) \qquad t \in \mathbf{R}$$

方法二：用傅里叶变换法求解。$f(t)$ 的傅里叶变换为

$$F(j\omega) = 2 \times 2\pi\delta(\omega) + 4\pi[\delta(\omega + 5) + \delta(\omega - 5)] + 4\pi[\delta(\omega + 10) + \delta(\omega - 10)] =$$

$$4\pi \sum_{n=-2}^{2} \delta(\omega - n5)$$

其中 $\Omega = 5 \ \text{rad/s}$。$F(j\omega)$ 的图形如图 4 - 7 - 1(c) 所示。故

$$Y(j\omega) = H(j\omega)F(j\omega) = H(j\omega) \times 4\pi \sum_{n=-2}^{2} \delta(\omega - n5) =$$

$$4\pi \sum_{n=-2}^{2} H(j\omega)\delta(\omega - n5) = 4\pi \sum_{n=-2}^{2} H(jn5)\delta(\omega - n5) =$$

$$4\pi H(-j2\times5)\delta(\omega+2\times5) + 4\pi H(-j5)\delta(\omega+5) + 4\pi H(j0)\delta(\omega-0) +$$

$$4\pi H(j1\times5)\delta(\omega-5) + 4\pi H(j2\times5)\delta(\omega-2\times5) =$$

$$0 + 4\pi \times 0.5 e^{j\frac{\pi}{2}}\delta(\omega+5) + 4\pi \times 1 e^{j0^\circ}\delta(\omega) + 4\pi \times 0.5 e^{-j\frac{\pi}{2}}\delta(\omega-5) + 0 =$$

$$e^{j\frac{\pi}{2}}2\pi\delta(\omega+5) + 2\times2\pi\delta(\omega) + e^{-j\frac{\pi}{2}}2\pi\delta(\omega-5)$$

因有

$$e^{-j5t} \longleftrightarrow 2\pi\delta(\omega+5)$$
$$e^{j5t} \longleftrightarrow 2\pi\delta(\omega-5)$$
$$1 \longleftrightarrow 2\pi\delta(\omega)$$

故代入上式得

$$y(t) = e^{j\frac{\pi}{2}}e^{-j5t} + 2\times1 + e^{-j\frac{\pi}{2}}e^{j5t} = 2 + 2\frac{e^{j\left(5t-\frac{\pi}{2}\right)} + e^{-j\left(5t-\frac{\pi}{2}\right)}}{2} =$$

$$2 + 2\cos\left(5t - \frac{\pi}{2}\right) \qquad t \in \mathbf{R}$$

可见两种方法求解结果相同,但方法一要简单些。

4.8 抽样信号与抽样定理

一、限带信号的定义

如果信号 $f(t)$ 的频谱宽度(即占有频带)为有限值,亦即其频谱函数 $F(j\omega)$ 满足

$$F(j\omega) = 0 \qquad |\omega| \geqslant \omega_m$$

$F(j\omega)$ 的图形如图 4 - 8 - 1(a) 所示,则称 $f(t)$ 为有限带宽信号,简称限带信号;ω_m 为信号的频谱宽度,亦即信号频谱中的最高频率。

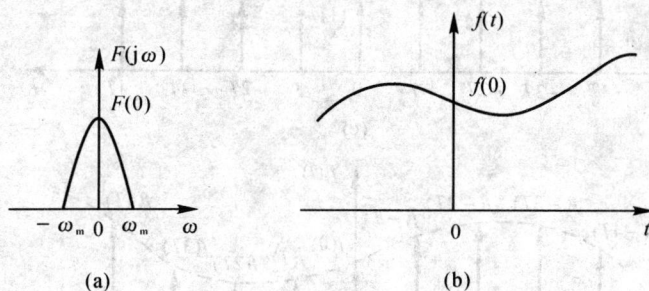

图 4 - 8 - 1 限带信号的定义

根据第三章中所学过的信号时域与频域的关系可知,若 $F(j\omega)$ 的频谱宽度为有限值,则其 $f(t)$ 必定为无时限信号,故可设 $f(t)$ 的图形如图 4 - 8 - 1(b) 所示。

二、抽样信号 $f_s(t)$

图 4-8-2(a) 所示是为获得抽样信号的系统模型，即为一乘法器(也称调制器)，其中 $f(t)$ 为被抽样的信号(为无时限信号)，设其波形如图 4-8-2(b) 所示；单位冲激序列 $\delta_T(t) = \sum\limits_{k=-\infty}^{+\infty} \delta(t-kT)$ 为用来对 $f(t)$ 进行抽样的信号，$k \in \mathbf{Z}$，T(单位:s) 称为抽样间隔或抽样周期，$f = \dfrac{1}{T}$ 称为抽样频率，$\delta_T(t)$ 的波形如图 4-8-2(c) 所示。乘法器的输出信号为

$$f_s(t) = f(t)\delta_T(t) = f(t) \sum_{k=-\infty}^{+\infty} \delta(t-kT) =$$

$$\sum_{k=-\infty}^{+\infty} f(t)\delta(t-kT) = \sum_{k=-\infty}^{+\infty} f(kT)\delta(t-kT) \qquad (4-7-1)$$

$f_s(t)$ 即称为抽样信号，其波形如图 4-8-2(d) 所示。可见，$f_s(t)$ 仍为冲激序列，每个冲激的强度都是连续时间信号 $f(t)$ 在 $t = kT$ 时刻的函数值 $f(kT)$，$k \in \mathbf{Z}$。由于这种抽样是用单位冲激序列 $\delta_T(t)$ 进行抽样的，故称为均匀冲激抽样或理想抽样。

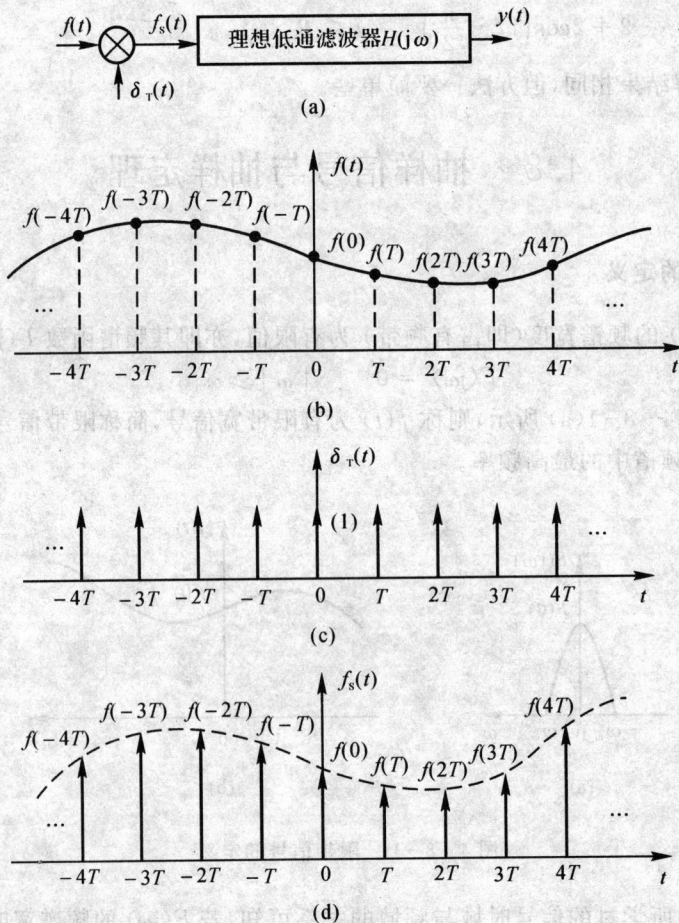

图 4-8-2　抽样信号 $f_s(t)$

三、抽样信号的频谱 $F_s(j\omega)$

设 $F(j\omega) = \mathscr{F}[f(t)]$ 的图形如图 $4-8-3(a)$ 所示；$S(j\omega) = \mathscr{F}[\delta_T(t)] = \Omega \sum\limits_{k=-\infty}^{+\infty} \delta(\omega - k\Omega)$，

$\Omega = \dfrac{2\pi}{T}$，$S(j\omega)$ 的图形如图 $4-8-3(b)$ 所示。于是对式 $(4-7-1)$ 等号两端同时求傅里叶变换，并根据傅里叶变换的频域卷积定理（表 $3-4-1$ 中的序号 15），得抽样信号 $f_s(t)$ 的傅里叶变换为

$$F_s(j\omega) = \frac{1}{2\pi}F(j\omega) * \Omega \sum_{k=-\infty}^{+\infty}\delta(\omega - k\Omega) =$$

$$\frac{1}{2\pi}F(j\omega) * \frac{2\pi}{T}\sum_{k=-\infty}^{+\infty}\delta(\omega - k\Omega) =$$

$$\frac{1}{T}\sum_{k=-\infty}^{+\infty}F(j\omega) * \delta(\omega - k\Omega) = \frac{1}{T}\sum_{k=-\infty}^{+\infty}F[j(\omega - k\Omega)] \quad k \in \mathbf{Z}$$

$F_s(j\omega)$ 的图形如图 $4-8-3(c)$ 所示。由此图可见，只要满足条件

$$\Omega \geqslant 2\omega_m \qquad\qquad (4-7-2)$$

则 $F_s(j\omega)$ 中的各个图形就不产会生重叠，这样 $F_s(j\omega)$ 中的每一个图形就都包含了 $F(j\omega)$ 中的全部信息，亦即 $f_s(t)$ 中就包含了信号 $f(t)$ 中的全部信息。

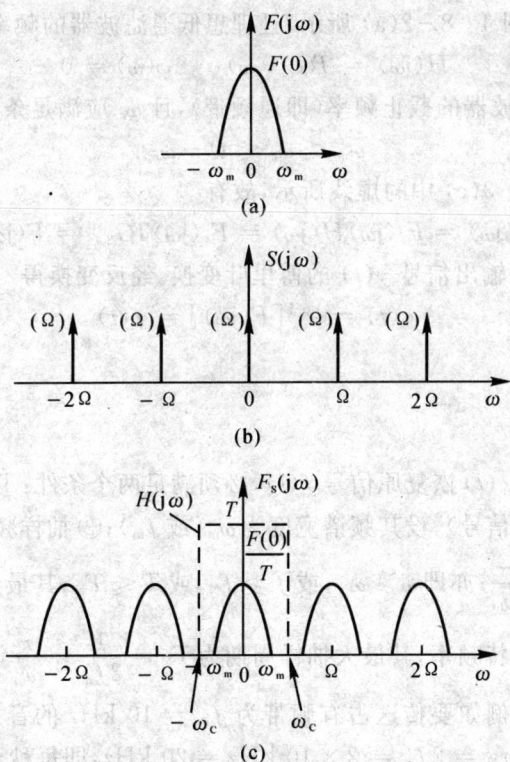

图 $4-8-3$　抽样信号 $f_s(t)$ 的频谱 $F_s(j\omega)$

因 $\Omega = \dfrac{2\pi}{T}, f_{\mathrm{m}} = \dfrac{\omega_{\mathrm{m}}}{2\pi}, f_{\mathrm{m}}$ 为 $F(\mathrm{j}\omega)$ 中的最高频率。于是式$(4-7-2)$所表述的条件又可写为

$$\frac{2\pi}{T} \geqslant 2 \times 2\pi f_{\mathrm{m}}$$

即　　　　　　　　　　$T \leqslant \dfrac{1}{2f_{\mathrm{m}}}$　　或　　$f \geqslant 2f_{\mathrm{m}}$

即当抽样周期 $T \leqslant \dfrac{1}{2f_{\mathrm{m}}}$ 或抽样频率 $f \geqslant 2f_{\mathrm{m}}$ 时，$F_{\mathrm{s}}(\mathrm{j}\omega)$ 中的各个图形就不会产生重叠。

四、奈奎斯特频率 f_{N} 与奈奎斯特周期 T_{N}

把 $\omega_{\mathrm{N}} = 2\omega_{\mathrm{m}}$ 称为奈奎斯特角频率；把 $f_{\mathrm{N}} = 2f_{\mathrm{m}} = 2 \times \dfrac{\omega_{\mathrm{m}}}{2\pi} = \dfrac{\omega_{\mathrm{m}}}{\pi}$ 称为奈奎斯特频率；把 $T_{\mathrm{N}} = \dfrac{1}{f_{\mathrm{N}}} = \dfrac{1}{2f_{\mathrm{m}}} = \dfrac{\pi}{\omega_{\mathrm{m}}}$ 称为奈奎斯特周期，也称奈奎斯特间隔。可见 f_{N} 就是使 $F_{\mathrm{s}}(\mathrm{j}\omega)$ 中的各个图形不产生重叠的最小抽样频率；T_{N} 就是使 $F_{\mathrm{s}}(\mathrm{j}\omega)$ 中的各个图形不产生重叠的最大抽样周期。

五、原信号 $f(t)$ 的恢复

上面已指出，抽样信号 $f_{\mathrm{s}}(t)$ 包含了原信号 $f(t)$ 中的全部信息，但毕竟 $f_{\mathrm{s}}(t)$ 不是 $f(t)$。今为了把 $f_{\mathrm{s}}(t)$ 恢复为 $f(t)$，可使 $f_{\mathrm{s}}(t)$ 通过一个理想低通滤波器（即在乘法器的输出端再接一个理想低通滤波器），如图 $4-8-2(\mathrm{a})$ 所示，且理想低通滤波器的频率特性应为

$$H(\mathrm{j}\omega) = TG_{2\omega_{\mathrm{c}}}(\omega) \qquad \varphi(\omega) = 0$$

式中 ω_{c} 称为理想低通滤波器的截止频率（即通频带），且 ω_{c} 应满足条件

$$\omega_{\mathrm{m}} \leqslant \omega_{\mathrm{c}} \leqslant \Omega - \omega_{\mathrm{m}}$$

$H(\mathrm{j}\omega)$ 的图形如图 $4-8-3(\mathrm{c})$ 中的虚线所示，故有

$$Y(\mathrm{j}\omega) = F_{\mathrm{s}}(\mathrm{j}\omega)H(\mathrm{j}\omega) = F_{\mathrm{s}}(\mathrm{j}\omega)TG_{2\omega_{\mathrm{c}}} = F(\mathrm{j}\omega)$$

$Y(\mathrm{j}\omega)$ 为理想低通滤波器输出信号 $y(t)$ 的傅里叶变换。经反变换得

$$y(t) = \mathscr{F}^{-1}[F(\mathrm{j}\omega)] = f(t)$$

可见恢复了原信号 $f(t)$。

六、时域抽样定理

为了能从抽样信号 $f_{\mathrm{s}}(t)$ 恢复原信号 $f(t)$，必须满足两个条件：① 被抽样的信号 $f(t)$ 必须是有限带宽信号（即限带信号），设其频谱宽度为 ω_{m}（或 f_{m}）；② 抽样频率 $\omega \geqslant 2\omega_{\mathrm{m}}$，或 $f \geqslant 2f_{\mathrm{m}}$，或抽样周期 $T \leqslant \dfrac{1}{2f_{\mathrm{m}}} = \dfrac{\pi}{\omega_{\mathrm{m}}}$；亦即 $\omega \geqslant \omega_{\mathrm{N}}$，或 $f \geqslant f_{\mathrm{N}}$，或 $T \leqslant T_{\mathrm{N}}$；其最低抽样频率为 $f_{\mathrm{N}} = 2f_{\mathrm{m}}$，或 $\omega_{\mathrm{N}} = 2\omega_{\mathrm{m}}$，即为奈奎斯特频率，其最大抽样周期为 $T_{\mathrm{N}} = \dfrac{1}{2f_{\mathrm{m}}} = \dfrac{\pi}{\omega_{\mathrm{m}}}$，即为奈奎斯特周期。此结论即称为时域抽样定理。例如要传送占有频带为 $f_{\mathrm{m}} = 10\ \mathrm{kHz}$ 的音乐信号，其最低抽样频率（即奈奎斯特频率）应为 $f_{\mathrm{N}} = 2f_{\mathrm{m}} = 2 \times 10\ \mathrm{kHz} = 20\ \mathrm{kHz}$，即每秒至少要抽样 2×10^4 次，若低于此抽样频率，则从 $f_{\mathrm{s}}(t)$ 中就不能完全恢复原信号 $f(t)$，原信号 $f(t)$ 中的信息就会丢失，信号就要失真，即 $y(t)$ 与 $f(t)$ 就不相似了。

七、矩形脉冲序列抽样

上面所叙述的抽样是用单位冲激序列 $\delta_T(t) = \sum\limits_{k=-\infty}^{+\infty} \delta(t-kT)$ 进行抽样,这是理想的抽样。实际工程中能够实现的抽样一般是采用矩形脉冲信号 $s(t)$ 进行抽样,$s(t)$ 的波形如图 4-8-4 所示。关于这种抽样信号的分析我们不研究了,其所得结论与上述的全同。

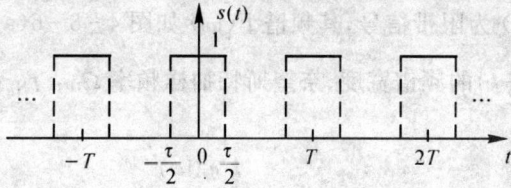

图 4-8-4 矩形脉冲序列信号

例 4-8-1 求信号 $f(t) = \text{Sa}(100t)$ 的频谱宽度(只计正频率部分);若对 $f(t)$ 进行均匀冲激理想抽样,求奈奎斯特频率 f_N 和奈奎斯特周期 T_N。

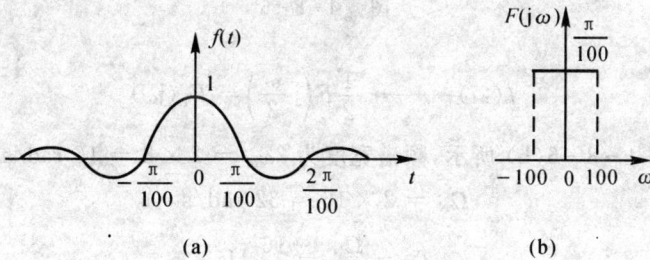

(a)　　　　　　　　(b)

图 4-8-5

解 (1) $f(t)$ 的波形如图 4-8-5(a) 所示。因有

$$G_\tau(t) \Leftrightarrow \tau\text{Sa}\left(\frac{\omega\tau}{2}\right)$$

取

$$\frac{\tau}{2} = 100, \quad \tau = 200$$

故

$$G_{200}(t) \Leftrightarrow 200\text{Sa}(100\omega)$$

故

$$\frac{1}{200}G_{200}(t) \Leftrightarrow \text{Sa}(100\omega)$$

故有

$$\text{Sa}(100t) \Leftrightarrow 2\pi \times \frac{1}{200}G_{200}(\omega)$$

即

$$\text{Sa}(100t) \Leftrightarrow \frac{\pi}{100}G_{200}(\omega)$$

故得

$$F(j\omega) = \frac{\pi}{100}G_{200}(\omega)$$

$F(j\omega)$ 的图形如图 $4-8-5(b)$ 所示，故得 $f(t)$ 的频谱宽度为

$$\Delta\omega = 100 \text{ rad/s}$$

或

$$\Delta f = \frac{\Delta\omega}{2\pi} = \frac{100}{2\pi} = \frac{50}{\pi} \text{ Hz}$$

(2)

$$f_{\text{N}} = 2\Delta f = 2 \times \frac{50}{\pi} = \frac{100}{\pi} \text{ Hz}$$

$$T_{\text{N}} = \frac{1}{f_{\text{N}}} = \frac{\pi}{100} \text{ s}$$

例 4-8-2　设 $f(t)$ 为限带信号，其频谱 $F(j\omega)$ 如图 $4-8-6(a)$ 所示，频谱宽度为 $\omega_{\text{m}} = 8$ rad/s。求 $f(2t)$ 和 $f\left(\frac{1}{2}t\right)$ 的频谱宽度、奈奎斯特抽样频率 Ω_{N}，f_{N} 和奈奎斯特抽样周期。

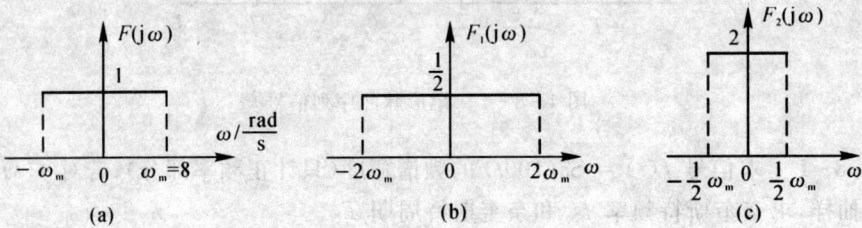

图　$4-8-6$

解　(1)

$$f(2t) \longleftrightarrow \frac{1}{2}F\left(j\frac{\omega}{2}\right) = F_1(j\omega)$$

$F_1(j\omega)$ 的图形如图 $4-8-6(b)$ 所示，频谱宽度为 $2\omega_{\text{m}} = 2 \times 8 = 16$ rad/s。故得

$$\Omega_{\text{N}} = 2 \times 16 = 32 \text{ rad/s}$$

$$f_{\text{N}} = \frac{\Omega_{\text{N}}}{2\pi} = \frac{16}{\pi} \text{ Hz}$$

$$T_{\text{N}} = \frac{1}{f_{\text{N}}} = \frac{\pi}{16} \text{ s}$$

(2)

$$f\left(\frac{1}{2}t\right) \longleftrightarrow \frac{1}{\frac{1}{2}}F\left(j\frac{\omega}{\frac{1}{2}}\right) = 2F(j2\omega) = F_2(j\omega)$$

$F_2(j\omega)$ 的图形如图 $4-8-6(c)$ 所示，频谱宽度为 $\frac{1}{2}\omega_{\text{m}} = \frac{1}{2} \times 8 = 4$ rad/s。故得

$$\Omega_{\text{N}} = 2 \times 4 = 8 \text{ rad/s}$$

$$f_{\text{N}} = \frac{\Omega_{\text{N}}}{2\pi} = \frac{4}{\pi} \text{ Hz}$$

$$T_{\text{N}} = \frac{1}{f_{\text{N}}} = \frac{\pi}{4} \text{ s}$$

例 4-8-3　黑白电视每秒发送 30 幅图像，每幅图像又分为 525 条水平扫描线，每条水平线在 650 个点上采样，求采样频率 f_s。若此频率正好是奈奎斯特频率，求此黑白电视信号的最高频率 f_{m}。

解　采样频率 f_s 就是每秒的采样点个数，故

$$f_s = 30 \times 525 \times 650 = 10\ 237\ 500\ \text{Hz}$$

又因 $f_s = 2f_m$,故

$$f_m = \frac{1}{2}f_s \approx 5\ \text{MHz}$$

习　题　四

4-1　求图题 4-1 所示电路的频域系统函数 $H(j\omega) = \dfrac{U_2(j\omega)}{U_1(j\omega)}$。

4-2　求图题 4-2 所示电路的频域系统函数 $H_1(j\omega) = \dfrac{U_C(j\omega)}{F(j\omega)}$, $H_2(j\omega) = \dfrac{I(j\omega)}{F(j\omega)}$ 及相应的单位冲激响应 $h_1(t)$ 与 $h_2(t)$。

4-3　图题 4-3 所示电路,$f(t) = \left[10e^{-t}U(t) + 2U(t)\right]$ V。求关于 $i(t)$ 的单位冲激响应 $h(t)$ 和零状态响应 $i(t)$。

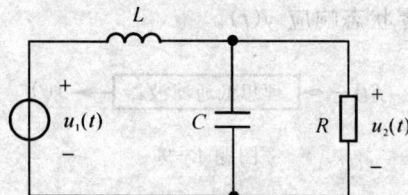

图题 4-1

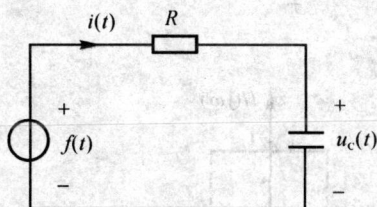

图题 4-2

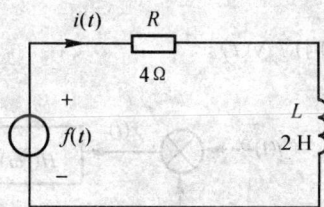

图题 4-3

4-4　已知频域系统函数 $H(j\omega) = \dfrac{-\omega^2 + j4\omega + 5}{-\omega^2 + j3\omega + 2}$,激励 $f(t) = e^{-3t}U(t)$。求零状态响应 $y(t)$。

4-5　已知频域系统函数 $H(j\omega) = \dfrac{j\omega}{-\omega^2 + j5\omega + 6}$,系统的初始状态 $y(0) = 2$,$y'(0) = 1$,激励 $f(t) = e^{-t}U(t)$。求全响应 $y(t)$。

4-6　在图题 4-6 所示系统中,$f(t)$ 为已知的激励,$h(t) = \dfrac{1}{\pi t}$,求零状态响应 $y(t)$。

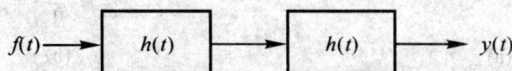

图题 4-6

4 - 7　图题 4 - 7(a) 所示系统,已知信号 $f(t)$ 如图题 4 - 7(b) 所示,$f_1(t) = \cos\omega_0 t$,$f_2(t) = \cos 2\omega_0 t$,$t \in \mathbf{R}$。求响应 $y(t)$ 的频谱函数 $Y(j\omega)$。

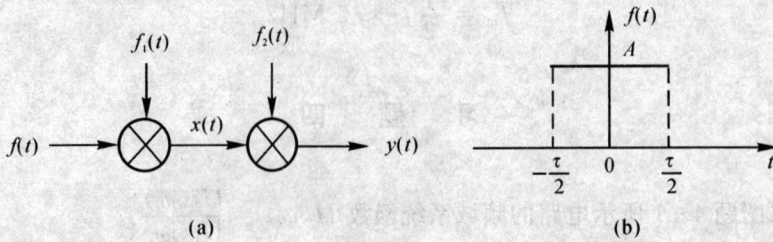

图题 4 - 7

4 - 8　理想低通滤波器的系统函数 $H(j\omega) = G_{2\pi}(\omega)$,求输入为下列各信号时的响应 $y(t)$。
(1) $f(t) = \mathrm{Sa}(\pi t)$,$t \in \mathbf{R}$;(2) $f(t) = \dfrac{\sin 4\pi t}{\pi t}$,$t \in \mathbf{R}$。

4 - 9　图题 4 - 9 所示系统,已知 $f(t) = 20\cos 100 t \cos^2 10^4 t$,$t \in \mathbf{R}$,理想低通滤波器的系统函数 $H(j\omega) = G_{240}(\omega)$。求零状态响应 $y(t)$。

图题 4 - 9

4 - 10　在图题 4 - 10(a) 所示系统中,$H(j\omega)$ 为理想低通滤波器的系统函数,其图形如图 (b) 所示,$\varphi(\omega) = 0$;$f(t) = f_0(t)\cos 1\,000 t$,$t \in \mathbf{R}$,$f_0(t) = \dfrac{1}{\pi}\mathrm{Sa}(t)$,$t \in \mathbf{R}$;$s(t) = \cos 1\,000 t$,$t \in \mathbf{R}$。求响应 $y(t)$。

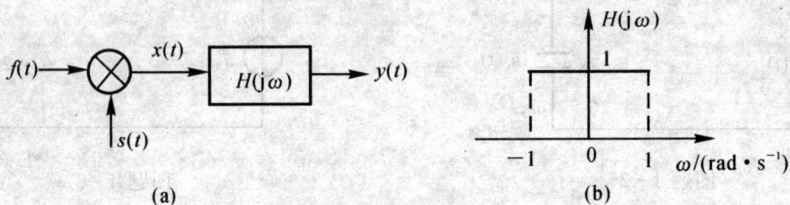

图题 4 - 10

4 - 11　在图题 4 - 11(a) 所示系统中,已知 $f(t) = 2\cos\omega_m t$,$t \in \mathbf{R}$,$x(t) = 50\cos\omega_0 t$,$t \in \mathbf{R}$,且 $\omega_0 \gg \omega_m$,理想低通滤波器的 $H(j\omega) = G_{2\omega_0}(\omega)$,如图题 4 - 11(b) 所示。求 $y(t)$。

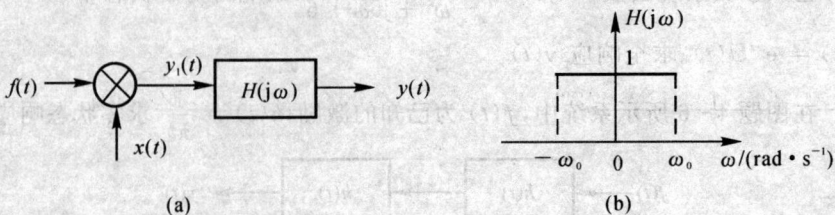

图题 4 - 11

4-12 在图题 4-12(a) 所示系统中,已知 $f(t) = \dfrac{1}{\pi}\text{Sa}(2t)$, $t \in \mathbf{R}$; $s(t) = \cos 1\,000t$, $t \in \mathbf{R}$,带通滤波器的 $H(j\omega)$ 如图题 4-12(b) 所示,$\varphi(\omega) = 0$。求零状态响应 $y(t)$。

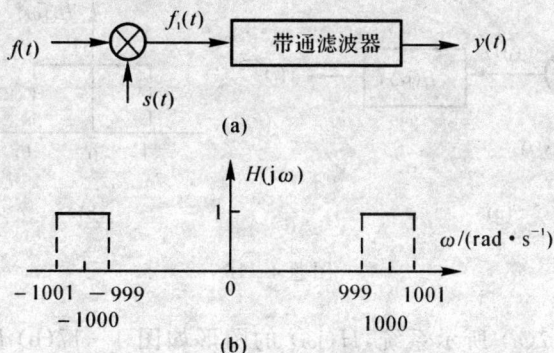

(a)

(b)

图题 4-12

4-13 图题 4-13(a),(b) 所示为系统的模频与相频特性,系统的激励 $f(t) = 2 + 4\cos 5t + 4\cos 10t$, $t \in \mathbf{R}$。求系统响应 $y(t)$。

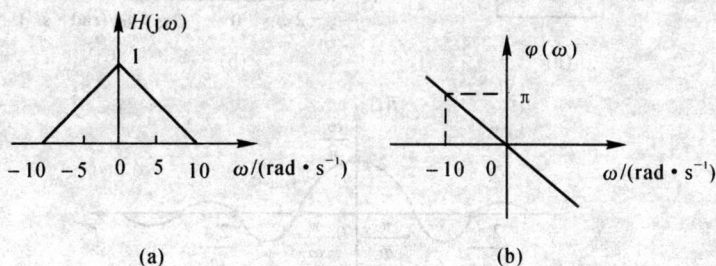

(a)

(b)

图题 4-13

4-14 已知系统的单位冲激响应 $h(t) = e^{-t}U(t)$,并设其频谱为 $H(j\omega) = R(\omega) + jX(\omega)$。
(1) 求 $R(\omega)$ 和 $X(\omega)$;(2) 证明 $R(\omega) = \dfrac{1}{\pi\omega} * X(\omega)$,$X(\omega) = -\dfrac{1}{\pi\omega} * R(\omega)$。

4-15 已知系统函数 $H(j\omega)$ 如图题 4-15(a) 所示,激励 $f(t)$ 的波形如图(b) 所示。求系统的响应 $y(t)$,并画出 $y(t)$ 的频谱图。

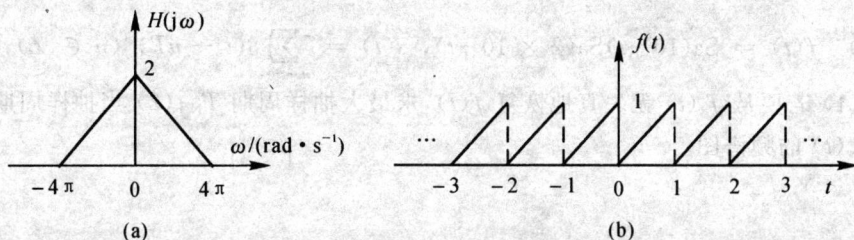

(a)

(b)

图题 4-15

4-16　图题 4-16(a) 所示系统，$H(\mathrm{j}\omega)$ 的图形如图题 4-16(b) 所示。已知 $f(t) = \dfrac{\sin t}{\pi t}\cos 1\,000t$，$s(t) = \cos 1\,000t$，$t \in \mathbf{R}$。求响应 $y(t)$。

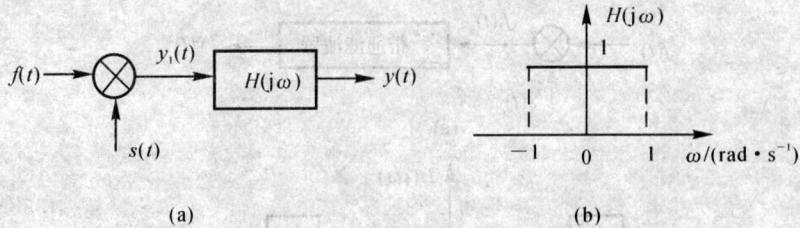

(a)　　　　　　　　　　　　　　(b)

图题 4-16

4-17　图题 4-17(a) 所示系统，$H(\mathrm{j}\omega)$ 的图形如图 4-17(b) 所示，$f(t)$ 的波形如图 4-17(c) 所示。求响应 $y(t)$ 的频谱 $Y(\mathrm{j}\omega)$，并画出 $Y(\mathrm{j}\omega)$ 的图形。

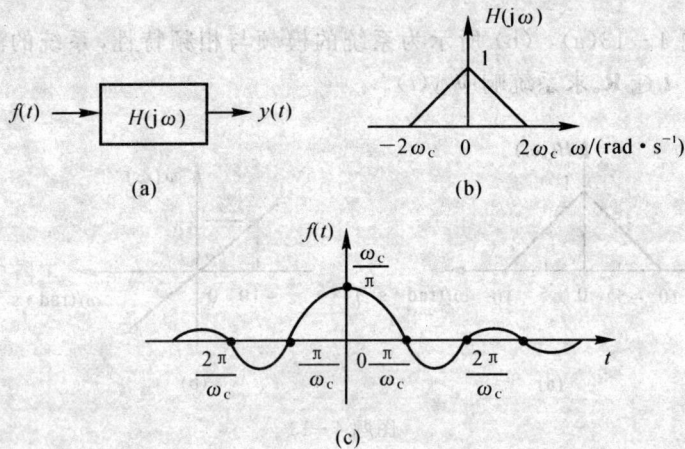

(a)　　　　　　　　　　　　　　(b)

(c)

图题 4-17

4-18　求信号 $f(t) = \mathrm{Sa}(100t)$ 的频谱宽度（只计正频率部分）；若对 $f(t)$ 进行均匀冲激抽样，求奈奎斯特频率 f_N 与奈奎斯特周期 T_N。

4-19　若下列各信号被抽样，求奈奎斯特间隔 T_N 与奈奎斯特频率 f_N。(1) $f(t) = \mathrm{Sa}(100t)$，$t \in \mathbf{R}$；(2) $f(t) = \mathrm{Sa}^2(100t)$，$t \in \mathbf{R}$。

4-20　$f(t) = \mathrm{Sa}(10^3\pi t)\mathrm{Sa}(2 \times 10^3\pi t)$，$s(t) = \displaystyle\sum_{n=-\infty}^{\infty}\delta(t - nT)$ $(n \in \mathbf{Z})$，$f_s(t) = f(t)s(t)$。(1) 若要从 $f_s(t)$ 无失真地恢复 $f(t)$，求最大抽样周期 T_N；(2) 当抽样周期 $T = T_N$ 时，画出 $f_s(t)$ 的频谱图。

第五章 连续系统 s 域分析

内容提要

本章的核心内容是讲述，如何用拉普拉斯变换的方法求解线性系统的响应。首先讲述数学知识——拉普拉斯变换；然后讲述 KCL，KVL 及电路元件伏安关系的 s 域形式，s 域阻抗和 s 域导纳；在此基础上再讲述如何用拉普拉斯变换的方法求解系统的响应（全响应，零输入响应，零状态响应，单位冲激响应）。最后再介绍如何用拉普拉斯变换的方法求解系统的微分方程。

5.1 拉普拉斯变换

一、定义

对于一个在时间区间 $t \in [0^-, \infty)$ 内定义的时间函数 $f(t)$，可列出定积分

$$\int_{0^-}^{\infty} f(t) e^{-st} dt$$

式中 $s = \sigma + j\omega$ 为一复数变量，称为复频率。σ 的单位是 $1/s$，ω 的单位为 rad/s。若这个定积分在复频率变量 s 平面上的某个区域内收敛，则由它确定的函数可用 $F(s)$ 表示，即

$$F(s) = \int_{0^-}^{\infty} f(t) e^{-st} dt \tag{5-1-1}$$

复频域函数 $F(s)$ 即称为时间函数 $f(t)$ 的单边拉普拉斯变换，也称为 $f(t)$ 的像函数。一般记为

$$F(s) = \mathscr{L}[f(t)]$$

符号 $\mathscr{L}[\cdot]$ 为一算子，表示对括号内的时间函数 $f(t)$ 进行拉普拉斯变换。

若 $F(s)$ 是 $f(t)$ 的像函数，则由 $F(s)$ 求 $f(t)$ 的公式为

$$f(t) = \frac{1}{2\pi j} \int_{\sigma - j\infty}^{\sigma + j\infty} F(s) e^{st} ds \qquad t \geqslant 0 \tag{5-1-2}$$

式 $(5-1-2)$ 记为

$$f(t) = \mathscr{L}^{-1}[F(s)]$$

$f(t)$ 称为 $F(s)$ 的拉普拉斯反变换或 $F(s)$ 的原函数。$\mathscr{L}^{-1}[\cdot]$ 也是一个算子，表示对括号内的像函数 $F(s)$ 进行拉普拉斯反变换。

式 $(5-1-1)$ 与式 $(5-1-2)$ 构成了一对拉普拉斯变换对，通常用符号 $f(t) \leftrightarrow F(s)$ 表示。根据式 $(5-1-1)$，可从已知的 $f(t)$ 求得 $F(s)$；根据式 $(5-1-2)$，可从已知的 $F(s)$ 求得 $f(t)$。

二、复频率平面

以复频率 $s = \sigma + j\omega$ 的实部 σ 和虚部 $j\omega$ 为相互垂直的坐标轴而构成的平面,称为复频率平面,简称 s 平面,如图 5-1-1 所示。复频率平面(即 s 平面)上有 3 个区域:$j\omega$ 轴以左的区域为左半开平面;$j\omega$ 轴以右的区域为右半开平面;$j\omega$ 轴本身也是一个区域,它是左半开平面与右半开平面的分界轴。将 s 平面划分为这样 3 个区域,对以后研究问题将有很大方便。图中 $\text{Re}[s]$ 表示取 s 的实部,$\text{Im}[s]$ 表示取 s 的虚部,即 $\text{Re}[s] = \sigma, \text{Im}[s] = \omega$。

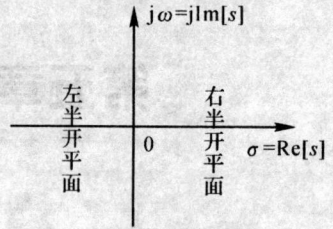

图 5-1-1 复频率平面

三、拉普拉斯变换存在的条件与收敛域

因
$$F(s) = \int_0^\infty f(t)\mathrm{e}^{-st}\mathrm{d}t = \int_0^\infty f(t)\mathrm{e}^{-\sigma t}\mathrm{e}^{-j\omega t}\mathrm{d}t$$

由此式可见,欲使此积分存在,则必须使

$$\lim_{t\to\infty} f(t)\mathrm{e}^{-\sigma t} = 0 \qquad (5-1-3)$$

在 s 平面上满足上式的 σ 的取值范围,称为 $f(t)$ 或 $F(s)$ 的收敛域,亦即 σ 只有在收敛域内取值,$f(t)$ 的拉普拉斯变换才存在。工程实际中的信号,其拉普拉斯变换都是存在的。

例 5-1-1 求下列各单边函数拉普拉斯变换的收敛域:

(1) $f(t) = \delta(t)$;

(2) $f(t) = U(t)$;

(3) $f(t) = \mathrm{e}^{-2t}U(t)$;

(4) $f(t) = \mathrm{e}^{2t}U(t)$;

(5) $f(t) = \cos\omega_0 t U(t)$。

解 (1) $\lim_{t\to\infty}\delta(t)\mathrm{e}^{-\sigma t} = 0$

可见,欲使上式成立,则必须有 $\sigma > -\infty$,故其收敛域为全 s 平面。

(2) $\lim_{t\to\infty}U(t)\mathrm{e}^{-\sigma t} = 0$

可见,欲使上式成立,则必须有 $\sigma > 0$,故其收敛域为 s 平面的右半开平面,如图 5-1-2(a) 所示。

(3) $\lim_{t\to\infty}\mathrm{e}^{-2t}\mathrm{e}^{-\sigma t} = \lim_{t\to\infty}\mathrm{e}^{-(2+\sigma)t} = 0$

可见,欲使上式成立,则必须有 $2+\sigma > 0$,即 $\sigma > -2$,故其收敛域如图 5-1-2(b) 所示。

(4) $\lim_{t\to\infty}\mathrm{e}^{2t}\mathrm{e}^{-\sigma t} = \lim_{t\to\infty}\mathrm{e}^{-(\sigma-2)t} = 0$

可见,欲使上式成立,则必须有 $\sigma - 2 > 0$,即 $\sigma > 2$,故其收敛域如图 5-1-2(c) 所示。

(5) $\lim_{t\to\infty}\cos\omega_0 t\mathrm{e}^{-\sigma t} = 0$

可见,欲使上式成立,则必须有 $\sigma > 0$,故其收敛域为 s 平面的右半开平面,也如图 5-1-2(a) 所示。

对于工程实际中的信号,只要把 σ 的值选取的足够大,式(5-1-3)总是可以满足的,所以它们的拉普拉斯变换都是存在的。又由于本书仅讨论和应用单边拉普拉斯变换,其收敛域必定存在,故在今后的讨论中,一般将不再说明函数是否收敛,也不再注明其收敛域。

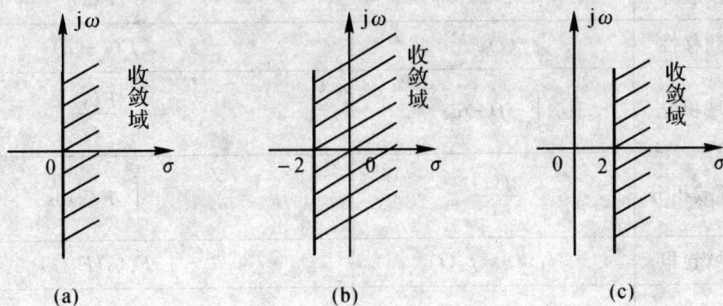

图 5-1-2　$f(t)$ 或 $F(s)$ 的收敛域

四、拉普拉斯变换的基本性质

由于拉普拉斯变换是傅里叶变换在复频域(即 s 域)中的推广,因而也具有与傅里叶变换的性质相应的一些性质,这些性质揭示了信号的时域特性与复频域特性之间的关系。利用这些性质可使求取拉普拉斯正、反变换来得简便。

关于拉普拉斯变换的基本性质,在表 5-1-1 中列出。对于这些性质,由于读者在工程数学课中已学过了,所以不再进行证明,读者可复习有关的工程数学书籍。对这些性质,要求会用即可。

表 5-1-1　拉普拉斯变换的基本性质

序　号	性质名称	$f(t)U(t)$	$F(s)$
1	唯一性	$f(t)$	$F(s)$
2	齐次性	$Af(t)$	$AF(s)$
3	叠加性	$f_1(t) + f_2(t)$	$F_1(s) + F_2(s)$
4	线　性	$A_1 f_1(t) + A_2 f_2(t)$	$A_1 F_1(s) + A_2 F_2(s)$
5	尺度性	$f(at), a > 0$	$\dfrac{1}{a} F\left(\dfrac{s}{a}\right)$
6	时移性	$f(t - t_0)U(t - t_0),$ $t_0 > 0$	$F(s)e^{-t_0 s}$
7	时域微分	$f'(t)$	$sF(s) - f(0^-)$
		$f''(t)$	$s^2 F(s) - sf(0^-) - f'(0^-)$
		$f^{(n)}(t)$	$s^n F(s) - s^{n-1} f(0^-) - s^{n-2} f'(0^-) \cdots - f^{n-1}(0^-)$
8	复频域微分	$tf(t)$	$(-1)^1 \dfrac{\mathrm{d}F(s)}{\mathrm{d}s}$
		$t^n f(t)$	$(-1)^n \dfrac{\mathrm{d}^n F(s)}{\mathrm{d}s^n}$

续　表

序　号	性质名称	$f(t)U(t)$	$F(s)$
9	复频移性	$f(t)\mathrm{e}^{-at}$	$F(s+a)$
10	时域积分	$\displaystyle\int_0^t f(\tau)\mathrm{d}\tau$	$\dfrac{F(s)}{s}$
11	复频域积分	$\dfrac{f(t)}{t}$	$\displaystyle\int_s^\infty F(s)\mathrm{d}s$
12	时域卷积	$f_1(t)*f_2(t)$	$F_1(s)F_2(s)$
13	复频域卷积	$f_1(t)f_2(t)$	$\dfrac{1}{2\pi\mathrm{j}}F_1(s)*F_2(s)$
14	初值定理	$f(0^+)=\lim\limits_{t\to 0^+}f(t)=\lim\limits_{s\to\infty}sF(s)$	
15	终值定理	$f(\infty)=\lim\limits_{t\to\infty}f(t)=\lim\limits_{s\to 0}sF(s)$	
16	调制定理	$f(t)\cos\omega_0 t$	$\dfrac{1}{2}\big[F(s-\mathrm{j}\omega_0)+F(s+\mathrm{j}\omega_0)\big]$
		$f(t)\sin\omega_0 t$	$\dfrac{1}{2\mathrm{j}}\big[F(s-\mathrm{j}\omega_0)-F(s+\mathrm{j}\omega_0)\big]$

五、常用时间函数的拉普拉斯变换表

利用式(5-1-1)和拉普拉斯变换的性质,可以求出和导出一些常用时间函数 $f(t)U(t)$ 的拉普拉斯变换式,如表 5-1-2 中所列。利用此表可以方便地查出待求的像函数 $F(s)$ 或原函数 $f(t)$。

表 5-1-2　拉普拉斯变换表

序　号	$f(t)U(t)$	$F(s)$
1	$\delta(t)$	1
2	$\delta^{(n)}(t)$	s^n
3	$U(t)$	$\dfrac{1}{s}$
4	t	$\dfrac{1}{s^2}$
5	t^n（n 为正整数）	$\dfrac{n!}{s^{n+1}}$
6	e^{-at}	$\dfrac{1}{s+\alpha}$
7	$t\mathrm{e}^{-at}$	$\dfrac{1}{(s+\alpha)^2}$

续　表

序　号	$f(t)U(t)$	$F(s)$
8	$t^n e^{-\alpha t}$（n 为正整数）	$\dfrac{n!}{(s+\alpha)^{n+1}}$
9	$e^{-j\omega_0 t}$	$\dfrac{1}{s+j\omega_0}$
10	$\sin\omega_0 t$	$\dfrac{\omega_0}{s^2+\omega_0^2}$
11	$\cos\omega_0 t$	$\dfrac{s}{s^2+\omega_0^2}$
12	$e^{-\alpha t}\sin\omega_0 t$	$\dfrac{\omega_0}{(s+\alpha)^2+\omega_0^2}$
13	$e^{-\alpha t}\cos\omega_0 t$	$\dfrac{s+\alpha}{(s+\alpha)^2+\omega_0^2}$
14	$t\sin\omega_0 t$	$\dfrac{2\omega_0 s}{(s^2+\omega_0^2)^2}$
15	$t\cos\omega_0 t$	$\dfrac{s^2-\omega_0^2}{(s^2+\omega_0^2)^2}$
16	$\sinh\omega_0 t$	$\dfrac{\omega_0}{s^2-\omega_0^2}$
17	$\cosh\omega_0 t$	$\dfrac{s}{s^2-\omega_0^2}$
18	$\displaystyle\sum_{n=0}^{\infty}\delta(t-nT)$	$\dfrac{1}{1-e^{-sT}}$
19	$\displaystyle\sum_{n=0}^{\infty}f_1(t-nT)$	$\dfrac{F_1(s)}{1-e^{-sT}}$
20	$\displaystyle\sum_{n=0}^{\infty}[U(t-nT)-U(t-nT-\tau)], T>\tau$	$\dfrac{1-e^{-s\tau}}{s(1-e^{-sT})}$

例 5 - 1 - 2　求 $f(t)=(2+3e^{-4t}+3te^{-5t})U(t)-6e^{-(t-2)}U(t-2)$ 的 $F(s)$。

解　$F(s)=\dfrac{2}{s}+\dfrac{3}{s+4}+\dfrac{3}{(s+5)^2}-\dfrac{6}{s+2}e^{-2s}$

例 5 - 1 - 3　已知 $f(t)$ 的波形如图 5 - 1 - 3(a),(b) 所示,求 $F(s)$。

解　(a)　$f(t)=t[U(t)-U(t-2)]+2[U(t-2)-U(t-4)]=$

$\qquad\qquad tU(t)-tU(t-2)+2U(t-2)-2U(t-4)=$

$\qquad\qquad tU(t)-(t-2)U(t-2)-2U(t-4)$

故得

$$F(s)=\dfrac{1}{s^2}-\dfrac{1}{s^2}e^{-2s}-\dfrac{2}{s}e^{-4s}$$

（b）$\qquad f(t) = \mathrm{e}^{-t}[U(t) - U(t-2)] = \mathrm{e}^{-t}U(t) - \mathrm{e}^{-t}U(t-2) =$
$$\mathrm{e}^{-t}U(t) - \mathrm{e}^{-2}\mathrm{e}^{-(t-2)}U(t-2)$$

故得

$$F(s) = \frac{1}{s+1} - \mathrm{e}^{-2}\frac{1}{s+1}\mathrm{e}^{-2s}$$

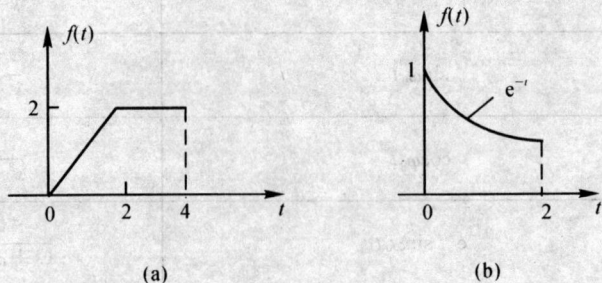

(a)　　　　　　　　(b)

图　5-1-3

例 5-1-4　已知 $f(t)$ 的波形如图 5-1-4 所示,求 $F(s)$。

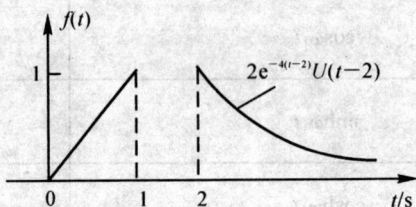

图　5-1-4

解　$\qquad f(t) = t[U(t) - U(t-1) + 2\mathrm{e}^{-4(t-2)}U(t-2)] =$
$$tU(t) - tU(t-1) + 2\mathrm{e}^{-4(t-2)}U(t-2) =$$
$$tU(t) - (t-1)U(t-1) - U(t-1) + 2\mathrm{e}^{-4(t-2)}U(t-2)$$

故　$\qquad F(s) = \frac{1}{s^2} - \frac{1}{s^2}\mathrm{e}^{-s} - \frac{1}{s}\mathrm{e}^{-s} + \frac{2}{s+4}\mathrm{e}^{-2s}$

六、拉普拉斯反变换

从已知的像函数 $F(s)$ 求与之对应的原函数 $f(t)$,称为拉普拉斯反变换。通常有两种方法。

1. 部分分式法

由于工程实际中系统响应的像函数 $F(s)$ 通常都是复变量 s 的两个有理多项式之比,亦即是 s 的一个有理分式,即

$$F(s) = \frac{N(s)}{D(s)} = \frac{b_m s^m + b_{m-1}s^{m-1} + \cdots + b_1 s + b_0}{s^n + a_{n-1}s^{n-1} + \cdots + a_1 s + a_0} \qquad (5-1-4)$$

式中,$a_0, a_1, \cdots, a_n$ 和 $b_0, b_1, \cdots, b_m$ 等均为实系数;m 和 n 均为正整数,故可将像函数 $F(s)$ 展开成部分分式,然后再查拉普拉斯变换表来求得对应的原函数 $f(t)$。

欲将 $F(s)$ 展开成部分分式,首先应将式(5-1-4)化成真分式。即当 $m \geqslant n$ 时,应先用除法将 $F(s)$ 表示成一个 s 的多项式与一个余式 $\dfrac{N_0(s)}{D(s)}$ 之和,即 $F(s) = \dfrac{N(s)}{D(s)} = B_{m-n}s^{m-n} + \cdots + B_1 s + B_0 + \dfrac{N_0(s)}{D(s)}$,这样余式 $\dfrac{N_0(s)}{D(s)}$ 已为一真分式。对应于多项式 $Q(s) = B_{m-n}s^{m-n} + \cdots + B_1 s + B_0$ 各项的时间函数,是冲激函数的各阶导数与冲激函数本身。所以,在下面的分析中,均按 $F(s) = \dfrac{N(s)}{D(s)}$ 已是真分式的情况讨论。分两种情况研究:

(1) 分母多项式 $D(s) = s^n + a_{n-1}s^{n-1} + \cdots + a_1 s + a_0 = 0$ 的根为 n 个单根 $p_1, p_2, \cdots, p_i, \cdots, p_n$。由于 $D(s) = 0$ 时即有 $F(s) \to \infty$,故称 $D(s) = 0$ 的根 $p_i (i = 1, 2, \cdots, n)$ 为 $F(s)$ 的极点。此时可将 $F(s)$ 进行因式分解,而将式(5-1-4)写成如下的形式,并展开成部分分式,即

$$F(s) = \frac{N(s)}{D(s)} = \frac{b_m s^m + b_{m-1}s^{m-1} + \cdots + b_1 s + b_0}{(s - p_1)(s - p_2) \cdots (s - p_i) \cdots (s - p_n)} =$$

$$\frac{K_1}{s - p_1} + \frac{K_2}{s - p_2} + \cdots + \frac{K_i}{s - p_i} + \cdots + \frac{K_n}{s - p_n} \qquad (5-1-5)$$

式中 $K_i (i = 1, 2, \cdots, n)$ 为待定系数。可见,只要将待定系数 K_i 求出,则 $F(s)$ 的原函数 $f(t)$ 即可通过查表 5-1-2 中序号 6 的公式而求得为

$$f(t) = K_1 \mathrm{e}^{p_1 t} + K_2 \mathrm{e}^{p_2 t} + \cdots + K_i \mathrm{e}^{p_i t} + \cdots + K_n \mathrm{e}^{p_n t} = \sum_{i=1}^{n} K_i \mathrm{e}^{p_i t} U(t) \quad (i = 1, 2, \cdots, n)$$

待定系数 K_i 按下式求得,即

$$K_i = \frac{N(s)}{D(s)}(s - p_i) \Big|_{s = p_i} \qquad (5-1-6)$$

下面对式(5-1-6)加以推证。给式(5-1-5)等号两端各项同乘以 $(s - p_i)$,即有

$$\frac{N(s)}{D(s)}(s - p_i) = \frac{K_1}{s - p_1}(s - p_i) + \frac{K_2}{s - p_2}(s - p_i) + \cdots + K_i + \cdots + \frac{K_n}{s - p_n}(s - p_i)$$

再取 $s = p_i$,此时等号右端除了第 K_i 项存在外,其余的项全为零了,故得

$$K_i = \frac{N(s)}{D(s)}(s - p_i) \Big|_{s = p_i} \qquad \text{(证毕)}$$

例 5-1-5 求像函数 $F(s) = \dfrac{s^2 + s + 2}{s^3 + 3s^2 + 2s}$ 的原函数 $f(t)$。

解 $D(s) = s^3 + 3s^2 + 2s = s(s+1)(s+2) = 0$ 的根(即 $F(s)$ 的极点)为 $p_1 = 0$, $p_2 = -1$, $p_3 = -2$。这是单实根的情况,故 $F(s)$ 的部分分式为

$$F(s) = \frac{s^2 + s + 2}{s(s+1)(s+2)} = \frac{K_1}{s+0} + \frac{K_2}{s+1} + \frac{K_3}{s+2} \qquad (5-1-7)$$

式中

$$K_1 = \frac{s^2 + s + 2}{s(s+1)(s+2)}(s+0) \Big|_{s=0} = 1$$

$$K_2 = \frac{s^2 + s + 2}{s(s+1)(s+2)}(s+1) \Big|_{s=-1} = -2$$

$$K_3 = \frac{s^2 + s + 2}{s(s+1)(s+2)}(s+2) \Big|_{s=-2} = 2$$

代入式(5 - 1 - 7)有

$$F(s) = \frac{1}{s} - \frac{2}{s+1} + \frac{2}{s+2}$$

故查表 5 - 1 - 2 中序号 3,6 得

$$f(t) = U(t) - 2e^{-t}U(t) + 2e^{-2t}U(t) = (1 - 2e^{-t} + 2e^{-2t})U(t)$$

例 5 - 1 - 6 求像函数 $F(s) = \dfrac{2s^2 + 6s + 6}{(s+2)(s^2 + 2s + 2)}$ 的原函数 $f(t)$。

解 $D(s) = (s+2)(s+1+\mathrm{j}1)(s+1-\mathrm{j}1) = 0$ 的根(即 $F(s)$ 的极点)为 $p_1 = -2$, $p_2 = -1 - \mathrm{j}1$, $p_3 = -1 + \mathrm{j}1 = \overset{*}{p_2}$。这是有单复数根的情况。单复数根一定是共轭成对出现,故 $F(s)$ 的部分分式为

$$F(s) = \frac{2s^2 + 6s + 6}{(s+2)(s+1+\mathrm{j}1)(s+1-\mathrm{j}1)} = \frac{K_1}{s+2} + \frac{K_2}{s+1+\mathrm{j}1} + \frac{K_3}{s+1-\mathrm{j}1}$$

$$(5 - 1 - 8)$$

式中

$$K_1 = \left. \frac{2s^2 + 6s + 6}{(s+2)(s+1+\mathrm{j}1)(s+1-\mathrm{j}1)}(s+2) \right|_{s=-2} = 1$$

$$K_2 = \left. \frac{2s^2 + 6s + 6}{(s+2)(s+1+\mathrm{j}1)(s+1-\mathrm{j}1)}(s+1+\mathrm{j}1) \right|_{s=-1-\mathrm{j}1} = \frac{1}{2} + \mathrm{j}\frac{1}{2} = \frac{1}{\sqrt{2}}e^{\mathrm{j}45°}$$

$$K_3 = \left. \frac{2s^2 + 6s + 6}{(s+2)(s+1+\mathrm{j}1)(s+1-\mathrm{j}1)}(s+1-\mathrm{j}1) \right|_{s=-1+\mathrm{j}1} = \frac{1}{2} - \mathrm{j}\frac{1}{2} = \frac{1}{\sqrt{2}}e^{-\mathrm{j}45°} = \overset{*}{K_2}$$

可见 K_3 与 K_2 也是互为共轭的,故当 K_2 求得时,K_3 即可根据共轭关系直接写出,而无须再详细求解。代入式(5 - 1 - 8)有

$$F(s) = \frac{1}{s+2} + \frac{1}{\sqrt{2}}e^{\mathrm{j}45°}\frac{1}{s+1+\mathrm{j}1} + \frac{1}{\sqrt{2}}e^{-\mathrm{j}45°}\frac{1}{s+1-\mathrm{j}1}$$

故查表 5 - 1 - 2 中序号 6 得

$$f(t) = e^{-2t}U(t) + \frac{1}{\sqrt{2}}e^{\mathrm{j}45°}e^{-(1+\mathrm{j}1)t}U(t) + \frac{1}{\sqrt{2}}e^{-\mathrm{j}45°}e^{-(1-\mathrm{j}1)t}U(t) =$$

$$\left\{ e^{-2t} + \frac{1}{\sqrt{2}}e^{-t}\left[e^{\mathrm{j}(t-45°)} + e^{-\mathrm{j}(t-45°)} \right] \right\}U(t) =$$

$$\left\{ e^{-2t} + \sqrt{2}e^{-t}\cos(t - 45°) \right\}U(t)$$

例 5 - 1 - 7 求像函数 $F(s) = \dfrac{s}{s^2 + 4}$ 的原函数 $f(t)$。

解 $D(s) = s^2 + 4 = (s+\mathrm{j}2)(s-\mathrm{j}2) = 0$ 的根(即 $F(s)$ 的极点)为 $p_1 = -\mathrm{j}2$, $p_2 = \mathrm{j}2 = \overset{*}{p_1}$。这是单虚根情况,故 $F(s)$ 的部分分式为

$$F(s) = \frac{s}{(s+\mathrm{j}2)(s-\mathrm{j}2)} = \frac{K_1}{s+\mathrm{j}2} + \frac{K_2}{s-\mathrm{j}2}$$

$$(5 - 1 - 9)$$

式中

$$K_1 = \left. \frac{s}{(s+\mathrm{j}2)(s-\mathrm{j}2)}(s+\mathrm{j}2) \right|_{s=-\mathrm{j}2} = \frac{1}{2}$$

$$K_2 = \left. \frac{s}{(s+\mathrm{j}2)(s-\mathrm{j}2)}(s-\mathrm{j}2) \right|_{s=\mathrm{j}2} = \frac{1}{2} = \overset{*}{K_1}$$

代入式(5-1-9)有

$$F(s) = \frac{1}{2} \frac{1}{s+\mathrm{j}2} + \frac{1}{2} \frac{1}{s-\mathrm{j}2}$$

故查表 5-1-2 中序号 6 得

$$f(t) = \frac{1}{2}\mathrm{e}^{-\mathrm{j}2t}U(t) + \frac{1}{2}\mathrm{e}^{\mathrm{j}2t}U(t) = \cos 2t U(t)$$

例 5-1-8 求 $F(s) = \dfrac{s^3 + 5s^2 + 9s + 7}{s^2 + 3s + 2}$ 的原函数 $f(t)$。

解 因 $F(s)$ 是假分式($m = 3 > n = 2$),故应先化为真分式,然后再展开成部分分式。
$D(s) = s^2 + 3s + 2 = (s+1)(s+2) = 0$ 的根为 $p_1 = -1, p_2 = -2$,故有

$$F(s) = s + 2 + \frac{s+3}{(s+1)(s+2)} = s + 2 + \frac{2}{s+1} - \frac{1}{s+2}$$

故查表 5-1-2 中序号 1,2,6 得

$$f(t) = \delta'(t) + 2\delta(t) + (2\mathrm{e}^{-t} - \mathrm{e}^{-2t})U(t)$$

例 5-1-9 求 $F(s) = \dfrac{1 - \mathrm{e}^{-2s}}{s^2 + 7s + 12}$ 的原函数 $f(t)$。

解 $$F(s) = \frac{1}{s^2 + 7s + 12} - \frac{1}{s^2 + 7s + 12}\mathrm{e}^{-2s} = F_0(s) - F_0(s)\mathrm{e}^{-2s}$$

式中

$$F_0(s) = \frac{1}{s^2 + 7s + 12} = \frac{1}{(s+3)(s+4)} = \frac{1}{s+3} - \frac{1}{s+4}$$

故

$$f_0(t) = \mathscr{L}^{-1}[F_0(s)] = (\mathrm{e}^{-3t} - \mathrm{e}^{-4t})U(t)$$

故根据拉普拉斯变换的时移性(表 5-1-1 中的序号 6)得

$$f(t) = \mathscr{L}^{-1}[F(s)] = f_0(t) - f_0(t-2) =$$
$$(\mathrm{e}^{-3t} - \mathrm{e}^{-4t})U(t) - [\mathrm{e}^{-3(t-2)} - \mathrm{e}^{-4(t-2)}]U(t-2)$$

(2) $D(s) = s^n + a_{n-1}s^{n-1} + \cdots + a_1 s + a_0 = 0$ 的根(即 $F(s)$ 的极点)含有重根,例如含有一个三重根 p_1 和一个单根 p_2,则部分分式的展开形式应为

$$F(s) = \frac{N(s)}{D(s)} = \frac{N(s)}{(s-p_1)^3(s-p_2)} = \frac{K_{11}}{(s-p_1)^3} + \frac{K_{12}}{(s-p_1)^2} + \frac{K_{13}}{s-p_1} + \frac{K_2}{s-p_2}$$

$$(5-1-10)$$

可见,只要求得了各待定系数,则 $F(s)$ 的原函数 $f(t)$,即可通过查表 5-1-2 中序号 6,7,8 的公式而求得。

下面研究 $K_{11}, K_{12}, K_{13}, K_2$ 的求法。为了求得 K_{11},可给上式等号两端同乘以 $(s-p_1)^3$,即

$$\frac{N(s)}{D(s)}(s-p_1)^3 = K_{11} + K_{12}(s-p_1) + K_{13}(s-p_1)^2 + (s-p_1)^3 \frac{K_2}{s-p_2}$$

$$(5-1-11)$$

由于式(5-1-11)为恒等式,故可令 $s = p_1$,故式(5-1-11)中等号右端除了 K_{11} 项外,其余项均为零了,于是即得求 K_{11} 的公式为

$$K_{11} = \frac{N(s)}{D(s)}(s-p_1)^3 \bigg|_{s=p_1}$$

为了求得 K_{12}，可将式(5-1-11)对 s 求一阶导数，即

$$\frac{\mathrm{d}}{\mathrm{d}s}\left[\frac{N(s)}{D(s)}(s-p_1)^3\right] = 0 + K_{12} + 2K_{13}(s-p_1) + \frac{\mathrm{d}}{\mathrm{d}s}\left[(s-p_1)^3\frac{K_2}{s-p_2}\right]$$

$$(5-1-12)$$

由于式(5-1-12)也为恒等式，故可令 $s=p_1$，故式(5-1-12)中等号右端除了 K_{12} 项外，其余项全为零了，于是即得求 K_{12} 的公式为

$$K_{12} = \frac{\mathrm{d}}{\mathrm{d}s}\left[\frac{N(s)}{D(s)}(s-p_1)^3\right]\bigg|_{s=p_1}$$

为了求得 K_{13}，可将式(5-1-11)对 s 求二阶导数[亦即对式(5-1-12)求一阶导数]，即

$$\frac{\mathrm{d}^2}{\mathrm{d}s^2}\left[\frac{N(s)}{D(s)}(s-p_1)^3\right] = 0 + 0 + 2K_{13} + \frac{\mathrm{d}^2}{\mathrm{d}s^2}\left[(s-p_1)^3\frac{K_2}{s-p_2}\right]$$

由于上式仍为恒等式，故可令 $s=p_1$，于是即得求 K_{13} 的公式为

$$K_{13} = \frac{1}{2!}\frac{\mathrm{d}^2}{\mathrm{d}s^2}\left[\frac{N(s)}{D(s)}(s-p_1)^3\right]\bigg|_{s=p_1}$$

推广之，当 $D(s)=0$ 的根含有 m 阶重根 p_1 时，则待定系 K_{1m} 即如下求得，即

$$K_{1m} = \frac{1}{(m-1)!}\frac{\mathrm{d}^{(m-1)}}{\mathrm{d}s^{(m-1)}}\left[\frac{N(s)}{D(s)}(s-p_1)^m\right]\bigg|_{s=p_1} \qquad (5-1-13)$$

至于系数 K_2 的求法仍与前面的(1)全同，即

$$K_2 = \frac{N(s)}{D(s)}(s-p_2)\bigg|_{s=p_2}$$

例 5-1-10 求 $F(s) = \dfrac{s+2}{(s+1)^2(s+3)s}$ 的原函数 $f(t)$。

解 $D(s) = (s+1)^2(s+3)s = 0$ 的根($F(s)$ 的极点)为 $p_1 = -1$(二重根)，$p_2 = -3$，$p_3 = 0$。故 $F(s)$ 的部分分式为

$$F(s) = \frac{K_{11}}{(s+1)^2} + \frac{K_{12}}{s+1} + \frac{K_2}{s+3} + \frac{K_3}{s} \qquad (5-1-14)$$

式中

$$K_{11} = \frac{s+2}{(s+1)^2(s+3)s}(s+1)^2\bigg|_{s=-1} = -\frac{1}{2}$$

$$K_{12} = \frac{\mathrm{d}}{\mathrm{d}s}\left[\frac{s+2}{(s+1)^2(s+3)s}(s+1)^2\right]\bigg|_{s=-1} = -\frac{3}{4}$$

$$K_2 = \frac{s+2}{(s+1)^2(s+3)s}(s+3)\bigg|_{s=-3} = \frac{1}{12}$$

$$K_3 = \frac{s+2}{(s+1)^2(s+3)s}(s+0)\bigg|_{s=0} = \frac{2}{3}$$

代入式(5-1-14)有

$$F(s) = -\frac{1}{2}\frac{1}{(s+1)^2} - \frac{3}{4}\frac{1}{s+1} + \frac{1}{12}\frac{1}{s+3} + \frac{2}{3}\frac{1}{s}$$

故查表 5-1-2 中序号 6,8 得

$$f(t) = \left(-\frac{1}{2}t\mathrm{e}^{-t} - \frac{3}{4}\mathrm{e}^{-t} + \frac{1}{12}\mathrm{e}^{-3t} + \frac{2}{3}\right)U(t)$$

例 5 - 1 - 11　求 $F(s) = \dfrac{\dfrac{1}{3}}{s^2(s^2 + 4)}$ 的原函数 $f(t)$。

解　$D(s) = s^2(s + \mathrm{j}2)(s - \mathrm{j}2) = 0$ 的根为 $p_1 = 0$(二重根)，$p_2 = -\mathrm{j}2$，$p_3 = \mathrm{j}2 = \overset{*}{p}_2$。故 $F(s)$ 的部分分式为

$$F(s) = \frac{K_{11}}{s^2} + \frac{K_{12}}{s} + \frac{K_2}{s + \mathrm{j}2} + \frac{K_3}{s - \mathrm{j}2} \qquad (5 - 1 - 15)$$

式中

$$K_{11} = \frac{\dfrac{1}{3}}{s^2(s^2 + 4)} s^2 \bigg|_{s=0} = \frac{1}{12}$$

$$K_{12} = \frac{\mathrm{d}}{\mathrm{d}s} \left[\frac{\dfrac{1}{3}}{s^2(s^2 + 4)} s^2 \right] \bigg|_{s=0} = 0$$

$$K_2 = \frac{\dfrac{1}{3}}{s^2(s + \mathrm{j}2)(s - \mathrm{j}2)} (s + \mathrm{j}2) \bigg|_{s=-\mathrm{j}2} = \frac{1}{\mathrm{j}48} = \frac{1}{48} \mathrm{e}^{-\mathrm{j}90°}$$

$$K_3 = \overset{*}{K}_2 = \frac{1}{48} \mathrm{e}^{\mathrm{j}90°}$$

代入式(5 - 1 - 15)有

$$F(s) = \frac{1}{12} \frac{1}{s^2} + \frac{0}{s} + \frac{1}{48} \mathrm{e}^{-\mathrm{j}90°} \frac{1}{s + \mathrm{j}2} + \frac{1}{48} \mathrm{e}^{\mathrm{j}90°} \frac{1}{s - \mathrm{j}2}$$

故查表 5 - 1 - 2 中序号 4,6,7 得

$$f(t) = \left(\frac{1}{12} t + \frac{1}{48} \mathrm{e}^{-\mathrm{j}90°} \mathrm{e}^{-\mathrm{j}2t} + \frac{1}{48} \mathrm{e}^{\mathrm{j}90°} \mathrm{e}^{\mathrm{j}2t} \right) U(t) =$$

$$\frac{1}{12} \left[t + \frac{1}{2} \cos(2t + 90°) \right] U(t)$$

＊2. 留数法

根据式(5 - 1 - 2)知，拉普拉斯的反变换式为

$$f(t) = \frac{1}{2\pi\mathrm{j}} \int_{\sigma-\mathrm{j}\infty}^{\sigma+\mathrm{j}\infty} F(s) \mathrm{e}^{st} \mathrm{d}s \qquad t \geqslant 0$$

这是一个复变函数的线积分，其积分路径是 s 平面内平行于 $\mathrm{j}\omega$ 轴的 $\sigma = C_1$ 的直线 AB(亦即直线 AB 必须在收敛轴 σ_0 以右)，如图 5 - 1 - 5 所示。直接求这个积分是困难的，但从复变函数理论知，可将求此线积分的问题，转化为求 $F(s)$ 的全部极点在一个闭合回线内部的全部留数的代数和。这种方法称为留数法，也称围线积分法。闭合回线确定的原则是，必须把 $F(s)$ 的全部极点都包围在此闭合回线的内部。因此，从普遍性考虑，此闭合回线应是由直线 AB 与直线 AB 左侧半径 $R \to \infty$ 的圆 C_R 所组成，如图 5 - 1 - 5 所示。这样，求拉普拉斯反变换的运算，就转化为求被积函数 $F(s)\mathrm{e}^{st}$ 在 $F(s)$ 全部极点上留数的代数和，即

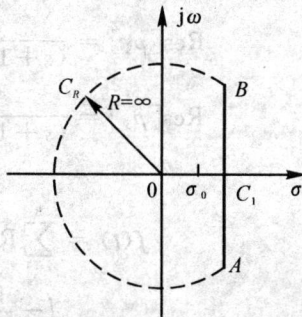

图 5 - 1 - 5　$F(s)$ 的回线积分路径

$$f(t) = \frac{1}{2\pi j} \int_{\sigma - j\infty}^{\sigma + j\infty} F(s) \mathrm{e}^{st} \mathrm{d}s = \frac{1}{2\pi j} \int_{AB} F(s) \mathrm{e}^{st} \mathrm{d}s + \frac{1}{2\pi j} \int_{C_R} F(s) \mathrm{e}^{st} \mathrm{d}s =$$

$$\frac{1}{2\pi j} \oint_{AB + C_R} F(s) \mathrm{e}^{st} \mathrm{d}s = \sum_{i=1}^{n} \mathrm{Res}[p_i]$$

式中

$$\int_{AB} F(s) \mathrm{e}^{st} \mathrm{d}s = \int_{\sigma - j\infty}^{\sigma + j\infty} F(s) \mathrm{e}^{st} \mathrm{d}s$$

$$\int_{C_R} F(s) \mathrm{e}^{st} \mathrm{d}s = 0$$

$p_i (i = 1, 2, \cdots, n)$ 为 $F(s)$ 的极点,亦即 $D(s) = 0$ 的根;$\mathrm{Res}[p_i]$ 为极点 p_i 的留数。

以下分两种情况介绍留数的具体求法。

(1) 若 p_i 为 $D(s) = 0$ 的单根[即为 $F(s)$ 的一阶极点],则其留数为

$$\mathrm{Res}[p_i] = F(s) \mathrm{e}^{st} (s - p_i) \big|_{s = p_i} \qquad (5-1-16)$$

(2) 若 p_i 为 $D(s) = 0$ 的 m 阶重根[即为 $F(s)$ 的 m 阶极点],则其留数为

$$\mathrm{Res}[p_i] = \frac{1}{(m-1)!} \frac{\mathrm{d}^{(m-1)}}{\mathrm{d}s^{(m-1)}} \big[F(s) \mathrm{e}^{st} (s - p_i)^m \big] \Big|_{s = p_i} \qquad (5-1-17)$$

将式(5-1-16)和(5-1-17)分别与式(5-1-6)和(5-1-13)相比较,可看出部分分式的系数与留数的差别与一致,它们在形式上有差别,但在本质上是一致的。

与部分分式相比,留数法的优点:不仅能处理有理函数,也能处理无理函数;若 $F(s)$ 有重阶极点,此时用留数法求拉普拉斯反变换要略为简便些。

例 5-1-12　用留数法求 $F(s) = \dfrac{s+2}{(s+1)^2(s+3)s}$ 的原函数 $f(t)$。

解　$D(s) = (s+1)^2(s+3)s = 0$ 的根为 $p_1 = -1$(二重根,即二阶极点),$p_2 = -3$,$p_3 = 0$。故根据式(5-1-16)和(5-1-17)可求得各极点上的留数为

$$\mathrm{Res}[p_1] = \frac{1}{(2-1)!} \frac{\mathrm{d}^{2-1}}{\mathrm{d}s^{2-1}} \Big[\frac{s+2}{(s+1)^2(s+3)s} \mathrm{e}^{st} (s+1)^2 \Big] \Big|_{s=-1} =$$

$$\frac{\mathrm{d}}{\mathrm{d}s} \Big[\frac{s+2}{(s+3)s} \mathrm{e}^{st} \Big] \Big|_{s=-1} =$$

$$\frac{s+2}{(s+3)s} t \mathrm{e}^{st} \Big|_{s=-1} + \frac{s(s+3) - (s+2)(2s+3)}{s^2(s+3)^2} \mathrm{e}^{st} \Big|_{s=-1} =$$

$$-\frac{1}{2} t \mathrm{e}^{-t} - \frac{3}{4} \mathrm{e}^{-t}$$

$$\mathrm{Res}[p_2] = \frac{s+2}{(s+1)^2(s+3)s} \mathrm{e}^{st} (s+3) \Big|_{s=-3} = \frac{1}{12} \mathrm{e}^{-3t}$$

$$\mathrm{Res}[p_3] = \frac{s+2}{(s+1)^2(s+3)s} \mathrm{e}^{st} (s+0) \Big|_{s=0} = \frac{2}{3}$$

故得

$$f(t) = \sum_{i=1}^{3} \mathrm{Res}[p_i] = \mathrm{Res}[p_1] + \mathrm{Res}[p_2] + \mathrm{Res}[p_3] =$$

$$\Big(-\frac{1}{2} t \mathrm{e}^{-t} - \frac{3}{4} \mathrm{e}^{-t} + \frac{1}{12} \mathrm{e}^{-3t} + \frac{2}{3} \Big) U(t)$$

与例 5-1-10 的结果全同,但计算过程要比例 5-1-10 中的计算稍简便些。

5.2 电路基尔霍夫定律的 s 域形式

一、KCL 的 s 域形式

从电路理论中我们已经知道,对于电路中的任一个节点 A,其时域形式的 KCL 方程为

$$\sum_{k=1}^{n} i_k(t) = 0 \qquad k \in \mathbf{Z}^+$$

式中 n 为连接在节点 A 上的支路数。对上式进行拉普拉斯变换,得

$$\mathscr{L}\left[\sum_{k=1}^{n} i_k(t)\right] = \mathscr{L}[0]$$

即

$$\sum_{k=1}^{n} \mathscr{L}[i_k(t)] = 0$$

故

$$\sum_{k=1}^{n} I_k(s) = 0$$

式中 $I_k(s) = \mathscr{L}[i_k(t)]$,为支路电流 $i_k(t)$ 的像函数。上式即为 KCL 的 s 域形式。它说明集中于电路中任一节点 A 上的所有支路电流像函数的代数和等于零。

二、KVL 的 s 域形式

对于电路中的任一回路,其时域形式的 KVL 方程为

$$\sum_{k=1}^{n} u_k(t) = 0 \qquad k \in \mathbf{Z}^+$$

式中 n 为回路中所含支路的个数。对上式进行拉普拉斯变换得

$$\sum_{k=1}^{n} U_k(s) = 0$$

式中 $U_k(s) = \mathscr{L}[u_k(t)]$,为支路电压 $u_k(t)$ 的像函数。上式即为 KVL 的 s 域形式。它说明任一回路中所有支路电压像函数的代数和等于零。

5.3 电路元件伏安关系的 s 域形式

电路中的无源元件有电阻 R,电容 C,电感 L,耦合电感元件,理想变压器。

一、电阻元件

电阻元件的时域电路模型如图 $5-3-1(a)$ 所示,其时域伏安关系为

$$u(t) = Ri(t)$$

或

$$i(t) = \frac{1}{R}u(t) = Gu(t)$$

对上两式求拉普拉斯变换,即得其 s 域的伏安关系为

$$U(s) = RI(s)$$

或

$$I(s) = GU(s)$$

式中 $U(s) = \mathscr{L}[u(t)]$，$I(s) = \mathscr{L}[i(t)]$。其 s 域电路模型如图 $5-3-1$(b) 所示。

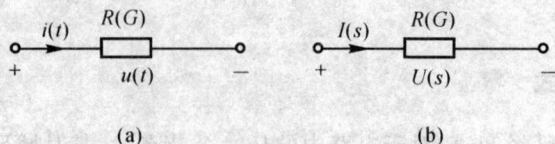

图 $5-3-1$　电阻元件的 s 域电路模型
(a) 时域电路；　(b) s 域电路

二、电容元件

电容元件的时域电路模型如图 $5-3-2$(a) 所示,其时域伏安关系为

$$i(t) = C \frac{\mathrm{d}u(t)}{\mathrm{d}t}$$

或

$$u(t) = u(0^-) + \frac{1}{C}\int_{0^-}^{t} i(\tau)\mathrm{d}\tau$$

式中 $u(0^-)$ 为 $t = 0^-$ 时刻电容 C 上的初始电压。对上两式求拉普拉斯变换,并根据拉普拉斯变换的微分性质与积分性质,即得其 s 域伏安关系为

$$I(s) = CsU(s) - Cu(0^-) = \frac{U(s)}{\dfrac{1}{Cs}} - Cu(0^-)$$

或

$$U(s) = \frac{1}{s}u(0^-) + \frac{1}{Cs}I(s)$$

式中,$I(s) = \mathscr{L}[i(t)]$,$U(s) = \mathscr{L}[u(t)]$;$\dfrac{1}{Cs}$ 称为电容 C 的 s 域容抗,其倒数 Cs 称为电容 C 的 s 域容纳;$\dfrac{1}{s}u(0^-)$ 为电容元件初始电压 $u(0^-)$ 的像函数,可等效表示为附加的独立电压源;$Cu(0^-)$ 可等效表示为附加的独立电流源。$\dfrac{1}{s}u(0^-)$ 和 $Cu(0^-)$ 均称为电容 C 的内激励。根据上两式即可画出电容元件的 s 域电路模型,分别如图 $5-3-2$(b),(c) 所示,前者为并联电路模型,后者为串联电路模型。

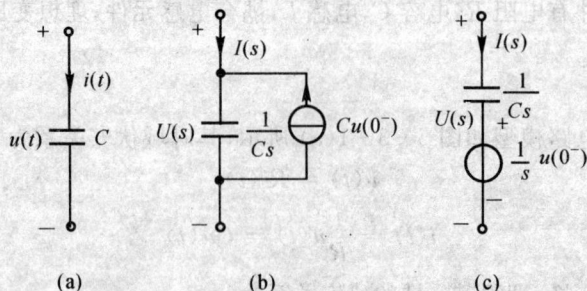

图 $5-3-2$　电容元件的 s 域电路模型

三、电感元件

电感元件的时域电路模型如图 5-3-3(a) 所示,其时域伏安关系为

$$u(t) = L \frac{\mathrm{d}i(t)}{\mathrm{d}t}$$

或

$$i(t) = i(0^-) + \frac{1}{L} \int_{0^-}^{t} u(\tau) \mathrm{d}\tau$$

其中 $i(0^-)$ 为 $t = 0^-$ 时刻电感 L 中的初始电流。对上两式求拉普拉斯变换,并根据拉普拉斯变换的微分性质与积分性质,即得其 s 域伏安关系为

$$U(s) = LsI(s) - Li(0^-)$$

或

$$I(s) = \frac{1}{s} i(0^-) + \frac{1}{Ls} U(s)$$

式中,$U(s) = \mathscr{L}[u(t)]$, $I(s) = \mathscr{L}[i(t)]$;Ls 称为电感 L 的 s 域感抗,其倒数 $\frac{1}{Ls}$ 称为电感 L 的 s 域感纳;$\frac{1}{s} i(0^-)$ 为电感元件初始电流 $i(0^-)$ 的像函数,可等效表示为附加的独立电流源;$Li(0^-)$ 可等效表示为附加的独立电压源。$\frac{1}{s} i(0^-)$ 和 $Li(0^-)$ 均称为电感 L 的内激励。根据上两式即可画出电感元件的 s 域电路模型,分别如图 5-3-3(b),(c) 所示,前者为串联电路模型,后者为并联电路模型。

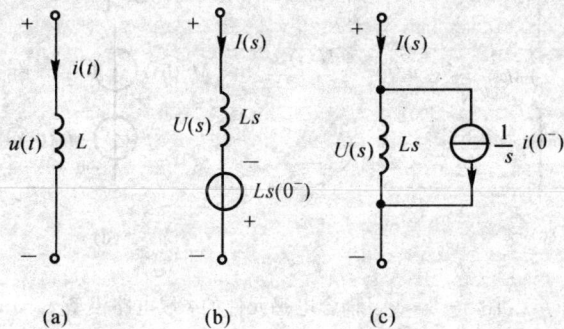

图 5-3-3 电感元件的 s 域电路模型

*四、耦合电感元件

耦合电感元件的时域电路模型如图 5-3-4(a) 所示,其时域伏安关系为

$$u_1(t) = L_1 \frac{\mathrm{d}i_1(t)}{\mathrm{d}t} + M \frac{\mathrm{d}i_2(t)}{\mathrm{d}t}$$

$$u_2(t) = M \frac{\mathrm{d}i_1(t)}{\mathrm{d}t} + L_2 \frac{\mathrm{d}i_2(t)}{\mathrm{d}t}$$

对上两式求拉普拉斯变换,并根据拉普拉斯变换的微分性质,即得其 s 域伏安关系为

$$U_1(s) = L_1 s I_1(s) - L_1 i_1(0^-) + M s I_2(s) - M i_2(0^-)$$

$$U_2(s) = M s I_1(s) - M i_1(0^-) + L_2 s I_2(s) - L_2 i_2(0^-)$$

式中，$U_1(s) = \mathscr{L}[u_1(t)]$，$U_2(s) = \mathscr{L}[u_2(t)]$，$I_1(s) = \mathscr{L}[i_1(t)]$，$I_2(s) = \mathscr{L}[i_2(t)]$；$i_1(0^-)$，$i_2(0^-)$ 分别为电感 L_1,L_2 中的初始电流；Ms 称为耦合电感元件的 s 域互感抗；$L_1i_1(0^-)$，$L_2i_2(0^-)$，$Mi_1(0^-)$，$Mi_2(0^-)$ 均可等效表示为附加的独立电压源，均为耦合电感元件的内激励。根据上两式即可画出耦合电感元件的 s 域电路模型，如图 5-3-4(b) 所示。

若将图 5-3-4(a) 所示耦合电感的去耦等效电路画出，则如图 5-3-4(c) 所示，与之对应的 s 域电路模型则如图 5-3-4(d) 所示。

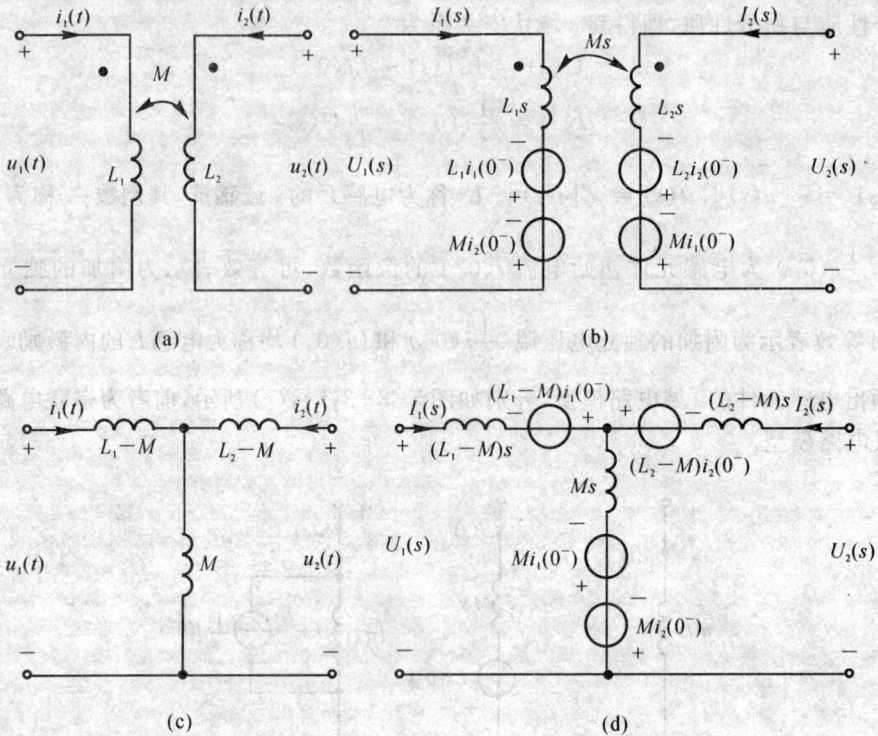

(a)　　　　　　　　　　　　　　　　　(b)

(c)　　　　　　　　　　　　　　　　　(d)

图 5-3-4　耦合电感元件的 s 域电路模型

五、理想变压器

理想变压器的时域电路模型如图 5-3-5(a) 所示，其时域伏安关系为

$$\begin{cases} u_1(t) = nu_2(t) \\ i_1(t) = -\dfrac{1}{n}i_2(t) \end{cases}$$

对上两式求拉普拉斯变换，即得 s 域伏安关系为

$$\begin{cases} U_1(s) = nU_2(s) \\ I_1(s) = -\dfrac{1}{n}I_2(s) \end{cases}$$

根据此两式即可画出理想变压器的 s 域电路模型，如图 5-3-5(b) 所示。

现将电路元件的 s 域电路模型与伏安关系汇总于表 5-3-1 中，以备记忆和查用。

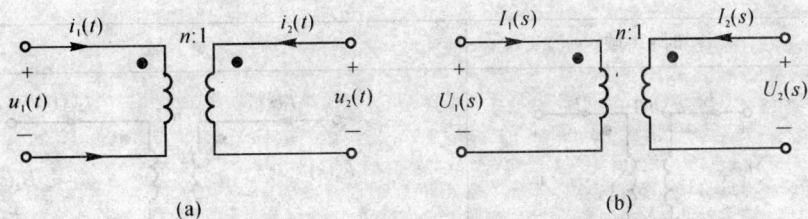

图 5-3-5 理想变压器的 s 域电路模型

表 5-3-1 电路元件的 s 域电路模型与伏安关系

元 件	时 域	s 域
R	$u(t)=Ri(t)$	$U(s)=RI(s)$
L	$u(t)=L\dfrac{\mathrm{d}i}{\mathrm{d}t}$ $i(t)=i(0^-)+\dfrac{1}{L}\displaystyle\int_{0^-}^{t}u(\tau)\mathrm{d}(\tau)$	$U(s)=LsI(s)-Li(0^-)$ $\quad I(s)=\dfrac{1}{Ls}U(s)+\dfrac{1}{s}i(0^-)$
C	$i(t)=C\dfrac{\mathrm{d}u(t)}{\mathrm{d}t}$ $u(t)=u(0^-)+\dfrac{1}{C}\displaystyle\int_{0^-}^{t}i(\tau)\mathrm{d}(\tau)$	$U(s)=\dfrac{1}{Cs}I(s)+\dfrac{1}{s}u(0^-)\qquad I(s)=CsU(s)-Cu(0^-)$
M	$u_1=L_1\dfrac{\mathrm{d}i_1}{\mathrm{d}t}+M\dfrac{\mathrm{d}i_2}{\mathrm{d}t}$ $u_2=M\dfrac{\mathrm{d}i_1}{\mathrm{d}t}+L_2\dfrac{\mathrm{d}i_2}{\mathrm{d}t}$	$U_1(s)=L_1sI_1(s)+MsI_2(s)-L_1i_1(0^-)-Mi_2(0^-)$ $U_2(s)=MsI_1(s)+L_2sI_2(s)-Mi_1(0^-)-L_2i_2(0^-)$

续　表

元　件	时　域	s　域
理想变压器	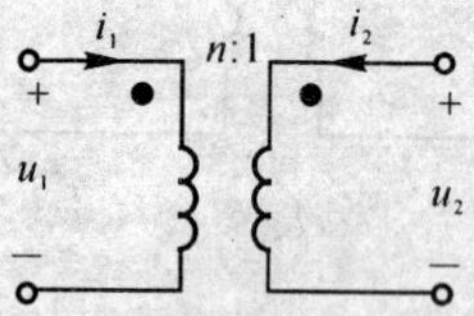 $u_1 = nu_2$ $i_1 = -\dfrac{1}{n} i_2$	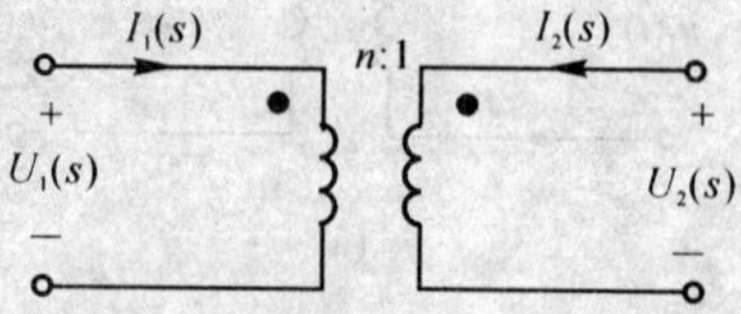 $U_1(s) = nU_2(s)$ $I_1(s) = -\dfrac{1}{n} I_2(s)$
RLC 串联 支路	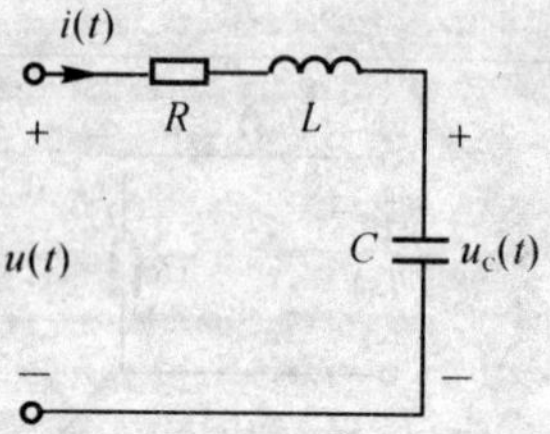 $u = Ri + L\dfrac{\mathrm{d}i}{\mathrm{d}t} + \dfrac{1}{C}\displaystyle\int_{-\infty}^{t} i(\tau)\mathrm{d}\tau$	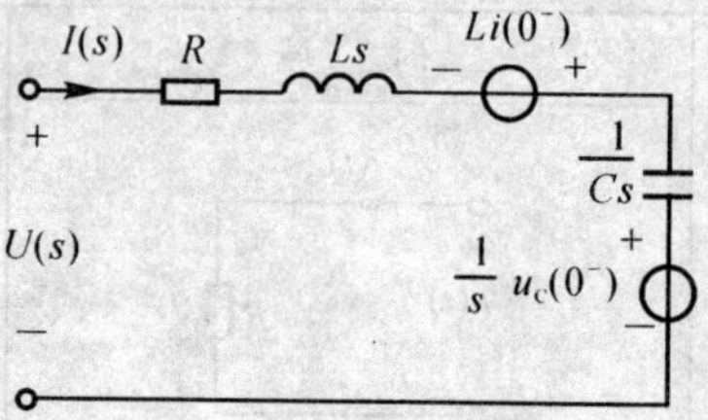 $U(s) = Z(s)I(s) - Li(0^-) + \dfrac{1}{s} u_C(0^-)$ $Z(s) = R + Ls + \dfrac{1}{Cs}$

5.4　s 域阻抗与 s 域导纳

图 5-4-1(a) 所示为时域 RLC 串联电路模型,设电感 L 中的初始电流为 $i(0^-)$,电容 C 上的初始电压为 $u_C(0^-)$。于是可画出其 s 域电路模型如图 5-4-1(b) 所示,进而可写出其 KVL 方程为

$$U(s) = \left(R + Ls + \frac{1}{Cs}\right)I(s) - Li(0^-) + \frac{1}{s}u_C(0^-)$$

故得

$$I(s) = \frac{U(s) + Li(0^-) - \dfrac{1}{s}u_C(0^-)}{R + Ls + \dfrac{1}{Cs}} = \underbrace{\frac{U(s)}{Z(s)}}_{s域零状态响应} + \underbrace{\frac{Li(0^-) - \dfrac{1}{s}u_C(0^-)}{Z(s)}}_{s域零输入响应}$$

$$(5-4-1)$$

式中

$$Z(s) = R + Ls + \frac{1}{Cs}$$

$Z(s)$ 称为支路的 s 域阻抗,它只与电路参数 R, L, C 及复频率 s 有关,而与电路的激励(包括内激励)无关。

令

$$Y(s) = \frac{1}{Z(s)} = \frac{1}{R + Ls + \dfrac{1}{Cs}}$$

$Y(s)$ 称为支路的 s 域导纳。可见 $Y(s)$ 与 $Z(s)$ 互倒,即有 $Y(s)Z(s) = 1$。

式(5-4-1)中等号右端的第一项只与激励 $U(s)$ 有关,故为 s 域中的零状态响应;等号右端的第二项只与初始条件 $i(0^-)$, $u_C(0^-)$ 有关,故为 s 域中的零输入响应;等号左端的 $I(s)$ 则为 s 域中的全响应。

若 $i(0^-) = u_C(0^-) = 0$,则式(5-4-1) 变为

$$I(s) = \frac{U(s)}{Z(s)} = Y(s)U(s)$$

或

$$U(s) = Z(s)I(s) = \frac{I(s)}{Y(s)}$$

上两式即为复频域形式的欧姆定律。

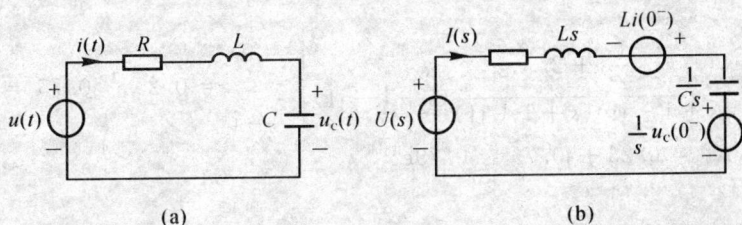

图　5-4-1

5.5　连续系统 s 域分析法

下面以线性电路系统为例来研究连续系统的 s 域分析方法。

由于 s 域形式的 KCL,KVL,欧姆定律,在形式上与相量形式的 KCL,KVL,欧姆定律全同,因此关于电路频域分析的各种方法(节点法、网孔法、回路法)、各种定理(齐次定理、叠加定理、等效电源定理、替代定理、互易定理等)以及电路的各种等效变换方法与原则,均适用于 s 域电路的分析,只是此时必须在 s 域中进行,所有电量用相应的像函数表示,各无源支路用 s 域阻抗或 s 域导纳代替,但相应的运算仍为复数运算。其一般步骤如下:

(1) 根据换路前的电路(即 $t < 0$ 时的电路)求 $t = 0^-$ 时刻电感的初始电流 $i_L(0^-)$ 和电容的初始电压 $u_C(0^-)$。

(2) 求电路激励(电源)的拉普拉斯变换(即像函数)。

(3) 画出换路后电路(即 $t > 0$ 时的电路)的 s 域电路模型。

(4) 应用节点法、网孔法、回路法及电路的各种等效变换、电路定理,对 s 域电路模型列写 KCL,KVL 方程组,并求解此方程组,从而求得全响应解的像函数。

(5) 对所求得的全响应解的像函数进行拉普拉斯反变换,即得时域中的全响应解,并画出其波形。至此,求解工作即告完毕。

例 5-5-1　图 5-5-1(a) 所示电路,已知 $R = 1\ \Omega$, $L = 0.5\ \text{H}$, $C = 1\ \text{F}$, $f(t) = U(t)\ \text{V}$,初始状态 $i(0^-) = 0.5\ \text{A}$, $U_C(0^-) = 0$。求全响应 $i(t)$。

解　其 s 域电路模型如图 5-5-1(b) 所示,其中 $F(s) = \mathscr{L}[f(t)] = \dfrac{1}{s}$,故可列出 KVL 方程为

$$\left(R + Ls + \frac{1}{Cs}\right)I(s) = F(s) + Li(0^-) - \frac{1}{s}u_C(0^-)$$

代入元件数值和初始状态值,并整理得

$$I(s) = \frac{\dfrac{1}{s} + \dfrac{1}{4}}{1 + \dfrac{1}{2}s + \dfrac{1}{s}} = \frac{s+4}{2(s^2+2s+2)} = \frac{\dfrac{1}{2}s+2}{(s+1)^2+1} =$$

$$\frac{\dfrac{1}{2}s+2}{(s+1-j1)(s+1+j1)} = \frac{K_1}{s+1-j1} + \frac{K_2}{s+1+j1}$$

式中

$$K_1 = \left.\frac{\dfrac{1}{2}s+2}{(s+1-j1)(s+1+j1)}(s+1-j1)\right|_{s=-1+j1} = 0.25 - j0.75 = 0.79e^{-j71.6°}$$

$$K_2 = \overset{*}{K_1} = 0.25 + j0.75 = 0.79e^{j71.6°}$$

故

$$I(s) = \frac{0.79e^{-j71.6°}}{s+1-j1} + \frac{0.79e^{j71.6°}}{s+1+j1}$$

故得

$$i(t) = 0.79e^{-j71.6°}e^{-(1-j1)t} + 0.79e^{j71.6°}e^{-(1+j1)t} =$$

$$0.79e^{-j71.6°}e^{-1t}e^{j1t} + 0.79e^{j71.6°}e^{-1t}e^{-j1t} =$$

$$0.79e^{-t}\left[e^{j(t-71.6°)} + e^{-j(t-71.6°)}\right] = 1.58e^{-t}\frac{e^{j(t-71.6°)} + e^{-j(t-71.6°)}}{2} =$$

$$1.58e^{-t}\cos(t - 71.6°)U(t)\ \text{A}$$

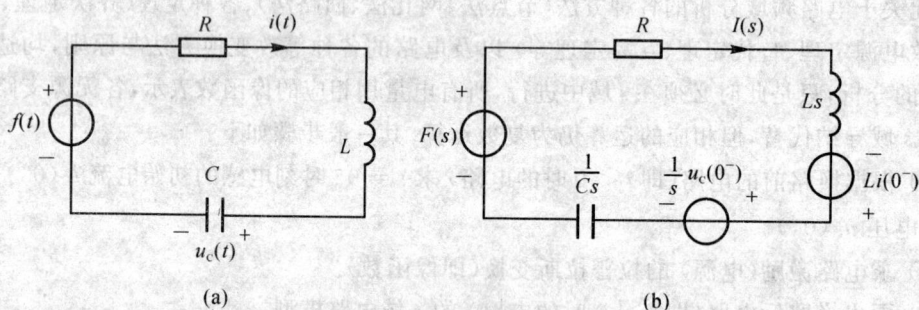

图　5-5-1

例 5-5-2　图 5-5-2(a) 所示电路,已知 $R = 1\ \Omega, I = 2\ \text{H}, C = 0.5\ \text{F}, f(t) = U(t)\ \text{V},$ $i(0^-) = 2\ \text{A},\ u_C(0^-) = 1\ \text{V}$。求全响应 $u_C(t)$。

解　其 s 域电路模型如图 5-5-2(b) 所示,其中 $F(s) = \dfrac{1}{s}$。于是对节点 a 可列写出 KCL 方程为

$$\left(\frac{1}{Ls} + \frac{1}{R} + Cs\right)U_C(s) = \frac{\dfrac{1}{s} + Li(0^-)}{Ls} + \frac{\dfrac{1}{s}u_C(0^-)}{\dfrac{1}{Cs}}$$

代入元件值和初始状态值,并整理得

$$U_C(s) = \frac{s^2 + 4s + 1}{s(s^2 + 2s + 1)} = \frac{s^2 + 4s + 1}{s(s+1)^2} = \frac{K_1}{s} + \frac{K_{22}}{(s+1)^2} + \frac{K_{21}}{s+1}$$

式中

$$K_1 = \left. \frac{s^2 + 4s + 1}{s(s+1)^2} s \right|_{s=0} = 1$$

$$K_{22} = \left. \frac{s^2 + 4s + 1}{s(s+1)^2}(s+1)^2 \right|_{s=-1} = 2$$

$$K_{21} = \left. \frac{\mathrm{d}}{\mathrm{d}s}\left[\frac{s^2 + 4s + 1}{s(s+1)^2}(s+1)^2 \right] \right|_{s=-1} = \left. \frac{\mathrm{d}}{\mathrm{d}s}\left[\frac{s^2 + 4s + 1}{s} \right] \right|_{s=-1} =$$

$$\left. \frac{s(2s+4) - (s^2 + 4s + 1)}{s^2} \right|_{s=-1} = 0$$

故

$$U_C(s) = \frac{1}{s} + \frac{2}{(s+1)^2}$$

故得

$$u_C(t) = U(t) + 2t\mathrm{e}^{-t}U(t) = (1 + 2t\mathrm{e}^{-t})U(t) \text{ V}$$

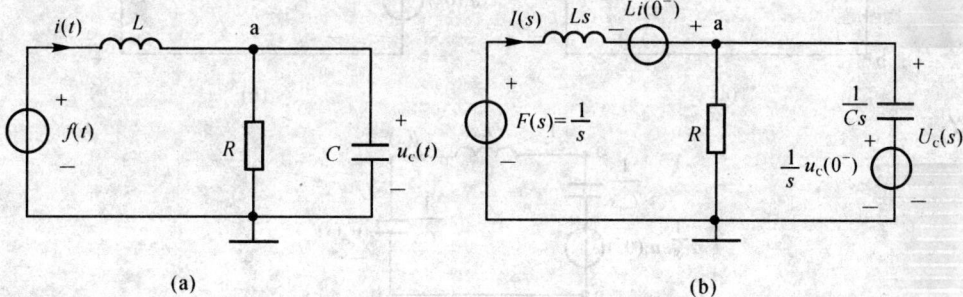

图 5-5-2

例 5-5-3 图 5-5-3(a) 所示电路,求零状态响应 $u_C(t)$。

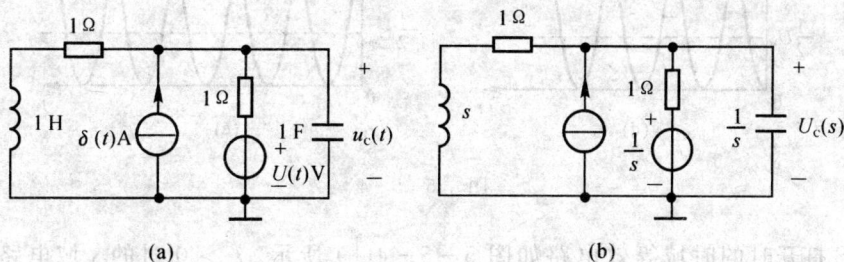

图 5-5-3

解 因有 $\mathscr{L}[\delta(t)] = 1$,$\mathscr{L}[U(t)] = \dfrac{1}{s}$,故得 s 域电路模型如图 5-5-3(b) 所示,进而可列出独立节点的 KCL 方程为

$$\left(\frac{1}{s+1} + 1 + s \right)U_C(s) = 1 + \frac{1}{s}$$

解之得

$$U_C(s) = \frac{s^2 + 2s + 1}{s^3 + 2s^2 + 2s} = \frac{s^2 + 2s + 1}{s(s+1-j1)(s+1+j1)} = \frac{\frac{1}{2}}{s} + \frac{\frac{1}{4}\sqrt{2}e^{-j45°}}{s+1-j1} + \frac{\frac{1}{4}\sqrt{2}e^{j45°}}{s+1+j1}$$

故得

$$u_C(t) = \mathscr{L}^{-1}[U_C(s)] = \frac{1}{2} + \frac{1}{4}\sqrt{2}e^{-j45°}e^{-(1-j1)t} + \frac{1}{4}\sqrt{2}e^{j45°}e^{-(1+j1)t} =$$

$$\frac{1}{2}\Big[1 + \sqrt{2}e^{-t}\,\frac{e^{j(t-45°)} + e^{-j(t-45°)}}{2}\Big]U(t) =$$

$$\frac{1}{2}\big[1 + \sqrt{2}e^{-t}\cos(t-45°)\big]U(t) \text{ V}$$

例 5 - 5 - 4 在图 5 - 5 - 4(a) 所示为雷达磁损管中振荡电路的电路模型,已知 S 打开时 $u_1(0^-) = U_m$, $u_2(0^-) = 0$, $i(0^-) = 0$, $C_1 = C_2 = C$。今于 $t = 0$ 时刻闭合 S。求 $t > 0$ 时的响应 $u_1(t), u_2(t)$,并画出波形。

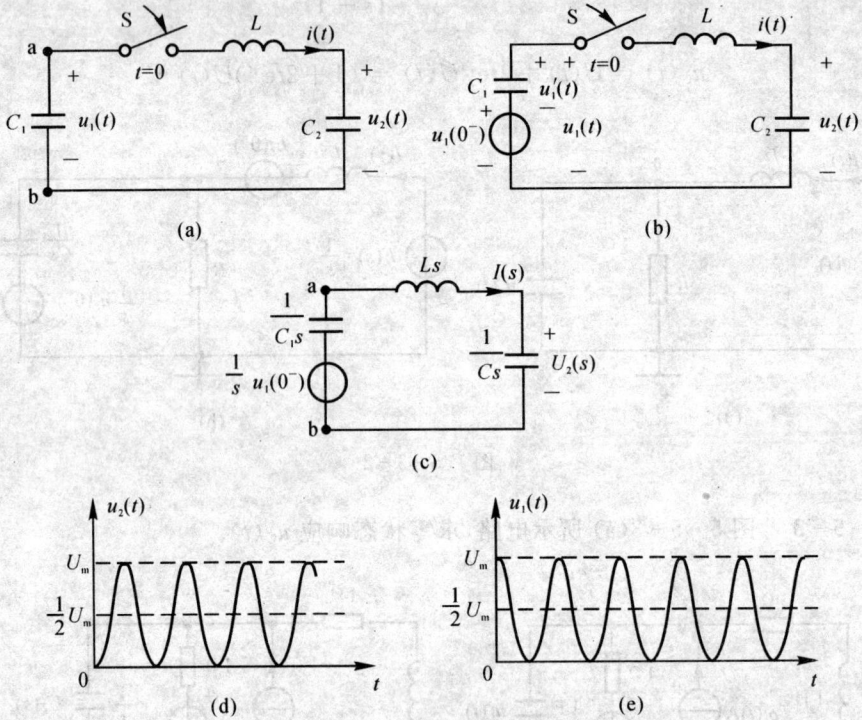

图　5 - 5 - 4

解 S 打开时的时域等效电路如图 5 - 5 - 4(b) 所示。$t > 0$ 时的 s 域电路模型如图 5 - 5 - 4(c) 所示。

$$Z(s) = \frac{1}{C_1 s} + Ls + \frac{1}{C_2 s} = \frac{2}{Cs} + Ls$$

$$I(s) = \frac{\frac{1}{s}u_1(0^-)}{Z(s)} = \frac{U_m}{s\left(Ls + \frac{2}{Cs}\right)} = \frac{U_m}{L\left(s^2 + \frac{2}{LC}\right)} = \frac{U_m}{L(s^2 + \omega_0^2)}$$

$$U_2(s) = \frac{1}{C_2 s} I(s) = \frac{U_m}{LCs\left(s^2 + \dfrac{2}{LC}\right)} = \frac{\dfrac{U_m}{2}}{s} - \frac{U_m}{2}\frac{s}{s^2 + \omega_0^2}$$

式中，$\omega_0 = \sqrt{\dfrac{2}{LC}}$。故得

$$u_2(t) = \mathcal{L}^{-1}[U_2(s)] = \frac{U_m}{2}[1 - \cos\omega_0 t]U(t) \text{ V}$$

又

$$u_1(t) = u_1(0^-) + u'_1(t) = U_m - u_2(t) = \frac{U_m}{2}[1 + \cos\omega_0 t]U(t) \text{ V}$$

其波形如图 $5-5-4(d)$，(e) 所示。

例 5-5-5 图 $5-5-5(a)$ 所示电路，$u_C(t)$ 为响应。(1) 求单位冲激响应 $h(t)$；(2) 求电路的初始状态 $i(0^-)$，$u_C(0^-)$，以使电路的零输入响应 $u_{Cx}(t) = h(t)$；(3) 求电路的初始状态 $i(0^-)$，$u_C(0^-)$，以使电路对 $U(t)$ 的全响应 $u_C(t)$ 仍为 $U(t)$。

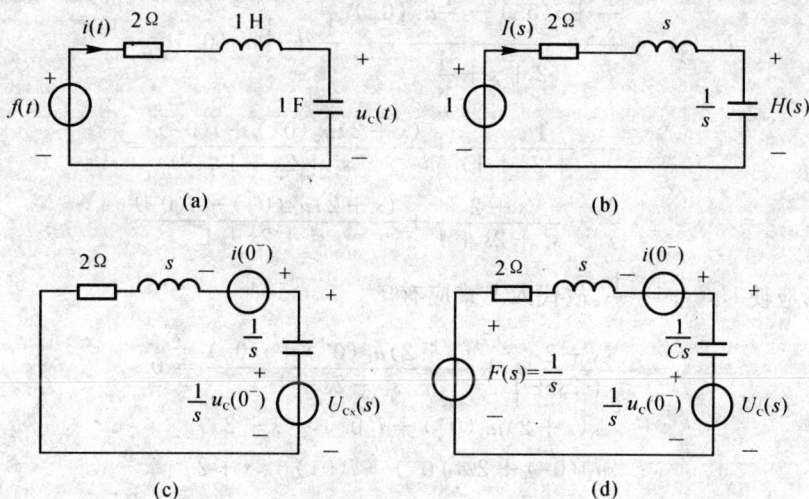

图 $5-5-5$

解 (1) 该电路在单位冲激 $\delta(t)$ 激励下的 s 域电路模型如图 $5-5-5(b)$ 所示，其中 $H(s) = \mathcal{L}[h(t)]$，$1 = \mathcal{L}[\delta(t)]$，故得

$$H(s) = \frac{1}{2 + s + \dfrac{1}{s}}\frac{1}{s} = \frac{1}{s^2 + 2s + 1} = \frac{1}{(s+1)^2}$$

经拉普拉斯反变换得

$$h(t) = \mathcal{L}^{-1}[H(s)] = te^{-t}U(t) \text{ V}$$

(2) 在零输入条件下电路的 s 模型如图 $5-5-5(c)$ 所示。故得

$$U_{Cx}(s) = \frac{i(0^-) - \dfrac{1}{s}u_C(0^-)}{2 + s + \dfrac{1}{s}}\frac{1}{s} + \frac{1}{s}u_C(0^-) = \frac{(s+2)u_C(0^-) + i(0^-)}{s^2 + 2s + 1}$$

依题意要求,应使 $U_{Cx}(s) = H(s)$,即

$$\frac{(s+2)u_C(0^-) + i(0^-)}{s^2 + 2s + 1} = \frac{1}{s^2 + 2s + 1}$$

故得

$$(s+2)u_C(0^-) + i(0^-) = 1$$

即

$$su_C(0^-) + 2u_C(0^-) + i(0^-) = 1$$

故有

$$\begin{cases} su_C(0^-) = 0 \\ 2u_C(0^-) + i(0^-) = 1 \end{cases}$$

故得

$$u_C(0^-) = 0, i(0^-) = 1 \text{ A}$$

(3) 当激励 $f(t) = U(t)$ 时,$F(s) = \mathscr{L}[U(t)] = \dfrac{1}{s}$,其 s 域电路模型如图 $5-5-5$(d) 所示。故得

$$U_C(s) = \frac{\dfrac{1}{s} + i(0^-) - \dfrac{1}{s}u_C(0^-)}{2 + s + \dfrac{1}{s}} \cdot \frac{1}{s} + \frac{1}{s}u_C(0^-) =$$

$$\frac{1}{s(s^2 + 2s + 1)} + \frac{(s+2)u_C(0^-) + i(0^-)}{s^2 + 2s + 1} =$$

$$\frac{1}{s} - \frac{s+2}{s^2 + 2s + 1} + \frac{(s+2)u_C(0^-) + i(0^-)}{s^2 + 2s + 1}$$

按题意要求,应使 $U_C(s) = \dfrac{1}{s}$。故代入上式应有

$$-\frac{s+2}{s^2 + 2s + 1} + \frac{(s+2)u_C(0^-) + i(0^-)}{s^2 + 2s + 1} = 0$$

即

$$(s+2)u_C(0^-) + i(0^-) = s+2$$

$$su_C(0^-) + 2u_C(0^-) + i(0^-) = s+2$$

故有

$$\begin{cases} su_C(0^-) = s \\ 2u_C(0^-) + i(0^-) = 2 \end{cases}$$

故得

$$u_C(0^-) = 1 \text{ V}, \quad i(0^-) = 0$$

例 5 - 5 - 6　图 $5-5-6$(a) 所示电路,以 $i(t)$ 为响应。(1)求单位冲激响应 $h(t)$;(2)已知 $f(t) = U(t)$ V,$u_1(0^-) = 0$,$u_2(0^-) = 2$ V,求全响应 $i(t)$。

解　(1) $f(t) = \delta(t)$ 时的 s 域电路模型如图 $5-5-6$(b) 所示,其中 $\mathscr{L}[\delta(t)] = 1$,故得

$$H(s) = \frac{1}{\dfrac{1}{1+s} + \dfrac{1}{s}} = \frac{s(s+1)}{2s+1} = \frac{1}{2}s + \frac{1}{4} - \frac{1}{8}\frac{1}{s + \dfrac{1}{2}}$$

故得

$$h(t) = \mathscr{L}[H(s)] = \left[\frac{1}{2}\delta'(t) + \frac{1}{4}\delta(t) - \frac{1}{8}e^{-\frac{1}{2}t}U(t)\right] \text{ A}$$

（2）此时的 s 域电路模型如图 5-5-6(c) 所示，故得

$$I(s) = \frac{\frac{1}{s} - \frac{2}{s}}{\frac{1}{1+s} + \frac{1}{s}} = -\frac{s+1}{2s+1} = -\left[\frac{1}{2} + \frac{1}{4}\frac{1}{s+\frac{1}{2}}\right]$$

故得

$$i(t) = \mathscr{L}^{-1}\left[I(s)\right] = \left[-\frac{1}{2}\delta(t) - \frac{1}{4}\mathrm{e}^{-\frac{1}{2}t}U(t)\right]\mathrm{A}$$

$i(t)$ 的波形如图 5-5-6(d) 所示。

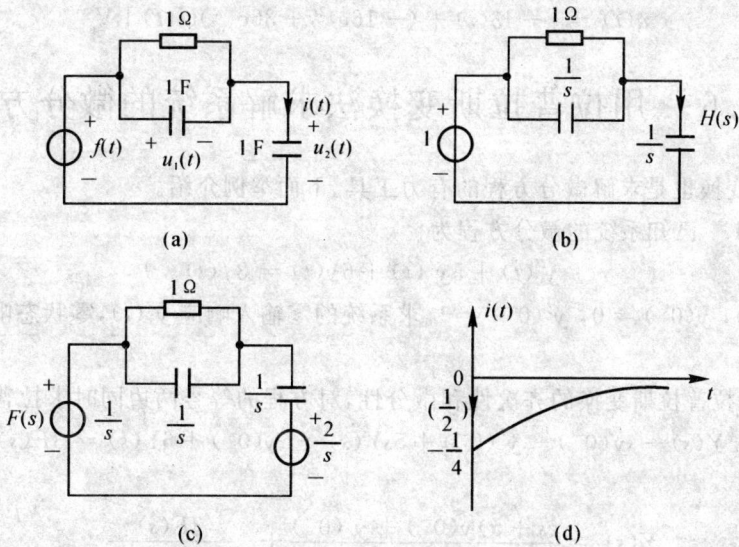

图　5-5-6

例 5-5-7　图 5-5-7(a) 所示电路，$f(t) = \mathrm{e}^{-2t}U(t)$ V，求零状态响应 $u(t)$。

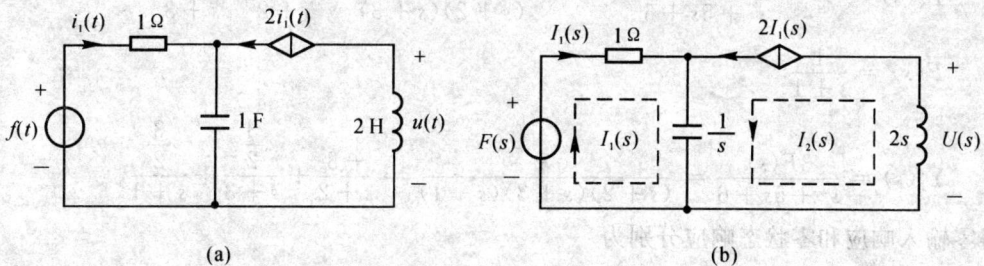

图　5-5-7

解　其 s 域电路模型如图 5-5-7(b) 所示，其中 $F(s) = \dfrac{1}{s+2}$，故对两个网孔回路可列出 KVL 方程为

$$\begin{cases}\left(1+\dfrac{1}{s}\right)I_1(s) + \dfrac{1}{s}I_2(s) = F(s) = \dfrac{1}{s+2}\\ I_2(s) = 2I_1(s)\end{cases}$$

联立求解得

$$I_1(s) = \frac{s}{(s+2)(s+3)}$$

$$I_2(s) = \frac{2s}{(s+2)(s+3)}$$

故又得

$$U(s) = -2sI_2(s) = -\frac{4s^2}{(s+2)(s+3)} = -4 + \frac{20s+24}{(s+2)(s+3)} = -4 + \frac{-16}{s+2} + \frac{36}{s+3}$$

故得

$$u(t) = [-4\delta(t) + (-16e^{-2t} + 36e^{-3t})U(t)] \text{ V}$$

*5.6　用拉普拉斯变换法求解系统的微分方程

拉普拉斯变换也是求解微分方程的有力工具。下面举例介绍。

例 5-6-1　已知系统的微分方程为

$$y''(t) + 5y'(t) + 6y(t) = 3f(t)$$

$f(t) = e^{-t}U(t)$，$y(0^-) = 0$，$y'(0^-) = 1$。求系统的零输入响应 $y_x(t)$，零状态响应 $y_f(t)$，全响应 $y(t)$。

解　根据拉普拉斯变换的齐次性和微分性，对方程的等号两边同时求拉普拉斯变换，有

$$s^2Y(s) - sy(0^-) - y'(0^-) + 5sY(s) - 5y(0^-) + 6Y(s) = 3F(s)$$

整理得

$$Y(s) = \underbrace{\frac{(s+5)y(0^-) + y'(0^-)}{s^2 + 5s + 6}}_{\text{零输入响应}Y_x(s)} + \underbrace{\frac{3F(s)}{s^2 + 5s + 6}}_{\text{零状态响应}Y_f(s)}$$

故

$$Y_x(s) = \frac{(s+5)y(0^-) + y'(0^-)}{s^2 + 5s + 6} = \frac{1}{(s+2)(s+3)} = \frac{1}{s+2} + \frac{-1}{s+3}$$

$$F(s) = \frac{1}{s+1}$$

$$Y_f(s) = \frac{3F(s)}{s^2 + 5s + 6} = \frac{3}{(s+2)(s+3)(s+1)} = \frac{-3}{s+2} + \frac{\frac{3}{2}}{s+3} + \frac{\frac{3}{2}}{s+1}$$

故得零输入响应和零状态响应分别为

$$y_x(t) = (e^{-2t} - e^{-3t})U(t)$$

$$y_f(t) = (-3e^{-2t} + \frac{3}{2}e^{-3t} + \frac{3}{2}e^{-t})U(t)$$

全响应为

$$y(t) = y_x(t) + y_f(t) = (-2e^{-2t} + \frac{1}{2}e^{-3t} + \frac{3}{2}e^{-t})U(t)$$

例 5-6-2　图 5-6-1(a) 所示电路，$t < 0$ 的 S 闭合，电路已工作于稳定状态。今于 $t = 0$ 时刻打开 S。(1) 列写 $t > 0$ 时关于变量 $u_C(t)$ 的微分方程；(2) 用拉普拉斯变换法求解此微分

方程的解 $u_C(t)$。

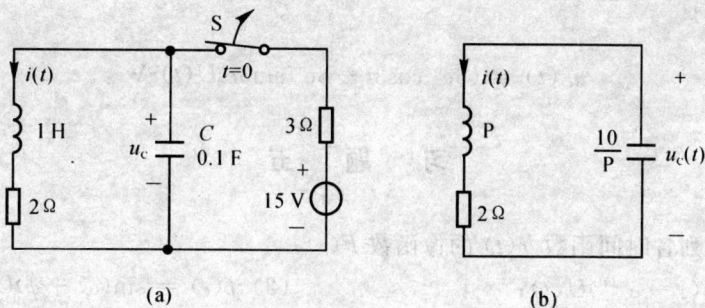

图 5 - 6 - 1

解 $t<0$ 时 S 闭合,电路已工作于稳态,L 相当于短路,C 相当于开路,故有

$$i(0^-) = \frac{15}{3+2} = 3 \text{ A}$$

$$u_C(0^-) = 2i(0^-) = 2 \times 3 = 6 \text{ V}$$

$t>0$ 时 S 打开,其算子电路模型如图 5 - 6 - 1(b) 所示。故可列出算子形式的 KVL 方程为

$$\left(p + \frac{10}{p} + 2\right)i(t) = 0$$

因

$$i(t) = \frac{u_C(t)}{\frac{10}{p}} = \frac{p}{10}u_C(t)$$

代入上式得

$$(p^2 + 2p + 10)u_C(t) = 0$$

故得关于变量 $u_C(t)$ 的微分方程为

$$\begin{cases} u_C''(t) + 2u_C'(t) + 10u_C(t) = 0 \\ i(0^-) = 3 \\ u_C(0^-) = 6 \end{cases}$$

根据拉普拉斯变换的齐次性和微分性(表 5 - 1 - 1 中的序号 2 和 7),对方程求拉普拉斯变换,有

$$s^2 U_C(s) - su_C(0^-) - u_C'(0^-) + 2sU_C(s) - 2u_C(0^-) + 10U_C(s) = 0$$

故有

$$(s^2 + 2s + 10)U_C(s) = (s+2)u_C(0^-) + u_C'(0^-) \tag{5-6-1}$$

因有

$$i(t) = -C\frac{du_C}{dt}$$

故

$$u_C'(t) = -\frac{1}{C}i(t)$$

故

$$u_C'(0^-) = \frac{-1}{0.1}i(0^-) = -10 \times 3 = -30 \text{ V/s}$$

代入式(5 - 6 - 1)有

$$(s^2 + 2s + 10)U_C(s) = (s+2) \times 6 - 30 = 6s - 18$$

故　　　$U_C(s) = 6\dfrac{s-3}{s^2+2s+10} = 6\dfrac{s+1-4}{s^2+2s+1+9} = 6\dfrac{s+1}{(s+1)^2+9} - \dfrac{8\times3}{(s+1)^2+9}$

故得

$$u_C(t) = (6e^{-t}\cos3t - 8e^{-t}\sin3t)U(t) \text{ V}$$

习　题　五

5-1　求下列各时间函数 $f(t)$ 的像函数 $F(s)$：

(1) $f(t) = (1-e^{-\alpha t})U(t)$；　　　(2) $f(t) = \sin(\omega t + \psi)U(t)$；

(3) $f(t) = e^{-\alpha t}(1-\alpha t)U(t)$；　　(4) $f(t) = \dfrac{1}{\alpha}(1-e^{-\alpha t})U(t)$；

(5) $f(t) = t^2 U(t)$；　　　　　　(6) $f(t) = (t+2)U(t) + 3\delta(t)$；

(7) $f(t) = t\cos\omega t U(t)$；　　　(8) $f(t) = (e^{-\alpha t} + \alpha t - 1)U(t)$。

5-2　求下列各像函数 $F(s)$ 的原函数 $f(t)$：

(1) $F(s) = \dfrac{(s+1)(s+3)}{s(s+2)(s+4)}$；　(2) $F(s) = \dfrac{2s^2+16}{(s^2+5s+6)(s+12)}$；

(3) $F(s) = \dfrac{2s^2+9s+9}{s^2+3s+2}$；　　(4) $F(s) = \dfrac{s^3}{(s^2+3s+2)s}$。

5-3　求下列各像函数 $F(s)$ 的原函数 $f(t)$：

(1) $F(s) = \dfrac{s^3+6s^2+6s}{s^2+6s+8}$；　(2) $F(s) = \dfrac{1}{s^2(s+1)^3}$。

5-4　求下列各像函数 $F(s)$ 的原函数 $f(t)$：

(1) $F(s) = \dfrac{2+e^{-(s-1)}}{(s-1)^2+4}$；　(2) $F(s) = \dfrac{1}{s(1-e^{-s})}$；

(3) $F(s) = \left[\dfrac{1-e^{-s}}{s}\right]^2$。

5-5　用留数法求像函数 $F(s) = \dfrac{4s^2+17s+16}{(s+2)^2(s+3)}$ 的原函数 $f(t)$。

5-6　求下列各像函数 $F(s)$ 的原函数 $f(t)$ 的初值 $f(0^+)$ 与终值 $f(\infty)$：

(1) $F(s) = \dfrac{s^2+2s+1}{s^3-s^2-s+1}$；　(2) $F(s) = \dfrac{s^3}{s^2+s+1}$；

(3) $F(s) = \dfrac{2s+1}{s^3+3s^2+2s}$；　　(4) $F(s) = \dfrac{1-e^{-2s}}{s(s^2+4)}$。

5-7　已知系统的微分方程为

$$y''(t) + 3y'(t) + 2y(t) = f'(t) + 3f(t)$$

激励 $f(t) = e^{-3t}U(t)$，系统的初始状态为 $y(0^-)=1, y'(0^-)=2$。试求系统全响应 $y(t)$ 的初始值 $y(0^+)$ 和 $y'(0^+)$。

5-8　图题5-8(a)所示电路，已知激励 $f(t)$ 的波形如图(b)所示。求响应 $u(t)$，并画出 $u(t)$ 的波形。

5-9　图题5-9所示零状态电路，激励 $f(t) = U(t)$ V，求电路的单位阶跃响应 $u(t)$。

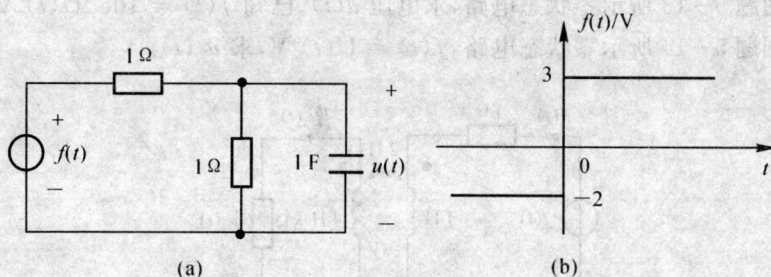

图题 5-8

5-10 图题 5-10 所示电路,已知 $i(0^-) = 1$ A,$u(0^-) = 1$ V,$f(t) = \sin t U(t)$ V。求全响应 $u(t)$。

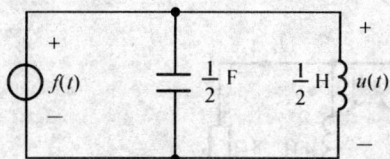

图题 5-9

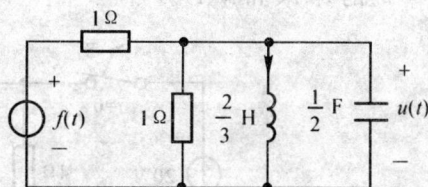

图题 5-10

5-11 图题 5-11(a) 所示电路,已知激励 $f(t)$ 的波形如图题 5-11(b) 所示,$f(t) = [2U(-t) + 2e^{-t}U(t)]$ V。今于 $t = 0$ 时刻闭合 S,求 $t \geqslant 0$ 时的响应 $u(t)$。

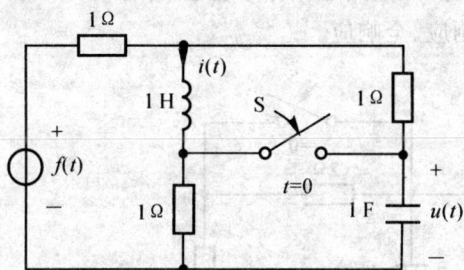

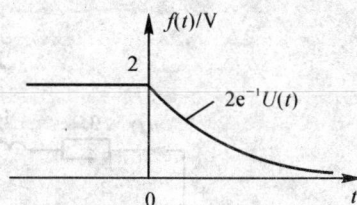

图题 5-11

5-12 图题 5-12 所示零状态电路,$f_1(t) = f_2(t) = U(t)$ V。求响应 $u(t)$。

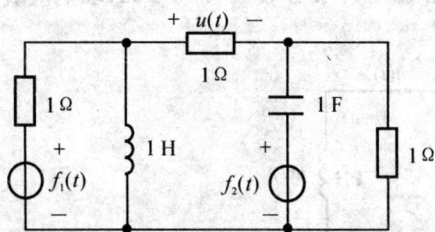

图题 5-12

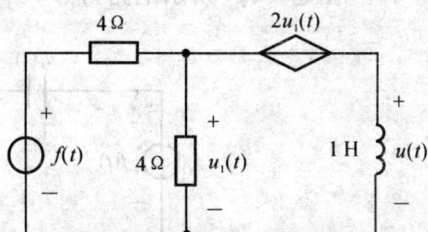

图题 5-13

5-13　图题 5-13 所示零状态电路,求电压 $u(t)$。已知 $f(t) = 10e^{-t}U(t)$ V。

5-14　图题 5-14 所示零状态电路,$f(t) = U(t)$ V,求 $u_2(t)$。

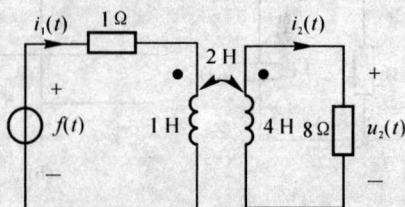

图题 5-14

5-15　图题 5-15 所示电路,$t < 0$ 时 S 闭合,电路已工作于稳态。今于 $t = 0$ 时刻打开 S,求 $t > 0$ 时的 $i_1(t)$ 和 $i_2(t)$。

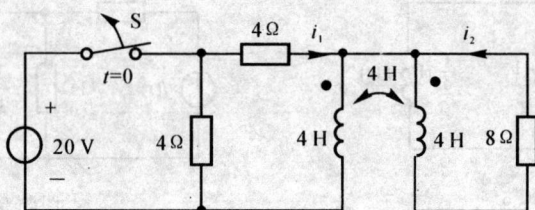

图题 5-15

5-16　图题 5-16 所示电路,$t < 0$ 时 S 打开,电路已工作于稳态。今于 $t = 0$ 时刻闭合 S,求 $t > 0$ 时关于 $u(t)$ 的零输入响应、零状态响应、全响应。

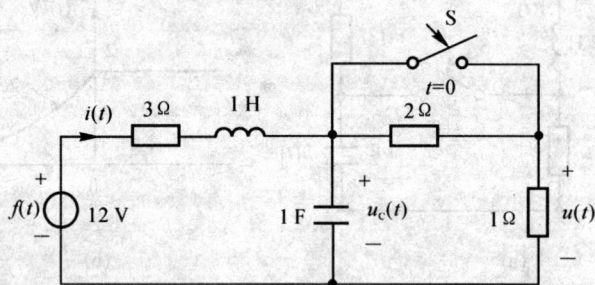

图题 5-16

5-17　图题 5-17 所示电路,$f(t) = U(t)$ V,$u_C(0^-) = 1$ V,$i(0^-) = 2$ A,求响应 $u(t)$。

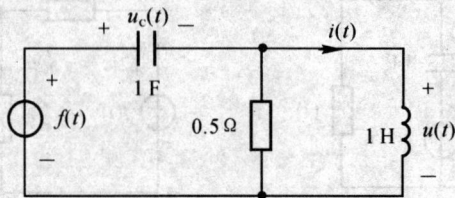

图题 5-17

5-18 已知系统的微分方程为

$$\begin{cases} y''(t) + 5y'(t) + 6y(t) = 2f'(t) + 8f(t) \\ y(0^-) = 3 \\ y'(0^-) = 2 \end{cases}$$

$f(t) = e^{-t}U(t)$。求系统的全响应,并指出零输入响应 $y_x(t)$、零状态响应 $y_f(t)$。

第六章 s 域系统函数与系统 s 域模拟

内容提要

系统的响应一方面与激励有关,同时也与系统本身有关。系统函数就是描述系统本身特性的,它在电路与系统理论中占有重要地位。本章将介绍系统函数的定义、物理意义、求法、零点与极点概念及其应用;还要介绍系统的框图、系统的模拟、信号流图、系统稳定性的概念及其判定方法。

6.1 s 域系统函数

一、定义

图 6-1-1(a) 所示为零状态系统的时域模型,$f(t)$ 为激励,$y_f(t)$ 为零状态响应,$h(t)$ 为系统的单位冲激响应。则有

$$y_f(t) = f(t) * h(t)$$

对上式等号两端同时求拉普拉斯变换,并设 $F(s) = \mathcal{L}[f(t)]$,$Y_f(s) = \mathcal{L}[y_f(t)]$,$H(s) = \mathcal{L}[h(t)]$,则根据拉普拉斯变换的时域卷积定理有

$$Y_f(s) = F(s) \cdot H(s) \qquad (6-1-1)$$

故有

$$H(s) = \frac{Y_f(s)}{F(s)} \qquad (6-1-2)$$

$H(s)$ 称为 s 域系统函数,简称系统函数。可见系统函数 $H(s)$ 就是系统零状态响应 $y_f(t)$ 的像函数 $Y_f(s)$ 与激励 $f(t)$ 的像函数 $F(s)$ 之比,也是系统单位冲激响应 $h(t)$ 的拉普拉斯变换。

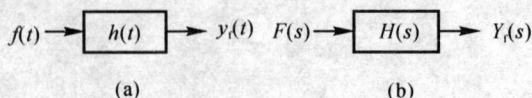

图 6-1-1 系统函数 $H(s)$ 的定义

由于 $H(s)$ 是响应与激励的两个像函数之比,所以 $H(s)$ 与系统的激励无关。

根据式(6-1-1)又可画出零状态系统的 s 域模型,如图 6-1-1(b) 所示。于是,根据图 6-1-1(b) 又可写出式(6-1-1),即

$$Y_f(s) = H(s) \cdot F(s)$$

二、$H(s)$ 的物理意义

$H(s)$ 就是系统单位冲激响应 $h(t)$ 的拉普拉斯变换,即

$$H(s) = \mathscr{L}[h(t)]$$

即 $H(s)$ 与 $h(t)$ 为一对拉普拉斯变换对,即 $H(s) \longleftrightarrow h(t)$。

三、$H(s)$ 的求法

(1) 由系统的单位冲激响应 $h(t)$ 求 $H(s)$,即

$$H(s) = \mathscr{L}[h(t)]$$

(2) 由系统的传输算子 $H(p)$ 求 $H(s)$,即

$$H(s) = H(p)\big|_{p=s}$$

(3) 根据 s 域电路模型,按定义式(6-1-2)求系统响应与激励的像函数之比,即得 $H(s)$。

(4) 对零状态系统的微分方程进行拉普拉斯变换,再按定义式(6-1-2)求 $H(s)$。

(5) 根据系统的模拟图求 $H(s)$。

(6) 由系统的信号流图,根据梅森公式求 $H(s)$。

以上各种求法,将在以下各节中逐一介绍。

6.2　系统函数的一般表示式及其零、极点图

一、$H(s)$ 的一般表示式

描述一般 n 阶零状态系统的微分方程为

$$a_n \frac{d^n y_f(t)}{dt^n} + a_{n-1} \frac{d^{n-1} y_f(t)}{dt^{n-1}} + \cdots + a_1 \frac{dy_f(t)}{dt} + a_0 y_f(t) =$$

$$b_m \frac{d^m f(t)}{dt^m} + b_{m-1} \frac{d^{m-1} f(t)}{dt^{m-1}} + \cdots + b_1 \frac{df(t)}{dt} + b_0 f(t)$$

式中,$f(t)$, $y_f(t)$ 分别为系统的激励与零状态响应。由于已设系统为零状态系统,故必有 $y_f(0^-) = y_f'(0^-) = y_f'(0^-) = \cdots = y_f^{(n-1)}(0^-) = 0$;又由于 $t < 0$ 时 $f(t) = 0$,故必有 $f(0^-) = f'(0^-) = f''(0^-) = \cdots = f^{(m-1)}(0^-) = 0$。故对上式等号两端同时进行拉普拉斯变换得

$$(a_n s^n + a_{n-1} s^{n-1} + \cdots + a_1 s + a_0) Y_f(s) =$$

$$(b_m s^m + b_{m-1} s^{m-1} + \cdots + b_1 s + b_0) F(s)$$

故得

$$H(s) = \frac{Y_f(s)}{F(s)} = \frac{b_m s^m + b_{m-1} s^{m-1} + \cdots + b_1 s + b_0}{a_n s^n + a_{n-1} s^{n-1} + \cdots + a_1 s + a_0} \qquad (6-2-1)$$

式中,$Y_f(s) = \mathscr{L}[y_f(t)]$, $F(s) = \mathscr{L}[f(t)]$。可见 $H(s)$ 的一般形式为复数变量 s 的两个实系数多项式之比。令

$$D(s) = a_n s^n + a_{n-1} s^{n-1} + \cdots + a_1 s + a_0$$

$$N(s) = b_m s^m + b_{m-1} s^{m-1} + \cdots + b_1 s + b_0$$

则上式即可写为

$$H(s) = \frac{N(s)}{D(s)}$$

对于线性时不变系统,式(6-2-1)中的 n,m 均为正整数,式中的系数 $a_j(j = 1, 2, \cdots, n)$,$b_i(i = 1, 2, \cdots, m)$ 均为实数,式中的 n 可能大于或等于或小于 m。

二、零点、极点与零、极点图

将式(6-2-1)等号右边的分子 $N(s)$、分母 $D(s)$ 多项式各分解因式(设为单根情况),即可将其写成因式分解的形式,即

$$H(s) = \frac{N(s)}{D(s)} = \frac{b_m(s - z_1)(s - z_2)\cdots(s - z_i)\cdots(s - z_m)}{a_n(s - p_1)(s - p_2)\cdots(s - p_j)\cdots(s - p_n)} = H_0 \cdot \frac{\prod\limits_{i=1}^{m}(s - z_i)}{\prod\limits_{j=1}^{n}(s - p_j)}$$

式中 $H_0 = \dfrac{b_m}{a_n}$ 为实常数,$p_j(j = 1, 2, \cdots, n)$ 为 $D(s) = 0$ 的根,$z_i(i = 1, 2, \cdots, m)$ 为 $N(s) = 0$ 的根。

由上式可见,当复数变量 $s = z_i$ 时,即有 $H(s) = 0$,故称 z_i 为系统函数 $H(s)$ 的零点,且 z_i 就是分子多项式 $N(s) = b_m s^m + b_{m-1}s^{m-1} + \cdots + b_1 s + b_0 = 0$ 的根;当复数变量 $s = p_j$ 时,即有 $H(s) \rightarrow \infty$,故称 p_j 为 $H(s)$ 的极点,且 p_j 就是分母多项式 $D(s) = a_n s^n + a_{n-1}s^{n-1} + \cdots + a_1 s + a_0 = 0$ 的根。$H(s)$ 的极点也称为系统的自然频率或固有频率。

将 $H(s)$ 的零点 z_i 与极点 p_j 画在 s 平面(复频率平面)上而构成的图形,称为 $H(s)$ 的零、极点图。其中零点用符号"○"表示,极点用符号"×"表示,同时在图中将 H_0 的值也标出。若 $H_0 = 1$,则也可以不标出。

在描述系统特性方面,$H(s)$ 与其零、极点图是等价的。

例 6-2-1 已知系统的单位冲激响应为 $h(t) = (1 + 2e^{-4t} + 3te^{-5t})U(t) - 3e^{-(t-2)}U(t-2)$。求系统函数 $H(s)$。

解　$H(s) = \dfrac{1}{s} + \dfrac{2}{s+4} + \dfrac{3}{(s+5)^2} - \dfrac{3}{s+1}e^{-2s}$

例 6-2-2 已知系统的单位冲激响应为 $h(t) = (5\cos 2t + 5e^{-t}\sin 2t)U(t)$,求系统函数 $H(s)$。

解　$H(s) = \dfrac{5s}{s^2 + 4} + \dfrac{10}{(s+1)^2 + 4}$

例 6-2-3 图6-2-1(a)所示电路,求响应 $u(t)$ 对激励 $f(t)$ 的系统函数 $H(s) = \dfrac{U(s)}{F(s)}$。

解　图6-2-1(a)的算子电路模型如图6-2-1(b)所示。

$$i(t) = \frac{f(t)}{\dfrac{1}{2}p + \dfrac{\dfrac{1}{3} \times \dfrac{1}{p}}{\dfrac{1}{3} + \dfrac{1}{p}}} = \frac{2(p+3)}{p^2 + 3p + 2}f(t)$$

$$u(t) = \frac{\frac{1}{3} \times \frac{1}{p}}{\frac{1}{3} + \frac{1}{p}} i(t) = \frac{2}{p^2 + 3p + 2} f(t)$$

故得

$$H(p) = \frac{u(t)}{f(t)} = \frac{2}{p^2 + 3p + 2}$$

故又得

$$H(s) = \frac{U(s)}{F(s)} = H(p) \mid_{p=s} = \frac{2}{s^2 + 3s + 2}$$

其中 $H_0 = 2$。

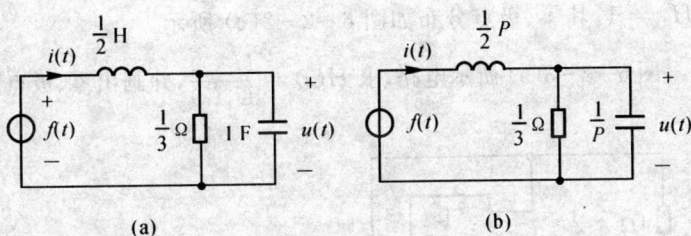

图　6 - 2 - 1

例 6 - 2 - 4　已知系统的微分方程为 $y''(t) + 3y'(t) + 2y'(t) = f'(t) + 3f(t)$。求系统函数 $H(s) = \frac{Y(s)}{F(s)}$。

解　对方程等号两边同时求零状态条件下的拉普拉斯变换，有

$$s^2 Y(s) + 3s Y(s) + 2Y(s) = sF(s) + 3F(s)$$

故得

$$H(s) = \frac{Y(s)}{F(s)} = \frac{s + 3}{s^2 + 3s + 2}$$

其中 $H_0 = 1$。

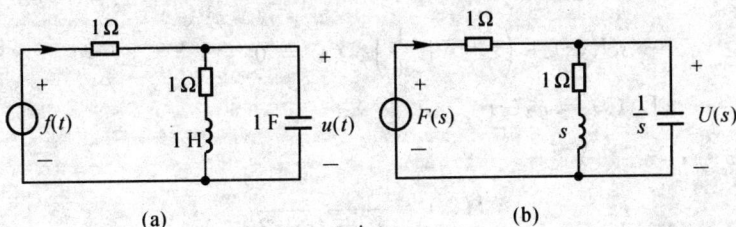

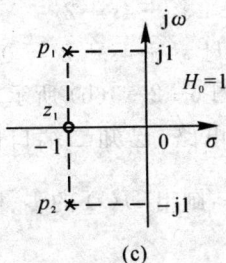

图　6 - 2 - 2

例 6-2-5 图 6-2-2(a)所示电路,求响应 $u(t)$ 对激励 $f(t)$ 的系统函数 $H(s) = \dfrac{U(s)}{F(s)}$,并画出 $H(s)$ 的零、极点图,指出 H_0 的值。

解 作出零状态条件下的 s 域电路模型,如图 6-2-2(b)所示。故

$$U(s) = \frac{F(s)}{1 + \dfrac{1}{s+1} + s} = \frac{s+1}{s^2 + 2s + 2} F(s)$$

故得

$$H(s) = \frac{U(s)}{F(s)} = \frac{s+1}{s^2 + 2s + 2}$$

令分子 $s + 1 = 0$,得 1 个零点为 $z_1 = -1$;令分母 $s^2 + 2s + 1 = 0$,得两个极点为 $p_1 = -1 + j$,$p_2 = -1 - j$,且 $H_0 = 1$。其零、极点分布如图 6-2-2(c)所示。

*例 6-2-6 图 6-2-3(a)所示电路,求 $H(s) = \dfrac{U_2(s)}{U_1(s)}$,并画出零、极点图,指出 H_0 的值。

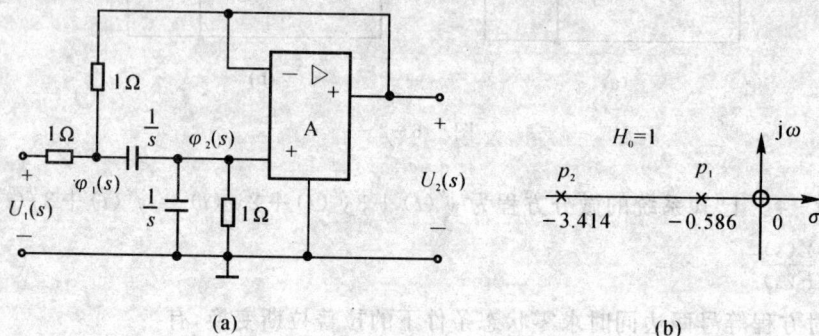

(a)　　　　　　　　　　　　(b)

图　6-2-3

解 可列出节点 KCL 方程为

$$\left(\frac{1}{1} + s + \frac{1}{1} \right) \varphi_1(s) - s\varphi_2(s) - \frac{1}{1} U_2(s) = \frac{U_1(s)}{1}$$

$$- sU_1(s) + \left(s + s + \frac{1}{1} \right) \varphi_2(s) = 0$$

$$U_2(s) = \varphi_2(s)$$

联立求解得

$$H(s) = \frac{s}{s^2 + 4s + 2}$$

令分子 $s = 0$,得 1 个零点为 $z_1 = 0$;令分母 $s^2 + 4s + 2 = 0$,得两个极点为 $p_1 = -0.586$,$p_2 = -3.414$;$H_0 = 1$。其零、极点分布如图 6-2-3(b)所示。

*例 6-2-7 图 6-2-4(a)所示电路,已知二端口网络 N 的 Z 参数矩阵为 $\mathbf{Z} = \begin{bmatrix} s+3 & 1 \\ 1 & s+2 \end{bmatrix}$。求系统函数 $H(s) = \dfrac{U_2(s)}{U_s(s)}$,画出 $H(s)$ 的零、极点图,指出 H_0 的值。

解 可列出方程为

$$U_s(s) - I_1(s) = (s+3)I_1(s) + I_2(s)$$

$$U_2(s) = I_1(s) + (s+2)I_2(s)$$

$$I_2(s) = -\frac{1}{2}U_2(s)$$

联立求解得

$$H(s) = \frac{U_2(s)}{U_s(s)} = \frac{2}{s^2 + 8s + 15}$$

令分母 $s^2 + 8s + 15 = 0$,得两个极点为 $p_1 = -3$,$p_2 = -5$;没有零点;$H_0 = 1$。零、极点分布如图 6-2-4(b) 所示。

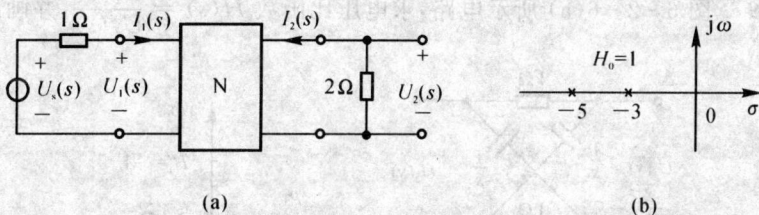

图 6-2-4

*例 6-2-8** 已知图 6-2-5(a) 所示电路 $H(s) = \dfrac{U(s)}{I(s)}$ 的零、极点分布如图 6-2-5(b) 所示,且 $H(0) = 3\ \Omega$。求 R, L, C 的值。

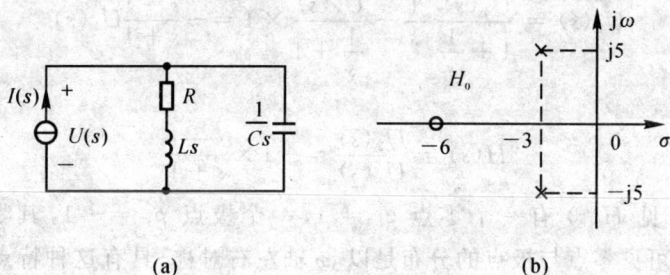

图 6-2-5

解 由图 6-2-5(b) 可知

$$H(s) = H_0 \frac{s+6}{(s+3-j5)(s+3+j5)} = H_0 \frac{s+6}{s^2 + 6s + 34}$$

又知

$$H(0) = \frac{H_0 \times 6}{34} = 3$$

故

$$H_0 = 17$$

故得

$$H(s) = 17 \frac{s+6}{s^2 + 6s + 34}$$

又从图 6-2-5(a) 电路求得

$$H(s) = \frac{U(s)}{I(s)} = \frac{(R+Ls)\dfrac{1}{Cs}}{R+Ls+\dfrac{1}{Cs}} = \frac{Ls+R}{LCs^2 + RCs + 1}$$

故有
$$17\,\frac{s+6}{s^2+6s+34}=\frac{Ls+R}{LCs^2+RCs+1}$$

将上式进行整理,并利用对应项系数相等,有

$$34R=102$$
$$6R+34L=17+102RC$$
$$L=17LC$$

联立求解得 $R=3\ \Omega$, $L=0.5\ \mathrm{H}$, $C=\dfrac{1}{17}\ \mathrm{F}$。

例 6 - 2 - 9   图 6 - 2 - 6(a) 所示电路,求电压比函数 $H(s)=\dfrac{U_2(s)}{U_1(s)}$,并画出零、极点图。

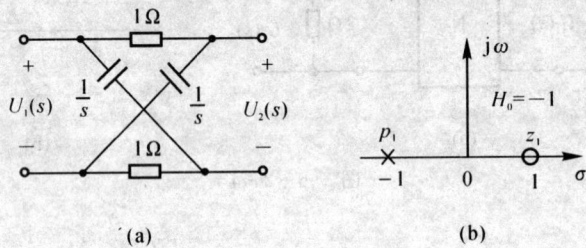

图   6 - 2 - 6

解
$$U_2(s)=\frac{U_1(s)}{1+\dfrac{1}{s}}\,\frac{1}{s}-\frac{U_1(s)}{\dfrac{1}{s}+1}\times 1=-\frac{s-1}{s+1}U_1(s)$$

故得
$$H(s)=\frac{U_2(s)}{U_1(s)}=-1\times\frac{s-1}{s+1}$$

其中 $H_0=-1$。可见 $H(s)$ 有一个零点 $z_1=1$,一个极点 $p_1=-1$,其零、极点分布如图 6 - 2 - 6(b) 所示。可见零点与极点的分布是以 $j\omega$ 轴左右对称。具有这种特点的系统称为全通系统。

6.3   系统函数 $H(s)$ 的应用

本节我们将从九个方面研究 $H(s)$ 的应用。

一、从 $H(s)$ 可求得系统的自然频率

因
$$H(s)=\frac{N(s)}{D(s)}=\frac{N(s)}{a_n s^n+a_{n-1}s^{n-1}+\cdots+a_1 s+a_0}$$

令 $D(s)=a_n s^n+a_{n-1}s^{n-1}+\cdots+a_1 s+a_0=0$,其根为 $H(s)$ 的极点,也就是系统的自然频率,它只与系统本身的结构和元件参数有关,而与激励和响应均无关。

要强调指出:系统的自然频率与系统变量的自然频率不完全是一个概念,主要是它们两者的个数不一定相等。系统变量的自然频率一定是系统的自然频率,但系统的自然频率并不是其中的每一个都必然能反映在系统的变量之中,它们之间的关系可用集合的语言表示为

系统变量的自然频率 $\subseteq$ 系统的自然频率

例 6-3-1 图 6-3-1(a)所示电路为无激励电路(即外激励与内激励均为零的电路),求电路的自然频率。

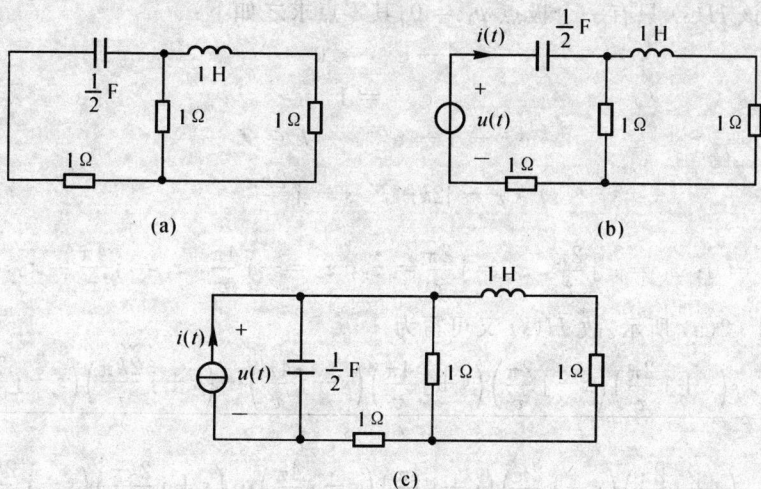

图 6-3-1

解 因为电路的自然频率与激励和响应均无关,所以可以用施加电源(电压源或电流源)的方法求任意处的响应。施加电压源时,此电压源应与电路中的任一支路串联;施加电流源时,此电流源应与电路中的任一支路并联。只有这样,才能保证原无激励电路的结构不发生改变。

(1)施加电压源 $u(t)$,并任意选 $i(t)$ 为响应,如图 6-3-1(b)所示电路。根据此电路可求得

$$H(s) = \frac{I(s)}{U(s)} = \frac{s^2 + 2s}{2s^2 + 5s + 4}$$

令分母 $D(s) = 2s^2 + 5s + 4 = 0$,得两个极点为 $p_1 = -\frac{5}{4} + \mathrm{j}\frac{\sqrt{7}}{4}$,$p_2 = -\frac{5}{4} - \mathrm{j}\frac{\sqrt{7}}{4}$。$p_1$ 和 p_2 即为所求电路的自然频率。

(2)施加电流源 $i(t)$,并任意选 $u(t)$ 为响应,如图 6-3-1(c)所示电路。根据此电路可求得

$$H(s) = \frac{U(s)}{I(s)} = \frac{4s + 6}{2s^2 + 5s + 4}$$

令分母 $D(s) = 2s^2 + 5s + 4 = 0$,其根同上。

从(1)和(2)两个计算结果可看出,所得 $H(s)$ 的极点是相同的,即电路的自然频率是相同的。这是因为 $H(s)$ 的极点(即电路的自然频率)与激励和响应均无关,而与电路本身的结构和元件值有关。

二、求单位冲激响应 $h(t)$

因有

$$H(s) = \mathscr{L}[h(t)]$$

故得

$$h(t) = \mathscr{L}^{-1}[H(s)]$$

例 6 - 3 - 2 已知(1) $H(s) = \dfrac{1 - e^{-s\tau}}{s}$; (2) $H(s) = \dfrac{1 - e^{-s\tau}}{s(1 - e^{-sT})}$, 设 $T > \tau$。求 $H(s)$ 的零点与极点,画出零、极点图;求 $h(t)$,并画出 $h(t)$ 的波形。

解 (1) 该 $H(s)$ 只有一个极点 $p_1 = 0$;其零点求之如下:

令 $1 - e^{-s\tau} = 0$

即 $e^{-s\tau} = 1$

即 $e^{s\tau} = 1 = e^{j2k\pi} \qquad k \in \mathbf{Z}$

故得 $s\tau = j2k\pi, \quad s = j\dfrac{2k\pi}{\tau}$

故得零点为 $z_0 = 0$;$z_1 = -j\dfrac{2\pi}{\tau}$,$z_2 = j\dfrac{2\pi}{\tau} = \overset{*}{z}_1$;$z_3 = -j\dfrac{4\pi}{\tau}$,$z_4 = j\dfrac{4\pi}{\tau} = \overset{*}{z}_3$;…。其零、极点

分布如图 6 - 3 - 2(a) 所示。故 $H(s)$ 又可写为

$$H(s) = \frac{s\left(s + j\dfrac{2\pi}{\tau}\right)\left(s - j\dfrac{2\pi}{\tau}\right)\left(s + j\dfrac{4\pi}{\tau}\right)\left(s - j\dfrac{4\pi}{\tau}\right)\cdots\left(s + j\dfrac{2k\pi}{\tau}\right)\left(s - j\dfrac{2k\pi}{\tau}\right)}{s} =$$

$$\left(s + j\dfrac{2\pi}{\tau}\right)\left(s - j\dfrac{2\pi}{\tau}\right)\left(s + j\dfrac{4\pi}{\tau}\right)\left(s - j\dfrac{4\pi}{\tau}\right)\cdots\left(s + j\dfrac{2k\pi}{\tau}\right)\left(s - j\dfrac{2k\pi}{\tau}\right)$$

其中位于坐标原点上的极点与零点对消了,即分母与分子中的公因子 s 相消了,从而使该 $H(s)$ 在 s 平面上没有极点而只有零点。

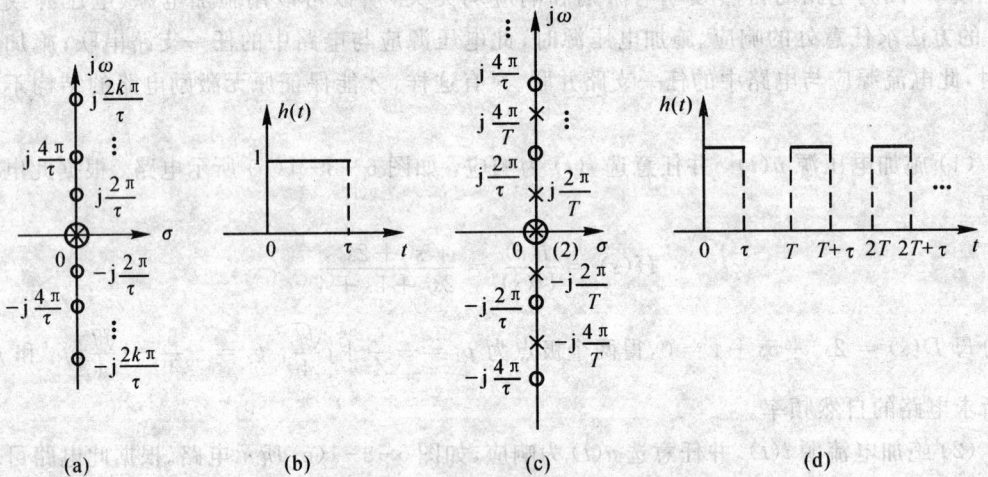

图   6 - 3 - 2

注:坐标原点上的极点为二阶的,用(2) 表示。

将 $H(s)$ 的表示式改写为

$$H(s) = \frac{1}{s} - \frac{1}{s}e^{-s\tau}$$

故经反变换得

$$h(t) = \mathscr{L}^{-1}[H(s)] = U(t) - U(t - \tau)$$

$h(t)$ 的波形如图 6 - 3 - 2(b) 所示。可见 $h(t)$ 为一时限信号。由此可得到一个结论:所有时限信号在 s 平面上没有极点,只有零点,且零点全都分布在 $j\omega$ 轴上。

（2）仿照上面（1）的方法，可将该 $H(s)$ 的分子、分母分别分解因式，从而写成下式，即

$$H(s) = \frac{s\left(s+j\frac{2\pi}{\tau}\right)\left(s-j\frac{2\pi}{\tau}\right)\left(s+j\frac{4\pi}{\tau}\right)\left(s-j\frac{4\pi}{\tau}\right)\cdots\left(s+j\frac{2k\pi}{\tau}\right)\left(s-j\frac{2k\pi}{\tau}\right)}{ss\left(s+j\frac{2\pi}{T}\right)\left(s-j\frac{2\pi}{T}\right)\left(s+j\frac{4\pi}{T}\right)\left(s-j\frac{4\pi}{T}\right)\cdots\left(s+j\frac{2k\pi}{T}\right)\left(s-j\frac{2k\pi}{T}\right)}$$

故可画出零、极点分布如图 6-3-2(c) 所示。其单位冲激响应为

$$h(t) = \mathscr{L}^{-1}\left[H(s)\right] = \mathscr{L}^{-1}\left[\frac{1-\mathrm{e}^{-s\tau}}{s}\frac{1}{1-\mathrm{e}^{-sT}}\right] = \mathscr{L}^{-1}\left[\frac{1-\mathrm{e}^{-s\tau}}{s}\right] * \mathscr{L}^{-1}\left[\frac{1}{1-\mathrm{e}^{-sT}}\right] =$$

$$[U(t) - U(t-\tau)] * \sum_{n=0}^{\infty}\delta(t-nT) =$$

$$\sum_{n=0}^{\infty}\{[U(t) - U(t-\tau)] * \delta(t-nT)\} =$$

$$\sum_{n=0}^{\infty}[U(t-nT) - U(t-nT-\tau)] \qquad n = 0,1,2,\cdots$$

$h(t)$ 的波形如图 6-3-2(d) 所示，可见为一有始的周期函数，周期为 T。

例 6-3-3　已知系统函数 $H(s) = \dfrac{s}{s^2+4s+8}$，求 $h(t)$。

解　　　　$H(s) = \dfrac{s+2-2}{(s+2)^2+2^2} = \dfrac{s+2}{(s+2)^2+s^2} - \dfrac{2}{(s+2)^2+2^2}$

故得

$$h(t) = (\mathrm{e}^{-2t}\cos 2t - \mathrm{e}^{-2t}\sin 2t)U(t) = \mathrm{e}^{-2t}(\cos 2t - \sin 2t)U(t)$$

三、$H(s)$ 的极点、零点分布对 $h(t)$ 的影响

$h(t)$ 随时间变化的波形形状只由 $H(s)$ 的极点决定，与 $H(s)$ 的零点无关；$h(t)$ 的大小和相位由 $H(s)$ 的极点和零点共同决定。

例 6-3-4　画出下列各系统函数的零、极点分布及单位冲激响应 $h(t)$ 的波形。

(1) $H(s) = \dfrac{s+1}{(s+1)^2+2^2}$；　　　　　　　　(2) $H(s) = \dfrac{s}{(s+1)^2+2^2}$；

(3) $H(s) = \dfrac{(s+1)^2}{(s+1)^2+2^2}$。

解　所给三个系统函数的极点均相同，即均为 $p_1 = -1+j2$，$p_2 = -1-j2 = \overset{*}{p}_1$，但零点是各不相同的。

(1) $h(t) = \mathscr{L}^{-1}\left[\dfrac{s+1}{(s+1)^2+2^2}\right] = \mathrm{e}^{-t}\cos 2t U(t)$

(2) $h(t) = \mathscr{L}^{-1}\left[\dfrac{s}{(s+1)^2+2^2}\right] = \mathscr{L}^{-1}\left[\dfrac{s+1}{(s+1)^2+2^2} - \dfrac{1}{2}\dfrac{2}{(s+1)^2+2^2}\right] =$

$$\mathrm{e}^{-t}\cos 2t U(t) - \dfrac{1}{2}\mathrm{e}^{-t}\sin 2t U(t) = \mathrm{e}^{-t}\left(\cos 2t - \dfrac{1}{2}\sin 2t\right)U(t) =$$

$$\dfrac{\sqrt{5}}{2}\mathrm{e}^{-t}\cos(2t - 26.57°)U(t)$$

（3）$h(t) = \mathscr{L}^{-1}\left[\dfrac{(s+1)^2}{(s+1)^2+2^2}\right] = \mathscr{L}^{-1}\left[1 - 2\dfrac{2}{(s+1)^2+2^2}\right] =$

$\delta(t) - 2e^{-t}\sin 2tU(t) = \delta(t) - 2e^{-t}\cos(2t - 90°)U(t)$

它们的零、极点分布及 $h(t)$ 的波形分别如图 $6-3-3(a),(b),(c)$ 所示。

从上述分析结果和图 $6-3-3$ 看出，当零点从 -1 移到原点 0 时，$h(t)$ 的波形幅度与相位发生了变化；当 -1 处的零点由一阶变为二阶时，则不仅 $h(t)$ 波形的幅度和相位发生了变化，而且其中还出现了冲激函数 $\delta(t)$。

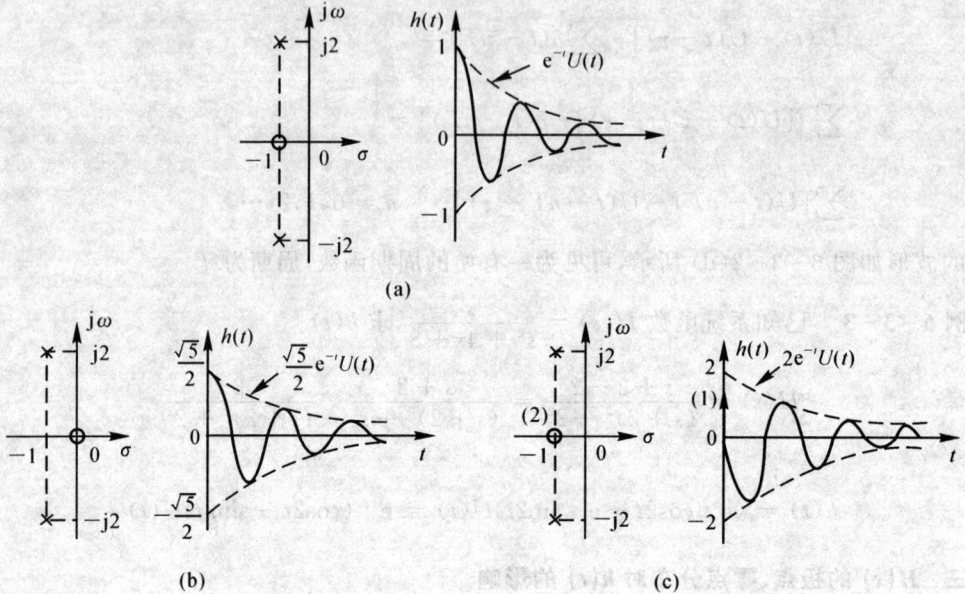

图　$6-3-3$

四、根据 $H(s)$ 的极点分布判断系统的稳定性

在时域中，若满足 $\lim\limits_{t\to\infty}h(t)=0$，则系统是稳定的*。因此，对于稳定系统，它的 $H(s)$ 的极点必须全部位于 s 平面的左半开平面上，即必须有 $\mathrm{Re}[s]=\sigma<0$。

在时域中，若满足 $\lim\limits_{t\to\infty}h(t)=$ 有限值（定值或不定值），则系统是临界稳定的。因此，对于临界稳定系统，它的 $H(s)$ 的极点必须全部位于 s 平面的左半闭平面上，即必须有 $\mathrm{Re}[s]=\sigma\leqslant 0$，且位于 $j\omega$ 轴上的极点必须是单阶的。

在时域中，若满足 $\lim\limits_{t\to\infty}h(t)\to\infty$，则系统是不稳定的。因此，对于不稳定系统，它的 $H(s)$ 的极点中至少要有一个位于 s 平面的右半开平面上；若极点是位于 $j\omega$ 轴上且是重阶的，则系统也是不稳定的。

所有工程实际中工作的系统都必须是稳定的。

---

* 这是系统稳定的必要条件，而不是充分条件；其充分条件是 $\displaystyle\int_{-\infty}^{+\infty}|h(t)|\,\mathrm{d}t<\infty$。

因 $H(s)$ 的极点为其分母多项式 $D(s) = 0$ 的根,故系统的稳定与否,就归结为 $D(s) = 0$ 的根是否均有负的实部,即 $\mathrm{Re}\,[s] < 0$。数学上称根均具有负实部的多项式为霍尔维茨多项式(Hurwitz Polynomial),简写为 H・P。故系统的稳定性又归结为 $D(s)$ 是否为 H・P。$D(s)$ 为 H・P 的必要条件:多项式中无 s 幂的缺项,且全部系数符号相同;$D(s)$ 为 H・P 的充要条件:罗斯阵列中第一列的数字符号相同。关于系统稳定性的详细讨论见 6.6 节。

五、根据 $H(s)$ 可写出系统的微分方程

若 $H(s)$ 的分子、分母多项式无公因式相消,则可根据 $H(s)$ 的表达式写出它所联系的响应 $y(t)$ 与激励 $f(t)$ 之间关系的微分方程。例如设

$$H(s) = \frac{s+2}{s^3 + 4s^2 + 5s + 10}$$

则其微分方程为

$$\frac{\mathrm{d}^3}{\mathrm{d}t^3}y(t) + 4\frac{\mathrm{d}^2}{\mathrm{d}t^2}y(t) + 5\frac{\mathrm{d}y(t)}{\mathrm{d}t} + 10y(t) = \frac{\mathrm{d}f(t)}{\mathrm{d}t} + 2f(t)$$

六、根据给定或求得的系统的初始值,从 $H(s)$ 的极点求系统的零输入响应 $y_{\mathrm{x}}(t)$

若 $H(s)$ 的分子、分母多项式无公因式相消,则 $H(s)$ 的极点即为系统微分方程的特征根,亦即系统的自然频率,故可由 $H(s)$ 的极点直接写出系统零输入响应 $y_{\mathrm{x}}(t)$ 的时域变化模式。若为单极点 p_1,p_2,$\cdots$,p_n,则

$$y_{\mathrm{x}}(t) = A_1\mathrm{e}^{p_1 t} + A_2\mathrm{e}^{p_2 t} + \cdots + A_n\mathrm{e}^{p_n t} = \sum_{i=1}^{n} A_i\mathrm{e}^{p_i t} \qquad i = 1,2,\cdots,n$$

若为 n 重极点 p,即 $p_1 = p_2 = \cdots = p_n = p$,则

$$y_{\mathrm{x}}(t) = A_1\mathrm{e}^{pt} + A_2 t\mathrm{e}^{pt} + \cdots + A_n t^{n-1}\mathrm{e}^{pt}$$

式中,系数 A_1,A_2,$\cdots$,A_n 由系统的初始值 $y_{\mathrm{x}}(0^+)$,$y_{\mathrm{x}}'(0^+)$,$y_{\mathrm{x}}''(0^+)$,$\cdots$,$y_{\mathrm{x}}^{(n-1)}(0^+)$ 确定。

例 6 - 3 - 5　图 6 - 3 - 4(a) 所示电路,已知 $i(0^-) = -2$ A,$u(0^-) = 2$ V。求零输入响应 $u(t)$。

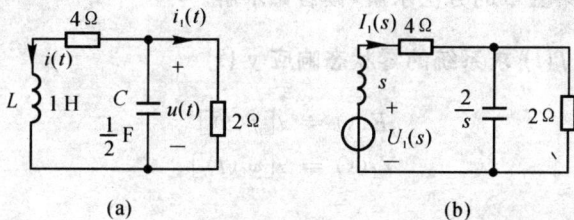

图　6 - 3 - 4

解　由于电路的自然频率(即 $H(s)$ 的极点)与激励和响应无关,故可利用图 6 - 3 - 4(b) 所示电路求电路的自然频率。这是因为同一个电路中,不管对哪一个响应,电路的自然频率都是相同的。即

$$H(s) = \frac{I_1(s)}{U_1(s)} = \frac{1}{\dfrac{U_1(s)}{I_1(s)}} = \frac{1}{Z(s)}$$

今
$$Z(s) = 4 + s + \frac{2 \times \dfrac{2}{s}}{2 + \dfrac{2}{s}} = \frac{s^2 + 5s + 6}{s + 1}$$

故得
$$H(s) = \frac{1}{Z(s)} = \frac{s+1}{s^2 + 5s + 6}$$

令
$$D(s) = s^2 + 5s + 6 = (s+2)(s+3) = 0$$

故得两个极点为 $p_1 = -2$，$p_2 = -3$。故零输入响应为

$$u(t) = A_1 e^{-2t} + A_2 e^{-3t} \qquad \text{①}$$

又
$$u'(t) = -2A_1 e^{-2t} - 3A_2 e^{-3t}$$

故
$$u(0^+) = u(0^-) = A_1 + A_2 = 2 \qquad \text{②}$$

$$u'(0^+) = -2A_1 - 3A_2 \qquad \text{③}$$

又从图 6-3-4(a) 得

$$i_1(0^+) = \frac{u(0^+)}{2} = \frac{2}{2} = 1 \text{ A}$$

又有
$$Cu'(t) = -i(t) - i_1(t)$$

故
$$\frac{1}{2}u'(0^+) = -i(0^+) - i_1(0^+) = -i(0^-) - i_1(0^+) = 2 - 1 = 1 \text{ A}$$

故得
$$u'(0^+) = 2 \text{ V/s}$$

代入式 ③ 有

$$-2A_1 - 3A_2 = 2 \qquad \text{④}$$

联立求解式 ②，④ 得 $A_1 = 8$，$A_2 = -6$。代入式 ① 得

$$u(t) = (8e^{-2t} - 6e^{-3t}) \text{ V} \qquad t \geqslant 0$$

当然，此题也可用第五章的方法求解，读者试求解。

七、对给定的激励 $f(t)$ 求系统的零状态响应 $y_f(t)$

设
$$F(s) = \mathcal{L}[f(t)]$$
$$Y_f(s) = \mathcal{L}[y_f(t)]$$

则根据式(6-1-1)有

$$Y_f(s) = H(s)F(s)$$

进行反变换即得零状态响应为

$$y_f(t) = \mathcal{L}^{-1}[Y_f(s)] = \mathcal{L}^{-1}[H(s)F(s)]$$

若 $Y_f(s)$ 的分子、分母没有公因式相消，则 $Y_f(s)$ 的极点中包括了 $H(s)$ 和 $F(s)$ 的全部极点。其中 $H(s)$ 的极点确定了零状态响应 $y_f(t)$ 中自由响应分量的时间模式；而 $F(s)$ 的极点则确定了 $y_f(t)$ 中强迫响应分量的时间模式。

例 6-3-6 图 6-3-5(a) 所示电路。已知 $f(t) = 20e^{-2t}U(t)$ V，求零状态响应 $u(t)$。

解 其 s 域电路如图 6-3-5(b) 所示。

$$H(s) = \frac{U(s)}{F(s)} = \frac{1}{2 + \dfrac{1}{1 + 0.5s}} \frac{1}{1 + 0.5s} = \frac{1}{s + 3}$$

$$F(s) = \mathscr{L}[f(t)] = \frac{20}{s + 2}$$

$$U(s) = H(s)F(s) = \frac{1}{s + 3} \frac{20}{s + 2} = \frac{-20}{s + 3} + \frac{20}{s + 2}$$

故得

$$u(t) = \underbrace{-20\mathrm{e}^{-3t}U(t)}_{\text{自由响应}} + \underbrace{20\mathrm{e}^{-2t}U(t)}_{\text{强迫响应}} \text{ V}$$

瞬态响应

零状态响应

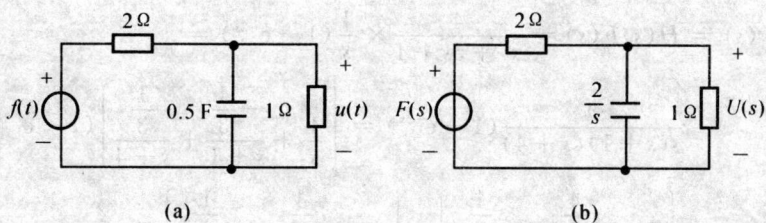

图　6 - 3 - 5

* **例 6 - 3 - 7**　图 6 - 3 - 6(a) 所示电路,已知二端口网络 N 的 Y 参数矩阵为 $Y = \begin{bmatrix} 10 + \dfrac{4}{s} & -\dfrac{4}{s} \\ -\dfrac{4}{s} & 5 + \dfrac{4}{s} \end{bmatrix}$, $f(t)$ 的波形如图 6 - 3 - 6(b) 所示。求零状态响应 $u_2(t)$。

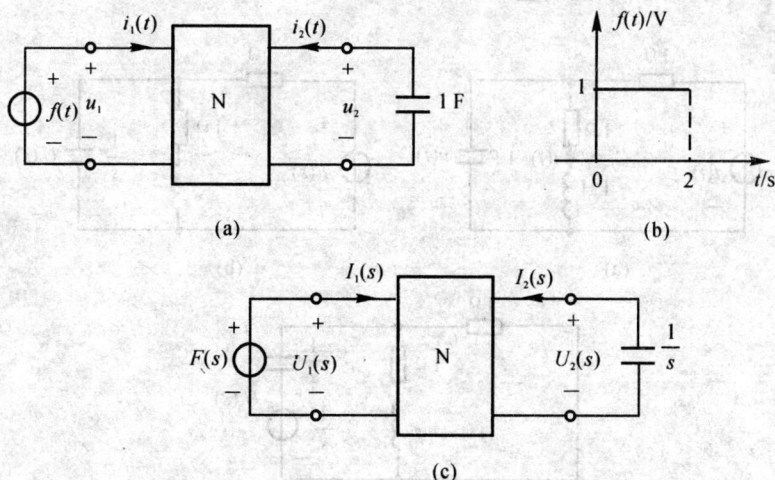

图　6 - 3 - 6

解　s 域电路模型如图 6 - 3 - 6(c) 所示。因有

$$I_2(s) = -\frac{4}{s}U_1(s) + \left(5 + \frac{4}{s}\right)U_2(s)$$

今 $I_2(s) = -sU_2(s)$, $U_1(s) = F(s)$,代入上式有

$$-sU_2(s) = -\frac{4}{s}F(s) + \left(5 + \frac{4}{s}\right)U_2(s)$$

解得

$$H(s) = \frac{U_2(s)}{F(s)} = \frac{4}{s^2 + 5s + 4}$$

又因

$$f(t) = U(t) - U(t-2)$$

故

$$F(s) = \frac{1}{s} - \frac{1}{s}e^{-2s} = \frac{1}{s}(1 - e^{-2s})$$

故得

$$U_2(s) = H(s)F(s) = \frac{4}{s^2 + 5s + 4} \times \frac{1}{s}(1 - e^{-2s}) =$$

$$\frac{4}{s(s+1)(s+4)}(1 - e^{-2s}) = \left(\frac{1}{s} + \frac{-\frac{4}{3}}{s+1} + \frac{\frac{1}{3}}{s+4}\right)(1 - e^{-2s}) =$$

$$\left(\frac{1}{s} - \frac{\frac{4}{3}}{s+1} + \frac{\frac{1}{3}}{s+4}\right) - \left(\frac{1}{s} - \frac{\frac{4}{3}}{s+1} + \frac{\frac{1}{3}}{s+4}\right)e^{-2s}$$

故得

$$u_2(t) = \left(1 - \frac{4}{3}e^{-t} + \frac{1}{3}e^{-4t}\right)U(t) + \left[1 - \frac{4}{3}e^{-(t-2)} + \frac{1}{3}e^{-4(t-2)}\right]U(t-2) \text{ V}$$

例 6-3-8 图 6-3-7(a) 所示电路。(1) 求 $H(s) = \dfrac{U(s)}{F(s)}$; (2) 若 $f(t) = U(t)$ V,$i(0^-) = 0$, $u(0^-) = 1$ V,求全响应 $u(t)$。

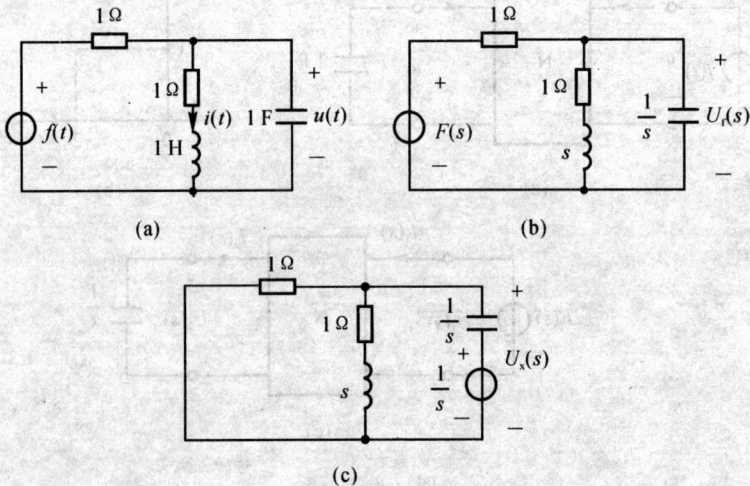

(a)

(b)

(c)

图 6-3-7

解　（1）求 $H(s) = \dfrac{U_f(s)}{F(s)}$。零状态 s 域电路模型如图 $6-3-7$(b) 所示。故有

$$U_f(s) = \frac{F(s)}{1 + \dfrac{1}{s+1} + s}$$

故得

$$H(s) = \frac{U_f(s)}{F(s)} = \frac{s+1}{s^2 + 2s + 2}$$

（2）求零状态响应 $u_f(t)$。$F(s) = \dfrac{1}{s}$，故

$$U_f(s) = H(s)F(s) = \frac{s+1}{s^2 + 2s + 2} \times \frac{1}{s} = \frac{s+1}{s(s+1+j1)(s+1-j1)} =$$

$$\frac{K_1}{s} + \frac{K_2}{s+1+j1} + \frac{K_3}{s+1-j1} = \frac{\frac{1}{2}}{s} + \frac{-\dfrac{\sqrt{2}}{4}e^{-j45°}}{s+1+j1} + \frac{-\dfrac{\sqrt{2}}{4}e^{j45°}}{s+1-j1}$$

故得

$$u_f(t) = \frac{1}{2} - \frac{\sqrt{2}}{4}e^{-j45°}e^{-(1+j1)t} - \frac{\sqrt{2}}{4}e^{j45°}e^{-(1-j1)t} =$$

$$\frac{1}{2} - \frac{\sqrt{2}}{4}e^{-t}e^{-j(t-45°)} - \frac{\sqrt{2}}{4}e^{-t}e^{j(t-45°)} = \left[\frac{1}{2} - \frac{\sqrt{2}}{2}e^{-t}\cos(t-45°)\right]U(t) \ \text{V}$$

（3）求零输入响应 $u_x(t)$。零输入 s 域电路模型如图 $6-3-7$(c) 所示。故有

$$U_x(s) = \frac{1}{1 + \dfrac{1}{s+1} + s} = \frac{s+1}{(s+1)^2 + 1}$$

故得零输入响应为

$$u_x(t) = e^{-t}\cos t\, U(t) \ \text{V}$$

（4）全响应为 $u(t) = u_f(t) + u_x(t)$，即

$$u(t) = \left[\frac{1}{2} - \frac{\sqrt{2}}{2}e^{-t}\cos(t-45°) + e^{-t}\cos t\right]U(t) \ \text{V}$$

八、求系统的频率特性（即频率响应）$H(j\omega)$

对于稳定和临界稳定系统（即 $H(s)$ 的收敛域包括 $j\omega$ 轴在内），可令 $H(s)$ 中的 $s = j\omega$ 而求得 $H(j\omega)$。* 即

$$H(j\omega) = H(s)\big|_{s=j\omega} = \frac{b_m s^m + \cdots + b_1 s + b_0}{a_n s^n + \cdots + a_1 s + a_0}\bigg|_{s=j\omega} =$$

$$\frac{b_m(j\omega)^m + \cdots + b_1 j\omega + b_0}{a_n(j\omega)^n + \cdots + a_1 j\omega + a_0} \tag{6-3-1}$$

$H(j\omega)$ 一般为 $j\omega$ 的复数函数，故可写为

$$H(j\omega) = |H(j\omega)|e^{j\varphi(\omega)}$$

$|H(j\omega)|$ 和 $\varphi(\omega)$ 分别称为系统的模频特性与相频特性。它们可用解析法或图解法求得。

---

*　不稳定的系统不存在 $H(j\omega)$，不能用式 $H(s)\big|_{s=j\omega} = H(j\omega)$ 求 $H(j\omega)$。

1. 解析法

例 6 - 3 - 9 用解析法求图 6 - 3 - 8 所示两个电路的频率特性。图 6 - 3 - 8(a) 电路为一阶低通滤波电路,图 6 - 3 - 8(b) 电路为一阶高通滤波电路。

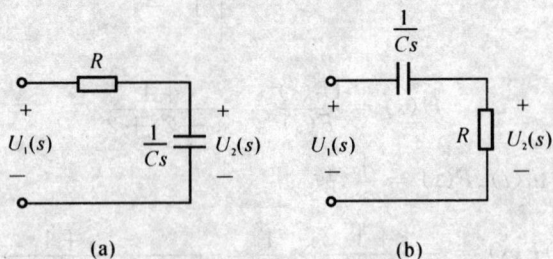

图 6 - 3 - 8

解 (a) $H(s) = \dfrac{U_2(s)}{U_1(s)} = \dfrac{\dfrac{1}{Cs}}{R + \dfrac{1}{Cs}} = \dfrac{1}{1 + CRs}$

故得

$$H(j\omega) = |H(j\omega)| e^{j\varphi(\omega)} = \dfrac{1}{1 + j\omega RC}$$

即

$$|H(j\omega)| = \dfrac{1}{\sqrt{1 + (\omega RC)^2}}$$

$$\varphi(\omega) = -\arctan(RC\omega)$$

根据上两式即可画出模频特性与相频特性,如图 6 - 3 - 9 所示,可见为一低通滤波器。当 $\omega = \omega_C = \dfrac{1}{RC}$ 时,$|H(j\omega)| = \dfrac{1}{\sqrt{2}}$,$\varphi(\omega) = -45°$。$\omega_C = \dfrac{1}{RC}$ 称为截止频率,0 到 ω_C 的频率范围称为低通滤波器的通频带。通频带就等于 ω_C。

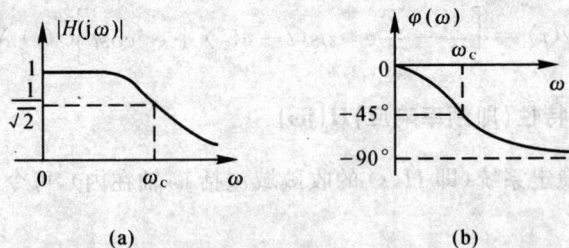

图 6 - 3 - 9

(b) $H(s) = \dfrac{U_2(s)}{U_1(s)} = \dfrac{R}{R + \dfrac{1}{Cs}} = \dfrac{RCs}{RCs + 1}$

故得

$$H(j\omega) = |H(j\omega)| e^{j\varphi(\omega)} = \dfrac{j\omega RC}{j\omega RC + 1}$$

即

$$|H(j\omega)| = \dfrac{RC\omega}{\sqrt{1 + (RC\omega)^2}}$$

$$\varphi(\omega) = \text{acrtan} \frac{1}{RC\omega}$$

其频率特性如图 6-3-10 所示,可见为一高通滤波器。当 $\omega = \omega_C = \dfrac{1}{RC}$ 时,$|H(j\omega)| = \dfrac{1}{\sqrt{2}}$,

$\varphi(\omega) = 45°$。$\omega_C = \dfrac{1}{RC}$ 为其截止频率,从 ω_C 到 ∞ 的频率范围为其通频带。

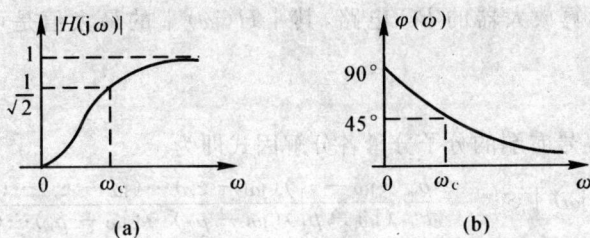

图 6-3-10

例 6-3-10 求图 6-3-11(a) 所示有源二阶电路的频率特性。

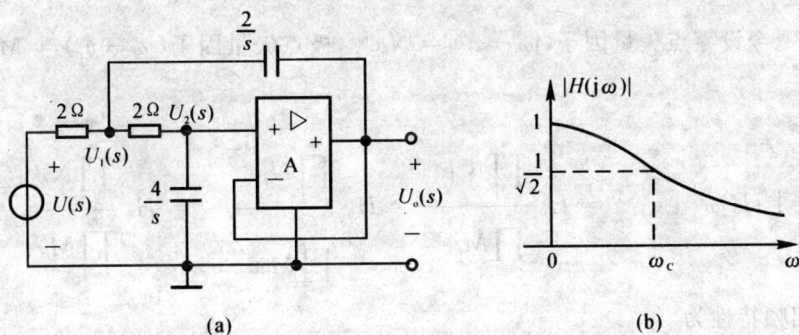

图 6-3-11

解 对节点 ①,② 列写 KCL 方程为

节点 ①:$\quad \dfrac{U_1(s) - U(s)}{2} + \dfrac{U_1(s) - U_2(s)}{2} + \dfrac{U_1(s) - U_o(s)}{\frac{2}{s}} = 0$

节点 ②:$\quad \dfrac{U_2(s)}{\frac{4}{s}} + \dfrac{U_2(s) - U_1(s)}{2} = 0$

联立求解得 $\quad H(s) = \dfrac{U_o(s)}{U(s)} = \dfrac{2}{s^2 + 2s + 2}$

由于 $H(s)$ 的分母多项式为二次多项式,各项中的系数均为正实数,故电路必为稳定的。故得

$$H(j\omega) = |H(j\omega)| e^{j\varphi(\omega)} = \frac{2}{(j\omega)^2 + j2\omega + 2} =$$

$$\frac{2}{(2 - \omega^2) + j2\omega} = \frac{2}{\sqrt{(2-\omega^2)^2 + 4\omega^2}} e^{-j\text{arctan}\frac{2\omega}{2-\omega^2}}$$

故 $\quad |H(j\omega)| = \dfrac{2}{\sqrt{(2-\omega^2)^2 + 4\omega^2}} = \dfrac{2}{\sqrt{4 + \omega^4}}$

$$\varphi(\omega) = -\arctan\frac{2\omega}{2-\omega^2}$$

当 $\omega=0$ 时，$|H(j\omega)|=1$；当 $\omega=\omega_C=\sqrt{2}$ rad/s 时，$|H(j\omega)|=\dfrac{1}{\sqrt{2}}$；当 $\omega\to\infty$ 时，$|H(j\omega)|=0$。

其模频特性如图 6-3-11(b) 所示，可见为一有源二阶 RC 低通滤波器。$\omega_C=\sqrt{2}$ rad/s 为其截止频率。

需要指出，含有运算放大器的 RC 电路，其 $|H(j\omega)|$ 的最大值是可以设计成大于等于 1 的。

*2. 图解法

将式(6-3-1) 等号右端的分子分母各分解因式即为

$$H(j\omega)=|H(j\omega)|e^{j\varphi(\omega)}=\frac{b_m}{a_n}\frac{(j\omega-z_1)(j\omega-z_2)\cdots(j\omega-z_i)\cdots(j\omega-z_m)}{(j\omega-p_1)(j\omega-p_2)\cdots(j\omega-p_r)\cdots(j\omega-p_n)}=$$

$$H_0\frac{\prod\limits_{i=1}^m(j\omega-z_i)}{\prod\limits_{r=1}^n(j\omega-p_r)}$$

其中 $H_0=\dfrac{b_m}{a_n}$。今设零点矢量因子 $(j\omega-z_i)=N_ie^{j\psi_i}$，极点矢量因子 $(j\omega-p_r)=M_re^{j\theta_r}$。于是上式可写为

$$H(j\omega)=|H(j\omega)|e^{j\varphi(\omega)}=H_0\frac{\prod\limits_{i=1}^mN_ie^{j\psi_i}}{\prod\limits_{r=1}^nM_re^{j\theta_r}}=H_0\frac{\prod\limits_{i=1}^mN_ie^{j\sum\limits_{i=1}^m\psi_i}}{\prod\limits_{r=1}^nM_re^{j\sum\limits_{r=1}^n\theta_r}}=H_0\frac{\prod\limits_{i=1}^mN_i}{\prod\limits_{r=1}^nM_r}e^{j(\sum\limits_{i=1}^m\psi_i-\sum\limits_{r=1}^n\theta_r)}$$

故得模频与相频特性为

$$|H(j\omega)|=H_0\frac{\prod\limits_{i=1}^mN_i}{\prod\limits_{r=1}^nM_r}=H_0\frac{N_1N_2\cdots N_i\cdots N_m}{M_1M_2\cdots M_r\cdots M_n}$$

$$\varphi(\omega)=\sum_{i=1}^m\psi_i-\sum_{r=1}^n\theta_r=$$
$$(\psi_1+\psi_2+\cdots+\psi_i+\cdots+\psi_m)-$$
$$(\theta_1+\theta_1+\cdots+\theta_r+\cdots+\theta_n)$$

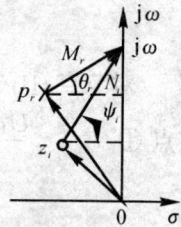

图　6-3-12

式中 N_i，ψ_i，M_r，θ_r 均可用图解法求得，如图 6-3-12 所示。故当 ω 沿 $j\omega$ 轴变化时，即可根据上式求得 $|H(j\omega)|$ 与 $\varphi(\omega)$。

九、求系统的正弦稳态响应 $y_s(t)$

1. 定义

因为只有在具有稳定性的系统中才能存在稳态响应。所以研究系统正弦稳态响应问题的前提是，系统必须具有稳定性。

对于稳定系统，当正弦激励信号 $f(t)=F_m\cos(\omega_0 t+\psi)U(t)$ 在 $t=0$ 时刻作用于系统时，

经过无穷长的时间(实际上只需要有限长时间)后,系统即达到稳定工作状态。此时系统中的所有瞬态响应已衰减为零,系统中只存在稳态响应了,此稳态响应即为系统的正弦稳态响应。

2. 求解方法与步骤

(1) 求系统函数 $H(s)$。

(2) 求系统的频率特性 $H(j\omega)$,即

$$H(j\omega) = H(s)\big|_{s=j\omega} = |H(j\omega)|e^{j\varphi(\omega)}$$

(3) 求 $|H(j\omega_0)|$ 和 $\varphi(\omega_0)$,即

$$|H(j\omega)|\big|_{\omega=\omega_0} = |H(j\omega_0)|$$

$$\varphi(\omega)\big|_{\omega=\omega_0} = \varphi(\omega_0)$$

(4) 将所求得的 $|H(j\omega_0)|$ 和 $\varphi(\omega_0)$ 代入式

$$y_s(t) = F_m|H(j\omega_0)|\cos[\omega_0 t + \psi + \varphi(\omega_0)]$$

即得正弦稳态响应 $y_s(t)$。可见系统的正弦稳态响应 $y_s(t)$ 仍为与激励 $f(t)$ 同频率 ω_0 的正弦函数,但振幅增大为 $|H(j\omega_0)|$ 倍,相位增加了 $\varphi(\omega_0)$。

例 6 - 3 - 11　已知 $H(s) = 4 \times \dfrac{s}{s^2 + 2s + 2}$。(1)用解析法求模频与相频特性 $|H(j\omega)|$ 和 $\varphi(\omega)$,并画出曲线;(2)已知正弦激励 $f(t) = 100\cos(2t + 45°)U(t)$,求正弦稳态响应 $y_s(t)$;(3)用图解法求 $|H(j2)|$,$\varphi(2)$ 及其模频特性 $|H(j\omega)|$ 与相频特性 $\varphi(\omega)$。

解　(1)由于 $H(s)$ 的分母为二次多项式且各项中的系数均为正实数,故系统是稳定的。故有

$$H(j\omega) = H(s)\big|_{s=j\omega} = \frac{4j\omega}{(j\omega)^2 + 2j\omega + 2} = \frac{4\omega\underline{/90°}}{2 - \omega^2 + j2\omega}$$

故得

$$|H(j\omega)| = \frac{4\omega}{\sqrt{(2-\omega^2)^2 + (2\omega)^2}}$$

$$\varphi(\omega) = 90° - \arctan\frac{2\omega}{2-\omega^2}$$

根据上两式画出的曲线如图 6 - 3 - 13(b),(c) 所示,可见为一带通滤波器。

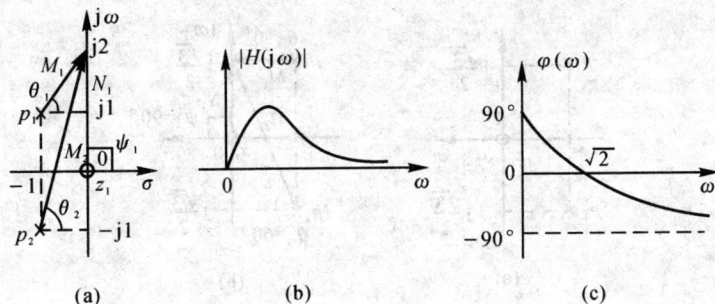

图　6 - 3 - 13

(2) 将 $\omega = 2$ rad/s 代入上两式得

$$|H(j2)| = 1.79$$

$$\varphi(2) = -26.57°$$

故得正弦稳态响应为

$$y_s(t) = |H(j2)|F_m\cos[2t + 45° + \varphi(2)] =$$
$$1.79 \times 100\cos[2t + 45° - 26.57°] = 179\cos(2t + 18.43°)$$

(3) $H(s) = 4 \times \dfrac{s}{(s+1+j1)(s+1-j1)}$

故得一个零点：$z_1 = 0$，两个极点：$p_1 = -1-j1$，$p_2 = -1+j1 = \overset{*}{p_1}$。其零、极点分布如图 6-3-13(a) 所示。故得

$$H(j\omega) = |H(j\omega)|e^{j\varphi(\omega)} = 4 \times \dfrac{j\omega}{(j\omega+1+j1)(j\omega+1-j1)}$$

当 $\omega = 2\ \text{rad/s}$ 时，可画出零、极点矢量因子，如图 6-3-13(a) 所示。于是由图 6-3-13(a) 得

$$N_1 = 2 \qquad\qquad \psi_1 = 90°$$
$$M_1 = \sqrt{2} \qquad\qquad \theta_1 = 45°$$
$$M_2 = \sqrt{10} \qquad\qquad \theta_1 = 71.57°$$

故得

$$|H(j2)| = 4 \times \dfrac{N_1}{M_1 M_2} = 1.79$$

$$\varphi(2) = \psi_1 - (\theta_1 + \theta_2) = -26.57°$$

用同样的方法，可求得 ω 取不同值时的 $|H(j\omega)|$ 和 $\varphi(\omega)$，如表 6-3-1 所示；其相应的曲线仍如图 6-3-13(b)，(c) 所示，可见，为一带通滤波器。

表 6-3-1　例 6-3-11 的计算结果

$\omega/(\text{rad}\cdot\text{s}^{-1})$	0	1	$\sqrt{2}$	2	3	5	10	∞
$|H(j\omega)|$	0	1.79	2	1.79	1.3	0.8	0.4	0
$\varphi(\omega)$	90°	25.8°	0°	-26.57°	-50°	-66°	-78.5°	-90°

例 6-3-12　已知系统函数 $H(s)$ 的零、极点分布如图 6-3-14(a) 所示，且知 $h(0^+) = 2$，激励 $f(t) = \sin\dfrac{\sqrt{3}}{2}tU(t)$。求正弦稳态响应 $y_s(t)$。

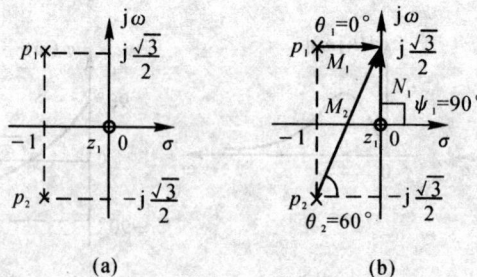

图　6-3-14

解　由图 6-3-14(a) 可写出

$$H(s) = H_0 \dfrac{s}{\left(s+1+j\dfrac{\sqrt{3}}{2}\right)\left(s+1-j\dfrac{\sqrt{3}}{2}\right)} = H_0 \dfrac{s}{(s+1)^2 + \left(\dfrac{\sqrt{3}}{2}\right)^2}$$

根据初值定理有

$$\lim_{t\to 0^+}h(t) = h(0^+) = \lim_{s\to\infty}sH(s) = \lim_{s\to\infty}s\,\frac{H_0 s}{(s+1)^2 + \left(\frac{\sqrt{3}}{2}\right)^2} = H_0 = 2$$

故

$$H(s) = 2\times\frac{s}{(s+1)^2 + \left(\frac{\sqrt{3}}{2}\right)^2}$$

故得

$$H\!\left(\mathrm{j}\frac{\sqrt{3}}{2}\right) = H(s)\big|_{s=\mathrm{j}\frac{\sqrt{3}}{2}} = \frac{2\mathrm{j}\frac{\sqrt{3}}{2}}{\left(\mathrm{j}\frac{\sqrt{3}}{2}+1\right)^2 + \left(\frac{\sqrt{3}}{2}\right)^2} = \frac{\mathrm{j}\sqrt{3}}{1+\mathrm{j}\sqrt{3}} = \frac{\sqrt{3}}{2}e^{\mathrm{j}30^\circ}$$

故得正弦稳态响应为

$$y_s(t) = \frac{\sqrt{3}}{2}\sin\left(\frac{\sqrt{3}}{2}t + 30^\circ\right)$$

此题若用图解法求解则更为简便,如图 6-3-14(b) 所示。从图中可求得

$$H\!\left(\mathrm{j}\frac{\sqrt{3}}{2}\right) = 2\times\frac{N_1}{M_1 M_2}e^{\mathrm{j}[\psi_1-(\theta_1+\theta_2)]} = 2\times\frac{\frac{\sqrt{3}}{2}}{1\times 2}e^{\mathrm{j}[90^\circ-(0^\circ+60^\circ)]} = \frac{\sqrt{3}}{2}e^{\mathrm{j}30^\circ}$$

与上面用解析法所求相同。

例 6-3-13　图 6-3-15(a) 所示电路。(1) 求 $H(s) = \dfrac{U_2(s)}{U_1(s)}$;(2) 画出 $H(s)$ 的零、极点图,指出 H_0 的值;(3) 求电路的频率特性 $H(\mathrm{j}\omega)$,画出模频特性曲线,说明是什么滤波器;(4) 已知激励 $u_1(t) = 90\cos(\sqrt{2}t + 30^\circ)$ V,求正弦稳态响应 $u_2(t)$。

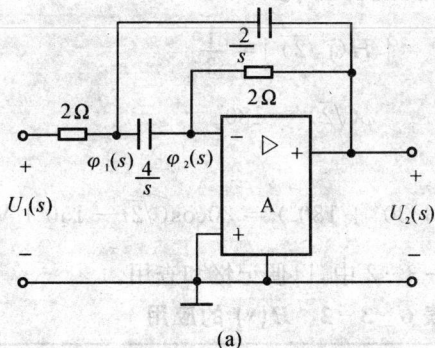

(a)

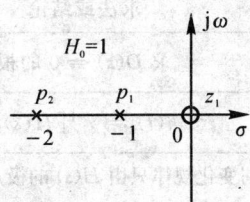

(b)

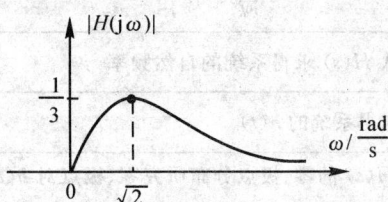

(c)

图　6-3-15

解 （1）列出独立节点的 KCL 方程为

$$\left(\frac{1}{2}+\frac{s}{4}+\frac{s}{2}\right)\varphi_1(s)-\frac{s}{4}\varphi_2(s)-\frac{s}{2}U_2(s)=\frac{1}{2}U_1(s)$$

$$-\frac{s}{4}U_1(s)+\left(\frac{1}{2}+\frac{s}{4}\right)\varphi_2(s)-\frac{1}{2}U_2(s)=0$$

$$\varphi_2(s)=0$$

联立求解得

$$H(s)=\frac{U_2(s)}{U_1(s)}=\frac{-s}{s^2+3s+2}$$

令分子 $s=0$，得 1 个零点为 $z_1=0$；令分母 $s^2+3s+2=0$，得两个极点为 $p_1=-1$，$p_2=-2$；$H_0=1$。其零、极点分布如图 6-3-15(b) 所示。

（2）因 $H(s)$ 的极点全部位于 s 平面的左半开平面上，系统为稳定系统，故

$$H(\mathrm{j}\omega)=H(s)\mid_{s=\mathrm{j}\omega}$$

即

$$H(\mathrm{j}\omega)=\frac{-\mathrm{j}\omega}{(\mathrm{j}\omega)^2+\mathrm{j}3\omega+2}=\frac{-\mathrm{j}\omega}{2-\omega^2+\mathrm{j}3\omega}$$

故得

$$\mid H(\mathrm{j}\omega)\mid=\frac{\omega}{\sqrt{(2-\omega^2)^2+9\omega^2}}=\frac{1}{\sqrt{\frac{(2-\omega^2)^2}{\omega^2}+9}}$$

当 $\omega=0$ 时，$\mid H(\mathrm{j}\omega)\mid=0$；当 $\omega=\sqrt{2}$ 时，$\mid H(\mathrm{j}\omega)\mid=\frac{1}{3}$ 为最大值；当 $\omega\to\infty$ 时，$\mid H(\mathrm{j}\omega)\mid\to 0$。$\mid H(\mathrm{j}\omega)\mid$ 随 ω 变化的曲线如图 6-3-15(c) 所示。可见为一带通滤波器。

（3）求 $u_1(t)=90\cos(\sqrt{2}t+30°)$ V 激励下的正弦稳态响应 $u_2(t)$。当 $\omega=\sqrt{2}$ rad/s 时，有

$$H(\mathrm{j}\omega)=\frac{-\mathrm{j}\sqrt{2}}{2-2+\mathrm{j}3\sqrt{2}}=\frac{-1}{3}=\frac{1}{3}\underline{/180°}$$

故

$$\mid H(\mathrm{j}\sqrt{2})\mid=\frac{1}{3}$$

$$\varphi(\sqrt{2})=180°$$

故得正弦稳态响应为

$$u_2(t)=90\times\frac{1}{3}\cos(\sqrt{2}t+30°+180°)=30\cos(\sqrt{2}t-150°)\text{ V}\qquad t\in\mathbf{R}$$

现将 $H(s)$ 的应用汇总于表 6-3-2 中，以便记忆和查用。

表 6-3-2 $H(s)$ 的应用

序号	应用	求法或结论
1	可从 $H(s)$ 求得系统的自然频率	求 $D(s)=0$ 的根
2	可求得系统的 $h(t)$	$h(t)=\mathscr{L}^{-1}[H(s)]$
3	从 $H(s)$ 的零、极点分布研究零、极点对 $h(t)$ 的影响	$h(t)$ 的变化规律只由 $H(s)$ 的极点决定，$h(t)$ 的大小和相位由 $H(s)$ 的极点和零点共同决定
4	从 $H(s)$ 的极点分布可判断系统是否具有稳定性	分析 $D(s)=0$ 的根在 s 平面上的分布

续　表

序　号	应　用	求法或结论
5	根据 $H(s)$ 可写出系统的微分方程	令 $s = p$ 即可
6	从 $H(s)$ 的极点可写出系统零输入响应的通解形式	$y_x(t) = A_1 e^{p_1 t} + A_2 e^{p_2 t} + \cdots + A_n e^{p_n t}$ 或 $y_x(t) = A_1 e^{pt} + A_2 t e^{pt} + \cdots + A_n t^{n-1} e^{pt}$ （n 重根）
7	求系统的零状态响应 $y_f(t)$	$y_f(t) = \mathscr{L}^{-1}[H(s)F(s)]$
8	从 $H(s)$ 可求得系统的 $H(j\omega)$	$H(j\omega) = H(s)\mid_{s=j\omega}$
9	求系统的正弦稳态响应 $y_s(t)$	$y_s(t) = F_m \mid H(j\Omega) \mid \cos[\Omega t + \psi + \varphi(\Omega)]$

十、$H(s)$ 应用综合举例

例 6-3-14　已知系统函数 $H(s) = \dfrac{Y_f(s)}{F(s)} = \dfrac{s+3}{s^2+3s+2}$。（1）若激励 $f(t) = U(t)$ V 时，其全响应的初始值 $y(0^+) = 2$，$y'(0^+) = 1$，求零状态响应 $y_f(t)$，零输入响应 $y_x(t)$，全响应 $y(t)$；（2）若 $f(t) = 1\cos 1t$ V，$t \in \mathbf{R}$，求系统的正弦稳态响应 $y(t)$。

解　（1）$F(s) = \dfrac{1}{s}$，故

$$Y_f(s) = H(s)F(s) = \frac{s+3}{s^2+3s+2} \times \frac{1}{s} = \frac{\frac{3}{2}}{s} + \frac{-2}{s+1} + \frac{\frac{1}{2}}{s+2}$$

故得零状态响应为

$$y_f(t) = \left(\frac{3}{2} - 2e^{-t} + \frac{1}{2}e^{-2t}\right)U(t) \text{ V}$$

（2）求零输入响应 $y_x(t)$ 和全响应 $y(t)$。令 $H(s)$ 的分母 $s^2 + 3s + 2 = 0$，得极点为 $p_1 = -1$，$p_2 = -2$。故零输入响应为

$$y_x(t) = (A_1 e^{-t} + A_2 e^{-2t})U(t) \text{ V}$$

全响应为

$$y(t) = y_f(t) + y_x(t) = \left(\frac{3}{2} - 2e^{-t} + \frac{1}{2}e^{-2t}\right) + (A_1 e^{-t} + A_2 e^{-2t})$$

又有

$$y'(t) = 2e^{-t} - e^{-2t} - A_1 e^{-t} - 2A_2 e^{-2t}$$

代入初始值有

$$y(0^+) = A_1 + A_2 = 2$$

$$y'(0^+) = 2 - 1 - A_1 - 2A_2 = 1$$

联立求解得

$$A_1 = 4, \qquad A_2 = -2$$

故得零输入响应和全响应为

$$y_x(t) = (4e^{-t} - 2e^{-2t})U(t) \text{ V}$$

$$y(t) = \left(\frac{3}{2} - 2e^{-t} + \frac{1}{2}e^{-2t}\right) + (4e^{-t} - 2e^{-2t}) = \left(\frac{3}{2} + 2e^{-t} - \frac{3}{2}e^{-2t}\right)U(t) \text{ V}$$

(3) 因系统具有稳定性,故

$$H(j\omega) = H(s)\big|_{s=j\omega} = \frac{j\omega + 3}{(j\omega)^2 + j3\omega + 2}$$

今 $\omega = 1$ rad/s,代入上式有

$$H(j1) = \frac{3 + j1}{1 + j3} = 1\underline{/-53.1°}$$

故得正弦稳态响应为

$$y(t) = 1 \times \cos(1t - 53.1°) = \cos(t - 53.1°) \text{ V}$$

例 6 - 3 - 15 图 6-3-16(a)所示电路,其中 N 为不含独立源的线性电路,已知关于 $u(t)$ 的零输入响应为 $u_x(t) = 6e^{-2t}U(t)$ V,系统函数 $H(s) = \dfrac{U_f(s)}{F(s)} = \dfrac{2s}{s+2}$。(1) $f(t) = 5U(t)$ A, 求全响应 $u(t)$;(2)画出一种与 N 等效的最简电路。

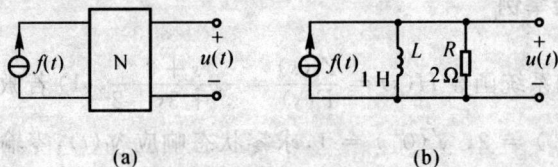

图 6-3-16

解 (1) $F(s) = \dfrac{5}{s}$,则

$$U_f(s) = H(s)F(s) = \frac{2s}{s+2} \times \frac{5}{s} = \frac{10}{s+2}$$

故得零状态响应为

$$u_f(t) = 10e^{-2t}U(t) \text{ V}$$

(2) 全响应为 $u(t) = u_x(t) + u_f(t) = 6e^{-2t} + 10e^{-2t} = 16e^{-2t}U(t)$ V。

(3) 由于 $H(s)$ 只有一个极点,故电路一定是含有电阻的一阶电路;又由于激励 $f(t)$ 是电流源,故此一阶电路一定是并联的;因为有 $u(\infty) = 0$,故此一阶电路一定是电阻 R 与电感 L 的并联;因为有 $u_f(0^+) = 10$ V,故 $R = \dfrac{10}{5} = 2$ Ω;因为 $\tau = \dfrac{L}{R} = \dfrac{1}{2}$,故 $L = \dfrac{1}{2}R = \dfrac{1}{2} \times 2 = 1$ H。 故所得等效电路如图 6-3-16(b)所示。

例 6 - 3 - 16 已知系统如图 6-3-17(a)所示。(1)求 $H(s) = \dfrac{Y(s)}{F(s)}$;(2)画出一种时域电路模型,并标出电路元件的值。

解 (1) $$H(p) = \frac{y(t)}{f(t)} = \frac{p^2 + 2p}{p^2 + 5p + 3}$$

令 $p = s$,得

$$H(s) = \frac{Y(s)}{F(s)} = \frac{s^2 + 2s}{s^2 + 5s + 3}$$

(2) 将 $H(s)$ 改写为

$$H(s) = \frac{s+2}{s+5+\dfrac{3}{s}} = \frac{s+2}{s+2+\dfrac{3}{s}+3}$$

于是可画出与原系统等效的一种电路,如图 6-3-17(b) 所示,电路元件的值也标在图中。

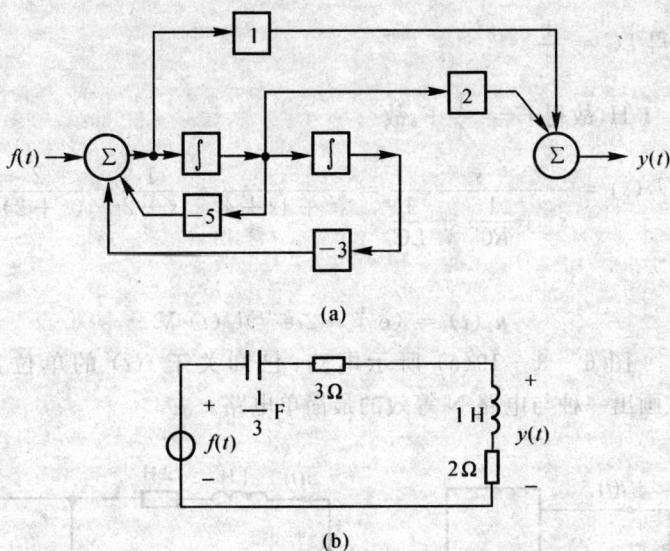

(a)

(b)

图　6-3-17

例 6-3-17　图 6-3-18(a) 所示电路。(1) 求 $H(s) = \dfrac{U_2(s)}{F(s)}$;(2) 若 $f(t) = \cos 2t U(t)$ V,为使零状态响应中不存在正弦稳态响应分量,求乘积 LC 的值;(3) 若 $R = 1\ \Omega$, $L = 1$ H,试按第(2) 条件求 $u_2(t)$。

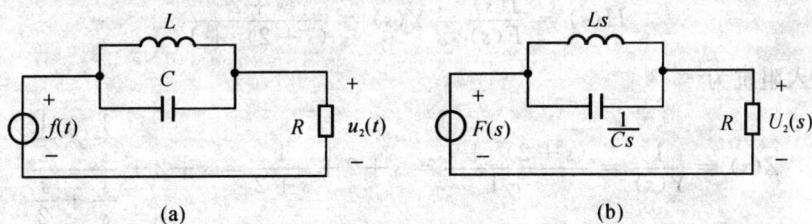

(a)　　　　　　　　(b)

图　6-3-18

解　(1) 其 s 域电路模型如图 6-3-18(b) 所示。故

$$H(s) = \frac{R}{\dfrac{Ls \times \dfrac{1}{Cs}}{Ls + \dfrac{1}{Cs}} + R} = \frac{s^2 + \dfrac{1}{LC}}{s^2 + \dfrac{1}{RC}s + \dfrac{1}{LC}}$$

(2) $F(s) = \dfrac{s}{s^2+4}$,故

$$U_2(s) = H(s)F(s) = \frac{s^2 + \dfrac{1}{LC}}{s^2 + \dfrac{1}{RC}s + \dfrac{1}{LC}} \times \frac{s}{s^2 + 4}$$

欲使 $u_2(t)$ 中不存在正弦稳态响应分量,则必须有 $s^2 + 4 = s^2 + \dfrac{1}{LC}$,即用 $H(s)$ 的零点把 $F(s)$ 的极点抵消,故解得 $LC = \dfrac{1}{4}$。

(3) 已知 $L = 1$ H,故得 $C = \dfrac{1}{4}$ F。故

$$U_2(s) = \frac{s}{s^2 + \dfrac{1}{RC}s + \dfrac{1}{LC}} = \frac{s}{s^2 + 4s + 4} = \frac{1}{s+2} - \frac{2}{(s+2)^2}$$

故得

$$u_2(t) = (e^{-2t} - 2te^{-2t})U(t) \text{ V}$$

例 6 - 3 - 18　图 6 - 3 - 19(a) 所示电路,已知关于 $i(t)$ 的单位冲激响应 $h(t) = e^{-2t}\cos t\, U(t)$ A。试画出一种与电路 N 等效的最简单电路。

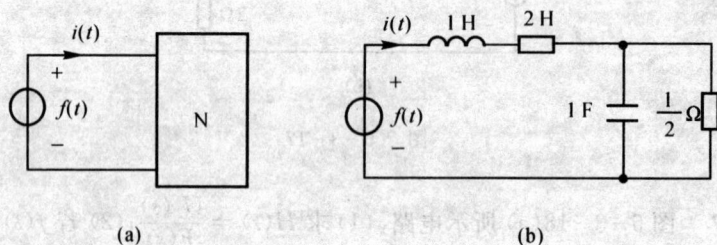

图　6 - 3 - 19

解
$$H(s) = \frac{I(s)}{F(s)} = Y(s) = \frac{s+2}{(s+2)^2 + 1}$$

故得端口输入阻抗为

$$Z(s) = \frac{1}{Y(s)} = \frac{(s+2)^2 + 1}{s+1} = s + 2 + \frac{1}{s+2} = s + 2 + \frac{\dfrac{1}{s} \times \dfrac{1}{2}}{\dfrac{1}{s} + \dfrac{1}{2}}$$

根据此式即可画出一种最简单的等效电路,如图 6 - 3 - 19(b) 所示。

*6.4　系统的 s 域模拟图与框图

一、四种运算器的 s 域模型

1. 加法器

加法器的时域模型如图 6 - 4 - 1(a) 所示,有

$$y(t) = f_1(t) + f_2(t)$$

故有 $$Y(s) = F_1(s) + F_2(s)$$
根据此式即可画出加法器的 s 域模型,如图 6 - 4 - 1(b) 所示。

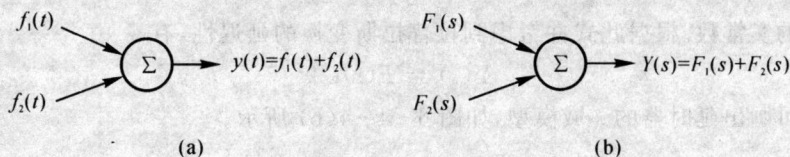

图 6 - 4 - 1　加法器的 s 域模型

2. 数乘器

数乘器的时域模型如图 6 - 4 - 2(a) 所示,有
$$y(t) = af(t)$$
故有 $$Y(s) = aF(s)$$
根据此式即可画出数乘器的 s 域模型,如图 6 - 4 - 2(b) 所示。

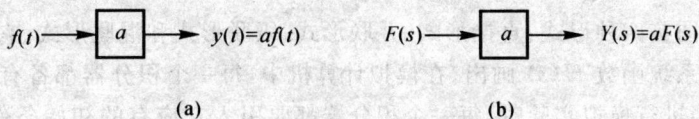

图 6 - 4 - 2　数乘器的 s 域模型

3. 积分器

积分器的时域模型如图 6 - 4 - 3(a) 所示,有
$$y(t) = \int_{-\infty}^{t} f(\tau)\mathrm{d}\tau = y(0^-) + \int_{0^-}^{t} f(\tau)\mathrm{d}\tau$$

故有
$$Y(s) = \frac{1}{s}y(0^-) + \frac{1}{s}F(s), \quad 其中 \quad y(0^-) = \int_{-\infty}^{0^-} f(\tau)\mathrm{d}\tau$$

根据此式即可画出积分器的 s 域模型,如图 6 - 4 - 3(b) 所示。若为零状态(即 $y(0^-) = 0$),则如图 6 - 4 - 3(c) 所示。

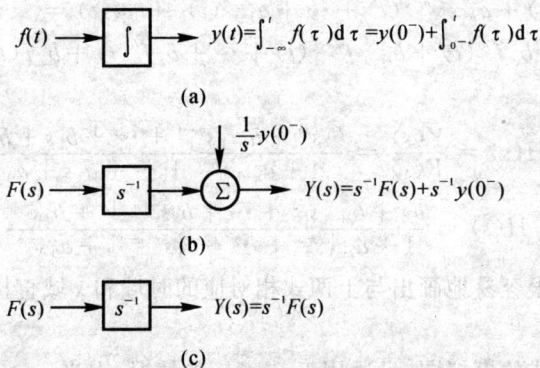

图 6 - 4 - 3　积分器的 s 域模型

4. 延时器

延时器的时域模型如图 6-4-4(a) 所示, 有

$$y(t) = f(t - t_0)$$

t_0 为大于零的实常数。根据此式并考虑到拉普拉斯变换的延迟性, 有

$$Y(s) = F(s)e^{-t_0 s}$$

根据此式即可画出延时器的 s 域模型, 如图 6-4-4(b) 所示。

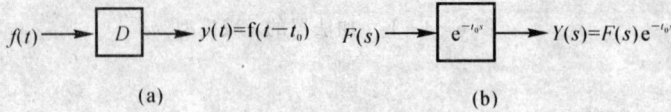

图 6-4-4 延迟器的 s 域模型

现将四种运算器的时域模型与 s 域模型汇总于表 6-4-1 中, 以便记忆和查用。

二、常用的模拟图形式

常用的模拟图有四种形式:直接形式、并联形式、级联形式和混联形式。它们都可以根据系统的微分方程或系统函数 $H(s)$ 画出。在模拟计算机中,每一个积分器都备有专用的输入初始条件的引入端,当进行模拟实验时,每一个积分器都要引入它应有的初始条件。有了这样的理解,下面画系统模拟图时,为了简明方便,先设系统的初始状态为零,即系统为零状态。此时,模拟系统的输出信号,就只是系统的零状态响应了。

1. 直接形式

设系统微分方程为二阶的, 即

$$y''(t) + a_1 y'(t) + a_0 y(t) = b_2 f''(t) + b_1 f'(t) + b_0 f(t)$$

则其系统函数(这里取 $m = n = 2$)为

$$H(s) = \frac{Y(s)}{F(s)} = \frac{b_2 s^2 + b_1 s + b_0}{s^2 + a_1 s + a_0} = \frac{b_2 + b_1 s^{-1} + b_0 s^{-2}}{1 + a_1 s^{-1} + a_0 s^{-2}}$$

根据此两式即可分别画出直接形式的时域模拟图与 s 域模拟图, 相应如图 6-4-5(a), (b) 所示。

推广 若系统的微分方程为 n 阶的, 且设 $m = n$, 即

$$y^n(t) + a_{n-1} y^{n-1}(t) + \cdots + a_1 y'(t) + a_0 y(t) =$$
$$b_m f^m(t) + b_{m-1} f^{m-1}(t) + \cdots + b_1 f'(t) + b_0 f(t)$$

则其系统函数为

$$H(s) = \frac{Y(s)}{F(s)} = \frac{b_m s^m + b_{m-1} s^{m-1} + \cdots + b_1 s + b_0}{s^n + a_{n-1} s^{n-1} + \cdots + a_1 s + a_0}$$

或

$$H(s) = \frac{b_m + b_{m-1} s^{-1} + \cdots + b_1 s^{-(m-1)} + b_0 s^{-m}}{1 + a_{n-1} s^{-1} + \cdots + a_1 s^{-(n-1)} + a_0 s^{-n}}$$

仿照上面的结论,可以很容易地画出与上两式相对应的时域和 s 域直接形式的模拟图。请读者自己画出。

需要指出,直接形式的模拟图,只适用于 $m \leqslant n$ 的情况。因当 $m > n$ 时,就无法模拟,需另行处理了。

表 6 - 4 - 1 四种运算器的表示符号及其输入与输出的关系

名 称	时域表示	s 域表示	信号流图表示
加法器	$y(t)=f_1(t)+f_2(t)$	$Y(s)=F_1(s)+F_2(s)$	$Y(s)=F_1(s)+F_2(s)$
数乘器	$y(t)=af(t)$	$F(a)=aF(s)$	$F(a)=aF(s)$
积分器	$y(t)=\int_{-\infty}^{t} f(\tau)\,\mathrm{d}\tau = y(0^-)+\int_{0^-}^{t} f(\tau)\,\mathrm{d}\tau$ 其中 $y(0^-)=\int_{-\infty}^{0^-} f(\tau)\,\mathrm{d}\tau$	$Y(s)=\dfrac{1}{s}F(s)+\dfrac{1}{s}y(0^-)$	$Y(s)=\dfrac{1}{s}F(s)+\dfrac{1}{s}y(0^-)$
延时器	$y(t)=f(t-t_0)$	$Y(s)=F(s)\mathrm{e}^{-t_0 s}$	$Y(s)=F(s)\mathrm{e}^{-t_0 s}$

注:信号流图见下一节。

(a)

(b)

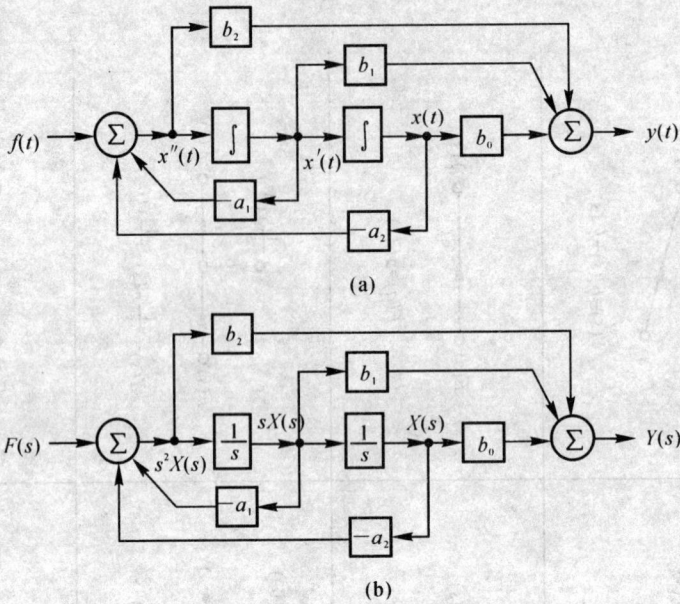

图 6 - 4 - 5   直接形式的模拟图

2. 并联形式

设系统函数仍为

$$H(s) = \frac{b_2 s^2 + b_1 s + b_0}{s^2 + a_1 s + a_0}$$

将上式化成真分式并将余式 $N_0(s)$ 展开成部分分式,即

$$H(s) = b_2 + \frac{N_0(s)}{s^2 + a_1 s + a_0} = b_2 + \frac{N_0(s)}{(s - p_1)(s - p_2)} = b_2 + \frac{K_1}{s - p_1} + \frac{K_2}{s - p_2}$$

式中,p_1, p_2 为 $H(s)$ 的单阶极点;K_1, K_2 为部分分式的待定系数,它们都是可以求得的。根据上式即可画出与之对应的并联形式的 s 域模拟图,如图 6 - 4 - 6 所示。

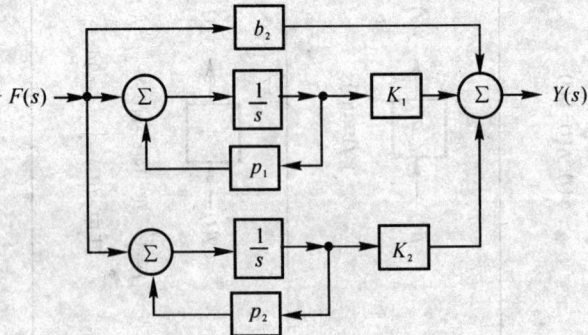

图   6 - 4 - 6

特例:若 $b_2 = 0$,则图 6 - 4 - 6 中最上面的支路即断开了。

若系统函数 $H(s)$ 为 n 阶的,则与之对应的并联形式的 s 域模拟图,也可如法炮制。请读者研究。

并联模拟图的特点是,各子系统之间相互独立,互不干扰和影响。

并联模拟图也只适用于 $m \leqslant n$ 的情况。

3. 级联形式

设系统函数仍为

$$H(s) = \frac{b_2 s^2 + b_2 s + b_0}{s^2 + a_1 s + a_0} = \frac{b_2 (s - z_1)(s - z_2)}{(s - p_1)(s - p_2)} = b_2 \frac{s - z_1}{s - p_1} \frac{s - z_2}{s - p_2}$$

式中,p_1,p_2 为 $H(s)$ 的单阶极点;z_1,z_2 为 $H(s)$ 的单阶零点。它们都是可以求得的。根据上式即可画出与之对应的级联形式的 s 域模拟图,如图 6 - 4 - 7 所示。

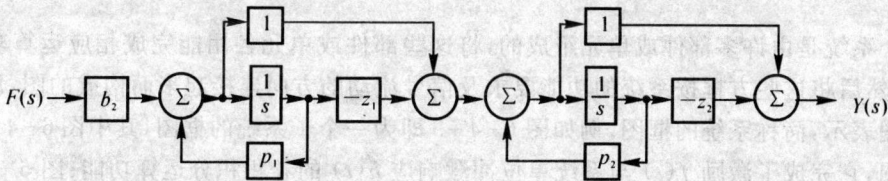

图 6 - 4 - 7

若系统函数 $H(s)$ 为 n 阶的,则与之对应的级联形式的 s 域模拟图,也可仿效画出。读者自己思考。

级联模拟图也只适用于 $m \leqslant n$ 的情况。

4. 混联形式

例如,设

$$H(s) = \frac{2s + 3}{s^4 + 7s^3 + 16s^2 + 12s} = \frac{2s + 3}{s(s + 3)(s + 2)^2} = \frac{\frac{1}{4}}{s} + \frac{1}{s + 3} + \frac{-\frac{5}{4}}{s + 2} + \frac{\frac{1}{2}}{(s + 2)^2}$$

进而再改写成

$$H(s) = \frac{1}{s} \times \frac{1}{4} \times \frac{5s + 3}{s + 3} + \frac{-\frac{5}{4}}{s + 2} + \frac{\frac{1}{2}}{s^2 + 4s + 4}$$

根据此式即可画出与之对应的混联形式的 s 域模拟图,如图 6 - 4 - 8 所示。

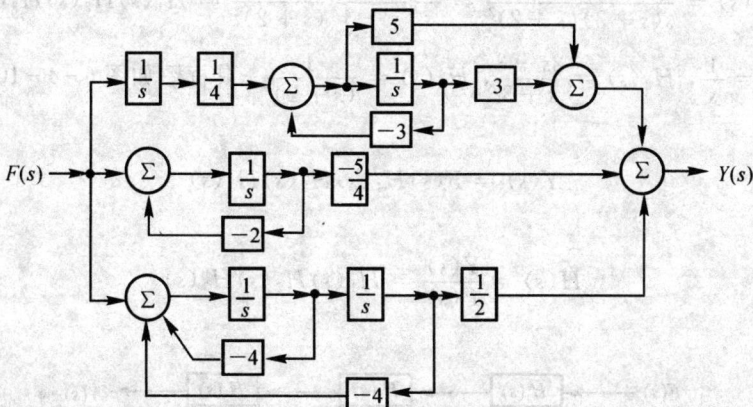

图 6 - 4 - 8

最后还要指出两点:

(1) 一个给定的微分方程或系统函数 $H(s)$,与之对应的模拟图可以有无穷多种,上面仅给出了四种常用的形式。同时也要指出,实际模拟时,究竟应采用哪一种形式的模拟图为好,这要根据所研究问题的目的、需要和方便性而定。每一种形式的模拟图都有其工程应用背景。

(2) 按照模拟图利用模拟计算机进行模拟实验时,还有许多实际的技术性问题要考虑。例如,需要做有关物理量幅度或时间的比例变换等,以便各种运算单元都能在正常条件下工作。因此,实际的模拟图会有些不一样。

四、系统的框图

一个系统是由许多部件或单元组成的,将这些部件或单元各用能完成相应运算功能的方框表示,然后将这些方框按系统的功能要求及信号流动的方向连接起来而构成的图,即称为系统的框图表示,简称系统的框图。例如图 6-4-9 即为一个子系统的框图,其中图 6-4-9(a) 为时域框图,它完成了激励 $f(t)$ 与系统单位冲激响应 $h(t)$ 的卷积积分运算功能;图 6-4-9(b) 为 s 域框图,它完成了 $F(s)$ 与系统函数 $H(s)$ 的乘积运算功能。

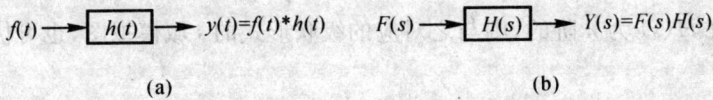

$$f(t) \longrightarrow \boxed{h(t)} \longrightarrow y(t)=f(t)*h(t) \qquad F(s) \longrightarrow \boxed{H(s)} \longrightarrow Y(s)=F(s)H(s)$$

$$\text{(a)} \qquad\qquad\qquad\qquad\qquad\qquad \text{(b)}$$

图   6-4-9

(a) 时域框图; (b) s 域框图

系统框图表示的好处是,可以一目了然地看出一个大系统是由哪些小系统(子系统)组成的,各子系统之间是什么样的关系,以及信号是如何在系统内部流动的。

注意:系统的框图与模拟图不是一个概念,两者涵义不同。

例 6-4-1 已知 $H(s) = \dfrac{2s+3}{s^4 + 7s^3 + 16s^2 + 12s}$,试用级联形式、并联形式和混联形式的框图表示之。

解 (1) 级联形式。将 $H(s)$ 改写为

$$H(s) = \frac{2s+3}{s(s+3)(s+2)^2} = \frac{1}{s} \cdot \frac{2s+3}{s+3} \cdot \frac{1}{(s+2)^2} = H_1(s)H_2(s)H_3(s)$$

式中,$H_1(s) = \dfrac{1}{s}$, $H_2(s) = \dfrac{2s+3}{s+3}$, $H_3(s) = \dfrac{1}{(s+2)^2}$。其框图如图 6-4-10 所示。由图即可得

$$Y(s) = F(s)H_1(s)H_2(s)H_3(s)$$

故得

$$H(s) = \frac{Y(s)}{F(s)} = H_1(s)H_2(s)H_3(s)$$

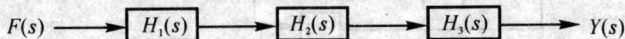

$$F(s) \longrightarrow \boxed{H_1(s)} \longrightarrow \boxed{H_2(s)} \longrightarrow \boxed{H_3(s)} \longrightarrow Y(s)$$

图   6-4-10

（2）并联形式。将上面的 $H(s)$ 改写为

$$H(s) = \frac{\frac{1}{4}}{s} + \frac{1}{s+3} + \frac{-\frac{5}{4}}{s+2} + \frac{\frac{1}{2}}{(s+2)^2} = H_1(s) + H_2(s) + H_3(s) + H_4(s)$$

式中，$H_1(s) = \dfrac{\frac{1}{4}}{s}$，$H_2(s) = \dfrac{1}{s+3}$，$H_3(s) = \dfrac{-\frac{5}{4}}{s+2}$，$H_4(s) = \dfrac{\frac{1}{2}}{(s+2)^2}$。其框图如图 6-4-11

所示。由图可得

$$Y(s) = F(s)H_1(s) + F(s)H_2(s) + F(s)H_3(s) + F(s)H_4(s) =$$
$$F(s)[H_1(s) + H_2(s) + H_3(s) + H_4(s)]$$

故得
$$H(s) = \frac{Y(s)}{F(s)} = H_1(s) + H_2(s) + H_3(s) + H_4(s)$$

（3）混联形式。将 $H(s)$ 改写为

$$H(s) = \frac{\frac{1}{4}}{s}\frac{5s+3}{s+3} + \frac{-\frac{5}{4}}{s+2} + \frac{\frac{1}{2}}{s^2+4s+4} = H_1(s)H_2(s) + H_3(s) + H_4(s)$$

式中，$H_1(s) = \dfrac{\frac{1}{4}}{s}$，$H_2(s) = \dfrac{5s+3}{s+3}$，$H_3(s) = \dfrac{-\frac{5}{4}}{s+2}$，$H_4(s) = \dfrac{\frac{1}{2}}{s^2+4s+4}$。其框图如图

6-4-12 所示。由图可得

$$Y(s) = F(s)H_1(s)H_2(s) + F(s)H_3(s) + F(s)H_4(s) =$$
$$F(s)[H_1(s)H_2(s) + H_3(s) + H_4(s)]$$

故得
$$H(s) = \frac{Y(s)}{F(s)} = H_1(s)H_2(s) + H_3(s) + H_4(s)$$

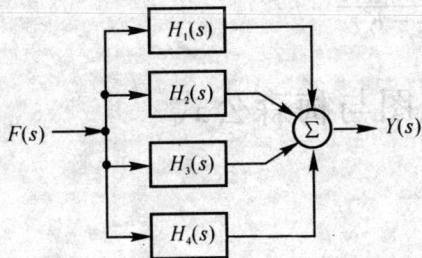

图　6-4-11

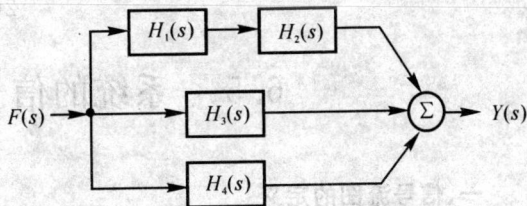

图　6-4-12

例 6-4-2　求图 6-4-13 所示系统的系统函数 $H(s) = \dfrac{Y(s)}{F(s)}$。

解　引入中间变量 $X_1(s)$，$X_2(s)$，如图 6-4-13 所示。故有

$$Y(s) = \frac{5}{s+10}X_1(s) = \frac{5}{s+10}\frac{1}{s+2}X_2(s) = \frac{5}{s+10}\frac{1}{s+2}\left[F(s) - \frac{1}{s+1}Y(s)\right]$$

解之得

$$H(s) = \frac{Y(s)}{F(s)} = \frac{5(s+1)}{(s+10)(s+2)(s+1)} = \frac{5s+5}{s^3+13s^2+32s+25}$$

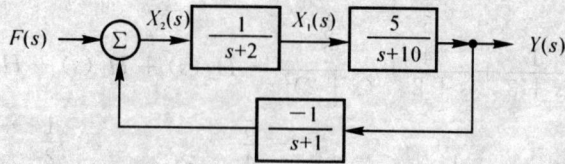

图   6-4-13

例6-4-3   图6-4-14所示系统,今欲使$H(s) = \dfrac{Y(s)}{F(s)} = 2$,求子系统的系统函数$H_1(s)$。

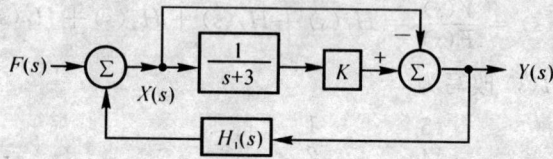

图   6-4-14

解   引入中间变量$X(s)$,如图6-4-14所示。故有

$$X(s) = F(s) + H_1(s)Y(s)$$

$$Y(s) = \frac{1}{s+3}X(s)K - X(s) = (\frac{K}{s+3} - 1)X(s) = \frac{K-s-3}{s+3}X(s)$$

又有

$$H(s) = \frac{Y(s)}{F(s)} = 2$$

以上三式联立求解得

$$H_1(s) = \frac{-(3s+9-K)}{2(s+3-K)}$$

*6.5   系统的信号流图与梅森公式

一、信号流图的定义

由节点与有向支路构成的能表征系统功能与信号流动方向的图,称为系统的信号流图,简称信号流图或流图。例如图6-5-1(a)所示的系统框图,可用图6-5-1(b)来表示,图(b)即为图(a)的信号流图。图(b)中的小圆圈"o"代表变量,有向支路代表一个子系统及信号传输(或流动)方向,支路上标注的$H(s)$代表支路(子系统)的传输函数。这样,根据图6-5-1(b)同样可写出系统各变量之间的关系,即

$$Y(s) = H(s)F(s)$$

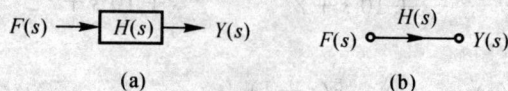

(a)   (b)

图   6-5-1

二、四种运算器的信号流图表示

四种运算器:加法器、数乘器、积分器和延时器的信号流图表示如表 6-4-1 中所列。由该表中看出:在信号流图中,节点"o"除代表变量外,它还对流入节点的信号具有相加(求和)的功能,如表中第一行中的节点 $Y(s)$ 即是。

* 三、模拟图与信号流图的相互转换规则

模拟图与信号流图都可用来表示系统,它们两者之间可以相互转换,其规则如下:

(1) 在转换中,信号流动的方向(即支路方向)及正、负号不能改变。

(2) 模拟图(或框图)中先是"和点"后是"分点"的地方,在信号流图中应画成一个"混合"节点,如图 6-5-2 所示。根据此两图写出的各变量之间的关系式是相同的,即 $Y(s) = F_1(s) + F_2(s)$。

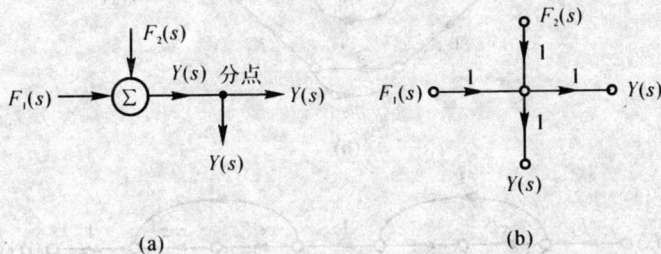

图　6-5-2
(a) 模拟图;　(b) 信号流图

(3) 模拟图(或框图)中先是"分点"后是"和点"的地方,在信号流图中应在"分点"与"和点"之间,增加一条传输函数为 1 的支路,如图 6-5-3 所示。

(4) 模拟图(或框图)中的两个"和点"之间,在信号流图中有时要增加一条传输函数为 1 的支路(若不增加,就会出现环路的接触,此时就必须增加),但有时则不需增加(若不增加,也不会出现环路的接触,此时即可以不增加,见例 6-5-1)。

(5) 在模拟图(或框图)中,若激励节点上有反馈信号与输入信号叠加时,在信号流图中,应在激励节点与此"和点"之间增加一条传输函数为 1 的支路(见例 6-5-1)。

(6) 在模拟图(或框图)中,若响应节点上有反馈信号流出时,在信号流图中,可从响应节点上增加引出一条传输函数为 1 的支路(也可以不增加,见例 6-5-1)。

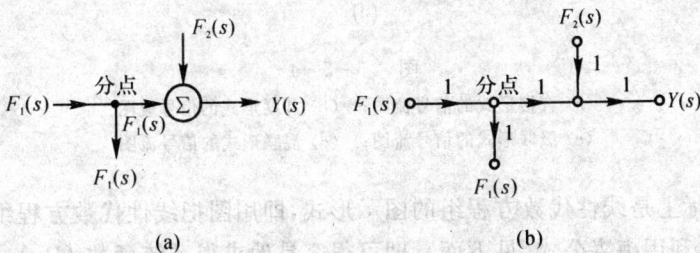

图　6-5-3
(a) 模拟图;　(b) 信号流图

例 6-5-1 试将图 6-4-5,图 6-4-6,图 6-4-7,图 6-4-8 所示各形式的模拟图画成信号流图。

解 与图 6-4-5,图 6-4-6,图 6-4-7,图 6-4-8 相对应的信号流图分别如图 6-5-4(a),(b),(c),(d) 所示。

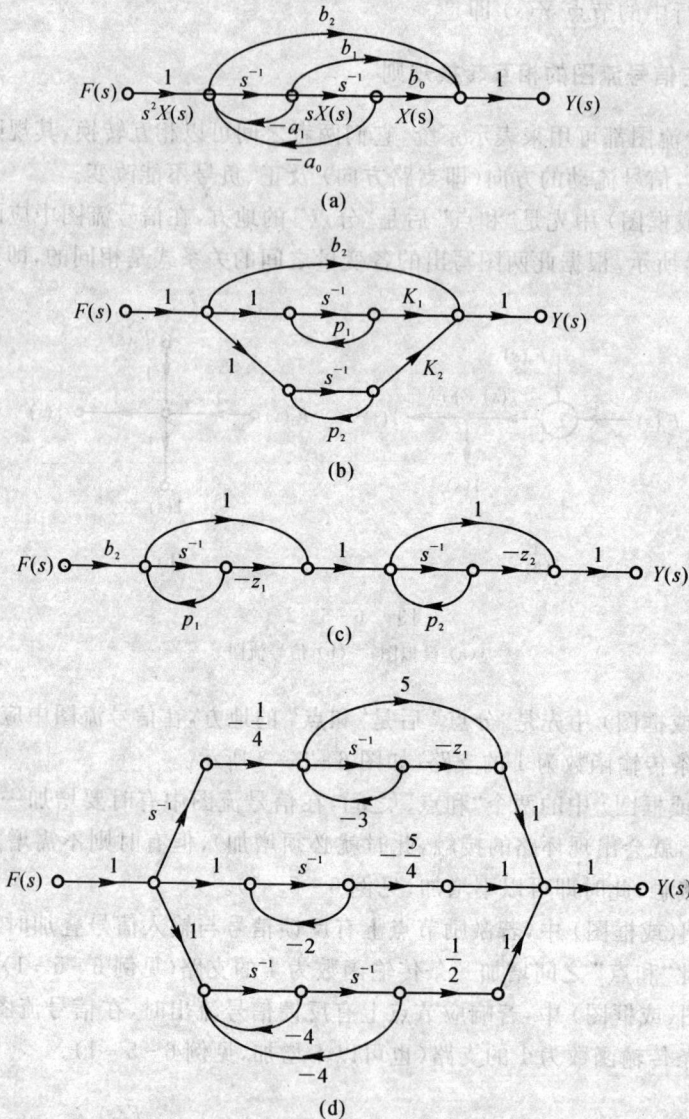

图   6-5-4

(a) 直接形式的信号流图; (b) 并联形式的信号流图
(c) 级联形式的信号流图; (d) 混联形式的信号流图

信号流图实际上是线性代数方程组的图示形式,即用图把线性代数方程组表示出来。有了系统的信号流图,利用梅森公式(见下面),即可很容易地求得系统函数 $H(s)$。这要比从解线性代数方程组求 $H(s)$ 容易得多。

信号流图的优点如下:

（1）用它来表示系统，要比用模拟图或框图表示系统更加简明、清晰，而且图也易画。

（2）下面将会知道，信号流图也是求系统函数 $H(s)$ 的有力工具。亦即根据信号流图，利用梅森（Mason）公式，可以很容易地求得系统的系统函数 $H(s)$。

例 6 - 5 - 2　已知系统的信号流图如图 6 - 5 - 5(a) 所示。试画出与之对应的模拟图。

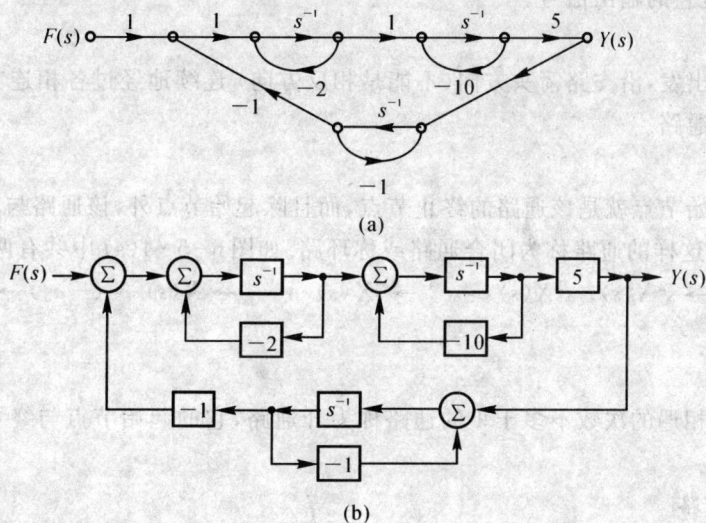

(a)

(b)

图　6 - 5 - 5

解　根据模拟图与信号流图的转换规则，即可画出其模拟图，如图 6 - 5 - 5(b) 所示。于是可求得此系统的系统函数（请读者求之）为

$$H(s) = \frac{Y(s)}{F(s)} = \frac{5(s+1)}{s^3 + 13s^2 + 32s + 25}$$

四、信号流图的名词术语

下面以图 6 - 5 - 4(a) 为例，介绍信号流图的一些名词术语。

1. 节点

表示系统变量（即信号）的点称为节点，如图中的点 $F(s)$，$s^2X(s)$，$sX(s)$，$X(s)$，$Y(s)$；或者说每一个节点代表一个变量。该图中共有 5 个变量，故共有 5 个节点。

2. 支路

连接两个节点之间的有向线段（或线条）称为支路。每一条支路代表一个子系统，支路的方向表示信号的传输（或流动）方向，支路旁标注的 $H(s)$ 代表支路（子系统）的传输函数。例如图中的 1，s^{-1}，$-a_1$，$-a_0$，b_2，b_1，b_0 均为相应支路的传输函数。

3. 激励节点

代表系统激励信号的节点称为激励节点，如图中的节点 $F(s)$。激励节点的特点是，连接在它上面的支路只有流出去的支路，而没有流入它的支路。激励节点也称源节点或源点。

4. 响应节点

代表所求响应变量的节点称为响应节点，如图中的节点 $Y(s)$。有时为了把响应节点更突出地显示出来，也可从响应节点上再增加引出一条传输函数为 1 的有向支路，如图 6 - 5 - 4(a)

中最右边的虚线条所示。

5. 混合节点

若在一个节点上既有输入支路,又有输出支路,则这样的节点即为混合节点。混合节点除了代表变量外,还对输入它的信号有求和的功能,它所代表的变量就是所有输入它的信号的和,此和信号就是它的输出信号。

6. 通路

从任一节点出发,沿支路箭头方向(不能是相反方向)连续地经过各相连支路而到达另一节点的路径称为通路。

7. 环路

若通路的起始节点就是该通路的终止节点,而且除起始节点外,该通路与其余节点相遇的次数不多于1,则这样的通路称为闭合通路或称环路。如图 6-5-4(a) 中共有两个环路:$s^2 X(s) \to s^{-1} \to (-a_1) \to s^2 X(s)$;$s^2 X(s) \to s^{-1} \to sX(s) \to s^{-1} \to X(s) \to (-a_0) \to s^2 X(s)$。环路也称回路。

8. 开通路

与任一节点相遇的次数不多于1的通路称为开通路,它的起始节点与终止节点不是同一节点。

9. 前向开通路

从激励节点至响应节点的开通路称为前向开通路,也简称前向通路。如图 6-5-4(a) 中共有三条前向通路:$F(s) \to 1 \to s^2 X(s) \to b_2 \to Y(s)$;$F(s) \to 1 \to s^2 X(s) \to s^{-1} \to sX(s) \to b_1 \to Y(s)$;$F(s) \to 1 \to s^2 X(s) \to s^{-1} \to sX(s) \to s^{-1} \to X(s) \to b_0 \to Y(s)$。

10. 互不接触的环路

没有公共节点的环路称为互不接触的环路。在图 6-5-4(a) 中不存在互不接触的环路。

11. 自环路

只有一个节点和一条支路的环路称为自环路,简称自环。在图 6-5-4(a) 中没有自环路。

12. 环路传输函数

环路中各支路传输函数的乘积称为环路传输函数。

13. 前向开通路的传输函数

前向开通路中各支路传输函数的乘积,称为前向开通路的传输函数。

*五、梅森公式(Mason's Formula)

从系统的信号流图直接求系统函数 $H(s) = \dfrac{Y(s)}{F(s)}$ 的计算公式,称为梅森公式。该公式为

$$H(s) = \frac{Y(s)}{F(s)} = \frac{1}{\Delta} \sum_k P_k \Delta_k \qquad (6-5-1)$$

此公式的证明甚繁,此处略去。现从应用角度对此公式予以说明。式中

$$\Delta = 1 - \sum_i L_i + \sum_{m,n} L_m L_n - \sum_{p,q,r} L_p L_q L_r + \cdots \qquad (6-5-2)$$

Δ 称为信号流图的特征行列式。式中:

L_i 为第 i 个环路的传输函数,$\sum_i L_i$ 为所有环路传输函数之和;

$L_m L_n$ 为两个互不接触环路传输函数的乘积，$\sum\limits_{m,n} L_m L_n$ 为所有两个互不接触环路传输函数乘积之和；

$L_p L_q L_r$ 为三个互不接触环路传输函数的乘积，$\sum\limits_{p,q,r} L_p L_q L_r$ 为所有三个互不接触环路传输函数乘积之和；

⋮

P_k 为从激励节点至所求响应节点的第 k 条前向开通路所有支路传输函数的乘积；

Δ_k 为除去第 k 条前向通路中所包含的支路和节点后所剩子流图的特征行列式。求 Δ_k 的公式仍然是式（6 - 5 - 2）。

例 6 - 5 - 3　图 6 - 5 - 6(a) 所示系统。求系统函数 $H(s) = \dfrac{Y(s)}{F(s)}$。

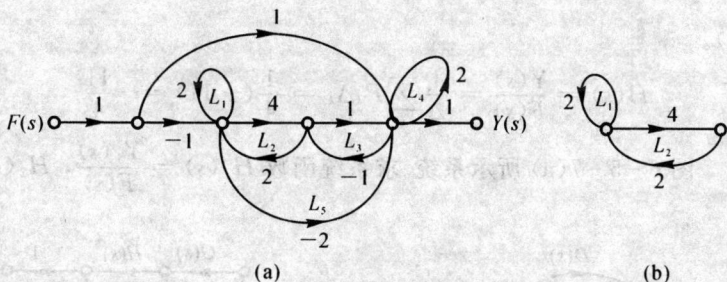

图　6 - 5 - 6

解　(1) 求 Δ。

① 求 $\sum\limits_i L_i$。该图共有 5 个环路，其传输函数分别为

$$L_1 = 2, \qquad L_2 = 2 \times 4 = 8, \qquad L_3 = 1 \times (-1) = -1$$
$$L_4 = 2, \qquad L_5 = -2 \times (-1) \times 2 = 4$$

故
$$\sum_i L_i = L_1 + L_2 + L_3 + L_4 + L_5 = 15$$

② 求 $\sum\limits_{m,n} L_m L_n$。该图中两两互不接触的环路共有 3 组：

$$L_1 L_3 = 2 \times (-1) = -2$$
$$L_1 L_4 = 2 \times 2 = 4$$
$$L_2 L_4 = 8 \times 2 = 16$$

故
$$\sum_{m,n} L_m L_n = L_1 L_3 + L_1 L_4 + L_2 L_4 = 18$$

该图中没有 3 个和 3 个以上互不接触的环路，故有 $\sum\limits_{p,q,r} L_p L_q L_r = 0$；⋯。故得

$$\Delta = 1 - \sum_i L_i + \sum_{m,n} L_m L_n - \sum_{p,q,r} L_p L_q L_r + \cdots = 1 - 15 + 18 = 4$$

(2) 求 $\sum\limits_k P_k \Delta_k$。

① 求 P_k。该图共有 3 个前向开通路，其传输函数分别为

$$P_1 = 1 \times 1 \times 1 = 1$$

$$P_2 = 1 \times (-1) \times 4 \times 1 \times 1 = -4$$
$$P_3 = 1 \times (-1) \times (-2) \times 1 = 2$$

② 求 Δ_k。除去 P_1 前向开通路中所包含的支路和节点后，所剩子图如图 6-34(b) 所示。该子图共有两个环路，故

$$\sum_i L_i = L_1 + L_2 = 2 + 8 = 10$$

故

$$\Delta_1 = 1 - \sum_i L_i = 1 - 10 = -9$$

除去 P_2，P_3 前向开通路中所包含的支路和节点后，已无子图存在，故有

$$\Delta_2 = \Delta_3 = 1$$

故得

$$\sum_k P_k \Delta_k = P_1 \Delta_1 + P_2 \Delta_2 + P_3 \Delta_3 = 1 \times (-9) + (-4) \times 1 + 2 \times 1 = -11$$

(3) 求 $H(s)$。

$$H(s) = \frac{Y(s)}{F(s)} = \frac{1}{\Delta} \sum_k P_k \Delta_k = \frac{1}{4}(-11) = -\frac{11}{4}$$

例 6-5-4 图 6-5-7(a) 所示系统。求系统函数 $H_1(s) = \dfrac{Y_1(s)}{F(s)}$，$H_2(s) = \dfrac{Y_2(s)}{F(s)}$。

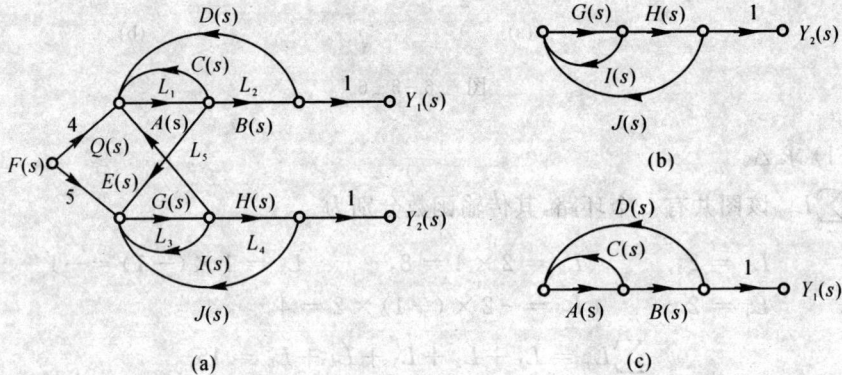

图 6-5-7

解 (1) 求 $H_1(s) = \dfrac{Y_1(s)}{F(s)}$。该系统共有 5 个环路：$L_1 = AC$，$L_2 = ABD$，$L_3 = GI$，$L_4 = GHJ$，$L_5 = AEGQ$，故

$$\sum_i L_i = L_1 + L_2 + L_3 + L_4 + L_5 = AC + ABD + GI + GHJ + AEGQ$$

该系统共有 4 组两两互不接触的环路：

$$L_1 L_3 = ACGI \quad , \quad L_1 L_4 = ACGHJ$$
$$L_2 L_3 = ABDGI \quad , \quad L_2 L_4 = ABDGHJ$$

故

$$\sum_{m,n} L_m L_n = L_1 L_3 + L_1 L_4 + L_2 L_3 + L_2 L_4 =$$
$$ACGI + ACGHJ + ABDGI + ABDGHJ = AG(I + HJ)(C + BD)$$

该系统中没有 3 个和 3 个以上互不接触的环路,故有 $\sum\limits_{p,q,r} L_p L_q L_r = 0$;…。故得

$$\Delta = 1 - \sum_i L_i + \sum_{m,n} L_m L_n - \sum_{p,q,q} L_p L_q L_r + \cdots =$$
$$1 - (AC + ABD + GI + GHJ + AEGQ) + AG(I + HJ)(C + BD)$$

该系统从 $F(s)$ 到 $Y_1(s)$ 共有两个前向开通路,即 $F(s) \to 4 \to A(s) \to B(s) \to 1 \to Y(s)$;
$F(s) \to 5 \to G(s) \to Q(s) \to A(s) \to B(s) \to 1 \to Y(s)$。故有

$$P_1 = 4AB \times 1 = 4AB$$
$$P_2 = 5GQAB \times 1 = 5GQAB$$

求 Δ_1 的子信号流图如图 6-5-7(b) 所示,故有

$$\Delta_1 = 1 - \sum_i L_i = 1 - (L_1 + L_2) = 1 - (GI + GHI)$$

因除去与 P_2 前向开通路中所包含的支路和节点后,已无子图存在,故有

$$\Delta_2 = 1$$

故得

$$\sum_k P_k \Delta_k = P_1 \Delta_1 + P_2 \Delta_2 = 4AB[1 - (GI + GHJ)] + 5GQAB \times 1$$

故得

$$H_1(s) = \frac{Y_1(s)}{F(s)} = \frac{1}{\Delta} \sum_k P_k \Delta_k = \frac{1}{\Delta}[4AB(1 - GI - GHJ) + 5GQAB]$$

(2) 求 $H_2(s) = \dfrac{Y_2(s)}{F(s)}$。$\Delta$ 的求法与结果完全同上。该系统从 $F(s)$ 到 $Y_2(s)$ 共有两个前向
开通路:

$$P_1 = 5GH \times 1 = 5GH$$
$$\Delta_1 = 1 - (AC + ABD)$$

求 Δ_1 的子信号流图如图 6-5-7(c) 所示;同理可求得

$$P_2 = 4AEGH \times 1 = 4AEGH$$
$$\Delta_2 = 1$$

故

$$\sum_k P_k \Delta_k = P_1 \Delta_1 + P_2 \Delta_2 = 5GH[1 - (AC + ABD)] + 4AEGH =$$
$$5GH(1 - AC - ABD) + 4AEGH$$

故得

$$H_2(s) = \frac{Y_2(s)}{F(s)} = \frac{1}{\Delta} \sum_k P_k \Delta_k = \frac{1}{\Delta}[5GH(1 - AC - ABD) + 4AEGH]$$

例 6-5-5 试画出图 6-4-14 所示系统的信号流图,并用梅森公式求子系统函数 $H_1(s)$。

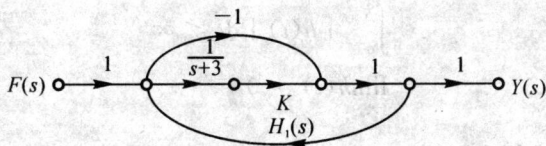

图 6-5-8

解 其信号流图如图 6-5-8 所示。下面用梅森公式求 $H_1(s)$。

$$L_1 = H_1(s) \frac{K}{s+3} \times 1 = H_1(s) \frac{K}{s+3}$$

$$L_2 = H_1(s) \times (-1) \times 1 = -H_1(s)$$

$$\sum_i L_i = L_1 + L_2 = H_1(s)\left(\frac{K}{s+3} - 1\right) = H_1(s) \frac{K-s-3}{s+3}$$

$$\Delta = 1 - \sum_i L_i = 1 - H_1(s) \frac{K-s-3}{s+3} = \frac{s+3 - H_1(s)(K-s-3)}{s+3}$$

$$P_1 = 1 \times (-1) \times 1 \times 1 = -1 \qquad\qquad \Delta_1 = 1$$

$$P_1 \Delta_1 = (-1) \times 1 = -1$$

$$P_2 = 1 \times \frac{1}{s+3} \times K \times 1 \times 1 = \frac{K}{s+3} \qquad\qquad \Delta_2 = 1$$

$$P_2 \Delta_2 = \frac{K}{s+3}$$

$$\sum_k P_k \Delta_k = P_1 \Delta_1 + P_2 \Delta_2 = (-1) + \frac{K}{s+3} = \frac{K-s-3}{s+3}$$

故
$$H(s) = \frac{Y(s)}{F(s)} = \frac{1}{\Delta} \sum_k P_k \Delta_k = \frac{\dfrac{K-s-3}{s+3}}{\dfrac{s+3 - H_1(s)(K-s-3)}{s+3}} = 2$$

故得
$$H_1(s) = \frac{-(3s+9-K)}{2(s+3-K)}$$

可见与例 6-4-3 所得结果相同。

6.6　系统的稳定性及其判定

所有的工程实际系统都应该具有稳定性,才能保证正常工作。

一、系统稳定的时域条件

对于非因果系统,系统具有稳定性。在时域中应满足的充要条件是,系统的单位冲激响应 $h(t)$ 绝对可积,即

$$\int_{-\infty}^{+\infty} |h(t)| \, dt < \infty$$

其必要条件是

$$\lim_{t \to \pm\infty} h(t) = 0$$

对于因果系统,则上述条件可写为

$$\int_{0^-}^{+\infty} |h(t)| \, dt < \infty$$

$$\lim_{t \to \infty} h(t) = 0$$

二、系统稳定的 s 域条件

若 $H(s)$ 的极点全部位于 s 平面的左半开平面上,即极点的实部 $\text{Re}[p_i] < 0$,系统就是稳定的。

若在 $H(s)$ 的极点中,除了 *s* 左半开平面上有极点外,只要在 jω 轴上还有单阶极点,而在 *s* 右半开平面上无极点,则系统就是临界稳定的。

若在 $H(s)$ 的极点中,只要至少有一个极点位于 *s* 右半开平面上,则系统就是不稳定的;若极点是位于 jω 上且是重阶的,则系统也是不稳定的。

三、罗斯准则判定法

用上述方法判定系统的稳定与否,必须先要求出 $H(s)$ 的极点值。但当 $H(s)$ 分母多项式 $D(s)$ 的幂次较高时,此时要求得 $H(s)$ 的极点就困难了。所以必须寻求另外的方法。其实,在判定系统的稳定性时,并不要求知道 $H(s)$ 极点的具体数值,而是只需要知道 $H(s)$ 极点的分布区域就可以了。利用罗斯准则即可解决此问题。罗斯判定准则的内容如下:

多项式 $D(s)$ 的各项系数均为大于零的实常数;多项式中无缺项(即 *s* 的幂从 *n* 到 0,一项也不缺)。这是系统为稳定的必要条件。

若多项式 $D(s)$ 各项的系数均为正实常数,则对于二阶系统肯定是稳定的;但若系统的阶数 $n > 2$ 时,系统是否稳定,还须排出如下的罗斯阵列。

设
$$D(s) = a_n s^n + a_{n-1} s^{n-1} + \cdots + a_1 s + a_0$$
则罗斯阵列的排列规则如下(共有 $n+1$ 行):

第 1 行	s^n	a_n	a_{n-2}	a_{n-4}	$\cdots$
第 2 行	s^{n-1}	a_{n-1}	a_{n-3}	a_{n-5}	$\cdots$
第 3 行	s^{n-2}	b_{n-1}	b_{n-3}	b_{n-5}	$\cdots$
第 4 行	s^{n-3}	c_{n-1}	c_{n-3}	c_{n-5}	$\cdots$
$\vdots$	$\vdots$	$\vdots$	$\vdots$	$\vdots$	$\vdots$
第 $n+1$ 行	s^0	$\cdots$	$\cdots$	$\cdots$	$\cdots$

阵列中第 1、第 2 行各元素的意义不言而喻,第 3 行及以后各行的元素按以下各式计算:

$$b_{n-1} = -\frac{1}{a_{n-1}} \begin{vmatrix} a_n & a_{n-2} \\ a_{n-1} & a_{n-3} \end{vmatrix}$$

$$b_{n-3} = -\frac{1}{a_{n-1}} \begin{vmatrix} a_n & a_{n-4} \\ a_{n-1} & a_{n-5} \end{vmatrix}$$

$$\vdots$$

$$c_{n-1} = -\frac{1}{b_{n-1}} \begin{vmatrix} a_{n-1} & a_{n-3} \\ b_{n-1} & b_{n-3} \end{vmatrix}$$

$$c_{n-3} = -\frac{1}{b_{n-1}} \begin{vmatrix} a_{n-1} & a_{n-5} \\ b_{n-1} & b_{n-5} \end{vmatrix}$$

$$\vdots$$

如法炮制地依次排列下去,共有 $(n+1)$ 行,最后一行中将只留有一个不等于零的数字。

若所排出的数字阵列中第一列的 $(n+1)$ 个数字全部是正号,则 $H(s)$ 的极点即全部位于 *s* 平面的左半开平面,系统就是稳定的;若第一列 $(n+1)$ 个数字的符号不完全相同,则符号改变的次数即等于在 *s* 平面右半开平面上出现的 $H(s)$ 极点的个数,因而系统就是不稳定的。

在排列罗斯阵列时,有时会出现如下的两种特殊情况:

（1）阵列的第一列中出现数字为零的元素。此时可用一个无穷小量 ε（认为 ε 是正或负均可）来代替该零元素，这不影响所得结论的正确性。

（2）阵列的某一行元素全部为零。当 $D(s) = 0$ 的根中出现有共轭虚根 $\pm j\omega_0$ 时，就会出现此种情况。此时可利用前一行的数字构成一个辅助的 s 多项式 $P(s)$，然后将 $P(s)$ 对 s 求导一次，再用该导数的系数组成新的一行，来代替全为零元素的行即可；而辅助多项式 $P(s) = 0$ 的根就是 $H(s)$ 极点的一部分。

例 6 - 6 - 1 已知 $H(s)$ 的分母 $D(s) = s^4 + 2s^3 + 3s^2 + 2s + 1$。试判断系统的稳定性。

解 因 $D(s)$ 中无缺项且各项系数均为大于零的实常数，满足系统为稳定的必要条件，故进一步排出罗斯阵列如下：

$$
\begin{array}{cccc}
s^4 & 1 & 3 & 1 \\[2mm]
s^3 & 2 & 2 & 0 \\[2mm]
s^2 & -\dfrac{1 \times 2 - 2 \times 3}{2} = 2 & -\dfrac{1 \times 0 - 2 \times 1}{2} = 1 & 0 \\[4mm]
s^1 & -\dfrac{2 \times 1 - 2 \times 2}{2} = 1 & -\dfrac{2 \times 0 - 2 \times 0}{2} = 0 & 0 \\[4mm]
s^0 & -\dfrac{2 \times 0 - 1 \times 1}{2} = 0.5 & -\dfrac{2 \times 0 - 1 \times 0}{2} = 0 & 0
\end{array}
$$

可见阵列中的第一列数字符号无变化，故该 $H(s)$ 所描述的系统是稳定的，即 $H(s)$ 的极点全部位于 s 平面的左半开平面上。

例 6 - 6 - 2 已知 $H(s) = \dfrac{s^3 + 2s^2 + s + 2}{s^4 + 2s^3 + 8s^2 + 20s + 1}$。试判断系统的稳定性。

解 因 $D(s) = s^4 + 2s^3 + 8s^2 + 20s + 1$ 中无缺项且各项系数均为大于零的实常数，满足系统为稳定的必要条件，故进一步排出罗斯阵列如下：

$$
\begin{array}{cccc}
s^4 & 1 & 8 & 1 \\[2mm]
s^3 & 2 & 20 & 0 \\[2mm]
s^2 & -\dfrac{1 \times 20 - 2 \times 8}{2} = -2 & -\dfrac{1 \times 0 - 2 \times 1}{2} = 1 & 0 \\[4mm]
s^1 & -\dfrac{2 \times 1 - (-2) \times 20}{-2} = 21 & -\dfrac{2 \times 0 - (-2) \times 0}{-2} = 0 & 0 \\[4mm]
s^0 & -\dfrac{-2 \times 0 - 1 \times 21}{21} = 1 & -\dfrac{-2 \times 0 - 21 \times 0}{21} = 0 & 0
\end{array}
$$

可见阵列中的第一列数字符号有两次变化，即从 $+2$ 变为 -2，又从 -2 变为 $+21$。故 $H(s)$ 的极点中有两个极点位于 s 平面的右半开平面上，故该系统是不稳定的。

例 6 - 6 - 3 已知 $H(s) = \dfrac{s^3 + 2s^2 + s + 1}{s^5 + 2s^4 + 2s^3 + 4s^2 + 11s + 10}$。试判断系统是否稳定。

解 因 $D(s) = s^5 + 2s^4 + 2s^3 + 4s^2 + 11s + 10$ 中的系数均为大于零的实常数且无缺项，满足系统为稳定的必要条件，故进一步排出罗斯阵列如下：

$$
\begin{array}{cccc}
s^5 & 1 & 2 & 11 \\[2mm]
s^4 & 2 & 4 & 10 \\[2mm]
s^3 & 0 & 6 & 0 \\[2mm]
s^2 & -\dfrac{12}{0} & &
\end{array}
$$

由于第 3 行的第一个元素为 0,从而使第 4 行的第一个元素 $\left(-\dfrac{12}{0}\right)$ 成为 $(-\infty)$,使阵列无法继续排列下去。对于此种情况,可用一个任意小的正数 ε 来代替第 3 行的第一个元素 0,然后照上述方法继续排列下去。在计算过程中可忽略含有 $\varepsilon,\varepsilon^2,\varepsilon^3,\cdots$ 的项。最后将发现,阵列第一列数字符号改变的次数将与 ε 无关。现按此种处理方法,继续完成上面的阵列:

$$
\begin{array}{llll}
s^5 & 1 & 2 & 11 \\
s^4 & 2 & 4 & 10 \\
s^3 & \varepsilon & 6 & 0 \\
s^2 & -\dfrac{12}{\varepsilon} & 10 & 0 \qquad \left(-\dfrac{12-4\varepsilon}{\varepsilon}\approx-\dfrac{12}{\varepsilon}\right) \\
s^1 & 6 & 0 & 0 \qquad \left[-\dfrac{10\varepsilon-\left(-\dfrac{12}{\varepsilon}\right)\times 6}{-\dfrac{12}{\varepsilon}}\approx 6\right] \\
s^0 & 10 & 0 & 0
\end{array}
$$

可见阵列中第一列数字的符号有两次变化,即从 ε 变为 $\left(-\dfrac{12}{\varepsilon}\right)$,又从 $\left(-\dfrac{12}{\varepsilon}\right)$ 变为 6。故 $H(s)$ 的极点中有两个极点位于 s 平面的右半开平面上,故系统是不稳定的。

例 6 - 6 - 4　已知 $H(s)=\dfrac{2s^2+3s+5}{s^4+3s^3+4s^2+6s+4}$。试判断系统的稳定性。

解　因 $D(s)=s^4+3s^3+4s^2+6s+4$ 中无缺项且各项系数均为大于零的实常数,满足系统为稳定的必要条件,故进一步排出罗斯阵列如下:

$$
\begin{array}{llll}
s^4 & 1 & 4 & 4 \\
s^3 & 3 & 6 & 0 \\
s^2 & 2 & 4 & 0 \\
s^1 & 0 & 0 & 0
\end{array}
$$

可见第 4 行全为零元素。处理此种情况的方法之一是:以前一行的元素值构建一个 s 的多项式 $P(s)$,即

$$P(s)=2s^2+4 \tag{6-6-1}$$

将式(6-6-1)对 s 求一阶导数,即

$$\frac{\mathrm{d}P(s)}{\mathrm{d}s}=4s+0$$

现以此一阶导数的系数组成原阵列中全零行(s^1 行)的元素,然后再按原方法继续排列下去。即

$$
\begin{array}{llll}
s^4 & 1 & 4 & 4 \\
s^3 & 3 & 6 & 0 \\
s^2 & 2 & 4 & 0 \\
s^1 & 4 & 0 & 0 \\
s^0 & 4 & 0 & 0
\end{array}
$$

可见阵列中的第一列数字符号没有变化,故 $H(s)$ 在 s 平面的右半开平面上无极点,因而系统肯定不是不稳定的。但到底是稳定的还是临界稳定的,则还须进行下面的分析工作。

令 $$P(s) = 2s^2 + 4 = 2(s - j\sqrt{2})(s + j\sqrt{2}) = 0$$

解之得两个纯虚数的极点：$p_1 = j\sqrt{2}$，$p_2 = -j\sqrt{2} = \overset{*}{p_1}$。这说明系统是临界稳定的。

实际上，若将 $D(s)$ 分解因式，即为

$$D(s) = s^4 + 3s^3 + 4s^2 + 6s + 4 = (2s^2 + 4)(s + 1)(s + 2) =$$
$$2(s + j\sqrt{2})(s - j\sqrt{2})(s + 1)(s + 2)$$

可见 $H(s)$ 共有 4 个极点：$p_1 = j\sqrt{2}$，$p_2 = -j\sqrt{2}$，位于 $j\omega$ 轴上；$p_3 = -1$，$p_4 = -2$，位于 s 平面的左半开平面。故该系统是临界稳定的。

例 6 - 6 - 5 图 6 - 6 - 1 所示系统。试分析反馈系数 K 对系统稳定性的影响。

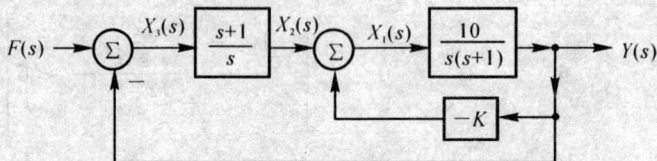

图   6 - 6 - 1

解 $$Y(s) = \frac{10}{s(s+1)} X_1(s) = \frac{10}{s(s+1)} [X_2(s) - KY(s)] =$$

$$\frac{10}{s(s+1)} \left[\frac{s+1}{s} X_3(s) - KY(s) \right] =$$

$$\frac{10}{s(s+1)} \left\{ \frac{s+1}{s} [F(s) - Y(s)] - KY(s) \right\}$$

解之得

$$H(s) = \frac{Y(s)}{F(s)} = \frac{10(s+1)}{s^3 + s^2 + 10(K+1)s + 10}$$

欲使此系统稳定的必要条件是 $D(s) = s^3 + s^2 + 10(K+1)s + 10$ 中的各项系数均为大于零的实常数，故应有 $K > -1$。但此条件并不是充分条件，还应进一步排出罗斯阵列如下：

s^3	1	$10(K+1)$
s^2	1	10
s^1	$10K$	0
s^0	10	0

可见，欲使该系统稳定，则必须有 $10K > 0$，即 $K > 0$。

若取 $K = 0$，则阵列中第三行的元素即全为 0，此时系统即变为临界稳定（等幅振荡），其振荡频率可由辅助方程

$$P(s) = s^2 + 10 = 0$$

求得为 $p_1 = j\sqrt{10}$，$p_2 = -j\sqrt{10}$，即振荡角频率为 $\omega = \sqrt{10}$ rad/s。

习   题   六

6 - 1 图题 6 - 1 所示电路，求 $u(t)$ 对 $i(t)$ 的系统函数 $H(s) = \dfrac{U(s)}{I(s)}$。

6-2　图题 6-2 所示电路，求 $u_2(t)$ 对 $u_1(t)$ 的系统函数 $H(s) = \dfrac{U_2(s)}{U_1(s)}$。

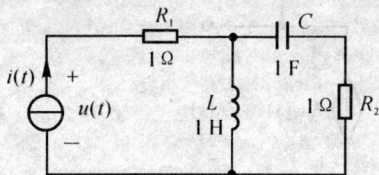

图题 6-1

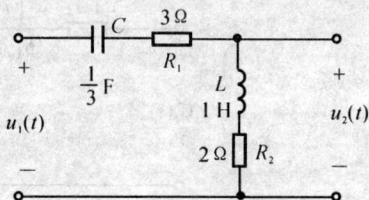

图题 6-2

6-3　已知系统的单位冲激响应 $h(t) = 5e^{-5t}U(t)$，零状态响应 $y(t) = U(t) + 2e^{-5t}U(t) + 5te^{-5t}U(t)$。求系统的激励 $f(t)$。

6-4　已知系统函数 $H(s) = \dfrac{s^2 + 5}{s^2 + 2s + 5}$，初始状态为 $y(0^-) = 0, y'(0^-) = -2$。

(1) 求系统的单位冲激响应 $h(t)$；

(2) 当激励 $f(t) = \delta(t)$ 时，求系统的全响应 $y(t)$；

(3) 当激励 $f(t) = U(t)$ 时，求系统的全响应 $y(t)$。

6-5　图题 6-5 所示电路。(1) 求电路的单位冲激响应 $h(t)$；(2) 今欲使电路的零输入响应 $u_x(t) = h(t)$，求电路的初始状态 $i(0^-)$ 和 $u(0^-)$；(3) 今欲使电路的单位阶跃响应 $g(t) = U(t)$，求电路的初始状态 $i(0^-)$ 和 $u(0^-)$。

6-6　图题 6-6 所示电路。(1) 求 $H(s) = \dfrac{U_2(s)}{U_1(s)}$；(2) 若 $u_1(t) = \cos 2t U(t)$ V，$C = 1$ F，求零状态响应 $u_2(t)$；(3) 在 $u_1(t)$ 不变的条件下，为使响应 $u_2(t)$ 中不存在正弦稳态响应，求 C 的值及此时的响应 $u_2(t)$。

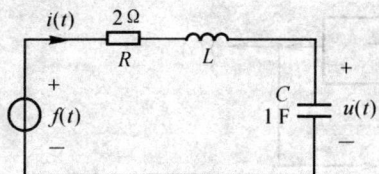

图题 6-5

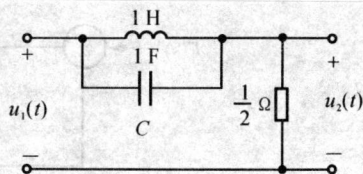

图题 6-6

6-7　图题 6-7 所示电路。(1) 求 $H(s) = \dfrac{U_2(s)}{U_1(s)}$；(2) 求 K 满足什么条件时系统稳定；(3) 求 $K = 2$ 时，系统的单位冲激响应 $h(t)$。

6-8　已知系统函数 $H(s) = \dfrac{s + 5}{s^2 + 5s + 6}$。

(1) 写出描述系统响应 $y(t)$ 与激励 $f(t)$ 关系的微分方程；

(2) 画出系统的一种时域模拟图；

(3) 若系统的初始状态为 $y(0^-) = 2, y'(0^-) = 1$，激励 $f(t) = e^{-t}U(t)$，求系统的零状态响应 $y_f(t)$，零输入响应 $y_x(t)$，全响应 $y(t)$。

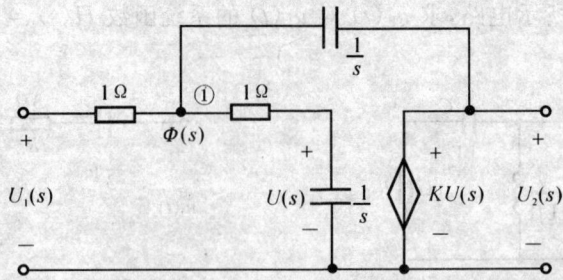

图题 6-7

6-9　已知系统的框图如图题6-9所示,求系统函数 $H(s)=\dfrac{Y(s)}{F(s)}$,并画出一种 s 域模拟图。

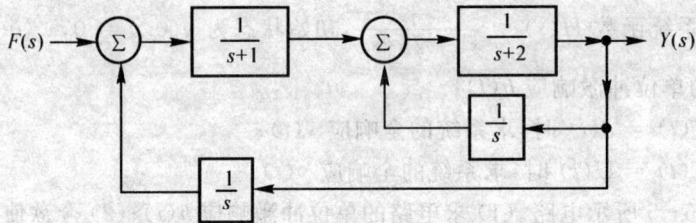

图题 6-9

6-10　已知系统的框图如图题6-10所示。(1)欲使系统函数 $H(s)=\dfrac{Y(s)}{F(s)}=\dfrac{s}{s^2+5s+6}$,试求 a,b 的值;(2)当 $a=2$ 时,欲使系统为稳定系统,求 b 的取值范围;(3)若系统函数仍为(1)中的 $H(s)$,求系统的单位阶跃响应 $g(t)$。

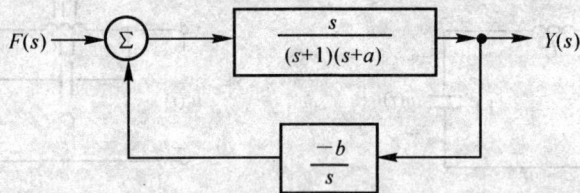

图题 6-10

6-11　已知系统的框图如图题6-11所示。(1)求系统函数 $H(s)=\dfrac{Y(s)}{F(s)}$;(2)欲使系统为稳定系统,求 K 的取值范围;(3)在临界稳定条件下,求系统的单位冲激响应 $h(t)$。

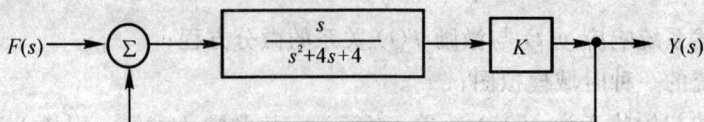

图题 6-11

6-12　图题 6-12 所示为 $H(s)$ 的零、极点分布图,且知 $h(0^+) = 2$。求该系统的 $H(s)$。

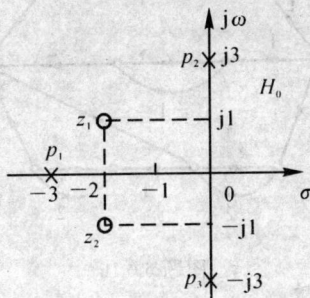

图题 6-12

6-13　已知系统的微分方程为

$$y'''(t) + 5y''(t) + 8y'(t) + 4y(t) = f'(t) + 3f(t)$$

(1) 求系统函数 $H(s) = \dfrac{Y(s)}{F(s)}$;(2) 画出系统三种形式的信号流图。

6-14　已知系统的信号流图如图题 6-14 所示。(1) 求系统函数 $H(s) = \dfrac{Y(s)}{F(s)}$ 及单位冲激响应 $h(t)$;(2) 写出系统的微分方程;(3) 画出与 $H(s)$ 相对应的一种等效电路,并求出电路元件的值。

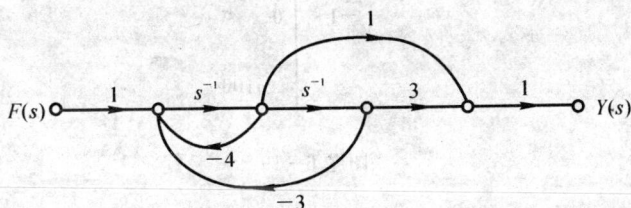

图题 6-14

6-15　图题 6-15 所示系统,其中 $h_1(t) = U(t)$, $H_3(s) = e^{-s}$,大系统的 $h(t) = (2-t)U(t-1)$。求子系统的单位冲激响应 $h_2(t)$。

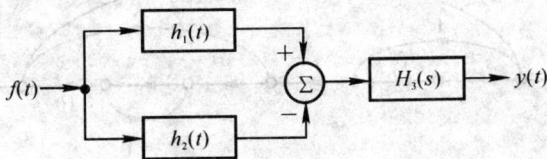

图题 6-15

6-16　系统的信号流图如图题 6-16 所示。试用梅森公式求系统函数 $H(s) = \dfrac{Y(s)}{F(s)}$。

6-17　已知系统的单位冲激响应 $h(t) = 2e^{-t}U(t)$。(1) 求系统函数 $H(s)$;(2) 若激励 $f(t) = \cos t U(t)$,求系统的正弦稳态响应 $y(t)$。

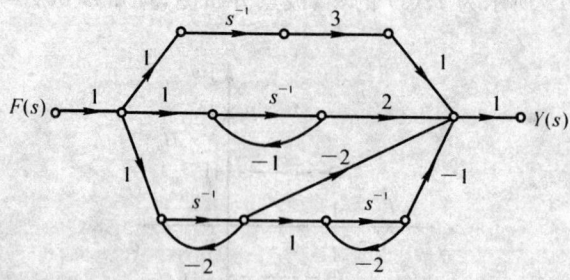

图题 6-16

6-18　已知系统函数 $H(s) = \dfrac{13}{(s+1)(s^2+4s+5)}$，求激励 $f(t) = 10\cos 2tU(t)$ 时的正弦稳态响应 $y(t)$。

6-19　系统的零、极点分布如图题 6-19 所示。(1) 试判断系统的稳定性；(2) 若 $|H(\mathrm{j}\omega)|_{\mathrm{j}\omega=0} = 10^{-1}$，求系统函数 $H(s)$；(3) 画出直接形式的信号流图；(4) 定性画出系统的模频特性 $|H(\mathrm{j}\omega)|$；(5) 求系统的单位阶跃响应 $g(t)$。

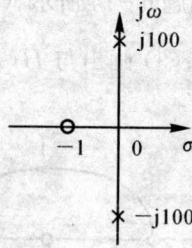

图题 6-19

6-20　系统的信号流图如图题 6-20 所示。(1) 求系统函数 $H(s) = \dfrac{Y(s)}{F(s)}$；(2) 欲使系统为稳定系统，求 K 的取值范围；(3) 若系统为临界稳定，求 $H(s)$ 在 $\mathrm{j}\omega$ 轴上的极点的值。

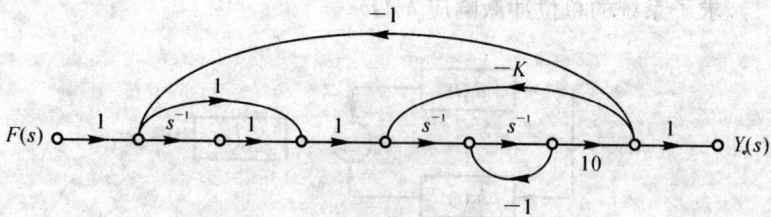

图题 6-20

第七章　　离散信号与系统时域分析

内容提要

本章讲述离散信号与系统的时域分析。具体内容：离散信号的定义、序列、常用的离散信号；离散信号的时域变换与运算；离散系统的定义及其数学模型——差分方程；线性时不变离散系统的性质；离散系统的零输入响应及求解；单位序列响应及求解，用卷积和法求离散系统的零状态响应；求离散系统全响应的零状态-零输入法；全响应的三种分解方式；离散系统的稳定性在时域中的充要条件。

离散信号与离散系统的基础知识与分析方法，对于进一步研究数字信号处理、数字通信、数字控制、计算机应用等，是十分重要的。关于离散信号与系统的分析方法，在很多方面都与以前各章所讲述的连续信号与系统的分析方法相类似。因此，我们在分析、研究时将采用类比的方法，而不再对已介绍过的概念进行重复。我们将把注意力集中在离散信号与系统分析方法的特殊性与差异性上。

7.1　离散信号及其时域特性

一、定义

离散时间信号可以有两种定义：

(1) 如果时间信号的自变量不是连续变量 t，而是离散变量 $k(k \in \mathbf{Z})$，则这样的时间信号即称为离散时间信号，简称离散信号，通常用 $f(k)(k \in \mathbf{Z})$ 表示。可见，离散信号仅在一些离散时刻才有定义（即确定的函数值）。例如离散信号

$$f(k) = \begin{cases} 0 & k < -1 \\ 2^{-k} + 1 & k \geqslant -1 \end{cases}$$

$f(k)$ 的曲线如图 7-1-1 所示。

(2) 连续时间信号 $f(t)$ 经单位冲激序列 $\delta_{\mathrm{T}}(t) = \displaystyle\sum_{k=-\infty}^{+\infty} \delta(t - kT)$ 抽样（即离散化）后，所得到的抽样信号为

$$f_s(t) = f(t)\, \delta_{\mathrm{T}}(t) = f(t) \sum_{k=-\infty}^{+\infty} \delta(t - kT) =$$

$$\sum_{k=-\infty}^{+\infty} f(t)\delta(t-kT) = \sum_{k=-\infty}^{+\infty} f(kT)\delta(t-kT) \qquad k \in \mathbf{Z}$$

其抽样的系统模型为一乘法器,如图 $7-1-2(a)$ 所示;T 为抽样周期,也称离散间隔,单位为秒。由上式可见,抽样信号 $f_s(t)$ 仍为一个冲激序列,每个冲激的强度都是连续时间信号 $f(t)$ 在 $t=kT$ 时刻的函数值 $f(kT)$。例如,设连续时间信号 $f(t)$ 的曲线如图 $7-1-2(b)$ 中的实线所示,则抽样信号 $f_s(t)$ 即为该图中的冲激序列,此冲激序列中各个冲激的强度 $f(kT)(k \in \mathbf{Z})$ 即构成一个离散信号 $f(kT)$,如图 $7-1-2(c)$ 所示,$f(kT)$ 就是 $t=kT$ 时刻 $f(t)$ 的抽样值,简称样值。于是得到离散信号的又一定义为:连续时间信号 $f(t)$ 在均匀间隔 T 上的抽样值所构成的信号 $f(kT)$,也称为离散信号。

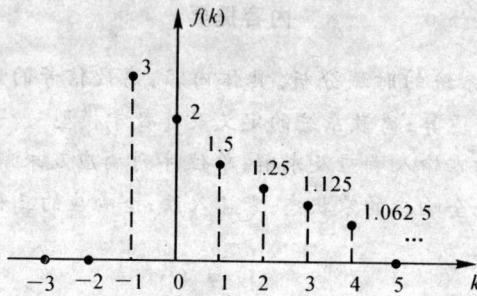

图 $7-1-1$ 离散信号

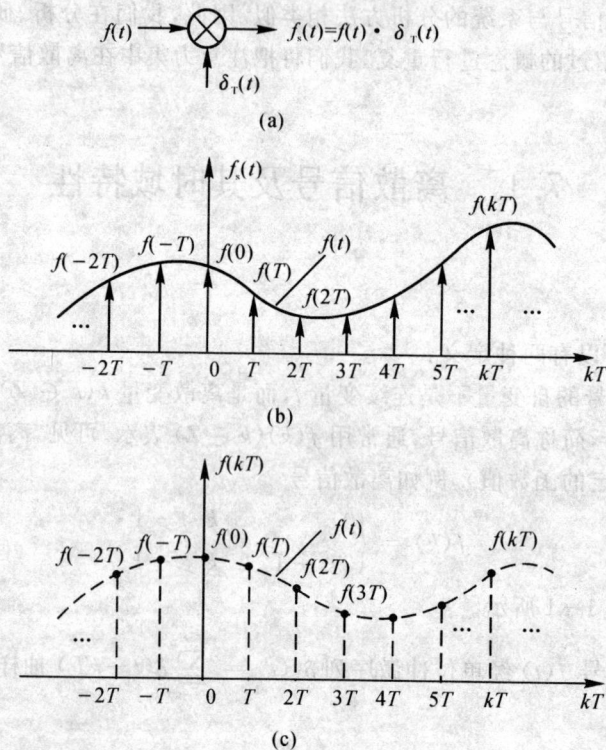

(a)

(b)

(c)

图 $7-1-2$ 离散信号的又一定义

二、序列

由离散信号 $f(k)$ 或 $f(kT)$ 的函数值构成的有序排列称为序列,记为 $\{f(k)\}$ 或 $\{f(kT)\}$。序列是离散信号 $f(k)$ 或 $f(kT)$ 的一种表示形式。例如由图 $7-1-1$ 所示离散信号 $f(k)$ 构成的序列为

$$\{f(k)\} = \{\cdots,0,0,\underset{\underset{k=0}{\uparrow}}{3},2,1.5,1.25,1.125,1.062\,5,\cdots\}$$

由图 $7-1-2$(c) 所示离散信号 $f(kT)$ 构成的序列为

$$\{f(kT)\} = \{\cdots,f(-T),\underset{\underset{k=0}{\uparrow}}{f(0)},f(T),f(2T),\cdots\}$$

为了简便,通常将 $f(k)$ 与 $\{f(k)\}$, $f(kT)$ 与 $\{f(kT)\}$ 混同看待。这样,$f(k)$ 与 $f(kT)$ 就都具有了双重意义,它们既代表一个序列,又代表序列中变量为 k 时的第 k 个函数值 $f(k)$ 或 $f(kT)$。

三、常用离散信号

常用离散信号的名称、函数表达式、图像等,如表 $7-1-1$ 所示。

表 $7-1-1$　常用离散信号

序　号	名　称	表示式	图　形
1	单位序列	$\delta(k) = \begin{cases} 1 & k=0 \\ 0 & k\neq 0 \end{cases}$	
2	单位阶跃序列	$U(k) = \begin{cases} 1 & k\geqslant 0 \\ 0 & k<0 \end{cases}$	
3	单位斜坡序列	$r(k) = kU(k)$	
4	单位门序列（门宽为 N）	$P_N(k) = \begin{cases} 1 & 0\leqslant k\leqslant N-1 \\ 0 & k<0,k\geqslant N \end{cases}$	
5	单边指数序列	$a^k U(k) \quad (0<a<1)$	

续　表

序　号	名　称	表示式	图　形
6	单位正弦序列	$\sin\omega_0 k\left(\omega_0 = \dfrac{2\pi}{N} = 0.25\pi\ \text{rad/ 间隔}\right.$，周期 $N = 8$ 个间隔）	
7	单位余弦序列	$\cos\omega_0 k\left(\omega_0 = \dfrac{2\pi}{N} = 0.25\pi\ \text{rad/ 间隔}\right.$，周期 $N = 8$ 个间隔）	

注：① $\delta(k)$ 与 $U(k)$ 的关系：

$$\delta(k) = U(k) - U(k-1)$$

$$U(k) = \sum_{j=0}^{\infty}\delta(k-j) = \sum_{i=0}^{k}\delta(i)$$

② $\cos\omega_0 k = \sin\omega_0(k+2) = \sin\omega_0\left(k+\dfrac{\pi}{2}\right) = \sin\left(\omega_0 k + \dfrac{\pi}{2}\right)$

四、离散信号的时域变换

离散信号的时域变换与连续信号的时域变换完全对应和类似，也有平移（移序），折叠，展缩和倒相，如表 7-1-2 所示。它们之间的差别仅在于，离散信号 $f(k)$ 的自变量 k 是离散的，连续信号 $f(t)$ 的自变量 t 是连续的。

表 7-1-2　离散信号的时域变换

序　号	变换名称	表达式
1	信号 $f(k)$ 右移序 i　　（$i \geqslant 0$）	$f(k-i)$
2	信号 $f(k)$ 左移序 i　　（$i \geqslant 0$）	$f(k+i)$
3	信号 $f(k)$ 的折叠	$f(-k)$
4	信号 $f(k)$ 拆叠再移序 i	$f[-(k-i)] = f(i-k)$
5	信号 $f(k)$ 的展缩（a 为非零正实常数）	$f(ak)$
6	信号 $f(k)$ 的展缩、折叠再移序（a 为非零正实常数）	$f[a(k-i)]$
7	信号 $f(k)$ 的倒相	$-f(k)$

五、离散信号的时域运算

离散信号的时域运算与连续信号的时域运算也完全类似，即也有相加，相乘，数乘等运算，另外还有差分、累加和、卷积和等运算，它们的名称、定义及运算法则，如表 7-1-3 所示。

表 7 - 1 - 3　　离散信号的时域运算

序　号	运算名称	表达式
1	相　加	$f_1(k) + f_2(k)$
2	相　减	$f_1(k) - f_2(k)$
3	相　乘	$f_1(k) \times f_2(k)$
4	数　乘	$af(k)$
5	信号 $f(k)$ 的后向差分	$\nabla f(k) = f(k) - f(k-1)$ 　　　（一阶） $\nabla^2 f(k) = \nabla[\nabla f(k)] =$ 　　$f(k) - 2f(k-1) + f(k-2)$ （二阶）
6	信号 $f(k)$ 的前向差分	$\Delta f(k) = f(k+1) - f(k)$ 　　　（一阶） $\Delta^2 f(k) = \Delta[\Delta f(k)] =$ 　　$f(k+2) - 2f(k+1) + f(k)$ （二阶）
7	信号 $f(k)$ 的累加和	$\displaystyle\sum_{i=-\infty}^{k} f(i)$
8	信号 $f_1(k)$ 与 $f_2(k)$ 的卷积和	$f_1(k) * f_2(k) = \displaystyle\sum_{i=-\infty}^{\infty} f_1(i) f(k-i) =$ $\displaystyle\sum_{i=-\infty}^{\infty} f_2(i) f_1(k-i)$
9	信号 $f(k)$ 的时域分解	$f(k) = \displaystyle\sum_{i=-\infty}^{+\infty} f(i)\delta(k-i) = f(k) * \delta(k)$

例 7 - 1 - 1　求离散信号 $f(k) = k^2 - 2k + 3$ 的一阶、二阶后向与前向差分。

解　一阶后向差分为

$$\nabla f(k) = f(k) - f(k-1) = k^2 - 2k + 3 - [(k-1)^2 - 2(k-1) + 3] =$$
$$k^2 - 2k + 3 - [k^2 - 4k + 6] = 2k - 3$$

二阶后向差分为

$$\nabla^2 f(k) = \nabla[\nabla f(k)] = \nabla[f(k) - f(k-1)] =$$
$$\nabla f(k) - \nabla f(k-1) = 2k - 3 - [2(k-1) - 3] = 2$$

一阶前向差分为

$$\Delta f(k) = f(k+1) - f(k) =$$
$$(k+1)^2 - 2(k+1) + 3 - [k^2 - 2k + 3] = 2k - 1$$

二阶前向差分为

$$\Delta^2 f(k) = \Delta[\Delta f(k)] = \Delta[f(k+1) - f(k)] =$$
$$\Delta f(k+1) - \Delta f(k) = 2(k+1) - 1 - [2k - 1] = 2$$

例 7 - 1 - 2　(1) 求信号 $\delta(k)$ 的累加和 $y(k) = \displaystyle\sum_{i=0}^{k} \delta(i)$，并画出其波形；(2) 求信号 $U(k)$ 的累加和 $y(k) = \displaystyle\sum_{i=-\infty}^{k} U(i)$，并画出其波形。

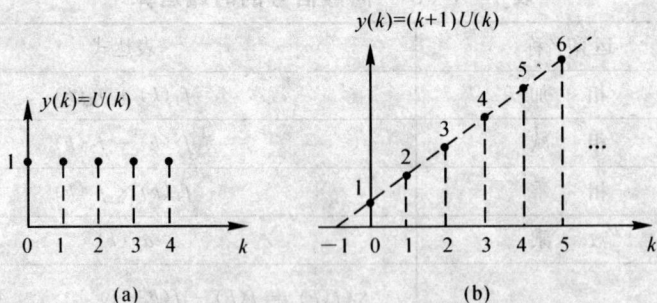

图　7-1-3

解　(1) $y(k) = \sum\limits_{i=0}^{k} \delta(i)$

当 $k = 0$ 时，$y(0) = \sum\limits_{i=0}^{0} \delta(i) = \delta(0) = 1$

当 $k = 1$ 时，$y(1) = \sum\limits_{i=0}^{1} \delta(i) = \delta(0) + \delta(1) = 1 + 0 = 1$

当 $k = 2$ 时，$y(2) = \sum\limits_{i=0}^{2} \delta(i) = \delta(0) + \delta(1) + \delta(2) = 1 + 0 + 0 = 1$

当 $k = 3$ 时，$y(3) = \sum\limits_{i=0}^{3} \delta(i) = \delta(0) + \delta(1) + \delta(2) + \delta(3) = 1 + 0 + 0 + 0 = 1$

……

当 $k = n$ 时，$y(n) = 1$

故得　　　　　　　　　　　　　　$y(k) = \sum\limits_{i=0}^{k} \delta(i) = U(k)$

$y(k)$ 的波形如图 7-1-3(a) 所示。可见为单位阶跃序列。

(2) $y(k) = \sum\limits_{i \to -\infty}^{k} U(i)$

当 $k = -1$ 时，$y(-1) = \sum\limits_{i \to -\infty}^{-1} U(i) = \cdots + U(-1) = \cdots + 0 = 0$

当 $k = 0$ 时，$y(0) = \sum\limits_{i \to -\infty}^{0} U(i) = \cdots + U(-1) + U(0) = \cdots + 0 + 1 = 0 + 1$

当 $k = 1$ 时，$y(1) = \sum\limits_{i \to -\infty}^{1} U(i) = \cdots + U(-1) + U(0) + U(1) =$

$\cdots + 0 + 1 + 1 = 2 = 1 + 1$

当 $k = 2$ 时，$y(2) = \sum\limits_{i \to -\infty}^{k} U(i) = \cdots + U(-1) + U(0) + U(1) + U(2) =$

$\cdots + 0 + 1 + 1 + 1 = 3 = 2 + 1$

当 $k = 3$ 时，$y(3) = \sum\limits_{i \to -\infty}^{3} U(i) = \cdots + U(-1) + U(0) + U(1) + U(2) + U(3) =$

$\cdots + 0 + 1 + 1 + 1 + 1 = 4 = 3 + 1$

……

当 $k = n$ 时，$y(n) = n + 1$

故得

$$y(k) = \sum_{i \to -\infty}^{k} U(i) = (k+1)U(k)$$

$y(k)$ 的波形如图 $7 - 1 - 3(\text{b})$ 所示。

六、离散信号的卷积和

1. 卷积和的定义

与连续时间信号的卷积积分相对应和类似，离散信号有卷积和的运算。其定义为

$$f_1(k) * f_2(k) = \sum_{i \to -\infty}^{+\infty} f_1(i) f_2(k-i) = \sum_{i \to -\infty}^{+\infty} f_2(i) f_1(k-i)$$

2. 卷积和的性质

与卷积积分的性质相对应和类似，卷积和也有一些同样的性质，如表 $7 - 1 - 4$ 所示。

表 7 - 1 - 4 卷积和的性质

序 号	性质名称	表达式
1	交换律	$f_1(k) * f_2(k) = f_2(k) * f_1(k)$
2	结合律	$[f_1(k) * f_2(k)] * f_3(k) = f_1(k) * [f_2(k) * f_3(k)]$
3	分配律	$[f_1(k) + f_2(k)] * f_3(k) = f_1(k) * f_3(k) + f_2(k) * f_3(k)$
4	卷积和的差分	$\nabla [f_1(k) * f_2(k)] = \nabla f_1(k) * f_2(k) = f_1(k) * \nabla f_2(k)$ $\Delta [f_1(k) * f_2(k)] = \Delta f_1(k) * f_2(k) = f_1(k) * \Delta f_2(k)$
5	卷积和的求和	$\sum_{i \to -\infty}^{k} [f_1(i) * f_2(i)] = \left[\sum_{i \to -\infty}^{k} f_1(i) \right] * f_2(k) =$ $f_1(k) * \left[\sum_{i \to -\infty}^{k} f_2(i) \right]$
6	$f(k)$ 与单位序列的卷积和	$f(k) * \delta(k) = f(k)$ $f(k) * \delta(k-n) = f(k-n)$ $f(k) * \delta(k+n) = f(k+n)$ $f(k-n_1) * \delta(k-n_2) = f(k-n_1-n_2)$
7	$f(k)$ 与 $U(k)$ 的卷积和	$f(k) * U(k) = \sum_{i \to -\infty}^{k} f(i)$ $f(k) * U(k-n) = \sum_{i \to -\infty}^{k-n} f(i) = \sum_{i \to -\infty}^{k} f(i-n)$
8	差分与求和的卷积和	$\nabla f_1(k) * \left[\sum_{i \to -\infty}^{k} f_2(i) \right] = f_1(k) * f_2(k)$
9	位移序列的卷积和	$f_1(k) * f_2(k-n) = f_1(k-n) * f_2(k)$ $f_1(k) * f_2(k+n) = f_1(k+n) * f_2(k)$

续　表

序　号	性质名称	表　达　式
10	$f(k) = f_1(k) * f_2(k)$	$f_1(k-k_1) * f_2(k-k_2) = f_1(k-k_2) * f_2(k-k_1) =$ $f(k-k_1-k_2)$

3. 卷积和表

表 $7-1-5$ 给出了常用信号的卷积和,可供查用。

表 $7-1-5$　卷积和表

序　号	$f_1(k)$	$f_2(k)$	$f_1(k) * f_2(k)$
1	$f(k)$	$\delta(k)$	$f(k)$
2	$f(k)$	$U(k)$	$\displaystyle\sum_{i=-\infty}^{k} f(i)$
3	$U(k)$	$U(k)$	$(k+1)U(k)$
4	$kU(k)$	$U(k)$	$\dfrac{1}{2}(k+1)kU(k)$
5	$a^k U(k)$	$U(k)$	$\dfrac{1-a^{k+1}}{1-a}U(k) \quad a \neq 1$
6	$a_1^k U(k)$	$a_2^k U(k)$	$\dfrac{a_1^{k+1} - a_2^{k+1}}{a_1 - a_2}U(k) \quad a_1 \neq a_2$
7	$a^k U(k)$	$a^k U(k)$	$(k+1)a^k U(k)$
8	$kU(k)$	$kU(k)$	$\dfrac{1}{6}(k+1)k(k-1)U(k)$
9	$kU(k)$	$a^k U(k)$	$\dfrac{k}{1-a}U(k) + \dfrac{a(a^k-1)}{(1-a)^2}U(k) \quad a \neq 1$

4. 求卷积和的常用方法

(1) 单位序列卷积和法;　　　　　　(2) 直接求累加和法;

(3) 图解法;　　　　　　　　　　　(4) 解析法(配合查卷积和表);

(5) 排表法;　　　　　　　　　　　(6) 利用差分性质求。

具体求法见下面例题。

例 $7-1-3$　已知两个时限序列

$$f(k) = \begin{cases} 1 & k=0,1,2 \\ 0 & k\text{ 为其他值} \end{cases} \qquad h(k) = \begin{cases} k & k=1,2,3 \\ 0 & k\text{ 为其他值} \end{cases}$$

求卷积和 $y(k) = f(k) * h(k)$。

解　$f(k)$ 与 $h(k)$ 的图形如图 $7-1-4(a)$,(b)所示。以下用 4 种方法求解。

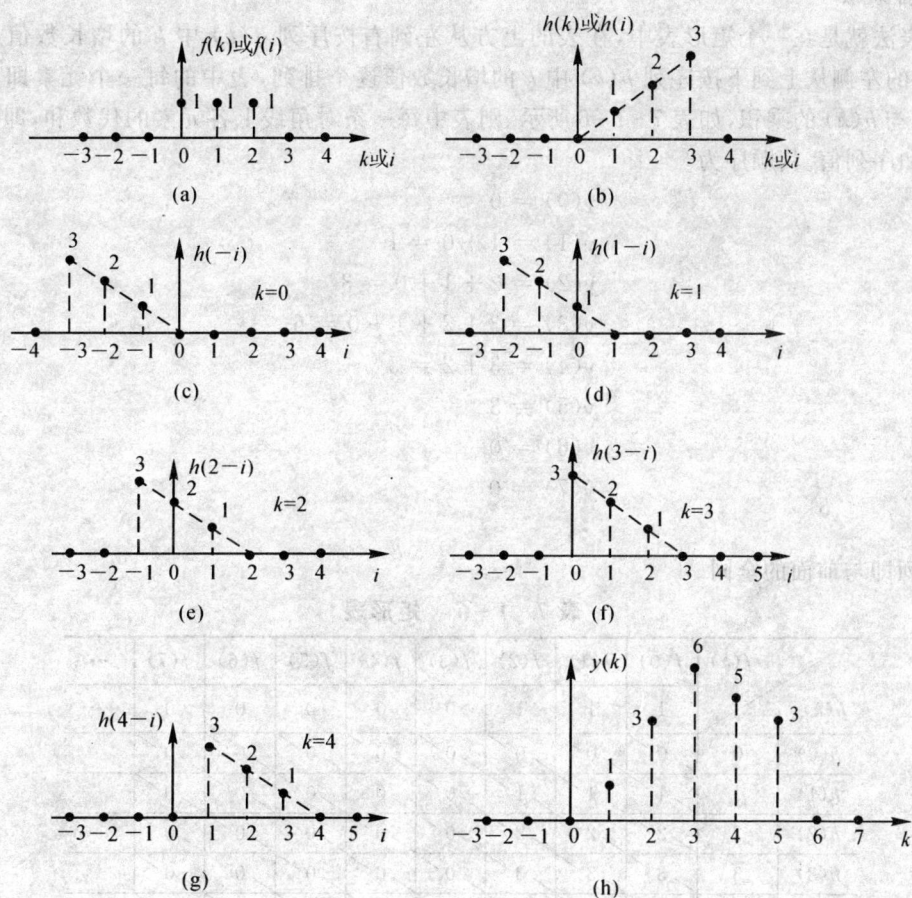

图　7-1-4

1. 单位序列卷积和法

因
$$f(k) = \delta(k) + \delta(k-1) + \delta(k-2)$$
$$h(k) = \delta(k-1) + 2\delta(k-2) + 3\delta(k-3)$$

故

$$y(k) = f(k) * h(k) =$$
$$[\delta(k) + \delta(k-1) + \delta(k-2)] * [\delta(k-1) + 2\delta(k-2) + 3\delta(k-3)] =$$
$$\delta(k-1) + 2\delta(k-2) + 3\delta(k-3) + \delta(k-2) + 2\delta(k-3) +$$
$$3\delta(k-4) + \delta(k-3) + 2\delta(k-4) + 3\delta(k-5) =$$
$$\delta(k-1) + 3\delta(k-2) + 6\delta(k-3) + 5\delta(k-4) + 3\delta(k-5)$$

即

$$y(k) = \{\cdots, 0, \quad 0 \quad , 1, 3, 6, 5, 3, 0, 0, \cdots\}$$
$$\uparrow$$
$$k=0$$

$y(k)$ 的曲线如图 7-1-4(h) 所示,可见仍为时限序列。

此方法的优点是计算简单,但只适用于较短的时限序列,且不易写出 $y(k)$ 的函数表达式。

2. 排表法

排表法就是在一个矩形表中,在表的上方从左到右按序列 $f(k)$ 中 k 的增长数值逐个排列,在表的左侧从上到下按序列 $h(k)$ 中 k 的增长数值逐个排列,表中的每一个元素即为相应的 $f(k)$ 与 $h(k)$ 的乘积,如表 7-1-6 所示。则表中每一条对角线上各元素的代数和,即为相应的卷积和序列值。其顺序为

$$y(0) = 0$$
$$y(1) = 1 + 0 = 1$$
$$y(2) = 2 + 1 + 0 = 3$$
$$y(3) = 3 + 2 + 1 + 0 = 6$$
$$y(4) = 3 + 2 = 5$$
$$y(5) = 3$$
$$y(6) = 0$$
$$y(7) = 0$$
$$\vdots$$

写成序列即与前面的全同。

表 7-1-6　矩形表

$h(k)$ ＼ $f(k)$		$f(0)$	$f(1)$	$f(2)$	$f(3)$	$f(4)$	$f(5)$	$f(6)$	$f(7)$	$\cdots$
$h(k)$		1	1	1	0	0	0	0	0	$\cdots$
$h(0)$	0	0	0	0	0	0	0	0	0	
$h(1)$	1	1	1	1	0	0	0	0	0	
$h(2)$	2	2	2	2	0	0	0	0	0	
$h(3)$	3	3	3	3	0	0	0	0	0	
$h(4)$	0	0	0	0	0	0	0	0	0	
$h(5)$	0	0	0	0	0	0	0	0	0	
$h(6)$	0	0	0	0	0	0	0	0	0	
$h(7)$	0	0	0	0	0	0	0	0	0	
$\vdots$	$\vdots$									

3. 直接求累加和法

因

$$y(k) = f(k) * h(k) = \sum_{i=-\infty}^{+\infty} f(i)h(k-i) = \sum_{i=0}^{+\infty} f(i)h(k-i)$$

当 $k < 0$ 时, $y(k) = 0$

当 $k = 0$ 时, $y(0) = \sum_{i=0}^{0} f(i)h(0-i) = f(0)h(0-0) = f(0)h(0) = 1 \times 0 = 0$

当 $k = 1$ 时, $y(1) = \sum_{i=0}^{1} f(i)h(1-i) = f(0)h(1-0) + f(1)h(1-1) =$
$$f(0)h(1) + f(1)h(0) = 1 \times 1 + 1 \times 0 = 1$$

当 $k = 2$ 时, $y(2) = \sum_{i=0}^{2} f(i)h(2-i) =$

$$f(0)h(2-0) + f(1)h(2-1) + f(2)h(2-2) =$$
$$f(0)h(2) + f(1)h(1) + f(2)h(0) =$$
$$1 \times 2 + 1 \times 1 + 1 \times 0 = 3$$

当 $k = 3$ 时，　$y(3) = \sum_{i=0}^{3} f(i)h(3-i) =$

$$f(0)h(3-0) + f(1)h(3-1) + f(2)h(3-2) + f(3)h(3-3) =$$
$$f(0)h(3) + f(1)h(2) + f(2)h(1) + f(3)h(0) =$$
$$1 \times 3 + 1 \times 2 + 1 \times 1 + 0 \times 0 = 6$$

当 $k = 4$ 时，　$y(4) = \sum_{i=0}^{4} f(i)h(4-i) =$

$$f(0)h(4-0) + f(1)h(4-1) +$$
$$f(2)h(4-2) + f(3)h(4-3) + f(4)h(4-4) =$$
$$f(0)h(4) + f(1)h(3) + f(2)h(2) + f(3)h(1) + f(4)h(0) =$$
$$1 \times 0 + 1 \times 3 + 1 \times 2 + 0 \times 1 + 0 \times 0 = 5$$

当 $k = 5$ 时，　$y(5) = \sum_{i=0}^{5} f(i)h(5-i) = 3$

当 $k = 6$ 时，　$y(6) = \sum_{i=0}^{6} f(i)h(6-i) = 0$

　　　　　　⋮

写成序列仍与前同。

4. 图解法

其图解过程如图 $7-1-4$(c)，(d)，(e)，(f)，(g) 所示。以此类推，其结果为

$k = 0$　　　　$y(0) = 0$

$k = 1$　　　　$y(1) = 1 \times 1 + 1 \times 0 = 1$

$k = 2$　　　　$y(2) = 1 \times 2 + 1 \times 1 = 3$

$k = 3$　　　　$y(3) = 1 \times 3 + 1 \times 2 + 1 \times 1 = 6$

$k = 4$　　　　$y(4) = 1 \times 0 + 1 \times 3 + 1 \times 2 + 0 \times 1 = 5$

$k = 5$　　　　$y(5) = 3$

$k = 6$　　　　$y(6) = 0$

$k = 7$　　　　$y(7) = 0$

　　　　　　⋮

写成序列形式仍与前同。

7.2　离散系统及其数学模型——差分方程

一、离散系统的定义

若系统的输入信号与输出信号均为离散时间信号，则称为离散时间系统，简称离散系统，如图 $7-2-1$ 所示。数字电子计算机就是典型的离散系统；数据控制系统与数字通信系统的主

体部分也都是离散系统。由于离散系统在小型化、可靠
性、精度等方面，都比连续系统有更大的优越性，所以离
散系统的应用极为广泛，而且越来越广泛。

$f(k) \longrightarrow$ | 离散系统 | $\longrightarrow y(k)$

图 $7-2-1$ 离散系统的定义

二、离散系统的数学模型 —— 差分方程

线性时不变连续系统的数学模型是微分方程，线性
时不变离散系统的数学模型则是差分方程。差分方程有前向差分方程与后向差分方程两种。前
向差分方程多用于现代控制系统中的状态变量分析，后向差分方程多用于因果系统与数字滤
波器的分析。

1. 前向差分方程

设系统的激励信号为 $f(k)$，响应信号为 $y(k)$，则含有 $f(k)$，$y(k)$ 及 $f(k)$ 与 $y(k)$ 各阶前
向差分的方程，称为前向差分方程，简称差分方程。例如

$$\Delta^2 y(k) + 5\Delta y(k) + 3y(k) = \Delta^2 f(k) + \Delta f(k) + f(k)$$

即为一描述二阶离散系统激励 $f(k)$ 与响应 $y(k)$ 关系的前向二阶差分方程。将上式求差分并
化简可得到下述形式，即

$$y(k+2) - 2y(k+1) + y(k) + 5[y(k+1) - y(k)] + 3y(k) =$$
$$f(k+2) - 2f(k+1) + f(k) + [f(k+1) - f(k)] + f(k)$$

整理后得

$$y(k+2) + 3y(k+1) - y(k) = f(k+2) - f(k+1) + f(k)$$

可见前向差分方程实质上就是：方程等号的左端为系统响应 $y(k)$ 及 $y(k)$ 的各超前序列的线
性组合；方程等号的右端为系统激励 $f(k)$ 及 $f(k)$ 的各超前序列的线性组合。

推广之，对于 n 阶系统，其前向 n 阶差分方程的一般形式为

$$y(k+n) + a_{n-1} y(k+n-1) + \cdots + a_1 y(k+1) + a_0 y(k) =$$
$$b_m f(k+m) + b_{m-1} f(k+m-1) + \cdots + b_1 f(k+1) + b_0 f(k)$$

$$(7-2-1)$$

2. 后向差方程

设系统的激励信号为 $f(k)$，响应信号为 $y(k)$，则含有 $f(k)$，$y(k)$ 及 $f(k)$ 与 $y(k)$ 各阶后
向差分的方程，称为后向差分方程，也简称差分方程。例如

$$\nabla^2 y(k) + 5\nabla y(k) + 3y(k) = \nabla^2 f(k) + \nabla f(k) + f(k)$$

即为一描述二阶离散系统的后向二阶差分方程。将上式求差分并化简可得到下述形式，即

$$9y(k) - 7y(k-1) + y(k-2) = 3f(k) - 3f(k-1) + f(k-2)$$

可见后向差分方程实质上就是：方程等号的左端为系统响应 $y(k)$ 及 $y(k)$ 的各延迟序列的线
性组合，方程等号的右端为系统激励 $f(k)$ 及 $f(k)$ 的各延迟序列的线性组合。

推广之，对于 n 阶系统，其后向 n 阶差分方程的一般形式为

$$y(k) + a_1 y(k-1) + a_2 y(k-2) + \cdots + a_{n-1} y[k-(n-1)] + a_n y(k-n) =$$
$$b_0 f(k) + b_1 f(k-1) + b_2 f(k-2) + \cdots + b_{m-1} f[k-(m-1)] + b_m f(k-m)$$

$$(7-2-2)$$

例 7-2-1   某人每月1日定时在银行存款，设第 k 个月的存款额为 $f(k)$，银行支付的月
息为 β，每月利息按复利计算。求第 k 个月月底时的本息总额 $y(k)$。

解　本息总额 $y(k)$ 应包括三个部分：第 $(k-1)$ 个月月底时的本息总额 $y(k-1)$；$y(k-1)$ 的月息 $\beta y(k-1)$；第 k 个月存入的款额 $f(k)$。故可得关系式为

$$y(k) = y(k-1) + \beta y(k-1) + f(k)$$

即　　　　　　　　$$y(k) - (1+\beta)y(k-1) = f(k) \qquad k \geqslant 0$$

可见为一后向一阶差分方程。求解此差分方程即可得到 $y(k)$。

三、差分算子与转移算子 $H(E)$

（1）超前差分算子 E，简称 E 算子。其涵义是将序列 $y(k)$ 沿 k 轴的负方向（即向左）移动一个时间单位的运算，如图 7-2-2(a) 所示，即

$$E[y(k)] = y(k+1)$$
$$E^2[y(k)] = y(k+2)$$
$$\vdots$$
$$E^n[y(k)] = y(k+n)$$

（2）迟后差分算子 $\dfrac{1}{E} = E^{-1}$，简称 E^{-1} 算子。其涵义是将序列 $y(k)$ 沿 k 轴的正方向（即向右）移动一个时间单位的运算，如图 7-2-2(b) 所示，即

$$E^{-1}[y(k)] = \frac{1}{E}[y(k)] = y(k-1)$$

$$E^{-2}[y(k)] = \frac{1}{E^2}[y(k)] = y(k-2)$$

$$\vdots$$

$$E^{-n}[y(k)] = \frac{1}{E^n}[y(k)] = y(k-n)$$

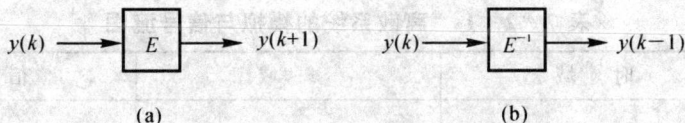

图 7-2-2　差分算子的运算功能

（3）转移算子（即传输算子）$H(E)$。对式(7-2-1)等号两端同时施行超前差分算子 E 的运算，即有

$$(E^n + a_{n-1}E^{n-1} + \cdots + a_1 E + a_0)y(k) = (b_m E^m + b_{m-1}E^{m-1} + \cdots + b_1 E + b_0)f(k)$$

故得

$$y(k) = \frac{b_m E^m + b_{m-1}E^{m-1} + \cdots + b_1 E + b_0}{E_n + a_{n-1}E^{n-1} + \cdots + a_1 E + a_0} f(k) = H(E)f(k)$$

式中

$$H(E) = \frac{y(k)}{f(k)} = \frac{b_m E^m + b_{m-1}E^{m-1} + \cdots + b_1 E + b_0}{E^n + a_{n-1}E^{n-1} + \cdots + a_1 E + a_0} = \frac{N(E)}{D(E)}$$

$H(E)$ 称为转移（或传输）算子，表示对激励信号 $f(k)$ 施行 $H(E)$ 的运算后，即得响应 $y(k)$，其运算功能如图 7-2-3 所示。

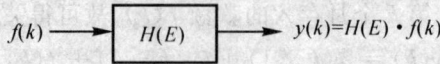

图 7-2-3 超前传输算子 $H(E)$ 的运算功能

上式中，$D(E) = E^n + a_{n-1}E^{n-1} + \cdots + a_1E + a_0$，$D(E)$ 称为差分方程（或系统）的特征多项式；$D(E) = 0$，称为差分方程（或系统）的特征方程，其根称为差分方程（或系统）的特征根，也称为离散系统的自然频率或固有频率。

同理，对式(7-2-2)等号两端同时施行迟后差分算子 E^{-1} 的运算，即有

$$(1 + a_1E^{-1} + a_2E^{-2} + \cdots + a_{n-1}E^{-(n-1)} + a_nE^{-n})y(k) =$$
$$(b_0 + b_1E^{-1} + b_2E^{-2} + \cdots + b_{m-1}E^{-(m-1)} + b_mE^{-m})f(k)$$

故得

$$y(k) = \frac{b_0 + b_1E^{-1} + b_2E^{-2} + \cdots + b_{m-1}E^{-(m-1)} + b_mE^{-m}}{1 + a_1E^{-1} + a_2E^{-2} + \cdots + a_{n-1}E^{-(n-1)} + a_nE^{-n}}f(k) = H(E)f(k)$$

式中

$$H(E) = \frac{y(k)}{f(k)} = \frac{b_0 + b_1E^{-1} + b_2E^{-2} + \cdots + b_{m-1}E^{-(m-1)} + b_mE^{-m}}{1 + a_1E^{-1} + a_2E^{-2} + \cdots + a_{n-1}E^{-(n-1)} + a_nE^{-n}}$$

$H(E)$ 仍称为转移（传输）算子。

四、离散系统的时域模拟

离散系统时域模拟应用的运算器有 3 种：加法器，数乘器，单位延迟器，它们的时域模拟符号如表 7-2-1 所示。单位延迟器是一个具有"记忆"功能的运算器，其作用是将输入信号 $f(k)$ 延迟一个时间单位后再输出，即 $y(k) = f(k-1)$。

表 7-2-1 离散系统的模拟与信号流图

名 称	时 域	z 域	信号流图
加法器	 $y(k)=f_1(k)+f_2(k)$	 $Y(z)=F_1(z)+F_2(z)$	
数乘器	 $y(k)=af(k)$	 $Y(z)=aF(z)$	 $Y(z)=aF(z)$
单位延时器	 $y(k)=f(k-1)$	 $Y(z)=z^{-1}F(z)$	 $Y(z)=z^{-1}F(z)$

注：z 域模拟与信号流图见下一章。

例 7 - 2 - 2　已知离散系统的二阶后向差分方程为

$$y(k) + a_1 y(k-1) + a_0 y(k-2) = b_1 f(k-1) + b_0 f(k)$$

试画出系统的时域模拟图。

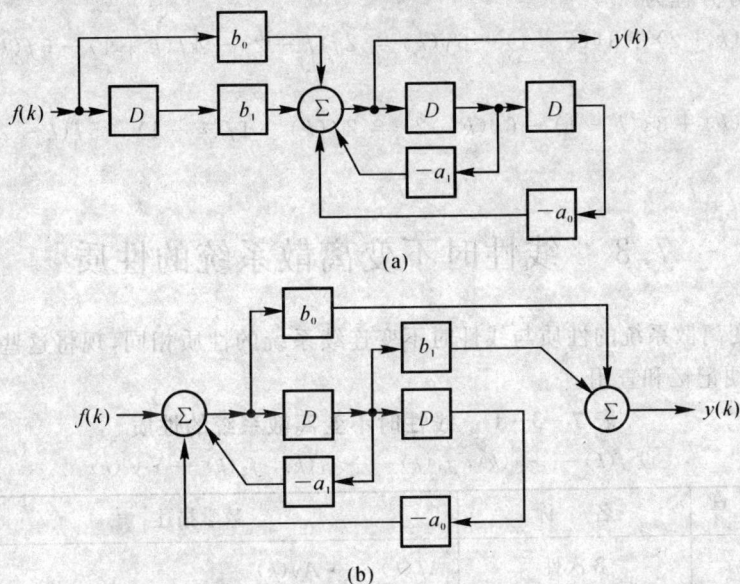

(a)

(b)

图　7 - 2 - 4

解　将已知的差分方程写为

$$y(k) = -a_1 y(k-1) - a_0 y(k-2) + b_1 f(k-1) + b_0 f(k)$$

根据此式即可画出系统的一种时域模拟图,如图 7 - 2 - 4(a)所示。系统模拟图的形式不是唯一的,一个差分方程可以有许多种不同形式的模拟图。例如将原方程写成差分算子形式为

$$(1 + a_1 E^{-1} + a_0 E^{-2}) y(k) = (b_1 E^{-1} + b_0) f(k)$$

故得传输算子为

$$H(E) = \frac{y(k)}{f(k)} = \frac{b_0 + b_1 E^{-1}}{1 + a_1 E^{-1} + a_0 E^{-2}} = \frac{b_0 E^2 + b_1 E}{E^2 + a_1 E + a_0}$$

根据此式又可画出直接形式的时域模拟图,如图 7 - 2 - 4(b)所示。图 7 - 2 - 4 中的两个图不同,但它们的差分方程是相同的。

例 7 - 2 - 3　已知离散系统如图 7 - 2 - 5 所示,试写出系统的差分方程。

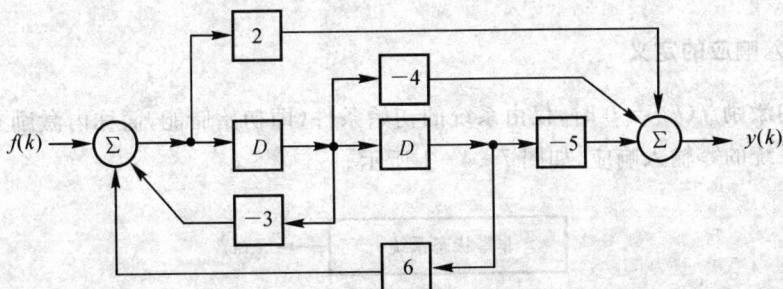

图　7 - 2 - 5

解 可以直接写出系统的传输算子为

$$H(E) = \frac{2E^2 - 4E - 5}{E^2 + 3E - 6}$$

故得系统的差分方程为

$$y(k+2) + 3y(k+1) - 6y(k) = 2f(k+2) - 4f(k+1) - 5f(k)$$

或

$$y(k) + 3y(k-1) - 6y(k-2) = 2f(k) - 4f(k-1) - 5f(k-2)$$

7.3 线性时不变离散系统的性质

线性时不变离散系统的性质与线性时不变连续系统的性质相同,现将这些性质汇总于表7-3-1中,以便记忆和查用。

表 7-3-1 线性时不变离散系统的性质

设 $f(k) \longrightarrow y(k)$, $f_1(k) \longrightarrow y_1(k)$, $f_2(k) \longrightarrow y_2(k)$

序 号	名 称	数学描述
1	齐次性	$Af(k) \longrightarrow Ay(k)$
2	叠加性	$f_1(k) + f_2(k) \longrightarrow y_1(k) + y_2(k)$
3	线 性	$A_1 f_1(k) + A_2 f_2(k) \longrightarrow A_1 y_1(k) + A_2 y_2(k)$
4	时不变性	$f(k - k_0) \longrightarrow y(k - k_0)$ (k_0 为整常数)
5	差分性	$\nabla f(k) \longrightarrow \nabla y(k)$ $\Delta f(k) \longrightarrow \Delta y(k)$
6	累加和性	$\sum\limits_{i \to -\infty}^{k} f(i) \longrightarrow \sum\limits_{i \to -\infty}^{k} y(i)$

7.4 离散系统的零输入响应及其求解

一、零输入响应的定义

当系统的激励 $f(k) = 0$ 时,仅由系统的初始条件(即初始储能,简称内激励)产生的响应 $y_x(k)$,称为系统的零输入响应,如图 7-4-1 所示。

图 7-4-1 离散系统的零输入响应 $y_x(k)$

二、求解方法

求系统的零输入响应 $y_x(k)$，实质上就是求齐次差分方程的解，也就是差分方程的齐次解，其求解方法有两种。

1. 迭代法（递推法）

迭代法（也称递推法）是求解差分方程最基本的方法。例如已知一阶系统的差分方程为

$$y(k+1) + a_0 y(k) = b_0 f(k) \qquad\qquad (7-4-1)$$

且已知零输入响应 $y_x(k)$ 的初始条件为 $y_x(0) \neq 0$，则当激励 $f(k) = 0$ 时，即有

$$\begin{cases} y_x(k+1) + a_0 y_x(k) = 0 \\ y_x(0) \neq 0 \end{cases}$$

即

$$\begin{cases} y_x(k+1) = -a_0 y_x(k) \\ y_x(0) \neq 0 \end{cases} \qquad\qquad (7-4-2)$$

此式说明，$k+1$ 时刻响应的值 $y_x(k+1)$，是由 k 时刻响应的值 $y_x(k)$ 决定的。

当 $k = 0$ 时得　　　　　　　$y_x(1) = -a_0 y_x(0)$

当 $k = 1$ 时得　　　　　　　$y_x(2) = -a_0 y_x(1) = (-a_0)^2 y_x(0)$

当 $k = 2$ 时得　　　　　　　$y_x(3) = -a_0 y_x(2) = (-a_0)^3 y_x(0)$

$\vdots$　　　　　　　　　　　　　$\vdots$

当 $k = n-1$ 时得　　　　　　$y_x(n) = (-a_0)^n y_x(0)$

然后再将 n 换成 k，即得系统的零输入响应为

$$y_x(k) = (-a_0)^k y_x(0) \qquad\qquad k \geqslant 0$$

或者

$$y_x(k) = (-a_0)^k y_x(0) U(k)$$

2. 转移算子（传输算子）法

将式（7-4-1）写成差分算子形式为

$$(E + a_0) y(k) = b_0 f(k)$$

即

$$y(k) = \frac{b_0}{E + a_0} f(k)$$

故得传输算子为

$$H(E) = \frac{b_0}{E + a_0}$$

令分母　　　　　　　　　　　$D(E) = E + a_0 = 0$

故得差分方程（或系统）的特征根为 $p_1 = -a_0$。从而可得系统零输入响应的通解式为

$$y_x(k) = A p_1^k = A(-a_0)^k$$

式中，A 为待定常数，由系统零输入响应的初始条件 $y_x(0)$ 确定。当 $k = 0$ 时，上式变为 $y_x(0) = A \times 1$，故得 $A = y_x(0)$。代入上式即得系统的零输入响应为

$$y_x(k) = (-a_0)^k y_x(0) \qquad\qquad k \geqslant 0$$

或

$$y_x(k) = (-a_0)^k y_x(0) U(k)$$

例 7-4-1　已知系统的差分方程为

$$6y(k) - 5y(k-1) + y(k-2) = f(k)$$

且已知系统的初始条件为 $y_x(0) = 15$，$y_x(1) = 9$。求系统的零输入响应 $y_x(k)$。

解 将差分方程写成差分算子形式为

$$(6 - 5E^{-1} + E^{-2})y(k) = f(k)$$

即

$$y(k) = \frac{1}{6 - 5E^{-1} + E^{-2}} f(k) = \frac{E^2}{6E^2 - 5E + 1} f(k)$$

故得传输算子为

$$H(E) = \frac{E^2}{6E^2 - 5E + 1}$$

令分母

$$D(E) = 6E^2 - 5E + 1 = (2E - 1)(3E - 1) = 0$$

故得差分方程的特征根为：$p_1 = \dfrac{1}{2}$，$p_2 = \dfrac{1}{3}$。从而得系统零输入响应的通解式为

$$y_x(k) = A p_1^k + A_2 p_2^k = A_1\left(\frac{1}{2}\right)^k + A_2\left(\frac{1}{3}\right)^k$$

式中，A_1，A_2 为待定常数，由系统的初始条件 $y_x(0)$，$y_x(1)$ 确定。将初始条件代入上式有

$$\begin{cases} y_x(0) = A_1 + A_2 \\ y_x(1) = \dfrac{1}{2}A_1 + \dfrac{1}{3}A_2 \end{cases}$$

联立求解得 $A_1 = 24$，$A_2 = -9$，故得系统的零输入响应为

$$y_x(k) = 24\left(\frac{1}{2}\right)^k - 9\left(\frac{1}{3}\right)^k \qquad k \geqslant 0$$

或者

$$y_x(k) = \left[24\left(\frac{1}{2}\right)^k - 9\left(\frac{1}{3}\right)^k\right]U(k)$$

7.5 离散系统的单位序列响应及其求解

一、单位序列响应 $h(k)$ 的定义

单位序列激励 $\delta(k)$ 在零状态离散系统中产生的响应，称为单位序列响应，用 $h(k)$ 表示，如图 7-5-1 所示。

$$\delta(k) \longrightarrow \boxed{\text{零状态离散系统}} \longrightarrow h(k)$$

图 7-5-1 单位序列响应 $h(k)$ 的定义

二、单位序列响应 $h(k)$ 的求法

单位序列响应 $h(k)$ 的求法也有两种：迭代法（递推法）与传输算子法。

1. 迭代法（递推法）

例 7-5-1 已知系统的差分方程为

$$y(k+1) + a_0 y(k) = f(k+1) \qquad\qquad (7-5-1)$$

求系统的单位序列响应 $h(k)$。

解 当激励 $f(k) = \delta(k)$ 时,其响应 $y(k)$ 即变为单位序列响应 $h(k)$。故上述方程变为

$$h(k+1) + a_0 h(k) = \delta(k+1)$$

即

$$h(k+1) = -a_0 h(k) + \delta(k+1) \qquad (7-5-2)$$

因为激励 $\delta(k)$ 是在 $k=0$ 时刻作用于系统的,又因为系统是因果系统,故必有 $h(-1) = 0$。由式 $(7-5-2)$ 有:

取 $k = -1$ 得 $\qquad h(0) = -a_0 h(-1) + \delta(0) = 0 + 1 = 1 = (-a_0)^0$

取 $k = 0$ 得 $\qquad h(1) = -a_0 h(0) + \delta(1) = -a_0 \times 1 + 0 = (-a_0)^1$

取 $k = 1$ 得 $\qquad h(2) = -a_0 h(1) + \delta(2) = (-a_0)^2 + 0 = (-a_0)^2$

$\quad \vdots \qquad\qquad\qquad \vdots$

取 $k = n-1$ 得 $\qquad h(n) = (-a_0)^n$

然后再将 n 换成 k,即得系统的单位序列响应为

$$h(k) = (-a_0)^k \qquad k \geqslant 0$$

或

$$h(k) = (-a_0)^k U(k) \qquad (7-5-3)$$

2. 传输算子法

将式 $(7-5-1)$ 写成差分算子形式为

$$(E + a_0) y(k) = E f(k)$$

即

$$y(k) = \frac{E}{E + a_0} f(k)$$

故得传输算子为

$$H(E) = \frac{E}{E + a_0}$$

令分母

$$D(E) = E + a_0 = 0$$

故得差分方程的特征根为 $p_1 = -a_0$。仿照式 $(7-5-3)$,可得系统的单位序列响应为

$$h(k) = (-a_0)^k \qquad k \geqslant 0$$

或

$$h(k) = (-a_0)^k U(k)$$

例 7-5-2 已知系统的差分方程为

$$y(k+2) - 5y(k+1) + 6y(k) = f(k+2)$$

求系统的单位序列响应 $h(k)$。

解 将差分方程写成差分算子形式为

$$(E^2 - 5E + 6) y(k) = E^2 f(k)$$

即

$$y(k) = \frac{E^2}{E^2 - 5E + 6} f(k)$$

故得传输算子为

$$H(E) = \frac{E^2}{E^2 - 5E + 6} = E \frac{E}{(E-3)(E-2)} =$$

$$E\left[\frac{K_1}{E-3} + \frac{K_2}{E-2}\right] = E\left[\frac{3}{E-3} + \frac{-2}{E-2}\right] = 3\frac{E}{E-3} - 2\frac{E}{E-2}$$

故仿照式 $(7-5-3)$,可得系统的单位序列响应为

$$h(k) = 3(3)^k - 2(2)^k \qquad k \geqslant 0$$

或
$$h(k) = \left[3(3)^k - 2(2)^k\right]U(k)$$

三、离散系统的稳定性在时域中的充要条件

一切离散系统都必须具有稳定性。离散系统具有稳定性，在时域中的充要条件是

$$\sum_{k=-\infty}^{\infty} |h(k)| < \infty \quad （非因果系统）\quad k \in \mathbf{Z}$$

或
$$\sum_{k=0}^{\infty} |h(k)| < \infty \quad （因果系统）\quad k \in \mathbf{N}$$

注意：满足式$\lim\limits_{k\to\infty} h(k) = 0$，只是系统具有稳定性的必要条件，而非充分条件。

关于离散系统稳定性更深入的分析，见下一章。

7.6 离散系统的零状态响应及其求解——卷积和法

一、定义

仅由外激励 $f(k)$ 在零状态离散系统中产生的响应 $y_f(k)$，称为零状态响应，如图 7-6-1 所示。

图 7-6-1 离散系统零状态响应的定义

二、求离散系统零状态响应的卷积和法

在时域中求连续系统零状态响应的方法是卷积积分法。完全对应与类似，在时域中求离散系统零状态响应的方法是卷积和法。即

$$y_f(k) = f(k) * h(k) = \sum_{i=-\infty}^{+\infty} f(i)h(k-i) = \sum_{i=-\infty}^{+\infty} h(i)f(k-i) \qquad (7-6-1)$$

如图 7-6-2 所示，式中 $h(k)$ 为系统的单位序列响应。

图 7-6-2 离散系统零状态响应的求解

三、求离散系统零状态响应 $y_f(k)$ 的步骤

(1) 求系统的单位序列响应 $h(k)$。
(2) 按式(7-6-1)求零状态响应 $y_f(k)$。
(3) 必要时画出 $y_f(k)$ 的曲线。

例 7-6-1 图 7-6-3 所示系统，$f(k) = \cos(\pi k)U(k) = (-1)^k U(k)$。求零状态响应 $y_f(k)$。

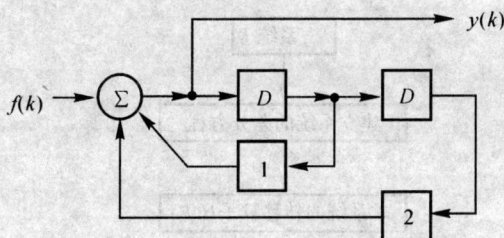

图　7-6-3

解　该系统的差分方程为

$$y(k+2) - y(k+1) - 2y(k) = f(k+2)$$

传输算子为

$$H(E) = \frac{E^2}{E^2 - E - 2} = E\frac{E}{(E+1)(E-2)} =$$

$$E\left[\frac{\frac{1}{3}}{E+1} + \frac{\frac{2}{3}}{E-2}\right] = \frac{1}{3}\frac{E}{E+1} + \frac{2}{3}\frac{E}{E-2}$$

故得

$$h(k) = \left[\frac{1}{3}(-1)^k + \frac{2}{3}(2)^k\right]U(k)$$

$$y_f(k) = h(k) * f(k) = \left[\frac{1}{3}(-1)^k + \frac{2}{3}(2)^k\right]U(k) * (-1)^k U(k) =$$

$$\frac{1}{3}(-1)^k U(k) * (-1)^k U(k) + \frac{2}{3}(2)^k U(k) * (-1)^k U(k)$$

查表 7-1-5 中的序号 7 得

$$(-1)^k U(k) * (-1)^k U(k) = (k+1)(-1)^k U(k)$$

查表 7-1-5 中的序号 6 得

$$(2)^k U(k) * (-1)^k U(k) = \frac{(-1)^{k+1} - (2)^{k+1}}{-1-2}U(k) = \left[\frac{2}{3}(2)^k - \frac{1}{3}(-1)^k\right]U(k)$$

故得

$$y_f(k) = \frac{1}{3}(k+1)(-1)^k U(k) + \frac{2}{3}\left[\frac{2}{3}(2)^k + \frac{1}{3}(-1)^k\right]U(k) =$$

$$\left[\frac{1}{3}k(-1)^k + \frac{5}{9}(-1)^k + \frac{4}{9}(2)^k\right]U(k)$$

7.7　求离散系统全响应的零状态-零输入法

一、求离散系统全响应的零状态-零输入法

与连续系统求全响应的方法一样,也可用零状态-零输入法求离散系统的全响应,即

$$y(k) = y_x(k) + y_f(k)$$

其思路程序如下:

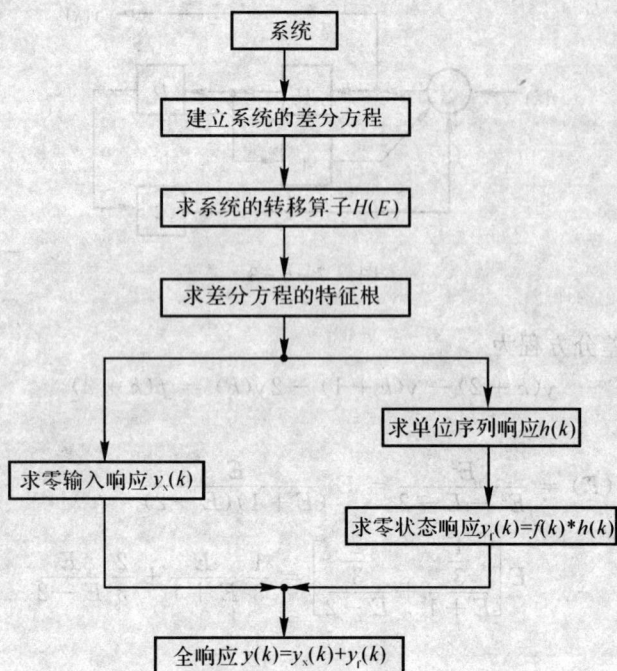

例 7 - 7 - 1 已知离散系统的差分方程为

$$6y(k) - 5y(k-1) + y(k-2) = f(k) \qquad (7-7-1)$$

激励 $f(k) = 10U(k)$，全响应的初始值为 $y(0) = 15$，$y(1) = 9$。求系统的单位序列响应 $h(k)$，零输入响应 $y_x(k)$，零状态响应 $y_f(k)$，全响应 $y(k)$。

解   (1) 求 $h(k)$。由已知的系统差分方程可求得传输算子为

$$H(E) = \frac{1}{6 - 5E^{-1} + E^{-2}} = \frac{E^2}{6E^2 - 5E + 1} =$$

$$\frac{E^2}{6\left(E - \frac{1}{2}\right)\left(E - \frac{1}{3}\right)} = E \frac{\dfrac{E}{6}}{\left(E - \frac{1}{2}\right)\left(E - \frac{1}{3}\right)} =$$

$$E\left[\frac{\dfrac{1}{2}}{E - \frac{1}{2}} - \frac{\dfrac{1}{3}}{E - \frac{1}{3}}\right] = \frac{1}{2}\frac{E}{E - \frac{1}{2}} - \frac{1}{3}\frac{E}{E - \frac{1}{3}}$$

故得系统的单位序列响应为

$$h(k) = \left[\frac{1}{2}\left(\frac{1}{2}\right)^k - \frac{1}{3}\left(\frac{1}{3}\right)^k\right]U(k)$$

(2) 求 $y_x(k)$。$H(E)$ 的分母 $D(E) = 6\left(E - \frac{1}{2}\right)\left(E - \frac{1}{3}\right) = 0$ 的根为 $p_1 = \frac{1}{2}$，$p_2 = \frac{1}{3}$，

故得零输入响应的通解式为

$$y_x(k) = A_1 p_1^k + A_2 p_2^k = A_1\left(\frac{1}{2}\right)^k + A_2\left(\frac{1}{3}\right)^k \qquad (7-7-2)$$

由于激励 $f(k) = 10U(k)$ 是在 $k = 0$ 时刻作用于系统的，故系统的初始状态应为 $y(-1)$，

$y(-2)$。取 $k=1$,代入式$(7-7-2)$ 有
$$6y(1)-5y(0)+y(-1)=10U(1)=10\times1=10$$
即
$$6\times9-5\times15+y(-1)=10$$
故得 $y(-1)=31$,即
$$y_x(-1)=31$$
取 $k=0$,代入式$(7-7-2)$ 有
$$6y(0)-5y(-1)+y(-2)=10U(0)=10\times1=10$$
即
$$6\times15-5\times31+y(-2)=10$$
故得 $y(-2)=75$,即
$$y_x(-2)=75$$
将上面所求得的 $y_x(-1)=31$ 和 $y_x(-2)=75$,代入式$(7-7-2)$,有
$$y_x(-1)=A_1\left(\frac{1}{2}\right)^{-1}+A_2\left(\frac{1}{3}\right)^{-1}=31$$
$$y_x(-2)=A_1\left(\frac{1}{2}\right)^{-2}+A_2\left(\frac{1}{3}\right)^{-2}=75$$
联立求解得
$$A_1=9,\quad A_2=\frac{13}{3}$$
再代入式$(7-7-2)$,即得系统的零输入响应为
$$y_x(k)=9\left(\frac{1}{2}\right)^k+\frac{13}{3}\left(\frac{1}{3}\right)^k \quad k\geqslant-2$$
或
$$y_x(k)=\left[9\left(\frac{1}{2}\right)^k+\frac{13}{3}\left(\frac{1}{3}\right)^k\right]U(k+2)$$
(3) 求零状态响应 $y_f(k)$。
$$y_f(k)=h(k)*f(k)=\left[\frac{1}{2}\left(\frac{1}{2}\right)^k-\frac{1}{3}\left(\frac{1}{3}\right)^k\right]U(k)*10U(k)=$$
$$10\left[\left(\frac{1}{2}\right)^{k+1}U(k)*U(k)-\left(\frac{1}{3}\right)^{k+1}U(k)*U(k)\right]$$
查卷积和表(见表$7-1-5$中的序号5) 得
$$y_f(k)=10\left[\frac{1-\left(\frac{1}{2}\right)^{k+2}}{1-\frac{1}{2}}-\frac{1-\left(\frac{1}{3}\right)^{k+2}}{1-\frac{1}{3}}\right]=\left[5-5\left(\frac{1}{2}\right)^k+\frac{5}{3}\left(\frac{1}{3}\right)^k\right]U(k)$$
(4) 求全响应 $y(k)$。
$$y(k)=y_x(k)+y_f(k)=$$
$$\left[9\left(\frac{1}{2}\right)^k+\frac{13}{3}\left(\frac{1}{3}\right)^k\right]U(k+2)+\left[5-5\left(\frac{1}{2}\right)^k+\frac{5}{3}\left(\frac{1}{3}\right)^k\right]U(k)$$

二、离散系统全响应的三种分解方式

(1) 按响应产生的原因分,全响应 $y(k)$ 可分解为零输入响应 $y_x(k)$ 与零状态响应 $y_f(k)$ 的叠加,即
$$y(k)=y_x(k)+y_f(k)$$
(2) 按响应随时间变化的规律是否与激励 $f(k)$ 的变化规律一致分,全响应 $y(k)$ 可分解为

自由响应与强迫响应的叠加,即

$$y(k) = 自由响应 + 强迫响应$$

(3) 按响应在时间过程中存在的状态分,全响应 $y(k)$ 可分解为瞬态响应与稳态响应的叠加,即

$$y(k) = 瞬态响应 + 稳态响应$$

注意:稳态响应一定是强迫响应,但强迫响应并不一定都是稳态的,即有的强迫响应也会是瞬态的。

例 7-7-2 图 7-7-1 所示系统。(1) 求系统的差分方程;(2) $f(k) = U(k)$,求零状态响应 $y_f(k)$;(3) 系统的初始状态为 $y_x(0) = 2$, $y_x(1) = 4$,求零输入响应 $y_x(k)$;(4) 求全响应 $y(k)$;(5) 按三种方式对全响应进行分解。

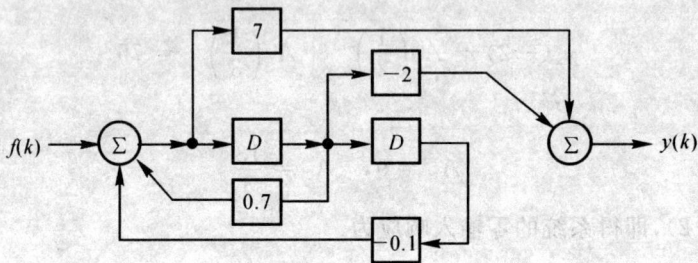

图   7-7-1

解   (1) 系统的差分方程为

$$y(k+2) - 0.7y(k+1) + 0.1y(k) = 7f(k+2) - 2f(k+1)$$

或

$$y(k) - 0.7y(k-1) + 0.1y(k-2) = 7f(k) - 2f(k-1)$$

(2) 系统的传输算子为

$$H(E) = \frac{7E^2 - 2E}{E^2 - 0.7E + 0.1} = E\frac{7E - 2}{(E - 0.5)(E - 0.2)} =$$

$$E\left[\frac{5}{E - 0.5} + \frac{2}{E - 0.2}\right] = \frac{5E}{E - 0.5} + \frac{2E}{E - 0.2}$$

故得

$$h(k) = [5(0.5)^k + 2(0.2)^k]U(k)$$

(3) 求零输入响应 $y_x(k)$。$H(E)$ 的分母 $(E - 0.5)(E - 0.2) = 0$ 的根为 $p_1 = 0.5$, $p_2 = 0.2$。故

$$y_x(k) = A_1(0.5)^k + A_2(0.2)^k$$

故

$$y_x(0) = A_1 + A_2 = 2$$

$$y_x(1) = 0.5A_1 + 0.2A_2 = 4$$

联立求解得 $A_1 = 12, A_2 = -10$。故得

$$y_x(k) = [12(0.5)^k - 10(0.2)^k]U(k)$$

(4) 求零状态响应 $y_f(k)$。

$$y_f(k) = f(k) * h(k) = U(k) * [5(0.5)^k + 2(0.2)^k]U(k) =$$

$$U(k) * 5(0.5)^k U(k) + U(k) * 2(0.2)^k U(k)$$

查卷积和表 7 - 1 - 5 中的序号 5 得

$$y_f(k) = \{ \underbrace{12.5}_{\substack{\text{强迫响应} \\ (\text{稳态响应})}} \underbrace{-[5(0.5)^k + 0.5(0.2)^k]}_{\substack{\text{瞬态响应} \\ (\text{自由响应})}} \}U(k)$$

（5）全响应

$$y(k) = y_x(k) + y_f(k) = [\underbrace{12.5}_{\substack{\text{稳态响应} \\ (\text{强迫响应})}} \underbrace{+7(0.5)^k - 10.5(0.2)^k}_{\substack{\text{瞬态响应} \\ (\text{自由响应})}}]U(k)$$

习　题　七

7-1　已知频谱包含有直流分量至 1 000 Hz 分量的连续时间信号 $f(t)$ 延续 1 min，现对 $f(t)$ 进行均匀抽样以构成离散信号。求满足抽样定理的理想抽样的抽样点数。

7-2　已知序列 $f(k) = \{ -2, \underset{k=0}{\uparrow} -1, 2, 7, 14, 23, \cdots \}$，试将其表示成解析（闭合）形式，单位序列组合形式，图形形式和表格形式。

7-3　判断以下序列是否为周期序列，若是，其周期 N 为何值？

（1）$f(k) = A\cos\left(\dfrac{3\pi}{7}k - \dfrac{\pi}{8}\right)$ 　　$k \in \mathbf{Z}$；

（2）$f(k) = e^{j(\frac{k}{8} - \pi)}$ 　　$k \in \mathbf{Z}$；

（3）$f(k) = A\cos\omega_0 k U(k)$。

7-4　求以下序列的差分：

（1）$y(k) = k^2 - 2k + 3$，求 $\Delta^2 y(k)$；

（2）$y(k) = \sum\limits_{i=0}^{k} f(i)$，求 $\Delta y(k)$；

（3）$y(k) = U(k)$，求 $\Delta[y(k-1)]$，$\Delta y(k-1)$，$\nabla[y(k-1)]$，$\nabla y(k-1)$。

7-5　已知序列 $f(k)$ 如图题 7-5 所示。画出 $\Delta f(k)$，$\Delta f(k+1)$，$\Delta^2 f(k)$ 的图形，并用序列及单位序列组合的形式表示。

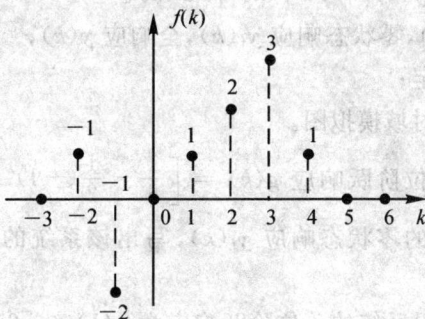

图题 7-5

7-6　已知序列 $f_1(k)$ 和 $f_2(k)$ 的图形如图题 7-6 所示。求 $y(k) = f_1(k) * f_2(k)$。

7-7　求下列各卷积和：

（1）$U(k) * U(k)$；　　　　　　　　（2）$(0.25)^k U(k) * U(k)$；

(3) $(5)^k U(k) * (3)^k U(k)$;　　　　　　　　(4) $kU(k) * \delta(k-2)$。

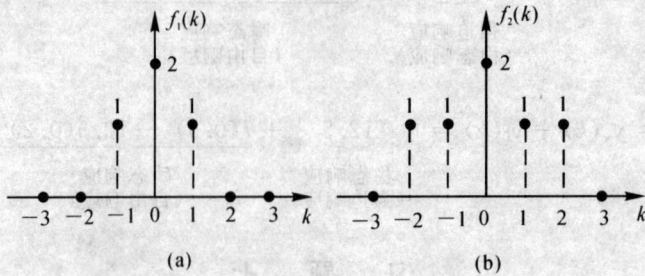

图题 7-6

7-8　求下列各离散系统的零输入响应 $y(k)$：

(1) $y(k+2) + 2y(k+1) + y(k) = 0$，$y(0) = 1$，$y(1) = 0$；

(2) $y(k) - 7y(k-1) + 16y(k-2) - 12y(k-3) = 0$，$y(1) = -1$，$y(2) = -3$，$y(3) = -5$。

7-9　已知系统的差分方程为 $y(k) - \dfrac{5}{6}y(k-1) + \dfrac{1}{6}y(k-2) = f(k) - f(k-2)$。求系统的单位响应 $h(k)$。

7-10　已知差分方程为 $y(k+2) - 5y(k+1) + 6y(k) = U(k)$，系统的初始条件 $y_x(0) = 1$，$y_x(1) = 5$。求全响应 $y(k)$。

7-11　某人每年初在银行存款一次，第1年存款1万元，以后每年初将上年所得利息和本金以及新增1万元存入当年，年利息为 5%。

(1) 列此存款的差分方程；

(2) 求第10年年底在银行存款的总数。

7-12　已知差分方程为 $y(k) + 3y(k-1) + 2y(k-2) = f(k)$，激励 $f(k) = 2^k U(k)$，初始值 $y(0) = 0$，$y(1) = 2$。试用零输入-零状态法求全响应 $y(k)$。

7-13　已知系统的差分方程与初始状态为 $y(k+2) - \dfrac{5}{6}y(k+1) + \dfrac{1}{6}y(k) = f(k+1) - 2f(k)$，$y(0) = y(1) = 1$，$f(k) = U(k)$。

(1) 求零输入响应 $y_x(k)$，零状态响应 $y_f(k)$，全响应 $y(k)$；

(2) 判断该系统是否稳定；

(3) 画出该系统的一种时域模拟图。

7-14　已知系统的单位阶跃响应 $g(k) = \left[\dfrac{1}{6} - \dfrac{1}{2}(-1)^k + \dfrac{4}{3}(-2)^k\right]U(k)$。求系统在 $f(k) = (-3)^k U(k)$ 激励下的零状态响应 $y_f(k)$，写出该系统的差分方程，画出一种时域模拟图。

7-15　已知零状态因果系统的单位阶跃响应为 $g(k) = [2^k + 3(5)^k + 10]U(k)$。

(1) 求系统的差分方程；

(2) 若激励 $f(k) = 2G_{10}(k) = 2[U(k) - U(k-10)]$，求零状态响应 $y(k)$。

7-16　图题 7-16 所示三个系统，已知各子系统的单位响应为 $h_1(k) = U(k)$，$h_2(k) = \delta(k-3)$，$h_3(k) = (0.8)^k U(k)$。试证明这三个系统是等效的，即 $h_a(k) = h_b(k) = h_c(k)$。

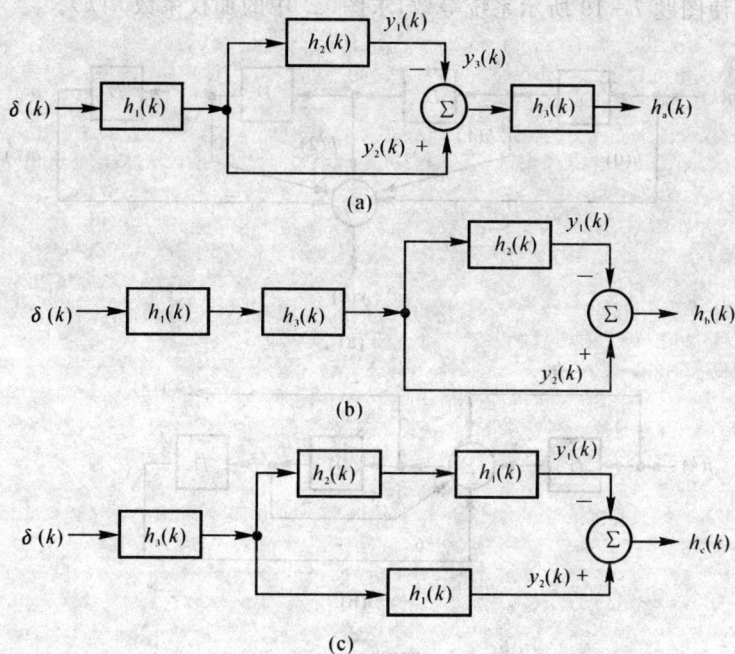

(a)

(b)

(c)

图题 7-16

7-17 试写出图题 7-17 所示系统的后向与前向差分方程。

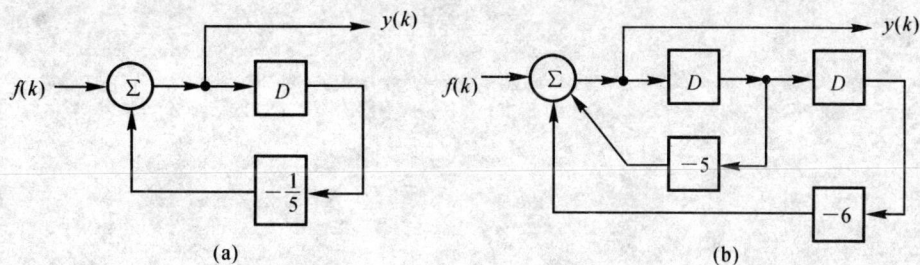

(a)   (b)

图题 7-17

7-18 写出图题 7-18 所示用延迟线组成的非递推型滤波器的差分方程,并求其单位响应 $h(k)$。

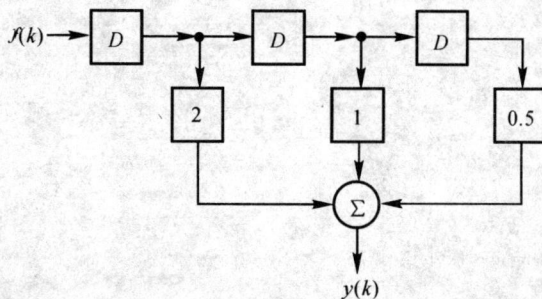

图题 7-18

7－19　欲使图题 7－19 所示系统等效，求图(a)中的加权系数 $h(k)$。

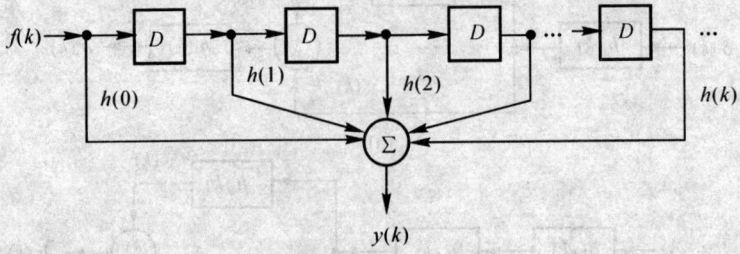

(a)

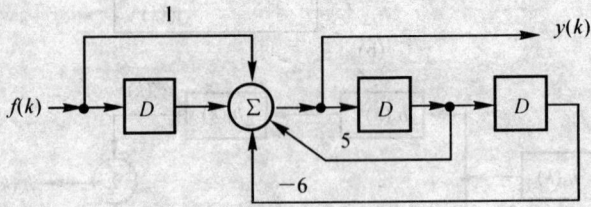

(b)

图题 7－19

第八章　　离散信号与系统 z 域分析

内容提要

　　本章讲述离散信号与系统的 z 域分析。离散信号的 z 域分析——z 变换，离散系统的 z 域分析；z 域系统函数及其零、极点图，离散系统的 z 域模拟图与信号流图，离散系统函数 $H(z)$ 的应用，离散系统的稳定性及其判定。

8.1　离散信号的 z 域分析——z 变换

一、单边 z 变换的定义

　　设离散时间信号为因果信号 $f(k)$，则定义 $f(k)$ 的单边 z 变换为

$$F(z) = \sum_{k=0}^{+\infty} f(k) z^{-k} \qquad k \in \mathbf{N} \qquad (8-1-1)$$

式中，z 为复数变量，$z = |z| \mathrm{e}^{j\theta}$。由于式(8-1-1)是对离散变量 k 求和，故求和的结果必是复数变量 z 的函数，用 $F(z)$ 表示，$F(z)$ 称为信号 $f(k)$ 的 z 变换。由于离散变量 k 是从 0 开始取值，故称 $F(z)$ 为 $f(k)$ 的单边 z 变换，并记作

$$F(z) = \mathscr{Z}\left[f(k)\right]$$

符号 $\mathscr{Z}[\cdot]$ 表示对信号 $f(k)$ 进行 z 变换，从而得到复数变量 z 的函数 $F(z)$。

　　将式(8-1-1)写成展开形式，即为

$$F(z) = f(0)z^0 + f(1)z^{-1} + f(2)z^{-2} + f(3)z^{-3} + \cdots + f(i)z^{-i} + \cdots + f(k)z^{-k} + \cdots$$
$$(8-1-2)$$

可见 $F(z)$ 实际上是一个无穷级数，级数中每一项的系数 $f(0)$，$f(1)$，$f(2)$，$\cdots$ 就是信号 $f(k)$ 所对应的函数值。

　　若 $F(z)$ 是 $f(k)$ 的 z 变换，则由 $F(z)$ 求 $f(k)$ 的公式为

$$f(k) = \frac{1}{2\pi j} \oint_c F(z) z^{k-1} \mathrm{d}z \qquad k \geqslant 0 \qquad (8-1-3)$$

式(8-1-3)称为 z 反变换。记为

$$f(k) = \mathscr{Z}^{-1}[F(z)]$$

式(8-1-1)与式(8-1-3)构成了一对 z 变换对，通常用符号 $f(k) \leftrightarrow F(z)$ 表示。根据式(8-1-1)，可从已知的 $f(k)$ 求得 $F(z)$；根据式(8-1-3)，可从已知的 $F(z)$ 求得 $f(k)$。$f(k)$

称为原函数，$F(z)$ 称为像函数。

二、z 平面

以复数 z 的实部 $\text{Re}[z]$ 和虚部 $\text{Im}[z]$ 为相互垂直的坐标轴而构成的平面，称为 z 平面，如图 8-1-1 所示。z 平面上有 3 个区域：单位圆（圆心在坐标原点、半径为 1 的圆，称为单位圆）内部的区域；单位圆外部的区域；单位圆本身也是一个区域。将 z 平面分为这样的 3 个区域，对以后研究问题将有很大方便。图中 $\text{Re}[z]$ 表示取 z 的实部，$\text{Im}[z]$ 表示取 z 的虚部。

三、z 变换存在的条件与收敛域

因为由式(8-1-1)所确定的信号 $f(k)$ 的 z 变换 $F(z)$ 是一个无穷级数，根据数学中的级数理论，此级数收敛的充要条件是 $f(k)$ 绝对可和，即必须满足条件

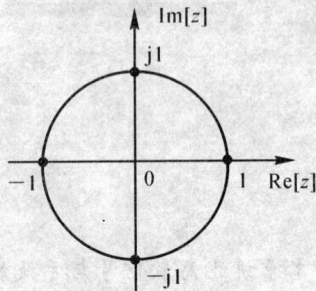

图 8-1-1　z 平面

$$\sum_{k=0}^{\infty} \mid f(k)z^{-k} \mid < \infty$$

在 z 平面上满足上式的复数变量 z 的取值范围，称为 $F(z)$ 的绝对收敛域，简称收敛域，也常称为 $f(k)$ 的收敛域。因果序列（即右单边序列）的收敛域总是存在的。$F(z)$ 与收敛域一起唯一地确定了 $f(k)$。

例 8-1-1　求单位序列信号 $f(k) = \delta(k)$ 的 z 变换 $F(z)$ 及其收敛域。

解　$F(z) = \sum_{k=0}^{\infty} \delta(k)z^{-k} =$

$\delta(0)z^{-0} + \delta(1)z^{-1} + \delta(2)z^{-2} + \cdots = 1 + 0 + 0 + \cdots = 1 \qquad \mid z \mid \geqslant 0$

可见 $F(z)$ 在全 z 平面上均收敛。

例 8-1-2　求单位阶跃序列 $f(k) = U(k)$ 的 z 变换 $F(z)$ 及其收敛域。

解　$F(z) = \sum_{k=0}^{\infty} U(k)z^{-k} = \sum_{k=0}^{\infty} 1 \times z^{-k} = \sum_{k=0}^{\infty} (z^{-1})^k = \sum_{k=0}^{\infty} \left(\frac{1}{z}\right)^k =$

$1 + \frac{1}{z} + \left(\frac{1}{z}\right)^2 + \left(\frac{1}{z}\right)^3 + \cdots$ 　　　　　　　　　　　　　　(8-1-4)

可见，欲使 $F(z)$ 存在，则必须有 $\left|\dfrac{1}{z}\right| < 1$，即 $\mid z \mid > 1$，即收敛域为 z 平面上以坐标原点为圆心，以 1 为半径的圆的外部区域，如图 8-1-2 所示。此圆称为收敛圆，此圆的半径称为收敛圆半径，简称收敛半径，用 ρ 表示，即 $\rho = 1$。

式(8-1-4)是公比为 $\dfrac{1}{z}$ 的无穷等比级数，当满足 $\left|\dfrac{1}{z}\right| < 1$ 时（即 $F(z)$ 存在时），根据等比级数求极限和的公式，则有

$$F(z) = \sum_{k=0}^{\infty} \left(\frac{1}{z}\right)^k = \frac{1}{1 - \dfrac{1}{z}} = \frac{z}{z-1} \qquad \mid z \mid > 1$$

例 8-1-3　求因果序列 $f(k) = a^k U(k)$ 的 z 变换 $F(z)$ 及其收敛域。

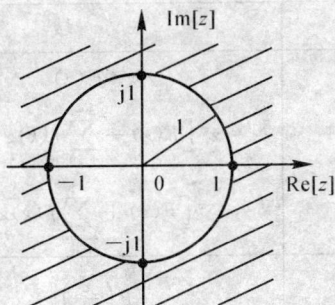

图 8-1-2　$F(z)$ 的收敛域

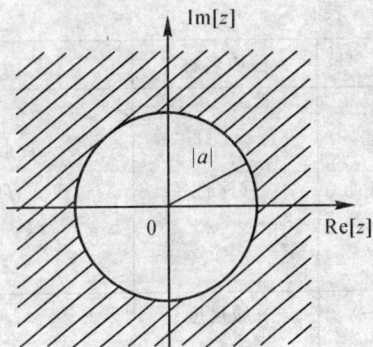

图 8-1-3　$F(z)$ 的收敛域

解　$F(z) = \sum\limits_{k=0}^{\infty} a^k z^{-k} = \sum\limits_{k=0}^{\infty} (az^{-1})^k = \sum\limits_{k=0}^{\infty} \left(\dfrac{a}{z}\right)^k = 1 + \dfrac{a}{z} + \left(\dfrac{a}{z}\right)^2 + \left(\dfrac{a}{z}\right)^3 + \cdots$

$$(8-1-5)$$

可见，欲使 $F(z)$ 存在，则必须有 $\left|\dfrac{a}{z}\right| < 1$，即 $|z| > |a|$，即收敛域为 z 平面上以坐标原点为圆心，以 $\rho = |a|$ 为半径的圆的外部区域，如图 8-1-3 所示，收敛半径 $\rho = |a|$。

式（8-1-5）是公比为 $\dfrac{a}{z}$ 的无穷等比级数，当 $F(z)$ 存在（即 $\left|\dfrac{a}{z}\right| < 1$），根据等比级数求极限和的公式，则有

$$F(z) = \sum_{k=0}^{\infty} \left(\frac{a}{z}\right)^k = \frac{1}{1 - \dfrac{a}{z}} = \frac{z}{z-a} \qquad |z| > |a|$$

从以上几个实例，我们可以归纳出以下几个结论：① 单边 z 变换的收敛域总是存在的；② 单边 z 变换的收敛域均在收敛半径为 ρ 的圆的外部区域，即 $|z| > \rho$；③ 收敛圆半径 ρ 的大小由信号 $f(k)$ 决定；④ $F(z)$ 与收敛域一起，才能唯一地确定 $f(k)$。

由于单边 z 变换 $F(z)$ 的收敛域总是存在的，且均在以收敛半径为 ρ 的圆外区域，即 $|z| > \rho$，因此，关于单边 z 变换 $F(z)$ 的收敛域，我们以后不再一一注明。

四、单边 z 变换的基本性质

单边 z 变换的性质，揭示了信号 $f(k)$ 的时域特性与 z 域特性之间的内在联系。利用这些性质可使求信号 $f(k)$ 的 z 变换与 z 反变换来得简便。关于这些性质，我们不严格证明和推导了，只在表 8-1-1 中列出，供查用。

表 8-1-1　单边 z 变换的基本性质

序　号	性质名称	时　域	z 　域
1	唯一性	$f(k)$	$F(z)$
2	齐次性	$Af(k)$	$Af(z)$
3	叠加性	$f_1(k) + f_2(k)$	$F_1(z) + F_2(z)$
4	线性	$af_1(k) + bf_2(k)$	$aF_1(z) + bF_2(z)$

续　表

序　号	性质名称	时　　域	z　　域
5	移序性	$f(k-m)U(k-m)$ $f(k+m)U(k)$ $f(k-m)U(k),\ m \geqslant 0$	$z^{-m}F(z)$ $z^m\left[F(z)-\sum_{k=0}^{m-1}f(k)z^{-k}\right]$ $z^{-m}\left[F(z)+\sum_{k=-m}^{-1}f(k)z^{-k}\right]$
6	z 域尺度 变换性	$a^k f(k)$	$F\left(\dfrac{z}{a}\right)$
7	z 域微分性	$k^m f(k),\ m \geqslant 0$	$\left[-z\dfrac{\mathrm{d}}{\mathrm{d}z}\right]^m F(z)$
8	z 域积分性	$\dfrac{f(k)}{k+m},\ k+m>0$	$z^m\displaystyle\int_z^\infty x^{-(m+1)}F(x)\mathrm{d}x$
9	时域卷积	$f_1(k)*f_2(k)$	$F_1(z)F_2(z)$
10	时域求和	$\displaystyle\sum_{k=0}^{k}f(i)$	$\dfrac{z}{z-1}F(z)$
11	初值定理	$f(0)=\displaystyle\lim_{z\to\infty}F(z)$	
12	终值定理	$f(m)=\displaystyle\lim_{z\to\infty}z^m\left[F(z)-\sum_{k=0}^{m-1}f(i)z^{-i}\right]$ $f(\infty)=\displaystyle\lim_{z\to1}(z-1)F(z)$	

注：(1) 在表 8-1-1 中，$F_1(z)=\mathscr{Z}[f_1(k)]$，$F_2(z)=\mathscr{Z}[f_2(k)]$，$F(z)=\mathscr{Z}[f(k)]$。收敛域在表中略。

(2) 用终值定理求 $f(\infty)$ 时，$F(z)$ 除 $z=1$ 处允许有一阶极点外，其余的极点均应位于单位圆内部。

五、常用单边序列 $f(k)$ 的 z 变换(表 8-1-2)

表 8-1-2　常用单边序列 $f(k)$ 的 z 变换

序　号	$f(k)$	$F(z)$	收敛域
1	$\delta(k)$	1	$\lvert z\rvert \geqslant 0$
2	$U(k)$	$\dfrac{z}{z-1}$	$\lvert z\rvert > 1$
3	$kU(k)$	$\dfrac{z}{(z-1)^2}$	$\lvert z\rvert > 1$
4	$k^2 U(k)$	$\dfrac{z(z+1)}{(z-1)^2}$	$\lvert z\rvert > 1$
5	$a^k U(k)$	$\dfrac{z}{z-a}$	$\lvert z\rvert > \lvert a\rvert$
6	$ka^{k-1}U(k)$	$\dfrac{z}{(z-a)^2}$	$\lvert z\rvert > \lvert a\rvert$

续　表

序　号	$f(k)$	$F(z)$	绝对收敛域
7	$e^{ak}U(k)$	$\dfrac{z}{z-e^{a}}$	$\lvert z \rvert > \lvert e^{a} \rvert$
8	$\cos\beta kU(k)$	$\dfrac{z(z-\cos\beta)}{z^{2}-2z\cos\beta+1}$	$\lvert z \rvert > 1$
9	$\sin\beta kU(k)$	$\dfrac{z\sin\beta}{z^{2}-2z\cos\beta+1}$	$\lvert z \rvert > 1$
10	$e^{-ak}\cos\beta kU(k)$	$\dfrac{z(z-e^{-a}\cos\beta)}{z^{2}-2ze^{-a}\cos\beta+e^{-2a}}$	$\lvert z \rvert > \lvert e^{-a} \rvert$
11	$e^{-ak}\sin\beta kU(k)$	$\dfrac{ze^{-a}\sin\beta}{z^{2}-2ze^{-a}\cos\beta+e^{-2a}}$	$\lvert z \rvert > \lvert e^{-a} \rvert$

六、z 反变换

从已知的 $F(z)$ 及其收敛域,求原函数 $f(k)$,称为 z 反变换。即

$$f(k) = \mathscr{Z}^{-1}[F(z)]$$

求 z 反变换的方法常用的有两种,下面分别研究。

(1) 幂级数展开法,也称长除法。将 $F(z)$ 展开成 z 的负幂级数,则 z^{-k} 的系数就是 $f(k)$ 的相应项。幂级数展开法的理论根据就是式(8-1-2)。但必须注意,对于因果序列的 z 反变换,在进行长除法时,必须将 $F(z)$ 的分子,分母多项式均按 z 的降幂排列,否则将会导致错误的结果。

例 8-1-4　已知 $F(z) = \dfrac{2z^{2}-0.5z}{z^{2}-0.5z-0.5}$,求 $f(k)$。

解　用长除法对上式的等号右端进行除法运算,可得

$$F(z) = 2 + 0.5z^{-1} + 1.25z^{-2} + 0.875z^{-3} + \cdots$$

故得

$$\{f(k)\} = \{\ \underset{\underset{k=0}{\uparrow}}{2}\ , 0.5, 1.25, 0.875, \cdots\}$$

故又得

$$f(k) = [1+(-0.5)^{k}]U(k)$$

幂级数展开法的缺点是,不能保证对任何的 $F(z)$ 都能得到 $f(k)$ 的函数表达式(即解析形式)。

(2) 部分分式法。z 反变换的部分分式法与拉普拉斯反变换的部分分式法全同。

例 8-1-5　用部分分式法求例 8-1-4。

解　将已知的 $F(z)$ 改写为下述形式,即

$$F(z) = z\,\frac{2z-0.5}{z^{2}-0.5z-0.5} = z\,\frac{2z-0.5}{(z-1)(z+0.5)} = z\left[\frac{K_{1}}{z-1} + \frac{K_{2}}{z+0.5}\right] =$$

$$z\left[\frac{1}{z-1} + \frac{1}{z+0.5}\right] = \frac{z}{z-1} + \frac{z}{z+0.5} \qquad \lvert z \rvert > 1(\text{收敛域取交集})$$

式中 K_1，K_2 的求法，与第五章中所介绍的方法全同，不再重复。查表 8-1-2 中的序号 2 和 5，即得

$$f(k) = U(k) + (-0.5)^k U(k) = [1 + (-0.5)^k] U(k)$$

例 8-1-6　已知 $F(z) = \dfrac{z^3 + 6}{(z+1)(z^2+4)}$，求 $f(k)$。

解　给已知的 $F(z)$ 的等号两端同除以 z，得

$$\frac{F(z)}{z} = \frac{z^3+6}{z(z+1)(z-j2)(z+j2)} = \frac{K_1}{z} + \frac{K_2}{z+1} + \frac{K_3}{z-j2} + \frac{K_4}{z+j2} =$$

$$\frac{1.5}{z} + \frac{-1}{z+1} + \frac{\frac{\sqrt{5}}{4}e^{j63.4°}}{z-j2} + \frac{\frac{\sqrt{5}}{4}e^{-j63.4°}}{z-(-j2)}$$

故得

$$F(z) = 1.5 - \frac{z}{z+1} + \frac{\sqrt{5}}{4}e^{j63.4°}\frac{z}{z-2e^{j\frac{\pi}{2}}} + \frac{\sqrt{5}}{4}e^{-j63.4°}\frac{z}{z-(2e^{-j\frac{\pi}{2}})}$$

查表 8-1-2 中的序号 1,2,5 得

$$f(k) = 1.5\delta(k) - (-1)^k U(k) + \frac{\sqrt{5}}{4}e^{j63.4°}(2e^{j\frac{\pi}{2}})^k U(k) + \frac{\sqrt{5}}{4}e^{-j63.4°}(2e^{-j\frac{\pi}{2}})^k U(k) =$$

$$1.5\delta(k) + \left[-(-1)^k + \frac{\sqrt{5}}{2}(2)^k\cos\left(\frac{\pi}{2}k + 63.4°\right)\right]U(k)$$

例 8-1-7　已知 $F(z) = \dfrac{z^2}{(z-1)^2}$，求 $f(k)$。

解　$F(z) = z\dfrac{z}{(z-1)^2} = z\left[\dfrac{K_{11}}{(z-1)^2} + \dfrac{K_{12}}{z-1}\right] = z\left[\dfrac{1}{(z-1)^2} + \dfrac{1}{z-1}\right]$

故得

$$F(z) = \frac{z}{(z-1)^2} + \frac{z}{z-1} \qquad |z| > 1$$

查表 8-1-2 中的序号 2 和 3，即得

$$f(k) = kU(k) + U(k) = (k+1)U(k)$$

除了以上两种常用的方法外，也可以用式（8-1-3）直接求 z 反变换，但要求复变函数的积分，其难度就大了。

例 8-1-8　求以下各信号的单边 z 变换 $F(z)$，并标明收敛域。

(1) $f(k) = \{\cdots, 0, 3, \underset{\underset{k=0}{\uparrow}}{2}, 1, 5\}$；　　　　　(2) $f(k) = (-1)^k kU(k)$；

(3) $f(k) = \displaystyle\sum_{i=0}^{k}(-1)^i$；　　　　　　　(4) $f(k) = k2^{k-1}U(k)$；

(5) $f(k) = \displaystyle\sum_{n=0}^{\infty}(-2)^n(k-n)$。

解　(1) $F(z) = \displaystyle\sum_{k=0}^{+\infty}f(k)z^{-k} = 2z^0 + 1z^{-1} + 5z^{-2} = 2 + z^{-1} + 5z^{-2} \qquad |z| > 0$

(2) 因　　　　　　　　　　　　$U(k) \longleftrightarrow \dfrac{z}{z-1}$

$$kU(k) \longleftrightarrow z\frac{\mathrm{d}}{\mathrm{d}z}\left[\frac{z}{z-1}\right]=\frac{z}{(z-1)^2} \qquad |z|>1$$

故利用 z 域尺度变换性有

$$(-1)^k kU(k) \longleftrightarrow \frac{-z}{(-z-1)^2}=\frac{-z}{(z+1)^2}$$

（3）因有

$$(-1)^k U(k) \longleftrightarrow \frac{z}{z+1}$$

故

$$\sum_{i=0}^{k}(-1)^i=\sum_{i=0}^{k}(-1)^i U(i) \longleftrightarrow \frac{z}{z-1}\cdot\frac{z}{z+1}$$

故

$$F(z)=\frac{z^2}{z^2-1} \qquad |z|>1$$

（4）$k2^{k-1}U(k)=\dfrac{1}{2}k2^k U(k)$

因

$$2^k U(k) \longleftrightarrow \frac{z}{z-2}$$

$$k2^k U(k) \longleftrightarrow z\frac{\mathrm{d}}{\mathrm{d}z}\left[\frac{z}{z-2}\right]=\frac{2z}{(z-2)^2}$$

故

$$F(z)=\frac{1}{2}\times\frac{2z}{(z-1)^2}=\frac{z}{(z-1)^2} \qquad |z|>1$$

（5）$f(k)=\displaystyle\sum_{n=0}^{\infty}(-2)^n U(k-n)=(-2)^k U(k)*U(k)$

因有

$$(-2)^k U(k) \longleftrightarrow \frac{z}{z+2}$$

$$U(k) \longleftrightarrow \frac{z}{z-1}$$

故根据 z 变换的时域卷积性有

$$F(z)=\frac{z}{z+2}\frac{z}{z-1}=\frac{z^2}{(z-1)(z+2)} \qquad |z|>2$$

* 七、双边 z 变换

若 $f(k)$ 是非因果信号或反因果信号，则须引入双边 z 变换，其定义为

$$F(z)=\sum_{k=-\infty}^{+\infty}f(k)z^{-k} \qquad\qquad (8-1-6)$$

双边 z 变换在收敛域、性质和求法上，都是和单边 z 变换有所不同的。

当 $f(k)$ 为因果信号时，双边 z 变换就转化为单边 z 变换。所以，可以把单边 z 变换视为双边 z 变换的特例。

例 8-1-9　求下列各离散信号的 z 变换及其收敛域，并进行分析讨论，从中得出一般性结论。

（1）$f_1(k)=\begin{cases}0 & k<0 \\ a^k & k\geqslant 0\end{cases}$　　　　　（右单边序列或因果序列）

（2）$f_2(k)=\begin{cases}-a^k & k<0 \\ 0 & k\geqslant 0\end{cases}$　　　　　（左单边序列）

(3) $f_3(k) = \begin{cases} b^k & k < 0 \\ a^k & k \geqslant 0 \end{cases}$　　　（双边序列）

(4) $f_4(k) = \begin{cases} 1 & k = 0, 1, 2 \\ 0 & k < 0, k \geqslant 3 \end{cases}$　　　（有限序列）

式中 a, b 为正实数。

解　（1）由式（8-1-6）可得

$$F_1(z) = \sum_{k=0}^{\infty} a^k z^{-k}$$

欲使该级数收敛，则应使 $|az^{-1}| < 1$，即 z 变换的收敛域为

$$|z| > a \quad 且 \quad F_1(z) = \frac{1}{1 - az^{-1}} = \frac{z}{z - a}$$

即收敛域是 z 平面上以原点为中心，半径为 $\rho = a$ 的圆的外部区域，如图 8-1-4(a) 所示。

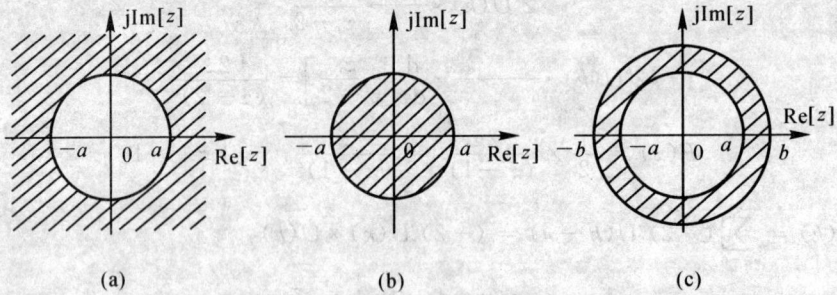

图　8-1-4

（2）由式（8-1-6）得

$$F_2(z) = -\sum_{k=-\infty}^{-1} a^k z^{-k} = -\sum_{k=1}^{\infty} (a^{-1}z)^k = 1 - \sum_{k=0}^{\infty} (a^{-1}z)^k$$

该级数的收敛条件为 $|a^{-1}z| < 1$，即 z 变换的收敛域为

$$|z| < a \quad 且 \quad F_2(z) = 1 - \frac{1}{1 - a^{-1}z} = \frac{z}{z - a}$$

即收敛域是 z 平面上以原点为中心，半径为 $\rho = a$ 的圆的内部区域，如图 8-1-4(b) 所示。

（3）由 z 变换的定义式可得

$$F_3(z) = \sum_{k=-\infty}^{-1} b^k z^{-k} + \sum_{k=0}^{\infty} a^k z^{-k}$$

欲使该级数收敛，则由 $f_1(k)$ 和 $f_2(k)$ 的 z 变换可知应有

$$|z| < b \quad 且 \quad |z| > a$$

因此，当 $b > a$ 且 $a < |z| < b$ 时，$f_3(k)$ 的 z 变换存在，其收敛域是 z 平面上一个以原点为圆心的圆环域，如图 8-1-4(c) 所示。若 $b \leqslant a$，则 $F_3(z)$ 不存在。

（4）对于序列 $f_4(k)$，其 z 变换为

$$F_4(z) = z^0 + z^{-1} + z^{-2} = 1 + \frac{z + 1}{z^2}$$

可见，该级数的收敛域为 z 平面上除原点以外的全部区域，即 $|z| > 0$。

由上例分析可得结论：

（1）z 变换的收敛域取决于序列 $f(k)$ 和 z 的取值；

（2）$F(z)$ 与 $f(k)$ 不一定一一对应，故只有 $F(z)$ 及其收敛域一起才能唯一确定序列 $f(k)$；

（3）右序列 $f(k)$ 的 z 变换的收敛域位于 z 平面上半径为 ρ 的圆外区域；

（4）左序列 $f(k)$ 的 z 变换的收敛域位于 z 平面上半径为 ρ 的圆内区域；

（5）双边序列 z 变换的收敛域位于 z 平面上 $\rho_1 < |z| < \rho_2$ 的圆环域内；

（6）有限长双边序列 z 变换的收敛域为 $0 < |z| < \infty$；

（7）有限长右序列 z 变换的收敛域为 $|z| > 0$；

（8）有限长左序列 z 变换的收敛域为 $|z| < \infty$。

由于单边 z 变换在工程实际中应用较多，也符合工程实际，所以，本书中只涉及和应用单边 z 变换。

8.2 离散系统 z 域分析法

应用 z 变换的方法求离散系统的响应（包括单位序列响应，零输入响应，零状态响应，全响应），称为离散系统的 z 域分析，它与连续系统的 s 域分析完全对应和类似。

例 8 - 2 - 1 已知二阶离散系统的差分方程为

$$y(k) - y(k-1) - 2y(k-2) = f(k) + 2f(k-2)$$

系统的初始状态为 $y(-1) = 2$，$y(-2) = -\dfrac{1}{2}$；激励 $f(k) = U(k)$。求系统的全响应 $y(k)$，零输入响应 $y_x(k)$，零状态响应 $y_f(k)$。

解 对差分方程等号两端同时进行 z 变换，并根据表 8-1-1 中的移序性（序号5），有

$$Y(z) - \left[z^{-1}Y(z) + z^{-1}\sum_{k=-1}^{-1} y(k)z^{-k} \right] - 2\left[z^{-2}Y(z) + z^{-2}\sum_{k=-2}^{-1} y(k)z^{-k} \right] =$$

$$F(z) + 2\left[z^{-2}F(z) + z^{-2}\sum_{k=-2}^{-1} f(k)z^{-k} \right]$$

即

$$Y(z) - [z^{-1}Y(z) + z^{-1}y(-1)z^1] - 2[z^{-2}Y(z) + z^{-2}y(-2)z^2 + z^{-2}y(-1)z^1] =$$

$$F(z) + 2[z^{-2}F(z) + z^{-2}f(-2)z^2 + z^{-2}f(-1)z^1]$$

今已知 $f(-1) = f(-2) = 0$，代入上式有

$$(1 - z^{-1} - 2z^{-2})Y(z) - [y(-1) + 2y(-1)z^{-1}] - 2y(-2) = F(z) + 2z^{-2}F(z)$$

即

$$(1 - z^{-1} - 2z^{-2})Y(z) = (1 + 2z^{-1})y(-1) + 2y(-2) + (1 + 2z^{-2})F(z)$$

故得

$$Y(z) = \underbrace{\frac{(1 + 2z^{-1})y(-1) + 2y(-2)}{1 - z^{-1} - 2z^{-2}}}_{\text{零输入响应}} + \underbrace{\frac{(1 + 2z^{-2})F(z)}{1 - z^{-1} - 2z^{-2}}}_{\text{零状态响应}} \qquad (8 - 2 - 1)$$

式（8-2-1）中等号右端的第一项只与初始状态 $y(-1)$，$y(-2)$ 有关，而与激励 $f(k)$ 无关，故为系统的零输入响应 $Y_x(z)$，即

$$Y_x(z) = \frac{(1 + 2z^{-1})y(-1) + 2y(-2)}{1 - z^{-1} - 2z^{-2}} = \frac{(z^2 + 2z)y(-1) + 2z^2 y(-2)}{z^2 - z - 2}$$

$$(8-2-2)$$

式(8-2-1)中等号右端的第二项只与激励 $F(z)$ 有关,而与初始状态 $y(-1)$,$y(-2)$ 无关,故为系统的零状态响应 $Y_f(z)$。即

$$Y_f(z) = \frac{(1 + 2z^{-2})F(z)}{1 - z^{-1} - 2z^{-2}} = \frac{(z^2 + 2)F(z)}{z^2 - z - 2} \qquad (8-2-3)$$

将已知的初始状态 $y(-1) = 2$,$y(-2) = -\frac{1}{2}$,代入式(8-2-2) 有

$$Y_x(z) = \frac{(z^2 + 2z) \times 2 + 2z^2 \left(-\frac{1}{2}\right)}{z^2 - z - 2} = \frac{z^2 + 4z}{z^2 - z - 2} =$$

$$z\left[\frac{z + 4}{(z - 2)(z + 1)}\right] = z\left[\frac{2}{z - 2} + \frac{-1}{z + 1}\right] = 2\frac{z}{z - 2} - \frac{z}{z + 1}$$

故进行 z 反变换得零输入响应为

$$y_x(k) = 2(2)^k - (-1)^k \qquad k \geqslant -2$$

或

$$y_x(k) = [2(2)^k - (-1)^k]U(k + 2)$$

由表 8-1-2 中的序号 2,查 $f(k) = U(k)$ 的 $F(z) = \frac{z}{z - 1}$,代入式(8-2-3) 得

$$Y_f(z) = \frac{(z^2 + 2)z}{(z^2 - z - 2)(z - 1)} = z\left[\frac{z^2 + 2}{(z - 2)(z + 1)(z - 1)}\right] =$$

$$z\left[\frac{2}{z - 2} + \frac{\frac{1}{2}}{z + 1} + \frac{-\frac{3}{2}}{z - 1}\right] = 2 \times \frac{z}{z - 2} + \frac{1}{2} \times \frac{z}{z + 1} - \frac{3}{2} \times \frac{z}{z - 1}$$

故进行 z 反变换得零状态响应为

$$y_f(k) = \left[2(2)^k + \frac{1}{2}(-1)^k - \frac{3}{2}(1)^k\right]U(k)$$

故得系统的全响应为

$$y(k) = y_x(k) + y_f(k) =$$

$$[2(2)^k - (-1)^k]U(k + 2) + \left[2(2)^k + \frac{1}{2}(-1)^k - \frac{3}{2}(1)^k\right]U(k)$$

8.3 z 域系统函数 $H(z)$

一、定义

离散系统 z 域系统函数 $H(z)$ 的定义,与连续系统 s 域系统函数 $H(s)$ 的定义完全对应和类似。

图 8-3-1(a) 所示为离散零状态系统,$f(k)$ 为激励,$y_f(k)$ 为零状态响应,$h(k)$ 为系统的单位序列响应。则有

$$y_f(k) = f(k) * h(k)$$

设 $Y_f(z) = \mathscr{Z}[y_f(k)]$, $F(z) = \mathscr{Z}[f(k)]$, $H(z) = \mathscr{Z}[h(k)]$。对上式等号两端同时求 z 变换,

并根据 z 变换的时域卷积定理(表 8-1-1 中的序号 9)有

$$Y_f(z) = F(z)H(z) \tag{8-3-1}$$

故有

$$H(z) = \frac{Y_f(z)}{F(z)} \tag{8-3-2}$$

$H(z)$ 称为离散系统的 z 域系统函数。可见 $H(z)$ 就是系统零状态响应 $y_f(k)$ 的 z 变换 $Y_f(z)$ 与系统激励 $f(k)$ 的 z 变换 $F(z)$ 之比;也是系统单位序列响应 $h(k)$ 的 z 变换。

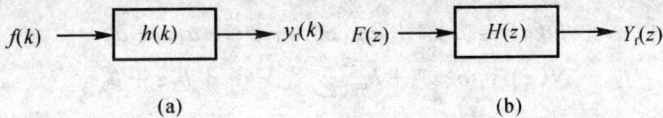

图 8-3-1 z 域系统函数 $H(z)$ 的定义

由于 $H(z)$ 是响应与激励的两个 z 变换之比,所以 $H(z)$ 与系统的激励无关。

根据式(8-3-1)可画出零状态系统的 z 域模型,如图 8-3-1(b)所示。于是根据图 8-3-1(b)又可写出式(8-3-1),即 $Y_f(z) = H(z)F(z)$。

二、$H(z)$ 的物理意义

$H(z)$ 就是系统单位序列响应 $h(k)$ 的 z 变换,即

$$H(z) = \mathscr{L}[h(k)]$$

即 $H(z)$ 与 $h(k)$ 为一对 z 变换对。即

$$h(k) \longleftrightarrow H(z)$$

三、$H(z)$ 的求法

(1) 由系统的单位序列响应 $h(k)$ 求,即

$$H(z) = \mathscr{L}[h(k)]$$

(2) 由系统的传输算子 $H(E)$ 求,即

$$H(z) = H(E)\big|_{E=z}$$

(3) 对零状态系统的差分方程进行 z 变换,再按定义式(8-3-2)求 $H(z)$。

(4) 从系统的模拟图(时域模拟图和 z 域模拟图)求 $H(z)$。

(5) 从系统的信号流图根据梅森公式求,即

$$H(z) = \frac{1}{\Delta}\sum_k p_k \Delta_k$$

以上各种求法将在以下各节中逐一介绍。

四、$H(z)$ 的一般表示形式

根据第七章中所述,描述一般 n 阶零状态离散系统的差分方程为

$$a_n y(k+n) + a_{n-1} y(k+n-1) + \cdots + a_1 y(k+1) + a_0 y(k) =$$
$$b_m f(k+m) + b_{m-1} f(k+m-1) + \cdots + b_1 f(k+1) + b_0 f(k)$$

对上式等号两端同时求 z 变换,同时考虑到系统的初始状态为零,并根据 z 变换的移序性(表 $8-1-1$ 中的序号 5) 有

$$(a_n z^n + a_{n-1} z^{n-1} + \cdots + a_1 z + a_0)Y_f(z) = (b_m z^m + b_{m-1} z^{m-1} + \cdots + b_1 z + b_0)F(z)$$

故得

$$H(z) = \frac{Y_f(z)}{F(z)} = \frac{b_m z^m + b_{m-1} z^{m-1} + \cdots + b_1 z + b_0}{a_n z^n + a_{n-1} z^{n-1} + \cdots + a_1 z + a_0} \qquad (8-3-3)$$

式中 $Y_f(z) = \mathscr{Z}[y_f(k)]$, $F(z) = \mathscr{Z}[f(k)]$。可见 $H(z)$ 的一般表示形式为复数变量 z 的两个实系数多项式之比。令

$$D(z) = a_n z^n + a_{n-1} z^{n-1} + \cdots + a_1 z + a_0$$
$$N(z) = b_m z^m + b_{m-1} z^{m-1} + \cdots + b_1 z + b_0$$

则上式可写为

$$H(z) = \frac{N(z)}{D(z)}$$

五、$H(z)$ 的零点、极点与零、极点图

将式($8-3-3$)等号右端的分子 $N(z)$ 与分母 $D(z)$ 多项式各分解因式(设为单根的情况),即可将其写成因式分解的形式,即

$$H(z) = \frac{b_m(z-z_1)(z-z_2)\cdots(z-z_i)\cdots(z-z_m)}{a_n(z-p_1)(z-p_2)\cdots(z-p_j)\cdots(z-p_n)} = H_0 \frac{\prod_{i=1}^{m}(z-z_i)}{\prod_{j=1}^{n}(z-p_j)}$$

式中 $H_0 = \frac{b_m}{a_n}$ 为实常数;$p_j(j=1, 2, \cdots, n)$ 为 $D(z) = 0$ 的根,$z_i(i=1, 2, \cdots, m)$ 为 $N(z) = 0$ 的根。

由上式可见,当复数变量 $z = z_i$ 时,即有 $H(z) = 0$,故称 z_i 为系统函数 $H(z)$ 的零点,且 z_i 就是分子多项式 $N(z) = b_m z^m + b_{m-1} z^{m-1} + \cdots + b_1 z + b_0 = 0$ 的根;当复数变量 $z = p_j$ 时,即有 $H(z) \to \infty$,故称 p_j 为 $H(z)$ 的极点,且 p_j 就是分母多项式 $D(z) = a_n z^n + a_{n-1} z^{n-1} + \cdots + a_1 z + a_0 = 0$ 的根。$H(z)$ 的极点也称为离散系统的自然频率或固有频率。

将 $H(z)$ 的零点 z_i 与极点 p_j 画在 z 平面上而构成的图形,称为 $H(z)$ 的零、极点图,其中零点用符号"○"表示,极点用符号"×"表示,同时在图中将 H_0 的值也标出。若 $H_0 = 1$,则也可以不标出。

在描述离散系统的特性方面,$H(z)$ 与其零、极点图是等价的。

例 $8-3-1$ 已知离散三阶系统的差分方程为

$$y(k) + y(k-1) + 4y(k-2) + 4y(k-3) = f(k) + 8f(k-3)$$

求系统函数 $H(z)$,并在 z 平面上画出零、极点图,指出 H_0 的值。

解 在零状态下对差分方程等号两端同时求 z 变换,并根据表 $8-1-1$ 中的移序性(表中的序号 5),有

$$(1 + z^{-1} + 4z^{-2} + 4z^{-3})Y_f(z) = (1 + 8z^{-3})F(z)$$

故得

$$H(z) = \frac{Y_f(z)}{F(z)} = \frac{1 + 8z^{-3}}{1 + z^{-1} + 4z^{-2} + 4z^{-3}} = \frac{z^3 + 8}{z^3 + z^2 + 4z + 4} =$$

$$\frac{z^3 + 2^3}{z^2(z+1) + 4(z+1)} = \frac{z^3 + 2^3}{(z+1)(z^2+4)} =$$

$$\frac{(z+2)(z^2 - 2z + 4)}{(z+1)(z-j2)(z+j2)} = \frac{(z+2)(z - 1 - j\sqrt{3})(z - 1 + j\sqrt{3})}{(z+1)(z-j2)(z+j2)}$$

$$H_0 = 1$$

令分子 $N(z) = (z+2)(z - 1 - j\sqrt{3})(z - 1 + j\sqrt{3}) = 0$，得 3 个零点为 $z_1 = -2$，$z_2 = 1 + j\sqrt{3} = 2e^{j\frac{\pi}{3}}$，$z_3 = 1 - j\sqrt{3} = 2e^{-j\frac{\pi}{3}} = \overset{*}{z_2}$；令分母 $D(z) = (z+1)(z-j2)(z+j2) = 0$，得 3 个极点为 $p_1 = -1$，$p_2 = j2 = 2e^{j\frac{\pi}{2}}$，$p_3 = -j2 = 2e^{-j\frac{\pi}{2}} = \overset{*}{p_2}$。$H(z)$ 的零、极点图如图 8-3-2 所示。可见，3 个零点都在单位圆外部，有一个极点 p_1 在单位圆上，有两个极点 p_2，p_3 在单位圆外部；而且零点 z_1 和极点 p_1 在负实轴上。

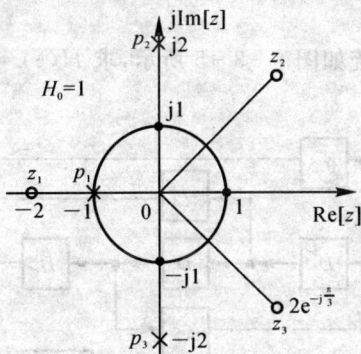

图　8-3-2

例 8-3-2　已知系统的单位序列响应 $h(k) = \left[2(2)^k + \frac{1}{2}(-1)^k - 1.5(1)^k \right] U(k)$。求 $H(z)$，并画出零、极点图。

解
$$H(z) = 2\frac{z}{z-2} + \frac{1}{2}\frac{z}{z+1} - \frac{3}{2}\frac{z}{z-1} =$$

$$\frac{z^3 + 2z}{z^3 - 2z^2 - z + 2} = \frac{z(z+j2)(z-j2)}{(z-2)(z+1)(z-1)}$$

令分母 $(z-2)(z+1)(z-1) = 0$，得 3 个极点为 $p_1 = 2$，$p_2 = -1$，$p_3 = 1$；令分子 $z(z+j2)(z-j2) = 0$，得 3 个零点为 $z_1 = 0$，$z_2 = -j2$，$z_3 = j2$；$H_0 = 1$。其零、极点分布如图 8-3-3 所示。

例 8-3-3　已知系统的单位序列响应 $h(k) = (k+1)U(k)$。求 $H(z)$，画出零、极点图，指出 H_0 的值。

解
$$h(k) = kU(k) + U(k)$$

故

$$H(z) = \frac{z}{(z-1)^2} + \frac{z}{z-1} = \frac{z^2}{(z-1)^2}$$

令分母$(z-1)^2 = 0$,得二重极点 $p_1 = 1$;令分子 $z^2 = 0$,得二重零点 $z_1 = 0$;$H_0 = 1$.其零、极点分布如图 $8-3-4$ 所示。

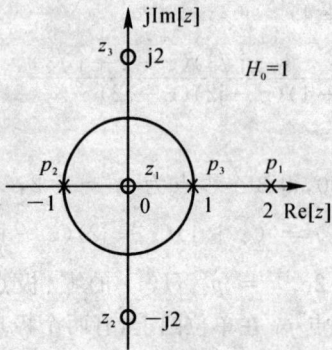

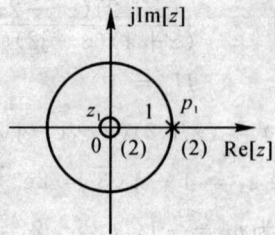

图　$8-3-3$ 图　$8-3-4$

例 8 - 3 - 4　已知离散系统如图 $8-3-5$ 所示,求 $H(z) = \dfrac{Y(z)}{F(z)}$,指出 H_0 的值。

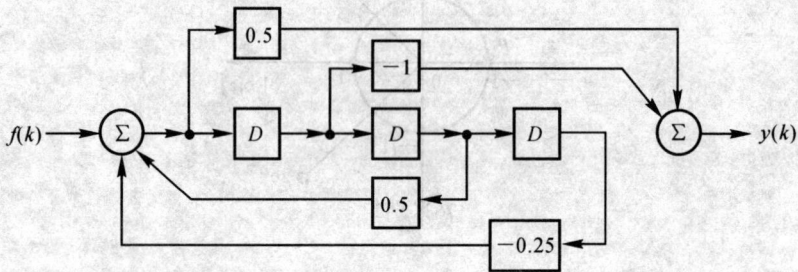

图　$8-3-5$

解　系统的传输算子为

$$H(E) = \frac{0.5E^3 - E^2}{E^3 - 0.5E + 0.25}$$

故得

$$H(z) = H(E)\big|_{E=z} = \frac{0.5z^3 - z^2}{z^3 - 0.5z + 0.25}, \qquad H_0 = 1$$

*8.4　离散系统的 z 域模拟图与信号流图

根据 z 变换的性质(叠加性、齐次性、移序性),可以画出与时域中 3 种运算器(加法器、数乘器、单位延迟器)相对应的 z 域模拟图与信号流图,如表 $7-2-1$ 所示。其中单位延迟器的系统函数 $H(z) = z^{-1}$。证明如下:因单位延迟器为零状态系统,故有

$$y(k) = f(k-1)$$

对此式等号两端同时求 z 变换,并考虑到 z 变换的移序性(表 $8-1-1$ 中的序号5),有

$$Y(z) = z^{-1}F(z)$$

故得单位延迟器的系统函数为

$$H(z) = \frac{Y(z)}{F(z)} = z^{-1} = \frac{1}{z}$$

例 8-4-1 试画出图 8-3-5 所示系统的 z 域模拟图与信号流图。

解 （1）其 z 域模拟图如图 8-4-1(a) 所示。可见，从时域模拟图转换为 z 域模拟图极其容易，只要将 D 换成 z^{-1}，将 $f(k)$ 换成 $F(z)$，将 $y(k)$ 换成 $Y(z)$ 即可，其他均不变，两者的形式也一样。

（2）根据时域模拟图与 z 域模拟图的转换原则，可从图 8-4-1(a) 直接画出其信号流图，如图 8-4-1(b) 所示。

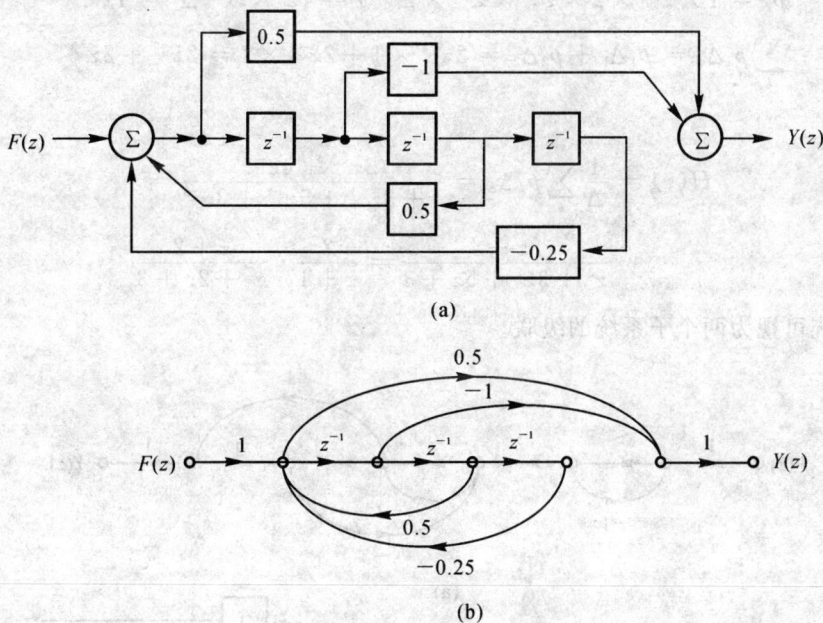

(a)

(b)

图 8-4-1

例 8-4-2 已知离散系统的信号流图如图 8-4-2(a) 所示。试画出与其对应的 z 域模拟图与时域模拟图，并用梅森公式求 $H(z) = \dfrac{Y(z)}{F(z)}$。

解 （1）其 z 域模拟图如图 8-4-2(b) 所示。

（2）其时域模拟图，只需将图 8-4-2(b) 中的 z^{-1} 改为 D，$F(z)$ 改写为 $f(k)$，$Y(z)$ 改写为 $y(k)$，其余一律不动，即可得到。读者自己试画之。

（3）求 $H(z) = \dfrac{Y(z)}{F(z)}$。因为

$$L_1 = z^{-1} \times (-1) = -z^{-1}, \qquad L_2 = -2z^{-1}$$

$$L_3 = -3z^{-1} \times z^{-1} = -3z^{-2}$$

$$\sum_i L_i = L_1 + L_2 + L_3 = -z^{-1} - 2z^{-1} - 3z^{-2} = -3z^{-1} - 3z^{-2}$$

$$L_1 L_2 = -z^{-1} \times (-2z^{-1}) = 2z^{-2}$$

$$L_1 L_3 = -z^{-1} \times (-3z^{-2}) = 3z^{-3}$$

$$\sum_{m,n} L_m L_n = L_1 L_2 + L_1 L_3 = 2z^{-2} + 3z^{-3}$$

故

$$\Delta = 1 - \sum_i L_i + \sum_{m,n} L_m L_n = 1 + 3z^{-1} + 3z^{-2} + 2z^{-2} + 3z^{-3} =$$
$$1 + 3z^{-1} + 5z^{-2} + 3z^{-3}$$

$$p_1 = 1 \times z^{-1} \times 2 \times z^{-1} \times 1 \times 1 = 2z^{-2}, \qquad \Delta_1 = 1$$

$$p_2 = 1 \times z^{-1} \times 2 \times z^{-1} \times z^{-1} \times 2 \times 1 = 4z^{-3}, \qquad \Delta_2 = 1$$

$$\sum_k p_k \Delta_k = p_1 \Delta_1 + p_2 \Delta_2 = 2z^{-2} \times 1 + 2z^{-3} \times 1 = 2z^{-2} + 2z^{-3}$$

故

$$H(z) = \frac{1}{\Delta} \sum_k p_k \Delta_k = \frac{2z^{-2} + 4z^{-3}}{1 + 3z^{-1} + 5z^{-2} + 3z^{-3}} =$$
$$\frac{2z + 4}{z^3 + 3z^2 + 5z + 3} = \frac{2}{z+1} \cdot \frac{z+2}{z^2 + 2z + 3}$$

可见,此系统可视为两个子系统的级联。

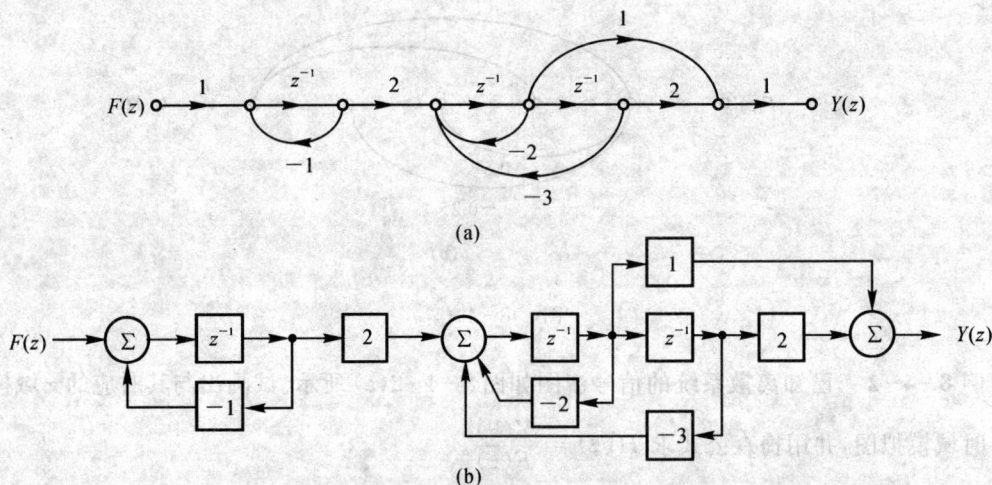

(a)

(b)

图 8-4-2

例 8-4-3 已知离散系统的 z 域模拟图如图 8-4-3 所示。试画出其信号流图与时域模拟图,并求 $H(z) = \dfrac{Y(z)}{F(z)}$。

解 其信号流图如图 8-4-3(b)所示。时域模拟图请读者自己画出。因该系统是由两个子系统并联构成的,故可直接写出 $H(z)$ 为

$$H(z) = \frac{Y(z)}{F(z)} = \frac{1}{z+1} + \frac{-z+1}{z^2 + 2z + 3} = \frac{2z + 4}{z^3 + 3z^2 + 5z + 3}$$

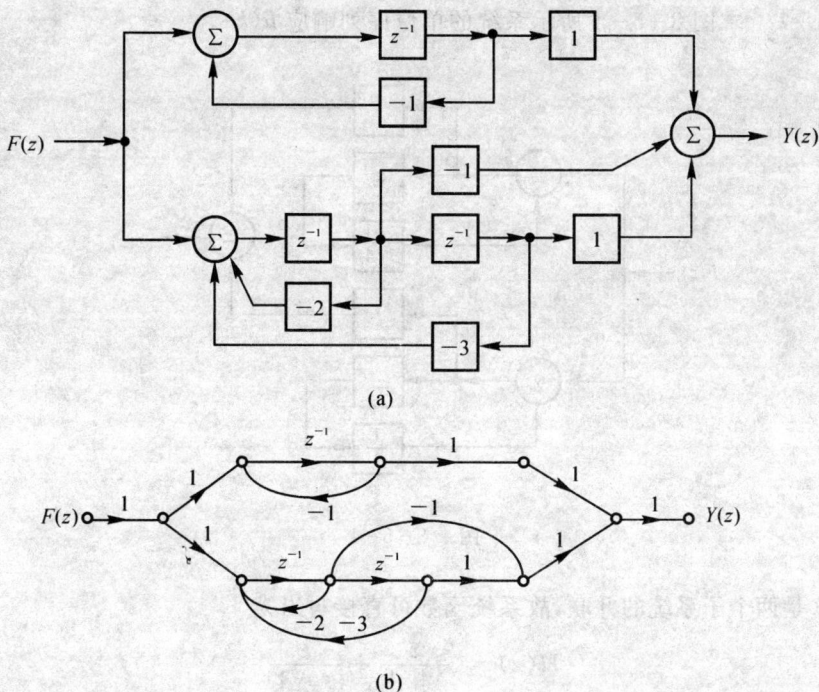

(a)

(b)

图　8 - 4 - 3

8.5　离散系统函数 $H(z)$ 的应用

本节将从 9 个方面研究 $H(z)$ 的应用。

一、从 $H(z)$ 的极点可求得系统的自然频率

因
$$H(z) = \frac{N(z)}{D(z)} = \frac{N(z)}{a_n z^n + a_{n-1} z^{n-1} + \cdots + a_1 z + a_0}$$

令 $D(z) = a_n z^n + a_{n-1} z^{n-1} + \cdots + a_n z + a_0 = 0$，其根为 $H(z)$ 的极点，也就是系统的自然频率，它只与系统本身的结构和元件参数有关，而与激励和响应均无关。

例 8 - 5 - 1　求图 8 - 4 - 3 所示系统的自然频率。

解　在例 8 - 4 - 3 中已求得该系统的系统函数为

$$H(z) = \frac{2z + 4}{z^3 + 3z^2 + 5z + 3}$$

令分母 $D(z) = z^3 + 2z^2 + 5z + 3 = (z+1)(z+1+\mathrm{j}\sqrt{2})(z+1-\mathrm{j}\sqrt{2})$，故得系统的自然频率（就是 $H(z)$ 的极点）为 $p_1 = -1$，$p_2 = -1 - \mathrm{j}\sqrt{2}$，$p_3 = -1 + \mathrm{j}\sqrt{2}$。

二、求系统的单位序列响应 $h(k)$

当系统函数 $H(z)$ 已知时，可从 $H(z)$ 求得系统的单位序列响应 $h(k)$，即

$$h(k) = \mathscr{L}^{-1}\big[H(z)\big]$$

例 8 - 5 - 2 求图 8 - 5 - 1 所示系统的单位序列响应 $h(k)$。

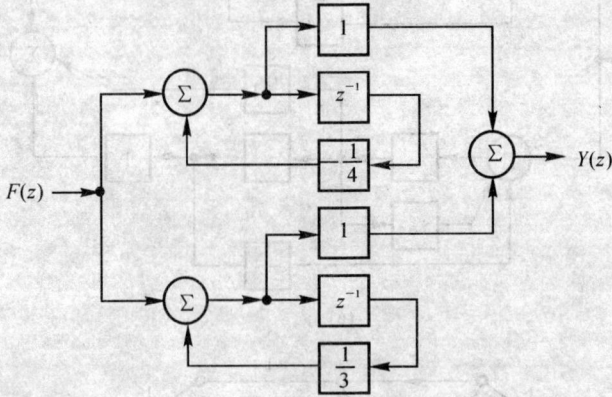

图   8 - 5 - 1

解   这是两个子系统的并联,故系统函数可直接写出为

$$H(z) = \frac{z}{z + \frac{1}{4}} + \frac{z}{z - \frac{1}{3}}$$

故得

$$h(k) = \left[\left(-\frac{1}{4} \right)^k + \left(\frac{1}{3} \right)^k \right] U(k)$$

三、$H(z)$ 的极点、零点分布对 $h(k)$ 的影响

$h(k)$ 随时间 k 变化的波形形状只由 $H(z)$ 的极点决定,与 $H(z)$ 的零点无关;$h(k)$ 的大小和相位由 $H(z)$ 的极点和零点共同决定。

四、根据 $H(z)$ 可写出系统的差分方程

例如已知系统的 $H(z)$ 为

$$H(z) = \frac{z^2 - 3}{z^2 - 5z + 6} = \frac{1 - 3z^{-2}}{1 - 5z^{-1} + 6z^{-2}}$$

则与此 $H(z)$ 对应的系统的差分方程为

$$y(k + 2) - 5y(k + 1) + 6y(k) = f(k + 2) - 3f(k)$$

或

$$y(k) - 5y(k - 1) + 6y(k - 2) = f(k) - 3f(k - 2)$$

五、可根据 $H(z)$ 的极点分布判断系统的稳定性

1. 离散系统稳定性的定义

若系统对任意有界的输入序列 $f(k)$ 产生的零状态响应 $y_f(k)$ 也是有界的,则称系统为稳定系统或系统具有稳定性,否则即为不稳定系统。

2. 系统稳定的条件

稳定系统应满足的充要条件是,系统的单位序列响应 $h(k)$ 绝对可和。即应满足

$$\sum_{k=0}^{\infty} | h(k) | < \infty$$

其必要条件是 $\lim\limits_{k \to \infty} h(k) = 0$。具体而言就是：

在时域中，若满足 $\sum\limits_{k=0}^{\infty} | h(k) | < \infty$；在 z 域中，若 $H(z)$ 的极点全部位于 z 平面上的单位圆内部，即极点的模 $| p_j | < 1$，则系统就是稳定的。

在时域中，若有 $\sum\limits_{k=0}^{\infty} | h(k) | =$ 有限值(定值或不定值)；在 z 域中，若 $H(z)$ 的极点中，除了单位圆内部有极点外，在单位圆上还有单阶极点(实极点或共轭复数极点)，而单位圆外无极点，则系统就是临界稳定的。

在时域中，若有 $\sum\limits_{k=0}^{\infty} | h(k) | \to \infty$；在 z 域中，若 $H(z)$ 的极点中，只要至少有一个极点位于单位圆外部，则系统就是不稳定的；若极点是位于单位圆上且是重阶的，则系统也是不稳定的。

所有的工程实际系统，都必须是稳定的。

关于离散系统稳定性更深入的研究见 8.6 节。

例 8 - 5 - 3　已知系统的差分方程为
$$2y(k) - 2y(k-1) + y(k-2) = 2f(k) - 2f(k-1) + 2f(k-2)$$
求系统函数 $H(z)$，判断系统的稳定性。

解　在零状态下对差分方程的等号两端同时求 z 变换，有
$$(2 - 2z^{-1} + z^{-2})Y_f(z) = (2 - 2z^{-1} + 2z^{-2})F(z)$$
故得
$$H(z) = \frac{Y_f(z)}{F(z)} = \frac{2 - 2z^{-1} + 2z^{-2}}{2 - 2z^{-1} + z^{-2}} = \frac{z^2 - z + 1}{z^2 - z + \dfrac{1}{2}} = \frac{z^2 - z + 1}{\left(z - \dfrac{1}{2} - \mathrm{j}\dfrac{1}{2}\right)\left(z - \dfrac{1}{2} + \mathrm{j}\dfrac{1}{2}\right)}$$

令 $D(z) = \left(z - \dfrac{1}{2} - \mathrm{j}\dfrac{1}{2}\right)\left(z - \dfrac{1}{2} + \mathrm{j}\dfrac{1}{2}\right) = 0$，得极点为 $p_1 = \dfrac{1}{2} + \mathrm{j}\dfrac{1}{2} = \dfrac{\sqrt{2}}{2}\mathrm{e}^{\mathrm{j}\frac{\pi}{4}}$，$p_2 = \dfrac{1}{2} -$

$\mathrm{j}\dfrac{1}{2} = \dfrac{\sqrt{2}}{2}\mathrm{e}^{-\mathrm{j}\frac{\pi}{4}}$。可见，这一对共轭极点均位于 z 平面上的单位圆内部，故系统是稳定的。

六、求系统的零输入响应 $y_x(k)$

若系统的初始状态已知，则可根据 $H(z)$ 的极点和已知的初始状态，求得系统的零输入响应 $y_x(k)$。

例 8 - 5 - 4　已知系统的差分方程为 $y(k) - y(k-1) - 2y(k-2) = f(k) + 2f(k-2)$，初始状态为 $y(-1) = 2$，$y(-2) = -\dfrac{1}{2}$，$f(k) = U(k)$。求系统的零输入响应 $y_x(k)$。

解　在零状态条件下对差分方程求 z 变换，可求得
$$H(z) = \frac{Y_f(z)}{F(z)} = \frac{1 + 2z^{-2}}{1 - z^{-1} - 2z^{-2}} = \frac{z^2 + 2z}{z^2 - z - 2}$$

令分母 $D(z) = z^2 - z - 2 = 0$，得两个极点为 $p_1 = -1$，$p_2 = 2$。故零输入响应的通解式为
$$y_x(k) = A_1 p_1^k + A_2 p_2^k = A_1(-1)^k + A_2(2)^k$$

由于 $f(k) = U(k)$ 是在 $k = 0$ 时刻作用于系统的,故所给的 $y(-1) = 2$, $y(-2) = -\dfrac{1}{2}$ 就是

系统的初始状态,即有 $y_x(-1) = 2$, $y_x(-2) = -\dfrac{1}{2}$。代入上式有

$$\begin{cases} y_x(-1) = A_1(-1)^{-1} + A_2(2)^{-1} = 2 \\ y_x(-2) = A_1(-1)^{-2} + A_2(2)^{-2} = -\dfrac{1}{2} \end{cases}$$

即
$$-A_1 + \dfrac{1}{2}A_2 = 2$$

$$A_1 + \dfrac{1}{4}A_2 = -\dfrac{1}{2}$$

联立求解得 $A_1 = -1$, $A_2 = 2$。故得

$$y_x(k) = [-(-1)^k + 2(2)^k]U(k+2)$$

或
$$y_x(k) = -(-1)^k + 2(2)^k \qquad k \geqslant -2$$

七、求系统的零状态响应 $y_f(k)$

因有
$$Y_f(z) = H(z)F(z)$$
进行反变换即得零状态响应为
$$y_f(k) = \mathscr{L}^{-1}[Y_f(z)] = \mathscr{L}^{-1}[H(z)F(z)]$$

例 8-5-5 已知离散系统的差分方程为 $y(k) + 0.6y(k-1) - 0.16y(k-2) = f(k) + 2f(k-1)$, $f(k) = (0.4)^k U(k)$。求零状态响应 $y(k)$。

解 该系统的系统函数为

$$H(z) = \frac{Y(z)}{F(z)} = \frac{1 + 2z^{-1}}{1 + 0.6z^{-1} - 0.16z^{-2}} = \frac{z^2 + 2z}{z^2 + 0.6z - 0.16}$$

又
$$F(z) = \frac{z}{z - 0.4}$$

故
$$Y(z) = H(z)F(z) = \frac{z^2 + 2z}{z^2 + 0.6z - 0.16} \frac{z}{z - 0.4} =$$

$$z\left[\frac{z^2 + 2z}{(z - 0.2)(z + 0.8)(z - 0.4)}\right] =$$

$$z\left[\frac{-2.2}{z - 0.2} + \frac{-0.8}{z + 0.8} + \frac{4}{z - 0.4}\right] =$$

$$-2.2\frac{z}{z - 0.2} - 0.8\frac{z}{z + 0.8} + 4\frac{z}{z - 0.4}$$

故得零状态响应为

$$y(k) = [-2.2(0.2)^k - 0.8(-0.8)^k + 4(0.4)^k]U(k)$$

八、求离散系统的频率特性

1. 定义

离散系统的频率特性(即频率响应),表征了稳定系统对不同频率的离散正弦激励信号产生的正弦稳态响应(大小和相位),是如何随频率 ω 的变化而变化的。为了具有一般性,设激励信号 $f(k)$ 为单位复指数序列,即设

$$f(kT) = e^{j\omega k T}$$

其中 T 为抽样周期（即离散间隔）。若系统的单位序列响应为 $h(k)$，则系统的零状态响应即为

$$y_f(k) = h(k) * f(k) = \sum_{i=-\infty}^{\infty} h(i) f(k-i) =$$

$$\sum_{i=-\infty}^{\infty} h(i) e^{j\omega T(k-i)} = \sum_{i=-\infty}^{\infty} h(i) e^{-j\omega Ti} e^{j\omega Tk} = e^{j\omega Tk} \sum_{i=-\infty}^{\infty} h(i) (e^{j\omega T})^{-i} =$$

$$e^{j\omega Tk} H(e^{j\omega T})$$

其中 $H(e^{j\omega T})$ 称为离散系统的频率特性，也称为频率响应。

上式说明：① $H(e^{j\omega T})$ 就是零状态系统对激励 $f(k) = e^{j\omega k T}$ 所产生的零状态响应 $y_f(k)$ 的加权函数；② 若离散系统的激励 $f(k)$ 是角频率为 ω、抽样周期为 T 的复指数序列（或正弦序列）时，则离散系统的稳态响应 $y_f(k)$ 也是相同频率 ω 的复指数序列（或正弦序列）。

2. $H(e^{j\omega T})$ 的求法

当 $H(z)$ 的收敛域包括单位圆在内（即 $H(z)$ 的极点全部在单位圆内部）时，系统就是稳定的。因此，对于稳定的系统，可令 $H(z)$ 中的 $z = e^{j\omega T}$ 而得到 $H(e^{j\omega T})$。即

$$H(z) \mid_{z=e^{j\omega T}} = H(e^{j\omega T}) = \mid H(e^{j\omega T}) \mid e^{j\varphi(\omega T)}$$

式中 $\mid (H(e^{j\omega T}) \mid$ 称为系统的模频特性，$\varphi(\omega T)$ 称为系统的相频特性。

由于 $z = e^{j\omega T}$，故 $H(e^{j\omega T})$ 实质上就是 $h(k)$ 在单位圆上的 z 变换，即当 ωT 变化时，变量 z 始终在单位圆上变化。又由于 $e^{j\omega T}$ 是周期为 2π 的函数，故 $\mid H(e^{j\omega T}) \mid$ 和 $\varphi(\omega T)$ 均为 ω 的连续周期函数，其周期均为 2π。

例 8-5-6　在数字信号处理中，一个常用的简单低通滤波器的差分方程为

$$y(k) - ay(k-1) = f(k)$$

(1) 为使系统稳定，求 a 的取值范围；

(2) 若取 $a = 0.5$，求系统的频率特性 $H(e^{j\omega T})$，并画出模频与相频特性曲线。

解　(1) 由系统的差分方程可求得

$$H(z) = \frac{1}{1 - az^{-1}} = \frac{z}{z - a}$$

欲使系统稳定，则必须使 $H(z)$ 的极点位于单位圆内部，故应有 $\mid a \mid < 1$。

(2) 当 $a = 0.5$ 时，系统为稳定系统，故

$$H(e^{j\omega T}) = H(z) \mid_{z=e^{j\omega T}} = \frac{1}{1 - 0.5 e^{-j\omega T}} = \frac{1}{1 - [0.5\cos(-\omega T) + j0.5\sin(-\omega T)]}$$

即

$$\mid H(e^{j\omega T}) \mid e^{j\varphi(\omega T)} = \frac{1}{1 - 0.5\cos\omega T + j0.5 \sin\omega T}$$

故得

$$\mid H(e^{j\omega T}) \mid = \frac{1}{\sqrt{(1 - 0.5\cos\omega T)^2 + (0.5\sin\omega T)^2}} = \frac{1}{\sqrt{1.25 - \cos\omega T}}$$

$$\varphi(\omega T) = -\arctan \frac{0.5\sin\omega T}{1 - 0.5\cos\omega T}$$

根据此两式即可画出模频与相频特性曲线，分别如图 8-5-2(a)，(b) 所示。由图可见，它们二者都是 ωT 的周期函数，其周期为 2π，且为低通滤波器。

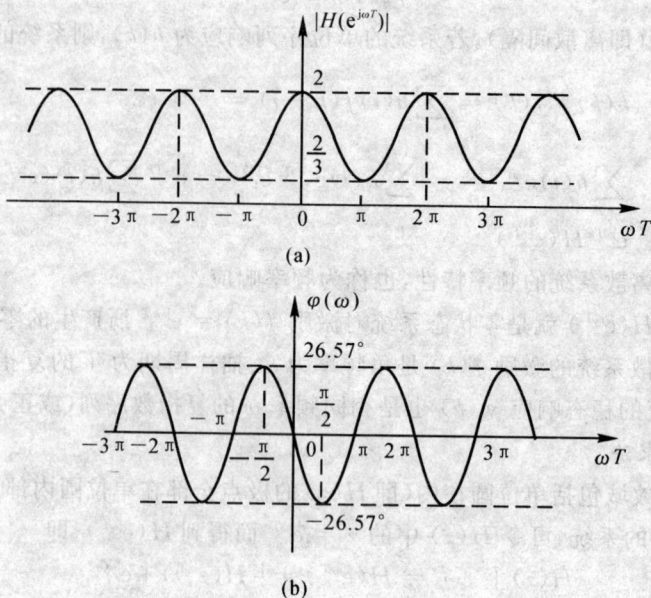

(a)

(b)

图　8－5－2

（a）模频特性曲线　（b）相频特性曲线

例 8－5－7　已知一数字滤波器的差分方程为

$$5y(k-2) = f(k) + f(k-1) + f(k-2) + f(k-3) + f(k-4)$$

输入信号 $f(k)$ 为频率 $f = 5\ \text{Hz}$ 的正弦信号，信号的抽样频率 $f_\text{S} = 250\ \text{Hz}$，同时有频率为 $50\ \text{Hz}$ 的干扰信号存在。试求此滤波器能否将输入信号 $f(k)$ 基本上通过，而将干扰信号基本上完全滤除。

解　由差分方程可求得系统函数为

$$H(z) = \frac{Y(z)}{F(z)} = \frac{1 + z^{-1} + z^{-2} + z^{-3} + z^{-4}}{5z^{-2}} = \frac{z^4 + z^3 + z^2 + z + 1}{5z^2}$$

因 $H(z)$ 的极点为 $p_1 = p_2 = 0$，故为稳定系统，故得系统的频率特性为

$$H(e^{j\omega T}) = H(z) \mid_{z=e^{j\omega T}} = \frac{1}{5}\ \frac{1 + e^{-j\omega T} + e^{-j2\omega T} + e^{-j3\omega T} + e^{-j4\omega T}}{e^{-j2\omega T}} \qquad (8-5-1)$$

式中的分子为首项 $a_1 = 1$，公比 $q = e^{-j\omega T}$ 的等比级数前 5 项的和，故根据等比级数前 n 项求和的公式 $S_n = \dfrac{a_1(1 - q^n)}{1 - q}$ 可得

$$分子 = \frac{1[1 - (e^{-j\omega T})^5]}{1 - e^{-j\omega T}} = \frac{1 - e^{-5j\omega T}}{1 - e^{-j\omega T}}$$

再代入式（8－5－1），有

$$H(e^{j\omega T}) = \frac{1}{5}\ \frac{1 - e^{-5j\omega T}}{1 - e^{-j\omega T}}\ e^{j2\omega T} = \frac{1}{5}\ \frac{e^{-j\frac{5}{2}\omega T}(e^{j\frac{5}{2}\omega T} - e^{-j\frac{5}{2}\omega T})}{e^{-j\frac{1}{2}\omega T}(e^{j\frac{1}{2}\omega T} - e^{-j\frac{1}{2}\omega T})}\ e^{j2\omega T} =$$

$$\frac{1}{5}\ e^{-j2\omega T}\ \frac{\dfrac{e^{\frac{5\omega T}{2}} - e^{-j\frac{5\omega T}{2}}}{2j}}{\dfrac{e^{\frac{j\omega T}{2}} - e^{-j\frac{\omega T}{2}}}{2j}}\ e^{j2\omega T} = \frac{1}{5}\ \frac{\sin\dfrac{5\omega T}{2}}{\sin\dfrac{\omega T}{2}} \qquad (8-5-2)$$

今已知 $\omega T = 2\pi f \dfrac{1}{f_s}$，此处的 ω 和 f 分别为输入信号 $f(k)$ 的角频率和频率，T 和 f_s 分别为抽样信号的周期和频率，即抽样周期和抽样频率。因此对于 $f = 5$ Hz 的输入信号 $f(k)$ 有

$$\omega T = 2\pi 5 \times \frac{1}{250} = \frac{\pi}{25}$$

代入式(8-5-2)得

$$H(\mathrm{e}^{\mathrm{j}\omega T}) = \frac{1}{5}\frac{\sin\left(\dfrac{5}{2}\dfrac{\pi}{25}\right)}{\sin\left(\dfrac{1}{2}\dfrac{\pi}{25}\right)} = \frac{1}{5}\frac{\sin\dfrac{\pi}{10}}{\sin\dfrac{\pi}{50}} = 0.2 \times \frac{0.309\,0}{0.062\,8} = 0.984\,1 \approx 1$$

此结果表明，该滤波器基本上能将输入信号 $f(k)$ 完全通过。

对于 $f = 50$ Hz 的干扰信号，有

$$\omega T = 2\pi \times 50 \times \frac{1}{250} = \frac{2\pi}{5}$$

故代入式(8-5-2)有

$$H(\mathrm{e}^{\mathrm{j}\omega T}) = \frac{1}{5} \times \frac{\sin\left(\dfrac{5}{2}\dfrac{2\pi}{5}\right)}{\sin\left(\dfrac{1}{2}\dfrac{2\pi}{5}\right)} = \frac{1}{5} \times \frac{\sin\pi}{\sin\dfrac{\pi}{5}} = 0$$

此结果表明，该滤波器对 50 Hz 的干扰信号已全部滤除。

九、求离散系统的正弦稳态响应

离散稳定系统在正弦信号 $f(k) = F_m\cos(\omega Tk + \psi)$ $(k \in \mathbf{Z})$ 激励下达到稳定状态时系统中存在的响应，称为正弦稳态响应，用 $y_s(k)$ 表示。其求解公式与连续系统根据 $H(s)$ 求正弦稳态响应的公式完全类似。即先根据 $H(z)$ 求系统的频率特性 $H(\mathrm{e}^{\mathrm{j}\omega T})$，即

$$H(\mathrm{e}^{\mathrm{j}\omega T}) = |H(\mathrm{e}^{\mathrm{j}\omega T})|\,\mathrm{e}^{\mathrm{j}\varphi(\omega T)} = H(z)\big|_{z=\mathrm{e}^{\mathrm{j}\omega T}}$$

然后再根据下式即可求得系统的正弦稳态响应，即

$$y_s(k) = F_m|H(\mathrm{e}^{\mathrm{j}\omega T})|\cos[\omega Tk + \psi + \varphi(\omega T)]$$

例 8-5-8　已知离散系统的系统函数 $H(z) = \dfrac{1-z}{z-0.5}$，激励 $f(k) = 10\cos(628Tk+30°)$ $(k \in \mathbf{Z})$，$T = 10^{-3}$ s。求系统的正弦稳态响应 $y_s(k)$。

解　因 $H(z)$ 的极点 $p_1 = 0.5$ 在单位圆内部，故系统为稳定系统，故有

$$H(\mathrm{e}^{\mathrm{j}\omega T}) = H(z)\big|_{z=\mathrm{e}^{\mathrm{j}\omega T}} = \frac{1-\mathrm{e}^{\mathrm{j}\omega T}}{\mathrm{e}^{\mathrm{j}\omega T}-0.5} = \frac{1-\cos\omega T - \mathrm{j}\sin\omega T}{\cos\omega T - 0.5 + \mathrm{j}\sin\omega T}$$

将 $\omega T = 628 \times 10^{-3} = 0.628$ rad $= 36°$ 代入上式，得

$$H(\mathrm{e}^{\mathrm{j}\omega T}) = \frac{1-\cos36° - \mathrm{j}\sin36°}{\cos36° - 0.5 + \mathrm{j}\sin36°} = \frac{0.19 - j0.59}{0.31 + j0.59} = 0.93\ \underline{/-134.5°}$$

故得系统的正弦稳态响应为

$$y_s(k) = F_m|H(\mathrm{e}^{\mathrm{j}\omega T})|\cos[\omega Tk + \psi + \varphi(\omega T)] =$$
$$10 \times 0.93\cos[628Tk + 30° - 134.5°] = 9.3\cos(628Tk - 104.5°)$$

现将 $H(z)$ 的应用汇总于表 8-5-1 中，以便记忆和查用。

表 8 - 5 - 1 $H(z)$ 的应用

序 号	应 用	求法与结论
1	可从 $H(z)$ 求得系统的自然频率	求 $D(z) = 0$ 的根
2	可求得系统的 $h(k)$	$h(k) = \mathscr{L}^{-1}[H(z)]$
3	从 $H(z)$ 的零、极点分布研究零、极点对 $h(k)$ 的影响	$h(k)$ 的波形形状只由 $H(z)$ 的极点决定，$h(k)$ 的大小和相位由 $H(z)$ 的零点和极点共同决定
4	从 $H(z)$ 的极点分布可判断系统是否具有稳定性	分析 $D(z) = 0$ 的根在 z 平面上的分布
5	根据 $H(z)$ 可写出系统的微分方程	令 $z = E$ 即可
6	从 $H(z)$ 的极点可写出系统零输入响应的通解形式	$y_x(k) = A_1 p_1^k + A_2 p_2^k + A_3 p_3^k + \cdots + A_n p_n^k$ （单根）
7	求系统的零状态响应 $y_f(k)$	$y_f(k) = \mathscr{L}^{-1}[H(z)F(z)]$
8	从 $H(z)$ 可求得系统的 $H(e^{j\omega})$	$H(e^{j\omega}) = H(z) \mid_{z=e^{j\omega}}$
9	求系统的正弦稳态响应 $y_s(k)$	$y_s(k) = F_m \mid H(e^{j\omega_0}) \mid \cos[\omega_0 k + \psi + \varphi(\omega_0)]$

十、$H(z)$ 应用综合举例

例 8 - 5 - 9 已知离散二阶系统的差分方程为

$$y(k) + 0.6y(k-1) - 0.16y(k-2) = f(k) + 2f(k-1)$$

(1) 求系统函数 $H(z)$；

(2) 求单位序列响应 $h(k)$；

(3) 若激励 $f(k) = (0.4)^k U(k)$，求零状态响应 $y_f(k)$。

(4) 画出该系统的一种信号流图。

解 (1) 求 $H(z)$。在零状态下对差分方程的等号两端同时求 z 变换，并根据表8 - 1 - 1中的移序性（表中的序号 5）有

$$(1 + 0.6z^{-1} - 0.16z^{-2})Y_f(z) = (1 + 2z^{-1})F(z)$$

故得

$$H(z) = \frac{Y_f(z)}{F(z)} = \frac{1 + 2z^{-1}}{1 + 0.6z^{-1} - 0.16z^{-2}} = \frac{z^2 + 2z}{z^2 + 0.6z - 0.16}$$

(2) 求 $h(k)$。将上式写为

$$H(z) = z\left[\frac{z+2}{(z-0.2)(z+0.8)}\right] = z\left[\frac{K_1}{z-0.2} + \frac{K_2}{z+0.8}\right] =$$

$$z\left[\frac{2.2}{z-0.2} - \frac{1.2}{z+0.8}\right] = 2.2\frac{z}{z-0.2} - 1.2\frac{z}{z+0.8}$$

进行 z 反变换得

$$h(k) = [2.2(0.2)^k - 1.2(-0.8)^k]U(k)$$

(3) 求零状态响应 $y_f(k)$。因

$$F(z) = \mathscr{Z}\left[(0.4)^k U(k)\right] = \frac{z}{z - 0.4}$$

故得

$$Y_f(z) = H(z)F(z) =$$

$$\frac{z^2 + 2z}{z^2 + 0.6z - 0.16} \cdot \frac{z}{z - 0.4} = z\left[\frac{z^2 + 2z}{(z - 0.2)(z + 0.8)(z - 0.4)}\right] =$$

$$z\left[\frac{K_1}{z - 0.2} + \frac{K_2}{z + 0.8} + \frac{K_3}{z - 0.4}\right] = z\left[\frac{-2.2}{z - 0.2} + \frac{-0.8}{z + 0.8} + \frac{4}{z - 0.4}\right] =$$

$$-2.2\frac{z}{z - 0.2} - 0.8\frac{z}{z + 0.8} + 4\frac{z}{z - 0.4}$$

经 z 反变换得

$$y_f(k) = \left[-2.2(0.2)^k - 0.8(-0.8)^k + 4(0.4)^k\right]U(k)$$

（4）根据所求得的 $H(z)$，可直接画出该系统的一种信号流图，如图 8-5-3 所示。

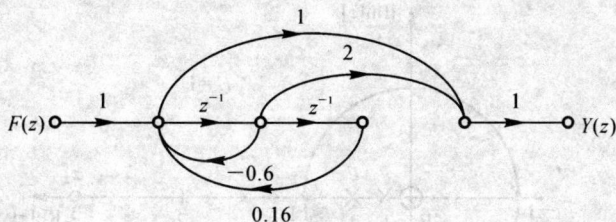

图 8-5-3

例 8-5-10 图 8-5-4(a) 所示系统。(1) 求 $H(z) = \dfrac{Y(z)}{F(z)}$，画出 $H(z)$ 的零、极点图，指出 H_0 的值，判断系统的稳定性，求 $h(k)$；(2) 写出系统的差分方程；(3) 若 $f(k) = U(k)$，求系统的零状态响应 $y_f(k)$；(4) 已知全响应的初始值为 $y(0) = 2, y(1) = -\dfrac{1}{2}$，求系统的零输入响应 $y_x(k)$；(5) 求全响应 $y(k)$。

解 (1) $H(z) = \dfrac{z^2 - 3z}{z^2 - \dfrac{5}{6}z + \dfrac{1}{6}} = z\dfrac{z - 3}{\left(z - \dfrac{1}{2}\right)\left(z - \dfrac{1}{3}\right)} = z\left[\dfrac{-15}{z - \dfrac{1}{2}} + \dfrac{16}{z - \dfrac{1}{3}}\right] =$

$$-15\frac{z}{z - \dfrac{1}{2}} + 16\frac{z}{z - \dfrac{1}{3}}$$

故得

$$h(k) = \left[-15\left(\frac{1}{2}\right)^k + 16\left(\frac{1}{3}\right)^k\right]U(k)$$

令 $H(z)$ 的分子 $N(z) = z^2 - 3z = 0$，得两个零点为 $z_1 = 0, z_2 = 3$；令 $H(z)$ 的分母 $D(z) = \left(z - \dfrac{1}{2}\right)\left(z - \dfrac{1}{3}\right) = 0$，得两个极点为 $p_1 = \dfrac{1}{2}, p_2 = \dfrac{1}{3}$；其零、极点分布如图 8-5-4(b) 所示；$H_0 = 1$。因为 $H(z)$ 的两个极点均在单位圆内部，故系统是稳定的。

（2）将 $H(z)$ 的表达式改写为

$$H(z) = \frac{6z^2 - 18z}{6z^2 - 5z + 1}$$

故得系统的差分方程为

$$6y(k+2) - 5y(k+1) + y(k) = 6f(k+2) - 18f(k+1)$$

或

$$6y(k) - 5y(k-1) + y(k-2) = 6f(k) - 18f(k-1)$$

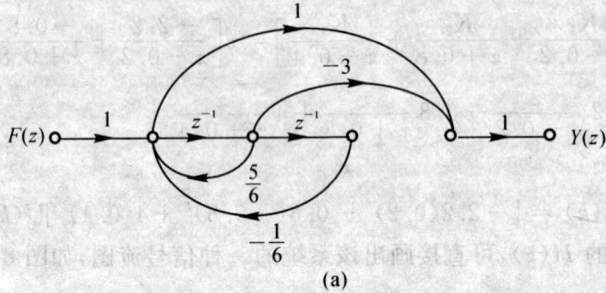

(a)

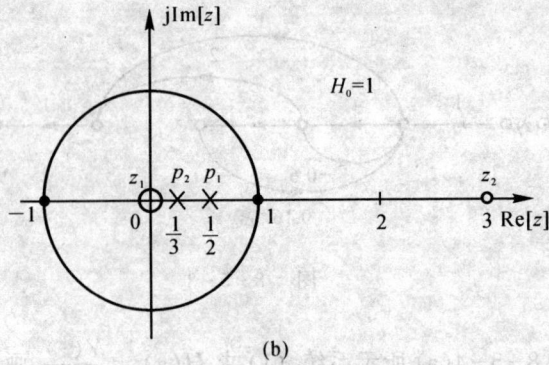

(b)

图　8-5-4

（3）求零状态响应 $y_f(k)$。因

$$F(z) = \frac{z}{z-1}$$

$$Y_f(z) = H(z)F(z) = \frac{z(z-3)}{\left(z-\frac{1}{2}\right)\left(z-\frac{1}{3}\right)} \times \frac{z}{z-1} = \frac{15z}{z-\frac{1}{2}} - 8\frac{z}{z-\frac{1}{3}} - 6\frac{z}{z-1}$$

故得

$$y_f(k) = \left[15\left(\frac{1}{2}\right)^k - 8\left(\frac{1}{3}\right)^k - 6(1)^k\right]U(k)$$

（4）求零输入响应 $y_x(k)$。由于激励 $f(k) = U(k)$ 是在 $k=0$ 时刻作用于系统的，所以题中给出 $y(0)$ 和 $y(1)$ 的值是全响应的初始值，而不是零输入响应的初始值。所以还应设法从 $y(0)$ 和 $y(1)$ 的值求出零输入响应的初始值 $y_x(0)$ 和 $y_x(1)$。即

$$y_x(0) = y(0) - y_f(0) = 2 - (15 - 8 - 6) = 1$$

$$y_x(1) = y(1) - \left(15 \times \frac{1}{2} - 8 \times \frac{1}{3} - 6\right) = \frac{2}{3}$$

令 $H(z)$ 的分母 $D(z) = \left(z-\frac{1}{2}\right)\left(z-\frac{1}{3}\right) = 0$，得两个极点为 $p_1 = \frac{1}{2}$，$p_2 = \frac{1}{3}$。故

$$y_x(k) = A_1\left(\frac{1}{2}\right)^k + A_2\left(\frac{1}{3}\right)^k$$

代入初始值,有

$$y_x(0) = A_1 + A_2 = 1$$

$$y_x(1) = \frac{1}{2}A_1 + \frac{1}{3}A_2 = \frac{2}{3}$$

联立求解得 $A_1 = 2$, $A_2 = -1$。故得零输入响应为

$$y_x(k) = \left[2\left(\frac{1}{2}\right)^k - \left(\frac{1}{3}\right)^k\right]U(k)$$

(5) 全响应 $y(k) = y_x(k) + y_f(k)$,即

$$y(k) = \left[2\left(\frac{1}{2}\right)^k - \left(\frac{1}{3}\right)^k\right] + \left[15\left(\frac{1}{2}\right)^k - 8\left(\frac{1}{3}\right)^k - 6(1)^k\right] =$$

$$\left[17\left(\frac{1}{2}\right)^k - 9\left(\frac{1}{3}\right)^k - 6(1)^k\right]U(k)$$

例 8 - 5 - 11 已知系统的差方程为 $y(k+2) + 0.2y(k+1) - 0.24y(k) = f(k+2) + f(k+1)$。(1) 求 $H(z) = \dfrac{Y(z)}{F(z)}$,指出 H_0 的值;(2) 画出级联与并联形式的信号流图;(3) 若 $f(k) = 100\cos(0.5\pi k + 45°)$,$k \in \mathbf{Z}$,求系统的正弦稳态响应 $y(k)$。

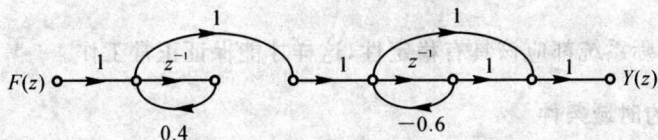

(a)

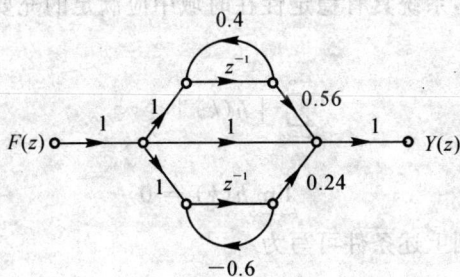

(b)

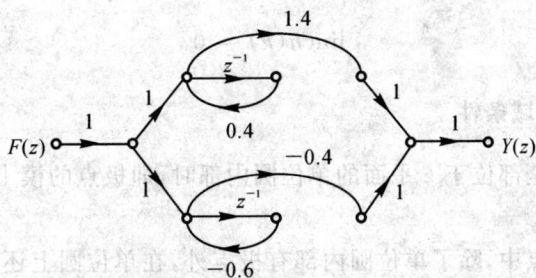

(c)

图 8 - 5 - 5

(a) 级联; (b) 并联之一; (c) 并联之二

解 （1） $H(z) = \dfrac{Y(z)}{F(z)} = \dfrac{z^2 + z}{z^2 + 0.2z - 0.24} = \dfrac{z(z+1)}{(z-0.4)(z+0.6)}$

令 $H(z)$ 的分子 $N(z) = z(z+1) = 0$，得两个零点为 $z_1 = 0$，$z_2 = -1$；令 $H(z)$ 的分母 $D(z) = (z-0.4)(z+0.6) = 0$，得两个极点为 $p_1 = 0.4$，$p_2 = -0.6$；$H_0 = 1$。

（2）将 $H(z)$ 写成如下三种形式：

$$H(z) = \frac{z}{z-0.4}\frac{z+1}{z+0.6} = 1 + \frac{0.56}{z-0.4} + \frac{0.24}{z+0.6} = \frac{1.4z}{z-0.4} + \frac{-0.4z}{z+0.6}$$

根据 $H(z)$ 的三种形式即可画出与之对应的信号流图，如图 $8-5-5$(b)，(c)，(d) 所示。

（3）由于 $H(z)$ 的极点均在 z 平面上的单位圆内部，故系统为稳定的。故有

$$H(e^{j\omega}) = H(z)\,|_{z=e^{j\omega}} = \frac{e^{j2\omega} + e^{j\omega}}{e^{j2\omega} + 0.2e^{j\omega} - 0.24}$$

将 $\omega = 0.5\pi$ 代入上式有

$$H(e^{j0.5\pi}) = \frac{j1-1}{j0.2-1.24} = 1.13e^{j35.8°}$$

故得正弦稳态的响应为

$$y(k) = 100 \times 1.13\cos(0.5\pi k + 45° + 35.8°) = 113\cos(0.5\pi k + 80.8°)$$

*8.6　离散系统的稳定性及其判定

所有的工程实际系统都应该具有稳定性，这样才能保证正常工作。

一、系统稳定的时域条件

对于非因果离散系统，系统具有稳定性在时域中应满足的充要条件是，系统的单位序列响应 $h(k)$ 绝对可和，即

$$\sum_{k=-\infty}^{+\infty} |h(k)| < \infty$$

其必要条件是

$$\lim_{k\to+\infty} h(k) = 0$$

对于因果离散系统，则上述条件可写为

$$\sum_{k=0}^{+\infty} |h(k)| < \infty$$

$$\lim_{k\to+\infty} h(k) = 0$$

二、系统稳定的 z 域条件

若 $H(z)$ 的极点全部位于 z 平面的单位圆内部时，即极点的模 $|p_j| < 1$ 时，系统就是稳定的。

若在 $H(z)$ 的极点中，除了单位圆内部有极点外，在单位圆上还有单阶极点，而在单位圆外部无极点，则系统是临界稳定的。

若在 $H(z)$ 的极点中，只要至少有一个极点位于单位圆外部，则系统就是不稳定的；若极点是位于单位圆上且是重阶的，则系统也是不稳定的。

三、朱利(Jury)定则判定法

当 $H(z)$ 的分母 $D(z)$ 的方次高于 3 次时,求解一元高次方程的根是十分困难的,此时可利用朱利判别定则来判断系统的稳定性。朱利判别定则如下:

设
$$D(z) = a_n z^n + a_{n-1} z^{n-1} + \cdots + a_1 z + a_0$$
则列出表 $8-6-1$。

表 $8-6-1$　朱利判别定则

行＼列	z^n	z^{n-1}	z^{n-2}	$\cdots$	z^2	z	z^0
1	a_n	a_{n-1}	a_{n-2}	$\cdots$	a_2	a_1	a_0
2	a_0	a_1	a_2	$\cdots$	a_{n-2}	a_{n-1}	a_n
3	c_{n-1}	c_{n-2}	c_{n-3}	$\cdots$	c_1	c_0	
4	c_0	c_1	c_2	$\cdots$	c_{n-2}	c_{n-1}	
5	d_{n-2}	d_{n-3}	d_{n-4}	$\cdots$	d_0		
6	d_0	d_1	d_2	$\cdots$	d_{n-2}		
$\vdots$	$\vdots$		$\vdots$				
$2n-3$	r_2	r_1	r_0				

表中第一行是 $D(z)$ 的系数,第 2 行是 $D(z)$ 系数的反序排列。第 3 行按下式求出

$$c_{n-1} = \begin{vmatrix} a_n & a_0 \\ a_0 & a_n \end{vmatrix}$$

$$c_{n-2} = \begin{vmatrix} a_n & a_1 \\ a_0 & a_{n-1} \end{vmatrix}$$

$$c_{n-3} = \begin{vmatrix} a_n & a_2 \\ a_0 & a_{n-2} \end{vmatrix}$$

$$\vdots$$

第 4 行为第 3 行系数的反序排列,第 5 行由第 3,4 行求出

$$d_{n-2} = \begin{vmatrix} c_{n-1} & c_0 \\ c_0 & c_{n-1} \end{vmatrix}$$

$$d_{n-3} = \begin{vmatrix} c_{n-1} & c_1 \\ c_0 & c_{n-2} \end{vmatrix}$$

$$\vdots$$

这样求得的两行比前两行少一项,依次类推,直到 $2n-3$ 行。

朱利定则: $D(z) = 0$ 的所有根都位于单位圆内部的充要条件是

$$\left. \begin{array}{l} D(1) > 0 \\ (-1)^n D(-1) > 0 \\ a_n > |a_0| \\ c_{n-1} > |c_0| \\ d_{n-2} > |d_0| \\ \quad \vdots \\ r_2 > |r_0| \end{array} \right\} \qquad (8-6-1)$$

即各奇数行的第一个系数必大于最后一个系数的绝对值。这样根据 Jury 定则便可判断 $H(z)$ 的极点是否全部位于单位圆内部,从而判断系统是否稳定。

特例:对于二阶系统,$D(z) = a_n z^2 + a_1 z + a_0$,系统稳定的条件是

$$D(1) > 0$$
$$D(-1) > 0$$
$$a_2 > |a_0|$$

例 8-6-1 已知系统 $H(z)$ 的分母多项式为

$$D(z) = 4z^4 - 4z^3 + 2z - 1$$

判断该系统是否稳定。

解 由式(8-6-1),有

$$D(1) = 4 - 4 + 2 - 1 = 1 > 0$$
$$(-1)^4 D(-1) = 4 + 4 - 2 - 1 = 5 > 0$$

将 $D(z)$ 的系数排列成 Jury 表,如表 8-6-2 所示。

表   8-6-2

行 \ 列	z^4	z^3	z^2	z	z^0
1	4	-4	0	2	-1
2	-1	2	0	-4	4
3	15	-14	0	4	
4	4	0	-14	15	
5	209	-210	56		

由表 8-6-2 可见有

$$4 > |-1|$$
$$15 > |4|$$
$$209 > |56|$$

即满足 Jury 条件,故 $H(z)$ 的所有极点均位于 z 平面的单位圆内部,系统是稳定的。

例 8-6-2 检验下列多项式

$$D(z) = 2z^5 + 2z^4 + 3z^3 + 4z^2 + 4z + 1$$

的根是否在 z 平面的单位圆内部。

解 按式(8-6-1),有

$$D(1) = 2 + 2 + 3 + 4 + 4 + 1 > 0$$
$$(-1)^5 D(-2) = (-1)^5(-2 + 2 - 3 + 4 - 4 + 1) = 2 > 0$$

将 $D(z)$ 的系数排列成 Jury 表,如表 8-6-3 所示。

实际排列出第 3 行 $3 < |6|$ 时,就不用再排下去了。因不满足式(8-6-1)的条件,说明 $D(z)$ 具有位于单位圆外的根。

表　8-6-3

列\行	z^5	z^4	z^3	z^2	z^1	z^0
1	2	2	3	4	4	1
2	1	4	4	3	2	2
3	3	0	2	5	6	
4	6	5	2	0	3	
5	-27	-30	-6	15		
6	15	-6	-30	-27		

例 8-6-3　图 8-6-1 所示二阶系统,欲使系统稳定,求 K 的取值范围。

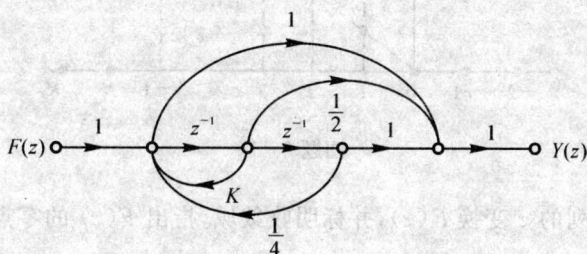

图　8-6-1

解
$$H(z) = \frac{z^2 + \frac{1}{2}z + 1}{z^2 - Kz - \frac{1}{4}}$$

故
$$D(1) = 1^2 - K - \frac{1}{4} > 0$$

$$D(-1) = 1^2 + K - \frac{1}{4} > 0$$

$$a_2 = 1 > \left| -\frac{1}{4} \right|$$

联立求解得 $-\dfrac{3}{4} < K < \dfrac{3}{4}$。

例 8-6-4　已知 $H(z) = \dfrac{z^2 + 3z + 2}{2z^2 - (K-1)z + 1}$,为使系统稳定,求 K 的取值范围。

解
$$D(z) = 2z^2 - (K-1)z + 1$$
为使系统稳定就必须有

$$D(1) = 1 \times 1 - (K-1) + 1 > 0 \qquad \qquad ①$$

$$D(-1) = 1 \times 1 + (K-1) + 1 > 0 \qquad \qquad ②$$

$$a_2 = 2 > | a_0 | > 1$$

联立求解式 ①,② 得 $-2 < K < 4$。

习 题 八

8-1 求长度为 N 的斜坡序列

$$R_N(k) = \begin{cases} k & 0 \leqslant k \leqslant N-1 \\ 0 & k < 0,\, k \geqslant N \end{cases}$$

的 z 变换 $R_N(z)$,并求 $N = 4$ 时的 $R_N(z)$(见图题 8-1)。

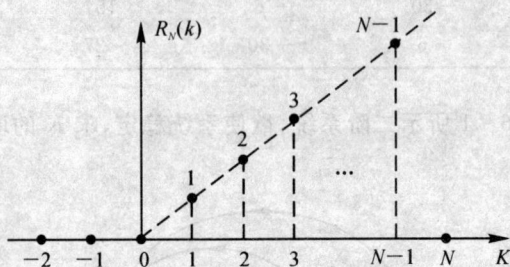

图题 8-1

8-2 求下列序列的 z 变换 $F(z)$,并标明收敛域,指出 $F(z)$ 的零点和极点:

(1) $\left(\dfrac{1}{2}\right)^k U(k)$;

(2) $\left(\dfrac{1}{2}\right)^k U(-k)$;

(3) $\left(\dfrac{1}{4}\right)^k U(k) - \left(\dfrac{2}{3}\right)^k U(k)$;

(4) $-\left(\dfrac{1}{2}\right)^k U(-k-1)$;

(5) $\left(\dfrac{1}{5}\right)^k U(k) - \left(\dfrac{1}{3}\right)^k U(-k-1)$;

(6) $e^{jk\omega_0} U(k)$。

8-3 试用 z 变换的性质求下列各序列的 z 变换 $F(z)$:

(1) $f(k) = \dfrac{1}{2}\left[1 - (-1)^k\right] U(k)$;

(2) $f(k) = U(k) - U(k-6)$;

(3) $f(k) = k(-1)^k U(k)$;

(4) $f(k) = k(k+1) U(k)$;

(5) $f(k) = \cos\dfrac{\pi}{2} k U(k)$;

(6) $f(k) = \left(\dfrac{1}{2}\right)^k \cos\left(\dfrac{\pi}{2} k\right) U(k)$。

8-4 求下列各 $F(z)$ 的反变换 $f(k)$:

(1) $F(z) = \dfrac{z^2 + z}{(z-1)(z^2 - z + 1)}$, $|z| > 1$;

(2) $F(z) = \dfrac{z}{(z-1)(z^2 - 1)}$, $|z| > 1$;

(3) $F(z) = \dfrac{z^{-5}}{z+2}$, $|z| > 2$。

8-5 已知序列 $f(k)$ 的 $F(z)$ 如下,求初值 $f(0)$,$f(1)$ 及终值 $f(\infty)$:

(1) $F(z) = \dfrac{z^2 + z + 1}{(z-1)(z+\frac{1}{2})}$, $|z| > 1$;

(2) $F(z) = \dfrac{z^2}{(z-2)(z-1)}$, $|z| > 2$。

8-6　已知离散系统的差分方程为

$$y(k) - y(k-1) - 2y(k-2) = f(k) + 2f(k-2)$$

系统的初始状态为 $y(-1) = 2$，$y(-2) = -\dfrac{1}{2}$；激励 $f(k) = U(k)$。求系统的零输入响应 $y_x(k)$，零状态响应 $y_f(k)$，全响应 $y(k)$。

8-7　根据下面描述离散系统的不同形式，求出对应系统的系统函数 $H(z)$：

(1) $y(k) - 2y(k-1) - 5y(k-2) + 6y(k-3) = f(k)$；

(2) $H(E) = \dfrac{2 - E^3}{E^3 - \dfrac{1}{2}E^2 + \dfrac{1}{18}E}$；

(3) 单位响应 $h(k)$ 如图题 8-7(a) 所示；

(4) 信号流图如图题 8-7(b) 所示。

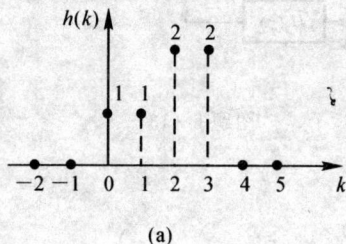

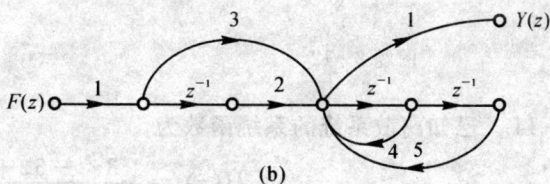

图题 8-7

8-8　已知离散系统的单位阶跃响应 $g(k) = \left[\dfrac{4}{3} - \dfrac{3}{7}(0.5)^k + \dfrac{2}{21}(-0.2)^k\right]U(k)$。若需获得的零状态响应为 $y(k) = \dfrac{10}{7}\left[(0.5)^k - (-0.2)^k\right]U(k)$。求输入 $f(k)$。

8-9　离散时间系统，当激励 $f(k) = kU(k)$ 时，其零状态响应为 $y_f(k) = 2\left[\left(\dfrac{1}{2}\right)^k - 1\right]U(k)$。求系统的一种 z 域模拟图和单位序列响应 $h(k)$。

8-10　图题 8-10 所示系统。(1) 写出系统的差分方程；(2) 求系统函数 $H(z) = \dfrac{Y(z)}{F(z)}$，画出零、极点图；(3) 求单位序列响应 $h(k)$，并画出波形；(4) 若保持其频率特性不变，试再画出一种时域模拟图。

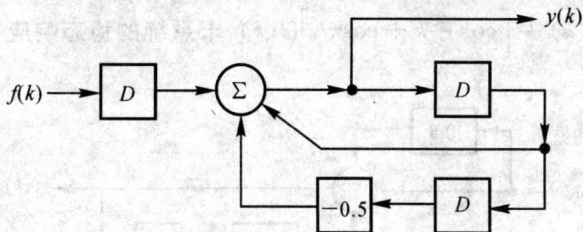

图题 8-10

8－11 已知离散系统的差分方程为 $y(k) - \dfrac{1}{3}y(k-1) = f(k)$。(1)画出系统的一种信号流图;(2)若系统的零状态响应为 $y_f(k) = 3\left[\left(\dfrac{1}{2}\right)^k - \left(\dfrac{1}{3}\right)^k\right]U(k)$,求输入 $f(k)$。

8－12 已知离散系统的信号流图如图题 8－12 所示。(1)求 $H(z) = \dfrac{Y(z)}{F(z)}$ 及单位序列响应 $h(k)$;(2)写出系统的差分方程;(3)求系统的单位阶跃响应 $g(k)$。

8－13 图题 8－13 所示系统,$h_1(k) = U(k)$,$H_2(z) = \dfrac{z}{z+1}$,$H_3(z) = \dfrac{1}{z}$,$f(k) = U(k) - U(k-2)$。求零状态响应 $y(k)$。

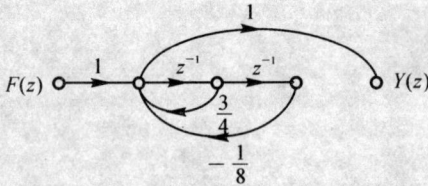 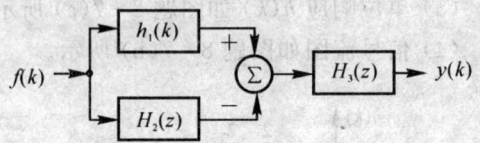

图题 8－12　　　　　　　　　　图题 8－13

8－14 已知离散系统的系统函数为

$$H(z) = \frac{3z^2 - 5z + 10}{z^3 - 3z^2 + 7z - 5}$$

试画出级联形式的模拟图与并联形式的信号流图。

8－15 已知图题 8－15 所示系统的零状态响应为 $y(k) = 3\left[\left(\dfrac{1}{2}\right)^k - \left(\dfrac{1}{3}\right)^k\right]U(k)$。(1)求 $H(z)$,画出零、极点图;(2)求频率特性,大致画出幅频特性曲线$(T = 1)$。

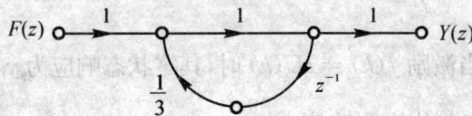

图题 8－15

8－16 图题 8－16 所示离散系统。
(1)写出系统的差分方程;
(2)若 $f(k) = U(k) + \left[\cos\dfrac{\pi}{3}k + \cos\pi k\right]U(k)$,求系统的稳态响应 $y(k)$。

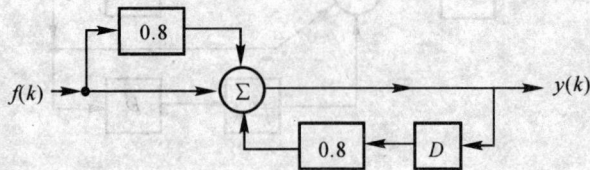

图题 8－16

8-17　已知离散系统的单位序列响应为 $h(k) = 0.5^k[U(k) + U(k-1)]$。

(1) 写出系统的差分方程；

(2) 画出系统的一种时域模拟图；

(3) 若激励 $f(k) = e^{j\omega k}$，$0 < k < \infty$，求零状态响应 $y(k)$；

(4) 若激励 $f(k) = \cos\left(\dfrac{\pi}{2}k + 45°\right)U(k)$，求正弦稳态响应 $y_s(k)$。

8-18　图题 8-18 所示为非递推型滤波器，抽样间隔 $T = 0.001$ s。今为了提供直流增益为 1 和在 $\omega = \dfrac{\pi}{2} \times 10^3$ 与 $\pi \times 10^3$ rad/s 两频率时的增益为零，试确定系数 a_0, a_1, a_2, a_3，并求此滤波器的系统函数 $H(z)$ 及其模频特性。

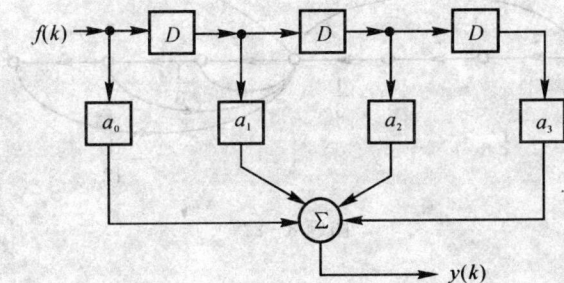

图题 8-18

8-19　已知一数字滤波器的差分方程为

$$5y(k-2) = f(k) + f(k-1) + f(k-2) + f(k-3) + f(k-4)$$

输入信号 $f(k)$ 为频率 $f = 5$ Hz 的正弦信号，信号的抽样频率 $f_s = 250$ Hz，同时有频率为 50 Hz 的干扰信号存在。试求此滤波器能否将输入信号 $f(k)$ 基本上完全通过，而同时将干扰信号基本上完全滤除。

8-20　已知离散系统系统函数 $H(z)$ 的零、极点分布如图题 8-20 所示，$\lim\limits_{k \to \infty} h(k) = 4$。

(1) 求系统函数 $H(z)$；

(2) 若系统的零状态响应为 $y(k) = [1 + 3(-3)^k]U(k)$，求激励 $f(k)$。

8-21　已知离散系统系统函数 $H(z)$ 的零、极点分布如图题 8-21 所示，$\lim\limits_{k \to \infty} h(k) = \dfrac{1}{3}$，系统的初始条件为 $y(0) = 2$，$y(1) = 1$。

(1) 求 $H(z)$ 及零输入响应 $y_x(k)$；

(2) 若 $f(k) = (-3)^k U(k)$，求零状态响应 $y_f(k)$。

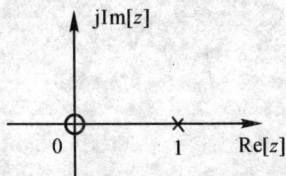

图题 8-20

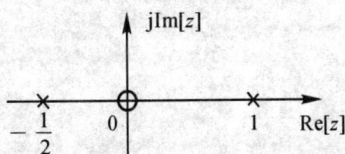

图题 8-21

8-22　图题 8-22 所示离散系统。

(1) 求 $H(z)$，并画出零、极点图及收敛域；

(2) 写出系统的差分方程；

(3) 求 $h(k)$；

(4) 判断系统的稳定性；

(5) 已知系统的零状态响应为 $y_f(k) = \left[\frac{7}{8}\left(\frac{1}{2}\right)^k - \frac{7}{120}\left(-\frac{1}{2}\right)^k - \frac{9}{10}\left(\frac{1}{3}\right)^k + \frac{5}{6} \right]U(k)$，

求激励 $f(k)$。

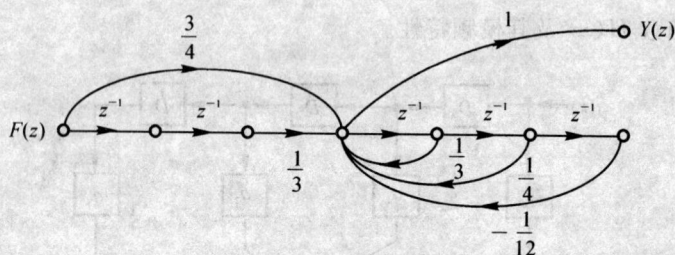

图题 8-22

第九章   状态变量法

内容提要

本章讲述状态变量法的基本理论、方法与应用:包括状态变量法的基本概念与定义;连续系统与离散系统状态变量的选择;连续系统与离散系统状态方程与输出方程的列写;连续系统与离散系统状态方程与输出方程的求解方法(变换域解法与时域解法);根据状态方程判断连续系统与离散系统的稳定性。

状态变量法是现代控制理论研究与发展的成果。

前面各章所研究的分析系统的方法,不论是连续系统还是离散系统,着眼点都是系统的输入与输出的关系,通称为端口法,即只研究系统的端口特性(即系统的外部特性)。现代控制系统,不仅要求知道系统的外部特性,而且还要求知道系统的内部特性,只有把内、外部特性联系与结合起来,才能对系统的认识更加深刻和全面。此外,状态变量法还有着其他许多优点。状态变量法奠定了现代控制理论与现代控制技术的基础。

9.1   状态变量法的基本概念与定义

一、状态变量

对于动态系统,在任意时刻 t,都能与激励一起用一组代数方程,确定系统全部响应的一组独立完备的变量,称为系统的状态变量。例如图 9-1-1 所示电路中的电感电流 $x_1(t)$ 和电容电压 $x_2(t)$,即为该电路的一组独立完备的状态变量。因为若取电压 $y_1(t)$,$y_2(t)$ 作为响应,且当 $x_1(t)$,$x_2(t)$ 为已知时,即可得

$$\left.\begin{aligned} y_1(t) &= [f_1(t) - x_1(t)]R_1 = -R_1 x_1(t) + R_1 f_1(t) \\ y_2(t) &= x_2(t) - f_2(t) \end{aligned}\right\} \qquad (9-1-1)$$

可见,$x_1(t)$,$x_2(t)$ 符合状态变量的定义,所以它们是一组独立完备的状态变量。式(9-1-1)称为该电路的输出方程。其特点是:每一个响应变量 $y_1(t)$,$y_2(t)$,都是等于激励 $f_1(t)$,$f_2(t)$ 与状态变量 $x_1(t)$,$x_2(t)$ 的线性组合,即响应与激励、状态变量之间是线性代数方程组的关系。

状态变量完整、深刻地描述了系统的状态特性,反映了系统的全部信息。

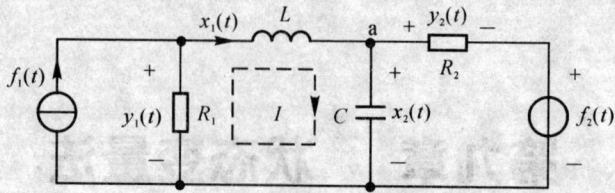

图　9-1-1

二、状态向量

若系统是 n 阶的,则将有 n 个状态变量,如图 9-1-2 所示。将 n 阶系统中的 n 个状态变量 $x_1(t)$, $x_2(t)$, $\cdots$, $x_n(t)$,排成一个 $n\times 1$ 阶的列矩阵 $\boldsymbol{x}(t)$,即

$$\boldsymbol{x}(t)=\begin{bmatrix}x_1(t)\\x_2(t)\\\vdots\\x_n(t)\end{bmatrix}=\begin{bmatrix}x_1(t)&x_2(t)&\cdots&x_n(t)\end{bmatrix}^{\mathrm{T}}$$

则此列矩阵 $\boldsymbol{x}(t)$ 即称为 n 维状态向量,简称状态向量。

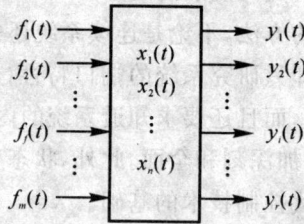

图　9-1-2

三、初始状态

状态变量在 $t=0^-$ 时刻的值称为系统的初始状态或起始状态。即

$$\boldsymbol{x}(0^-)=\begin{bmatrix}x_1(0^-)&x_2(0^-)&\cdots&x_n(0^-)\end{bmatrix}^{\mathrm{T}}$$

$\boldsymbol{x}(0^-)$ 也称为初始状态向量或起始状态向量。

四、状态方程

用来从已知的激励与初始状态 $\boldsymbol{x}(0^-)$,求状态向量 $\boldsymbol{x}(t)$ 的一阶向量微分方程,称为状态方程。状态方程描述了系统的激励与状态变量之间的关系。例如图 9-1-1 所示电路,对回路 I 可列出 KVL 方程为

$$L\frac{\mathrm{d}x_1(t)}{\mathrm{d}t}=y_1(t)-x_2(t)=-R_1 x_1(t)-x_2(t)+R_1 f_1(t)$$

对节点 a 可列出 KCL 方程为

$$C\frac{\mathrm{d}x_2(t)}{\mathrm{d}t}=x_1(t)-\frac{1}{R_2}y_2(t)=x_1(t)-\frac{1}{R_2}x_2(t)+\frac{1}{R_2}f_2(t)$$

即

$$\left.\begin{aligned}
\frac{\mathrm{d}x_1(t)}{\mathrm{d}t} &= -\frac{R_1}{L}x_1(t) - \frac{1}{L}x_2(t) + \frac{R_1}{L}f_1(t) \\
\frac{\mathrm{d}x_2(t)}{\mathrm{d}t} &= \frac{1}{C}x_1(t) - \frac{1}{R_2C}x_2(t) + \frac{1}{R_2C}f_2(t)
\end{aligned}\right\} \qquad (9-1-2)$$

式(9-1-2)即为该电路的状态方程。其特点是：每个方程等号的左端都是一个状态变量的一阶导数，而等号的右端则为各状态变量与各激励的线性组合。将式(9-1-2)写成矩阵形式即为

$$\begin{bmatrix} \dot{x}_1(t) \\ \dot{x}_2(t) \end{bmatrix} = \begin{bmatrix} -\dfrac{R_1}{L} & -\dfrac{1}{L} \\ \dfrac{1}{C} & -\dfrac{1}{R_2C} \end{bmatrix} \begin{bmatrix} x_1(t) \\ x_2(t) \end{bmatrix} + \begin{bmatrix} \dfrac{R_1}{L} & 0 \\ 0 & \dfrac{1}{R_2C} \end{bmatrix} \begin{bmatrix} f_1(t) \\ f_2(t) \end{bmatrix}$$

再简写成一阶向量微分方程的形式为

$$\dot{x}(t) = Ax(t) + Bf(t) \qquad (9-1-3)$$

式中，$\dot{x}(t) = \begin{bmatrix} \dot{x}_1(t) & \dot{x}_2(t) \end{bmatrix}^{\mathrm{T}}$ 为二维列向量；$x(t) = \begin{bmatrix} x_1(t) & x_2(t) \end{bmatrix}^{\mathrm{T}}$ 为二维状态向量；$f(t) = \begin{bmatrix} f_1(t) & f_2(t) \end{bmatrix}^{\mathrm{T}}$ 为二维激励列向量。

$$A = \begin{bmatrix} -\dfrac{R_1}{L} & -\dfrac{1}{L} \\ \dfrac{1}{C} & -\dfrac{1}{R_2C} \end{bmatrix}, \qquad B = \begin{bmatrix} \dfrac{R_1}{L} & 0 \\ 0 & \dfrac{1}{R_2C} \end{bmatrix}$$

A 与 B 均为由电路（系统）结构与参数值决定的系数矩阵，A 常称为系统矩阵；B 常称为控制矩阵。

　　推广之，若系统有 n 个状态变量（即系统为 n 阶的），有 m 个激励，如图 9-1-2 所示，则式(9-1-3)中的 $\dot{x}(t)$，$x(t)$ 即为 n 维列向量，$f(t)$ 即为 m 维列向量；A 即为 $n \times n$ 阶方阵；B 即为 $n \times m$ 阶矩阵。

　　式(9-1-3)称为矩阵形式的状态方程，可见为一阶向量形式的微分方程。今若激励向量 $f(t)$ 和初始状态 $x(0^-)$ 为已知，则求解该方程即可得状态向量 $x(t)$。

五、输出方程

　　将式(9-1-1)写成矩阵形式为

$$\begin{bmatrix} y_1(t) \\ y_2(t) \end{bmatrix} = \begin{bmatrix} -R_1 & 0 \\ 0 & 1 \end{bmatrix} \begin{bmatrix} x_1(t) \\ x_2(t) \end{bmatrix} + \begin{bmatrix} R_1 & 0 \\ 0 & -1 \end{bmatrix} \begin{bmatrix} f_1(t) \\ f_2(t) \end{bmatrix}$$

再写成一般形式为

$$y(t) = Cx(t) + Df(t) \qquad (9-1-4)$$

式中，$y(t) = \begin{bmatrix} y_1(t) & y_2(t) \end{bmatrix}^{\mathrm{T}}$ 为二维响应列向量。

$$C = \begin{bmatrix} -R_1 & 0 \\ 0 & 1 \end{bmatrix}, \qquad D = \begin{bmatrix} R_1 & 0 \\ 0 & -1 \end{bmatrix}$$

C 与 D 均为由电路（系统）结构与参数值决定的系数矩阵。C 常称为输出矩阵。

　　推广之，若系统有 n 个状态变量（即系统为 n 阶的），有 m 个激励、r 个响应，如图 9-1-2 所示，则 C 即为 $r \times n$ 阶矩阵，D 即为 $r \times m$ 阶矩阵。

式(9-1-4)称为矩阵形式的输出方程,可见为一矩阵代数方程。若系统的激励向量 $f(t)$ 和状态向量 $x(t)$ 已知,代入此式,即可求得响应向量 $y(t)$。

式(9-1-3)的状态方程与式(9-1-4)的输出方程,共同构成了描述系统特性的完整方程(即数学模型),统称为系统方程。

六、状态变量法

以系统的状态方程与输出方程为研究对象,对系统特性进行系统分析的方法,称为状态变量法。其一般步骤如下:

(1) 选择系统的状态变量。

(2) 列写系统的状态方程。

(3) 求解状态方程,以得到状态向量 $x(t)$。

(4) 列写系统的输出方程。

(5) 将第(3)步求得的状态向量 $x(t)$ 及已知的激励向量 $f(t)$,代入第(4)步所列出的输出方程中,即得所求响应向量 $y(t)$。

9.2　连续系统状态方程与输出方程的列写

用状态变量法对系统进行研究,同样首先要建立系统的数学模型 —— 状态方程与输出方程。由于系统状态变量的选取不是唯一的,因而系统的状态方程与输出方程的具体形式也将不是唯一的,但这不影响对系统特性分析所得结果的同一性。下面将逐一介绍在不同情况下,系统状态方程与输出方程的列写方法。

一、由电路图列写

由电路图列写状态方程的一般步骤如下:

(1) 选取电路中所有独立电容电压和独立电感电流作为状态变量。

(2) 为保证所列写出的状态方程等号左端只为一个状态变量的一阶导数,必须对每一个独立电容列写出只含此独立电容电压一阶导数在内的节点 KCL 方程;对每一个独立电感列写出只含此独立电感电流一阶导数在内的回路 KVL 方程。

(3) 若在第(2)步所列出的方程中含有非状态变量,则应再利用适当的节点 KCL 方程和回路 KVL 方程,将非状态变量也用激励和状态变量表示出来,从而将非状态变量消去,然后整理成式(9-1-3)所示的矩阵标准形式。

例 9-2-1　列写图 9-2-1 所示电路的状态方程。

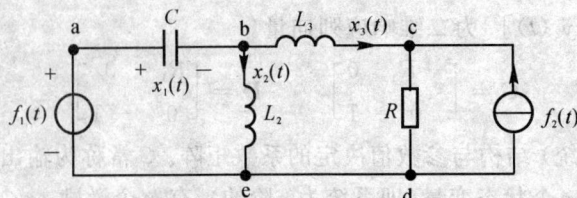

图　9-2-1

解　该电路中的三个动态元件 C,L_2,L_3 都是独立的,故选电容电压 $x_1(t)$,电感电流 $x_2(t)$, $x_3(t)$ 为状态变量。对只连接一个独立电容 C 的节点 b 列 KCL 方程为

$$C\frac{\mathrm{d}x_1(t)}{\mathrm{d}t}=x_2(t)+x_3(t)$$

即
$$\dot{x}_1(t)=\frac{1}{C}x_2(t)+\frac{1}{C}x_3(t) \qquad ①$$

对只含一个独立电感 L_2 的回路 abea 和只含一个独立电感 L_3 的回路 abcdea,分别列 KVL 方程为

$$L_2\frac{\mathrm{d}x_2(t)}{\mathrm{d}t}=-x_1(t)+f_1(t)$$

$$L_3\frac{\mathrm{d}x_3(t)}{\mathrm{d}t}=-x_1(t)+f_1(t)-R[x_3(t)+f_2(t)]$$

即
$$\dot{x}_2(t)=-\frac{1}{L_2}x_1(t)+\frac{1}{L_2}f_1(t) \qquad ②$$

$$\dot{x}_3(t)=-\frac{1}{L_3}x_1(t)-\frac{R}{L_3}x_3(t)+\frac{1}{L_3}f_1(t)-\frac{R}{L_3}f_2(t) \qquad ③$$

将式 ①,②,③ 整理即得矩阵形式的状态方程为

$$\begin{bmatrix}\dot{x}_1(t)\\\dot{x}_2(t)\\\dot{x}_3(t)\end{bmatrix}=\begin{bmatrix}0&\frac{1}{C}&\frac{1}{C}\\-\frac{1}{L_2}&0&0\\-\frac{1}{L_3}&0&-\frac{R}{L_3}\end{bmatrix}\begin{bmatrix}x_1(t)\\x_2(t)\\x_3(t)\end{bmatrix}+\begin{bmatrix}0&0\\\frac{1}{L_2}&0\\\frac{1}{L_3}&-\frac{R}{L_3}\end{bmatrix}\begin{bmatrix}f_1(t)\\f_2(t)\end{bmatrix}$$

例 9-2-2　列写图 9-2-2 所示电路的状态方程。若以电压 $y_1(t)$,电流 $y_2(t)$ 为响应,再列写输出方程。

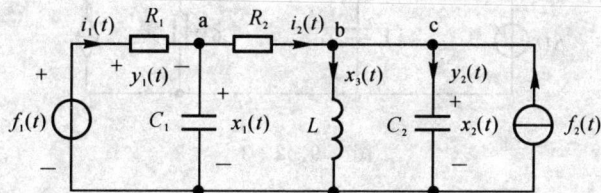

图　9-2-2

解　(1) 列写状态方程。选两个独立电容电压 $x_1(t)$, $x_2(t)$ 和一个电感电流 $x_3(t)$ 作为状态变量。对只连接一个独立电容 C_1 的节点 a 和只连接一个独立电容 C_2 的节点 c,分别列写出 KCL 方程并消去非状态变量,即

$$C_1\frac{\mathrm{d}x_1(t)}{\mathrm{d}t}=i_1(t)-i_2(t)=\frac{f_1(t)-x_1(t)}{R_1}-\frac{x_1(t)-x_2(t)}{R_2}=$$
$$-\left(\frac{1}{R_1}+\frac{1}{R_2}\right)x_1(t)+\frac{1}{R_2}x_2(t)+\frac{1}{R_1}f_1(t)$$

$$C_2\frac{\mathrm{d}x_2(t)}{\mathrm{d}t}=-x_3(t)+i_2(t)+f_2(t)=-x_3(t)+\frac{x_1(t)-x_2(t)}{R_2}+f_2(t)=$$

$$\frac{1}{R_2}x_1(t) - \frac{1}{R_2}x_2(t) - x_3(t) + f_2(t)$$

对只含一个独立电感 L 的回路 bcdeb 列 KVL 方程为

$$L\frac{\mathrm{d}x_3(t)}{\mathrm{d}t} = x_2(t)$$

将以上三式整理即得矩阵形式的状态方程为

$$\begin{bmatrix} \dot{x}_1(t) \\ \dot{x}_2(t) \\ \dot{x}_3(t) \end{bmatrix} = \begin{bmatrix} -\left(\dfrac{1}{R_1C_1}+\dfrac{1}{R_2C_1}\right) & \dfrac{1}{R_2C_1} & 0 \\ \dfrac{1}{R_2C_2} & -\dfrac{1}{R_2C_2} & -\dfrac{1}{C_2} \\ 0 & \dfrac{1}{L} & 0 \end{bmatrix} \begin{bmatrix} x_1(t) \\ x_2(t) \\ x_3(t) \end{bmatrix} + \begin{bmatrix} \dfrac{1}{R_1C_1} & 0 \\ 0 & \dfrac{1}{C_2} \\ 0 & 0 \end{bmatrix} \begin{bmatrix} f_1(t) \\ f_2(t) \end{bmatrix}$$

（2）列写输出方程：

$$y_1(t) = -x_1(t) + f_1(t)$$

$$y_2(t) = C_2\frac{\mathrm{d}x_2(t)}{\mathrm{d}t} = \frac{1}{R_2}x_1(t) - \frac{1}{R_2}x_2(t) - x_3(t) + f_2(t)$$

写成矩阵形式为

$$\begin{bmatrix} y_1(t) \\ y_2(t) \end{bmatrix} = \begin{bmatrix} -1 & 0 & 0 \\ \dfrac{1}{R_2} & -\dfrac{1}{R_2} & -1 \end{bmatrix} \begin{bmatrix} x_1(t) \\ x_2(t) \\ x_3(t) \end{bmatrix} + \begin{bmatrix} 1 & 0 \\ 0 & 1 \end{bmatrix} \begin{bmatrix} f_1(t) \\ f_2(t) \end{bmatrix}$$

例 9-2-3　图 9-2-3 所示电路，以 $x_1(t)$，$x_2(t)$ 为状态变量，列写电路的状态方程；以 $y_1(t)$，$y_2(t)$ 为响应，列输出方程。

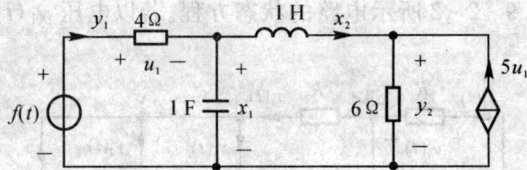

图　9-2-3

解　（1）列写状态方程：

$$\dot{x}_1(t) = \frac{f(t) - x_1(t)}{4} - x_2(t) = -\frac{1}{4}x_1(t) - x_2(t) + \frac{1}{4}f(t)$$

$$\dot{x}_2(t) = x_1(t) - 6(x_2 + 5u_1) = x_1(t) - 6x_2 - 30u_1 =$$
$$x_1(t) - 6x_2(t) - 30[f(t) - x_1(t)] =$$
$$31x_1(t) - 6x_2(t) - 30f(t)$$

即

$$\begin{bmatrix} \dot{x}_1(t) \\ \dot{x}_2(t) \end{bmatrix} = \begin{bmatrix} -\dfrac{1}{4} & -1 \\ 31 & -6 \end{bmatrix} \begin{bmatrix} x_1(t) \\ x_2(t) \end{bmatrix} + \begin{bmatrix} \dfrac{1}{4} \\ -30 \end{bmatrix} [f(t)]$$

（2）列写输出方程：

$$y_1(t) = \frac{f(t) - x_1(t)}{4} = -\frac{1}{4}x_1(t) + \frac{1}{4}f(t)$$

$$y_2(t) = 6[x_2(t) + 5u_1] = 6x_2(t) + 30u_1 =$$
$$6x_2(t) + 30[f(t) - x_1(t)] = -30x_1(t) + 6x_2(t) + 30f(t)$$

即

$$\begin{bmatrix} y_1(t) \\ y_2(t) \end{bmatrix} = \begin{bmatrix} -\dfrac{1}{4} & 0 \\ -30 & 6 \end{bmatrix} \begin{bmatrix} x_1(t) \\ x_2(t) \end{bmatrix} + \begin{bmatrix} \dfrac{1}{4} \\ 30 \end{bmatrix} [f(t)]$$

二、单输入-单输出系统状态方程与输出方程的列写

图 9-2-4 所示为一单输入-单输出系统，$f(t)$ 为激励，$y(t)$ 为响应。设系统为三阶的，即 $n = 3$（这不影响所得结论的普遍性）。该系统的微分方程（取 $m = n$）为

$$(p^3 + a_2 p^2 + a_1 p + a_0) y(t) = (b_3 p^3 + b_2 p^2 + b_1 p + b_0) f(t) \qquad (9-2-1a)$$

其系统函数为

$$H(s) = \frac{b_3 s^3 + b_2 s^2 + b_1 s + b_0}{s^3 + a_2 s^2 + a_1 s + a_0} \qquad (9-2-1b)$$

设 $H(s)$ 的分子与分母无公因式相消，则可根据系统的微分方程或 $H(s)$，画出其模拟图或信号流图，然后选取每一个积分器的输出变量作为状态变量，即可列出系统的状态方程与输出方程。由于系统的模拟图或信号流图有三种形式：直接型，并联型，级联型，因而所列出的状态方程与输出方程也将有所不同。下面一一叙述之。

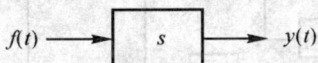

图　9-2-4

1. 直接模拟 —— 相变量法

与式(9-2-1)相对应的直接型模拟图和信号流图如图 9-2-5(a)，(b) 所示。选取每一个积分器的输出变量 $x_1(t)$，$x_2(t)$，$x_3(t)$ 作为状态变量，于是可列出系统的状态方程为

$$\dot{x}_1(t) = x_2(t)$$
$$\dot{x}_2(t) = x_3(t)$$
$$\dot{x}_3(t) = -a_0 x_1(t) - a_1 x_2(t) - a_2 x_3(t) + f(t)$$

写成矩阵形式为

$$\begin{bmatrix} \dot{x}_1(t) \\ \dot{x}_2(t) \\ \dot{x}_3(t) \end{bmatrix} = \begin{bmatrix} 0 & 1 & 0 \\ 0 & 0 & 1 \\ -a_0 & -a_1 & -a_2 \end{bmatrix} \begin{bmatrix} x_1(t) \\ x_2(t) \\ x_3(t) \end{bmatrix} + \begin{bmatrix} 0 \\ 0 \\ 1 \end{bmatrix} [f(t)] \qquad (9-2-2)$$

这种形式的状态方程常称为可控标准型或能控标准型。又由于在相位上 $x_3(t)$，$x_2(t)$，$x_1(t)$ 依次相差（超前）90°，故称 $x_1(t)$，$x_2(t)$，$x_3(t)$ 为相位变量（简称相变量）。由此建立状态方程与输出方程的方法，称为相位变量法，简称相变量法。

系统的输出方程为

$$y(t) = b_0 x_1(t) + b_1 x_2(t) + b_2 x_3(t) + b_3 \dot{x}_3(t) =$$
$$b_0 x_1(t) + b_1 x_2(t) + b_2 x_3(t) + b_3[-a_0 x_1(t) - a_1 x_1(t) - a_2 x_3(t) + f(t)] =$$
$$(b_0 - b_3 a_0) x_1(t) + (b_1 - b_3 a_1) x_2(t) + (b_2 - b_3 a_2) x_3(t) + b_3 f(t)$$

写成矩阵形式为

$$[y(t)] = [b_0 - b_3 a_0 \quad b_1 - b_3 a_1 \quad b_2 - b_3 a_2]\begin{bmatrix} x_1(t) \\ x_2(t) \\ x_3(t) \end{bmatrix} + [b_3][f(t)]$$

$$(9-2-3)$$

故得矩阵 $\boldsymbol{A}, \boldsymbol{B}, \boldsymbol{C}, \boldsymbol{D}$ 为

$$\boldsymbol{A} = \begin{bmatrix} 0 & 1 & 0 \\ 0 & 0 & 1 \\ -a_0 & -a_1 & -a_2 \end{bmatrix}, \quad \boldsymbol{B} = \begin{bmatrix} 0 \\ 0 \\ 1 \end{bmatrix}$$

$$\boldsymbol{C} = [b_0 - b_3 a_0 \quad b_1 - b_3 a_1 \quad b_2 - b_3 a_2]$$

$$\boldsymbol{D} = [b_3]$$

式(9-2-2)和式(9-2-3)的列写规律及矩阵 $\boldsymbol{A}, \boldsymbol{B}, \boldsymbol{C}, \boldsymbol{D}$ 的特点是显而易见的,无须赘述。

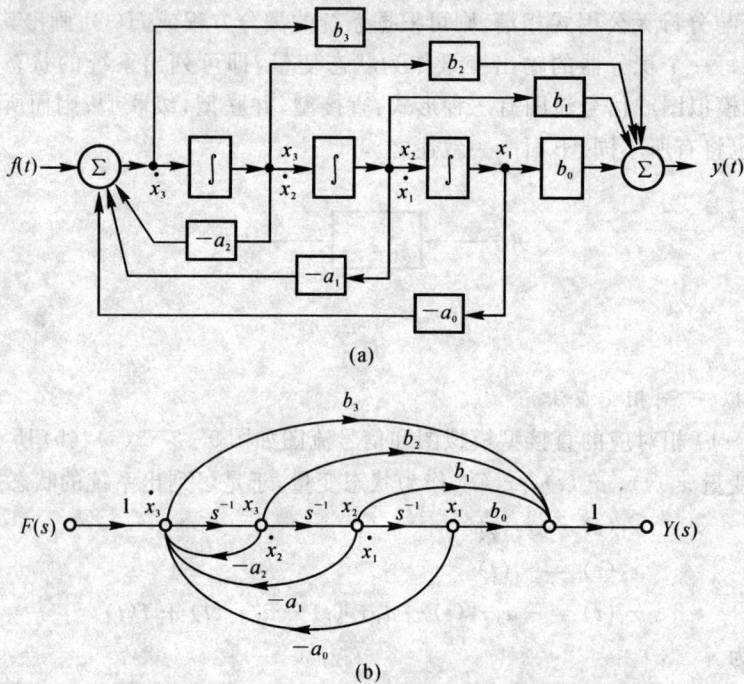

图　9-2-5
(a) 直接型的模拟图； (b) 直接型的信号流图

2. 并联模拟 —— 对角线变量法

设式(9-2-1b)所示 $H(s)$ 的极点为单阶极点 p_1, p_2, p_3,则可将 $H(s)$ 展开为部分分式,即

$$H(s) = b_3 + \frac{K_1}{s-p_1} + \frac{K_2}{s-p_2} + \frac{K_3}{s-p_3} \tag{9-2-4}$$

式中, K_1, K_2, K_3 为部分分式的待定系数,是可以求得的。与式(9-2-4)相对应的并联型模拟图与信号流图如图9-2-6所示。选取每一个积分器的输出变量 $x_1(t), x_2(t), x_3(t)$ 作为状态变量(称为对角线变量),于是可列出系统的状态方程为

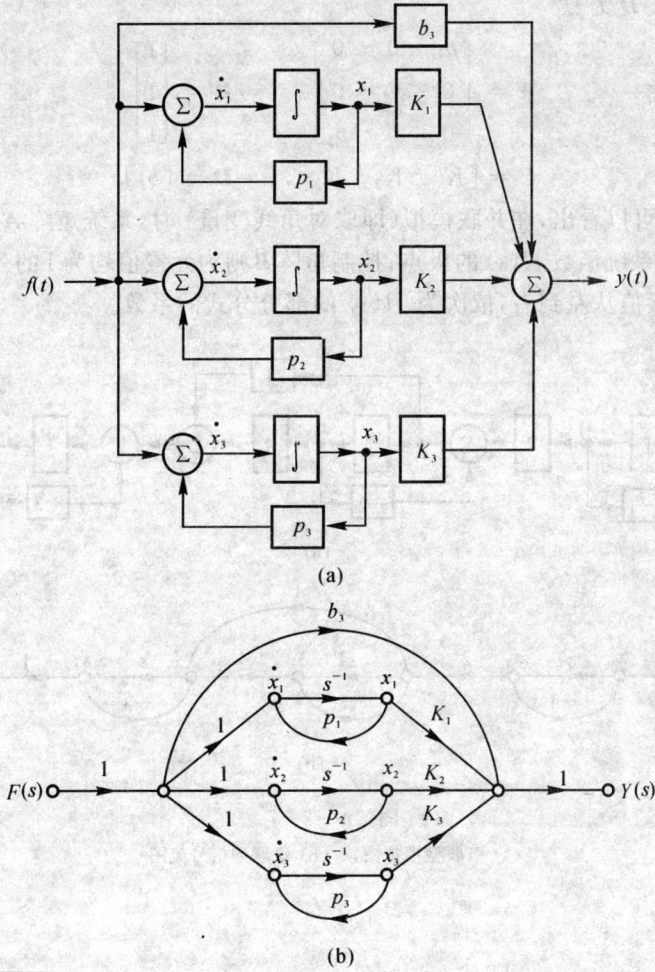

(a)

(b)

图 9 - 2 - 6

(a) 并联型的模拟图；(b) 并联型的信号流图

$$\left.\begin{aligned}\dot{x}_1(t) &= p_1 x_1(t) + f(t)\\\dot{x}_2(t) &= p_2 x_2(t) + f(t)\\\dot{x}_3(t) &= p_3 x_3(t) + f(t)\end{aligned}\right\}$$

写成矩阵形式为

$$\begin{bmatrix}\dot{x}_1(t)\\\dot{x}_2(t)\\\dot{x}_3(t)\end{bmatrix}=\begin{bmatrix}p_1 & 0 & 0\\0 & p_2 & 0\\0 & 0 & p_3\end{bmatrix}\begin{bmatrix}x_1(t)\\x_2(t)\\x_3(t)\end{bmatrix}+\begin{bmatrix}1\\1\\1\end{bmatrix}f(t)$$

系统的输出方程为

$$y(t) = K_1 x_1(t) + K_2 x_2(t) + K_3 x_3(t) + b_3 f(t)$$

写成矩阵形式为

$$[y(t)]=\begin{bmatrix}K_1 & K_2 & K_3\end{bmatrix}\begin{bmatrix}x_1(t)\\x_2(t)\\x_3(t)\end{bmatrix}+[b_3][f(t)]$$

故得矩阵 A, B, C, D 为

$$A = \begin{bmatrix} p_1 & 0 & 0 \\ 0 & p_2 & 0 \\ 0 & 0 & p_3 \end{bmatrix}, \qquad B = \begin{bmatrix} 1 \\ 1 \\ 1 \end{bmatrix}$$

$$C = \begin{bmatrix} K_1 & K_2 & K_3 \end{bmatrix}, \qquad D = \begin{bmatrix} b_3 \end{bmatrix}$$

由以上的结果可以看出,在并联模拟(即取对角线变量)时,系统矩阵 A 为一对角阵,其对角线上的元素即为系统函数 $H(s)$ 的极点;控制矩阵 B 则为元素值均为1的列矩阵;输出矩阵 C 则为行矩阵,其元素值从左到右,依次为 $H(s)$ 的部分分式的系数。

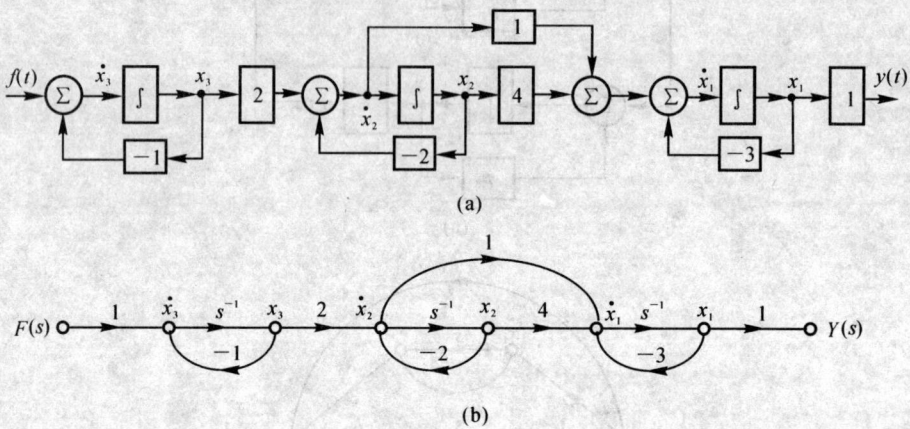

(a)

(b)

图　9-2-7

(a) 级联型模拟图；　(b) 级联型信号流图

3. 级联模拟

设系统函数为

$$H(s) = \frac{2s+8}{s^3+6s^2+11s+6} = \frac{2(s+4)}{(s+1)(s+2)(s+3)} = \frac{2}{s+1}\frac{s+4}{s+2}\frac{1}{s+3}$$

于是可画出其级联型模拟图与信号流图,如图 9-2-7 所示。选取每一个积分器的输出变量 $x_1(t)$, $x_2(t)$, $x_3(t)$ 作为状态变量,于是可列出系统的状态方程为

$$\dot{x}_1(t) = -3x_1(t) + 4x_2(t) + \dot{x}_2(t) =$$
$$-3x_1(t) + 4x_2(t) + [2x_3(t) - 2x_2(t)] =$$
$$-3x_1(t) + 2x_2(t) + 2x_3(t)$$
$$\dot{x}_2(t) = -2x_2(t) + 2x_3(t)$$
$$\dot{x}_3(t) = -x_3(t) + f(t)$$

写成矩阵形式为

$$\begin{bmatrix} \dot{x}_1(t) \\ \dot{x}_2(t) \\ \dot{x}_3(t) \end{bmatrix} = \begin{bmatrix} -3 & 2 & 2 \\ 0 & -2 & 2 \\ 0 & 0 & -1 \end{bmatrix} \begin{bmatrix} x_1(t) \\ x_2(t) \\ x_3(t) \end{bmatrix} + \begin{bmatrix} 0 \\ 0 \\ 1 \end{bmatrix} [f(t)]$$

系统的输出方程为

$$y(t) = x_1(t)$$

写成矩阵形式为

$$[y(t)] = \begin{bmatrix} 1 & 0 & 0 \end{bmatrix} \begin{bmatrix} x_1(t) \\ x_2(t) \\ x_3(t) \end{bmatrix}$$

故得矩阵 A，B，C，D 为

$$A = \begin{bmatrix} -3 & 2 & 2 \\ 0 & -2 & 2 \\ 0 & 0 & -1 \end{bmatrix}, \quad B = \begin{bmatrix} 0 \\ 0 \\ 1 \end{bmatrix}, \quad C = \begin{bmatrix} 1 & 0 & 0 \end{bmatrix}, \quad D = 0$$

可见级联模拟时，系统矩阵 A 为一上三角矩阵，其对角线上的元素即为 $H(s)$ 的极点，且其排列顺序正好与各子系统级联的顺序相反。矩阵 B，C，D 的特点与规律显而易见，不需赘述。

最后需要指出，即使对同一系统，由于其模拟图（或信号流图）不是唯一的，因而其状态变量的选取也将不是唯一的，故其状态方程与输出方程以及矩阵 A，B，C，D 等，都会互不相同，但这不影响对系统特性分析所得结果的同一性。

4. 由框图列写状态方程与输出方程

由系统的框图列写状态方程与输出方程，一般是选取一阶子系统的输出信号作为状态变量。

例 9-2-4 列写图 9-2-8 所示系统的状态方程与输出方程。

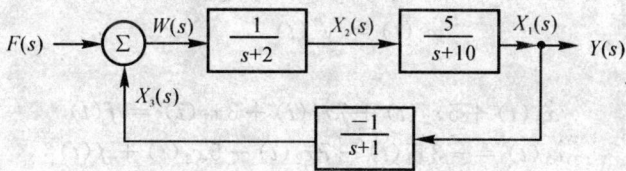

图　9-2-8

解　选 $X_1(s)$，$X_2(s)$，$X_3(s)$ 为状态变量，则有

$$W(s) = X_3(s) + F(s)$$

即

$$w(t) = x_3(t) + f(t)$$

又

$$X_2(s) = \frac{1}{s+2}W(s)$$

即

$$sX_2(s) = -2X_2(s) + W(s)$$

故

$$\dot{x}_2(t) = -2x_2(t) + w(t) = -2x_2(t) + x_3(t) + f(t)$$

又

$$X_1(s) = \frac{5}{s+10}X_2(s)$$

即

$$sX_1(s) = -10X_1(s) + 5X_2(s)$$

故

$$\dot{x}_1(t) = -10x_1(t) + 5x_2(t)$$

又

$$X_3(s) = \frac{-1}{s+1}X_1(s)$$

即

$$sX_3(s) = -X_1(s) - X_3(s)$$

故
$$\dot{x}_3(t) = -x_1(t) - x_3(t)$$

故得状态方程为

$$
\begin{bmatrix} \dot{x}_1(t) \\ \dot{x}_2(t) \\ \dot{x}_3(t) \end{bmatrix} = \begin{bmatrix} -10 & 5 & 0 \\ 0 & -2 & 1 \\ -1 & 0 & -1 \end{bmatrix} \begin{bmatrix} x_1(t) \\ x_2(t) \\ x_3(t) \end{bmatrix} + \begin{bmatrix} 0 \\ 1 \\ 0 \end{bmatrix} [f(t)]
$$

系统的输出方程为

$$y(t) = x_1(t)$$

写成矩阵形式为

$$
[y(t)] = \begin{bmatrix} 1 & 0 & 0 \end{bmatrix} \begin{bmatrix} x_1(t) \\ x_2(t) \\ x_3(t) \end{bmatrix}
$$

5. 从系统的微分方程列写状态方程与输出方程

设已知系统的微分方程为

$$y'''(t) + 5y''(t) + 7y'(t) + 3y(t) = f(t)$$

取状态变量为

$$x_1(t) = y(t)$$
$$x_2(t) = y'(t) = \dot{x}_1(t)$$
$$x_3(t) = y''(t) = \dot{x}_2(t)$$

故
$$\dot{x}_3(t) = y'''(t)$$

代入原方程有

$$\dot{x}_3(t) + 5\dot{x}_2(t) + 7\dot{x}_1(t) + 3x_1(t) = f(t)$$

即
$$\dot{x}_3(t) = -3x_1(t) - 7x_2(t) - 5x_3(t) + f(t)$$

故得系统的状态方程为

$$\dot{x}_1(t) = x_2(t)$$
$$\dot{x}_2(t) = x_3(t)$$
$$\dot{x}_3(t) = -3x_1(t) - 7x_2(t) - 5x_3(t) + f(t)$$

其矩阵形式为

$$
\begin{bmatrix} \dot{x}_1(t) \\ \dot{x}_2(t) \\ \dot{x}_3(t) \end{bmatrix} = \begin{bmatrix} 0 & 1 & 0 \\ 0 & 0 & 1 \\ -3 & -7 & -5 \end{bmatrix} \begin{bmatrix} x_1(t) \\ x_2(t) \\ x_3(t) \end{bmatrix} + \begin{bmatrix} 0 \\ 0 \\ 1 \end{bmatrix} [f(t)]
$$

系统的输出方程为

$$y(t) = x_1(t)$$

即
$$
[y(t)] = \begin{bmatrix} 1 & 0 & 0 \end{bmatrix} \begin{bmatrix} x_1(t) \\ x_2(t) \\ x_3(t) \end{bmatrix} + [0][f(t)]
$$

故有

$$
\boldsymbol{A} = \begin{bmatrix} 0 & 1 & 0 \\ 0 & 0 & 1 \\ -3 & -7 & -5 \end{bmatrix}, \quad \boldsymbol{B} = \begin{bmatrix} 0 \\ 0 \\ 1 \end{bmatrix}, \quad \boldsymbol{C} = \begin{bmatrix} 1 & 0 & 0 \end{bmatrix}, \quad \boldsymbol{D} = [0]
$$

三、多输入-多输出系统状态方程与输出方程的列写

图 9-2-9 所示为具有两个输入 $f_1(t)$，$f_2(t)$ 和两个输出 $y_1(t)$，$y_2(t)$ 的多输入-多输出系统。选取每个积分器的输出变量为状态变量，则有

$$\dot{x}_1(t) = -2x_1(t) + 2f_1(t) + 3f_2(t)$$
$$\dot{x}_2(t) = -3x_2(t) - 2f_1(t) + 3f_2(t)$$

故得矩阵形式的状态方程为

$$\begin{bmatrix} \dot{x}_1(t) \\ \dot{x}_2(t) \end{bmatrix} = \begin{bmatrix} -2 & 0 \\ 0 & -3 \end{bmatrix} \begin{bmatrix} x_1(t) \\ x_2(t) \end{bmatrix} + \begin{bmatrix} 2 & 3 \\ -2 & 3 \end{bmatrix} \begin{bmatrix} f_1(t) \\ f_2(t) \end{bmatrix}$$

系统的输出方程为

$$y_1(t) = 4x_1(t)$$
$$y_2(t) = y_1(t) + 8x_2(t) = 4x_1(t) + 8x_2(t)$$

写成矩阵形式为

$$\begin{bmatrix} y_1(t) \\ y_2(t) \end{bmatrix} = \begin{bmatrix} 4 & 0 \\ 4 & 8 \end{bmatrix} \begin{bmatrix} x_1(t) \\ x_2(t) \end{bmatrix} + \begin{bmatrix} 0 & 0 \\ 0 & 0 \end{bmatrix} \begin{bmatrix} f_1(t) \\ f_2(t) \end{bmatrix}$$

故得系统的系数矩阵为

$$\boldsymbol{A} = \begin{bmatrix} -2 & 0 \\ 0 & -3 \end{bmatrix}, \quad \boldsymbol{B} = \begin{bmatrix} 2 & 3 \\ -2 & 3 \end{bmatrix}, \quad \boldsymbol{C} = \begin{bmatrix} 4 & 0 \\ 4 & 8 \end{bmatrix}, \quad \boldsymbol{D} = \begin{bmatrix} 0 & 0 \\ 0 & 0 \end{bmatrix}$$

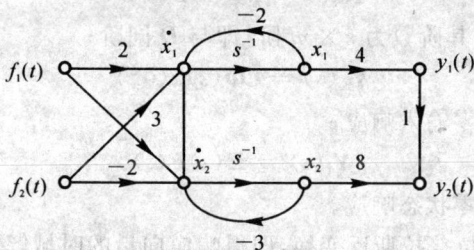

图　9-2-9

9.3　连续系统状态方程与输出方程的 s 域解法

一、状态方程的 s 域解法

对式(9-1-3)求拉普拉斯变换得

$$s\boldsymbol{X}(s) - \boldsymbol{x}(0^-) = \boldsymbol{A}\boldsymbol{X}(s) + \boldsymbol{B}\boldsymbol{F}(s)$$

即

$$\{s\boldsymbol{I} - \boldsymbol{A}\}\boldsymbol{X}(s) = \boldsymbol{x}(0^-) + \boldsymbol{B}\boldsymbol{F}(s)$$

式中，$\boldsymbol{X}(s) = \mathscr{L}[\boldsymbol{x}(t)]$，$\boldsymbol{F}(s) = \mathscr{L}[\boldsymbol{f}(t)]$，$\boldsymbol{x}(0^-)$ 为初始状态向量，$\boldsymbol{I}$ 为与 $\boldsymbol{A}$ 同阶的单位矩阵。对上式等号两端同时左乘以矩阵 $(s\boldsymbol{I} - \boldsymbol{A})^{-1}$，即得

$$X(s) = (sI - A)^{-1}x(0^-) + (sI - A)^{-1}BF(s) = \underbrace{\boldsymbol{\Phi}(s)x(0^-)}_{\text{零输入解}} + \underbrace{\boldsymbol{\Phi}(s)BF(s)}_{\text{零状态解}}$$

$$(9-3-1a)$$

或
$$X(s) = X_x(s) + X_f(s) \qquad (9-3-1b)$$

式中，$\boldsymbol{\Phi}(s) = (sI - A)^{-1}$ 称为状态预解矩阵，为 $n \times n$ 阶，即与 A 同阶；

$X_x(s) = \boldsymbol{\Phi}(s)x(0^-)$ 称为状态向量 $x(t)$ 的 s 域零输入解；

$X_f(s) = \boldsymbol{\Phi}(s)BF(s)$ 称为状态向量 $x(t)$ 的 s 域零状态解。

对式(9-3-1)进行拉普拉斯反变换，即得状态向量的时域解为
$$x(t) = \boldsymbol{\varphi}(t)x(0^-) + \mathcal{L}^{-1}\{\boldsymbol{\Phi}(s)BF(s)\} \qquad (9-3-2)$$

式中，$\boldsymbol{\varphi}(t) = \mathcal{L}^{-1}[\boldsymbol{\Phi}(s)]$ 称为状态转移矩阵。

$\boldsymbol{\varphi}(t)$ 与 $\boldsymbol{\Phi}(s)$ 为一对拉普拉斯变换对。即
$$\boldsymbol{\varphi}(t) \longleftrightarrow \boldsymbol{\Phi}(s)$$

二、输出方程的 s 域解法与转移函数矩阵 $H(s)$

对式(9-1-4)求拉普拉斯变换并将式(9-3-1a)代入，即得响应向量 $y(t)$ 的 s 域解为
$$Y(s) = CX(s) + DF(s) = C\boldsymbol{\Phi}(s)x(0^-) + \{C\boldsymbol{\Phi}(s)B + D\}F(s) =$$
$$\underbrace{C\boldsymbol{\Phi}(s)x(0^-)}_{\text{零输入响应}} + \underbrace{H(s)F(s)}_{\text{零状态响应}} \qquad (9-3-3a)$$

或
$$Y(s) = Y_x(s) + Y_f(s) \qquad (9-3-3b)$$
式中
$$H(s) = C\boldsymbol{\Phi}(s)B + D \qquad (9-3-4)$$

称为系统的转移函转矩阵，其阶数为 $r \times m$ 阶，即与 D 同阶；
$$Y_x(s) = C\boldsymbol{\Phi}(s)x(0^-) \qquad (9-3-5)$$

称为响应向量 $y(t)$ 的 s 域零输入响应；
$$Y_f(s) = H(s)F(s) \qquad (9-3-6)$$

称为响应向量 $y(t)$ 的 s 域零状态响应。

对式(9-3-3a)进行拉普拉斯反变换，即得响应向量的时域解为
$$y(t) = \underbrace{C\boldsymbol{\varphi}(t)x(0^-)}_{\text{零输入响应}} + \underbrace{\mathcal{L}^{-1}[H(s)F(s)]}_{\text{零状态响应}} \qquad (9-3-7)$$

或是对式(9-3-5)和式(9-3-6)进行拉普拉斯反变换，即得零输入响应向量与零状态响应向量分别为
$$y_x(t) = C\boldsymbol{\varphi}(t)x(0^-)$$
$$y_f(t) = \mathcal{L}^{-1}[H(s)F(s)]$$

三、转移函数矩阵 $H(s)$ 的物理意义

图 9-3-1(a) 所示为具有 m 个激励、r 个响应的多输入-多输出零状态系统。今
$$H(s) = \begin{bmatrix} H_{11}(s) & H_{12}(s) & \cdots & H_{1m}(s) \\ H_{21}(s) & H_{22}(s) & \cdots & H_{2m}(s) \\ \vdots & \vdots & & \vdots \\ H_{r1}(s) & H_{r2}(s) & \cdots & H_{rm}(s) \end{bmatrix}_{r \times m \text{阶}}$$

式中，$H_{ij}(s) = \dfrac{Y_i(s)}{F_j(s)}(i = 1, 2, \cdots, r; j = 1, 2, \cdots, m)$ 为在激励 $f_j(t)$ 单独作用时，联系响应 $y_i(t)$ 与激励 $f_j(t)$ 的转移函数，如图 $9-3-1$(b) 所示。

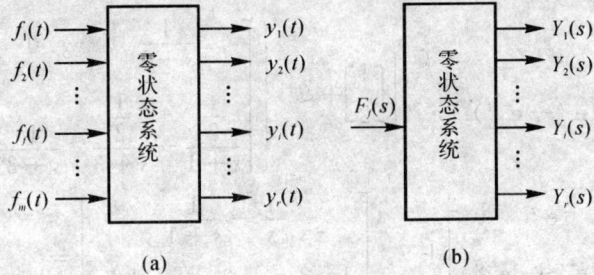

图　$9-3-1$

四、矩阵 A 的特征值与系统的自然频率

将式($9-3-4$)加以改写，即

$$H(s) = C(sI - A)^{-1}B + D = \frac{C\text{adj}(sI - A)}{|sI - A|}B + D = \frac{C\text{adj}(sI - A)B + |sI - A|D}{|sI - A|}$$

$$(9-3-8)$$

式中，$\text{adj}(sI - A)$ 为矩阵$(sI - A)$ 的伴随矩阵；矩阵$(sI - A)$ 称为矩阵 A 的特征矩阵；行列式 $|sI - A|$ 的展开式称为矩阵 A 的特征多项式；$|sI - A| = 0$ 称为矩阵 A 的特征方程(即系统的特征方程)。特征方程的根即为矩阵 A 的特征值，亦即 $H(s)$ 中每一个元素 $H_{ij}(s)$ 的极点，也称为系统的自然频率或固有频率，也称为矩阵 A 的特征根。

例 $9-3-1$ 已知系统的状态方程与输出方程为

$$\begin{bmatrix} \dot{x}_1(t) \\ \dot{x}_2(t) \end{bmatrix} = \begin{bmatrix} -1 & 0 \\ 1 & -3 \end{bmatrix} \begin{bmatrix} x_1(t) \\ x_2(t) \end{bmatrix} + \begin{bmatrix} 1 \\ 0 \end{bmatrix} [f(t)]$$

$$[y(t)] = \begin{bmatrix} -\dfrac{1}{2} & 1 \end{bmatrix} \begin{bmatrix} x_1(t) \\ x_2(t) \end{bmatrix} + [1][f(t)]$$

系统的激励 $f(t) = U(t)$，初始状态 $\begin{bmatrix} x_1(0^-) \\ x_2(0^-) \end{bmatrix} = \begin{bmatrix} 1 \\ 2 \end{bmatrix}$。(1) 求 $\boldsymbol{\varphi}(t)$；(2) 求 $\boldsymbol{x}(t)$；(3) 求 $\boldsymbol{H}(s)$；(4) 求全响应 $y(t)$。

解　(1) $\boldsymbol{\Phi}(s) = (sI - A)^{-1} = \left\{ s\begin{bmatrix} 1 & 0 \\ 0 & 1 \end{bmatrix} - \begin{bmatrix} -1 & 0 \\ 1 & -3 \end{bmatrix} \right\}^{-1} =$

$$\begin{bmatrix} s+1 & 0 \\ -1 & s+3 \end{bmatrix}^{-1} = \frac{1}{(s+1)(s+3)} \begin{bmatrix} s+3 & 0 \\ 1 & s+1 \end{bmatrix} =$$

$$\begin{bmatrix} \dfrac{1}{s+1} & 0 \\ \dfrac{1}{(s+1)(s+3)} & \dfrac{1}{s+3} \end{bmatrix} = \begin{bmatrix} \dfrac{1}{s+1} & 0 \\ \dfrac{\frac{1}{2}}{s+1} - \dfrac{\frac{1}{2}}{s+3} & \dfrac{1}{s+3} \end{bmatrix}$$

故得
$$\boldsymbol{\varphi}(t) = \begin{bmatrix} e^{-t} & 0 \\ \dfrac{1}{2}(e^{-t} - e^{-3t}) & e^{-3t} \end{bmatrix}$$

(2) $\boldsymbol{x}(t) = \boldsymbol{\varphi}(t)\boldsymbol{x}(0^-) + \mathcal{L}^{-1}[\boldsymbol{\Phi}(s)BF(s)] =$

$$\begin{bmatrix} e^{-t} & 0 \\ \dfrac{1}{2}(e^{-t} - e^{-3t}) & e^{-3t} \end{bmatrix}\begin{bmatrix} 1 \\ 2 \end{bmatrix} + \mathcal{L}^{-1}\left\{ \begin{bmatrix} \dfrac{1}{s+1} & 0 \\ \dfrac{1}{2}{s+1} - \dfrac{1}{2}{s+3} & \dfrac{1}{s+3} \end{bmatrix}\begin{bmatrix} 1 \\ 0 \end{bmatrix}\dfrac{1}{s} \right\} =$$

$$\begin{bmatrix} e^{-t} \\ \dfrac{1}{2}(e^{-t} + 3e^{-3t}) \end{bmatrix} + \mathcal{L}^{-1}\begin{bmatrix} \dfrac{1}{s} - \dfrac{1}{s+1} \\ \dfrac{1}{6}\left(\dfrac{2}{s} - \dfrac{3}{s+1} + \dfrac{1}{s+3}\right) \end{bmatrix} =$$

$$\begin{bmatrix} e^{-t} \\ \dfrac{1}{2}(e^{-t} + 3e^{-3t}) \end{bmatrix} + \begin{bmatrix} 1 - e^{-t} \\ \dfrac{1}{6}(2 - 3e^{-t} + e^{-3t}) \end{bmatrix} = \begin{bmatrix} 1 \\ \dfrac{1}{3}(1 + 5e^{-3t}) \end{bmatrix}U(t)$$

(3) $\boldsymbol{H}(s) = \boldsymbol{C\Phi}(s)\boldsymbol{B} + \boldsymbol{D} = 1 - \dfrac{2}{s+3}$

(4) $\boldsymbol{F}(s) = \mathcal{L}[U(t)] = \dfrac{1}{s}$

$$\boldsymbol{y}(t) = \boldsymbol{C\varphi}(t)\boldsymbol{x}(0^-) + \mathcal{L}^{-1}[\boldsymbol{H}(s)\boldsymbol{F}(s)] =$$

$$\left[\underbrace{\dfrac{3}{2}e^{-3t}}_{\text{零输入响应}} + \underbrace{\dfrac{1}{6}(5 + e^{-3t})}_{\text{零状态响应}} \right]U(t) = \dfrac{5}{6}(1 + 2e^{-3t})U(t)$$

例 9 - 3 - 2 求下列各矩阵 $\boldsymbol{A}$ 的特征值(即系统的自然频率):

(1) $\boldsymbol{A} = \begin{bmatrix} 0 & 2 \\ -1 & -2 \end{bmatrix}$; (2) $\boldsymbol{A} = \begin{bmatrix} -2 & 0 & 0 \\ 0 & -1 & 0 \\ 0 & 0 & -3 \end{bmatrix}$; (3) $\boldsymbol{A} = \begin{bmatrix} 0 & 1 & 0 \\ 0 & 0 & 1 \\ 0 & -2 & -3 \end{bmatrix}$。

解 (1) $|s\boldsymbol{I} - \boldsymbol{A}| = \left| s\begin{bmatrix} 1 & 0 \\ 0 & 1 \end{bmatrix} - \begin{bmatrix} 0 & 2 \\ -1 & -2 \end{bmatrix} \right| =$

$$s^2 + 2s + 2 = (s + 1 - j1)(s + 1 + j1) = 0$$

故得特征值(系统的自然频率)为 $p_1 = -1 + j1$, $p_2 = -1 - j1 = \overset{*}{p_1}$。

(2) $|s\boldsymbol{I} - \boldsymbol{A}| = \left| s\begin{bmatrix} 1 & 0 & 0 \\ 0 & 1 & 0 \\ 0 & 0 & 1 \end{bmatrix} - \begin{bmatrix} -2 & 0 & 0 \\ 0 & -1 & 0 \\ 0 & 0 & -3 \end{bmatrix} \right| = (s+2)(s+1)(s+3) = 0$

故得特征值(系统的自然频率)为 $p_1 = -2$, $p_2 = -1$, $p_3 = -3$。可见,当 $\boldsymbol{A}$ 为对角阵时,其对角线上的元素值即为 $\boldsymbol{A}$ 的特征值。

(3) $|s\boldsymbol{I} - \boldsymbol{A}| = \left| s\begin{bmatrix} 1 & 0 & 0 \\ 0 & 1 & 0 \\ 0 & 0 & 1 \end{bmatrix} - \begin{bmatrix} 0 & 1 & 0 \\ 0 & 0 & 1 \\ 0 & -2 & -3 \end{bmatrix} \right| = s(s+1)(s+2) = 0$

故得特征值(系统的自然频率)为 $p_1 = 0$, $p_2 = -1$, $p_3 = -2$。

例9-3-3 求图9-3-2所示电路的自然频率。

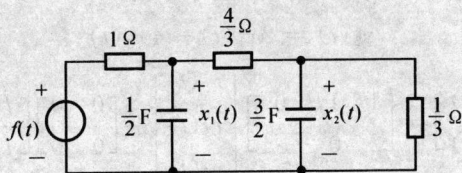

图 9-3-2

解 以 $x_1(t)$，$x_2(t)$ 为状态变量，可列出状态方程为

$$\begin{bmatrix} \dot{x}_1(t) \\ \dot{x}_2(t) \end{bmatrix} = \begin{bmatrix} -\dfrac{7}{2} & \dfrac{3}{2} \\ \dfrac{1}{2} & -\dfrac{5}{2} \end{bmatrix} \begin{bmatrix} x_1(t) \\ x_2(t) \end{bmatrix} + \begin{bmatrix} 2 \\ 0 \end{bmatrix} [f(t)]$$

故

$$|s\mathbf{I} - \mathbf{A}| = \left| s\begin{bmatrix} 1 & 0 \\ 0 & 1 \end{bmatrix} - \begin{bmatrix} -\dfrac{7}{2} & \dfrac{3}{2} \\ \dfrac{1}{2} & -\dfrac{5}{2} \end{bmatrix} \right| = (s+2)(s+4) = 0$$

故得电路的自然频率为 $p_1 = -2$，$p_2 = -4$。

例9-3-4 图9-3-3所示系统。(1) 列写系统的状态方程与输出方程；(2) 求系统的转移函数矩阵 $H(s)$；(3) 求系统的微分方程。

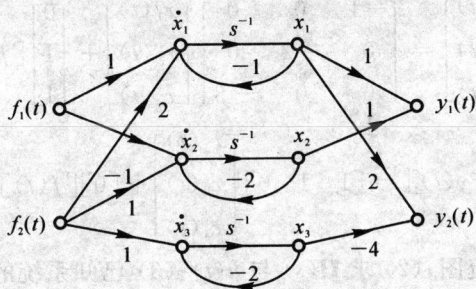

图 9-3-3

解 (1) 选每一个积分器的输出信号 $x_1(t)$，$x_2(t)$，$x_3(t)$ 作为状态变量，则可列出状态方程为

$$\dot{x}_1(t) = -x_1(t) + f_1(t) + 2f_2(t)$$
$$\dot{x}_2(t) = -2x_2(t) - f_1(t) + f_2(t)$$
$$\dot{x}_3(t) = -2x_3(t) + f_2(t)$$

即

$$\begin{bmatrix} \dot{x}_1(t) \\ \dot{x}_2(t) \\ \dot{x}_3(t) \end{bmatrix} = \begin{bmatrix} -1 & 0 & 0 \\ 0 & -2 & 0 \\ 0 & 0 & -2 \end{bmatrix} \begin{bmatrix} x_1(t) \\ x_2(t) \\ x_3(t) \end{bmatrix} + \begin{bmatrix} 1 & 2 \\ -1 & 1 \\ 0 & 1 \end{bmatrix} \begin{bmatrix} f_1(t) \\ f_2(t) \end{bmatrix}$$

系统的输出方程为

$$y_1(t) = x_1(t) + x_2(t)$$
$$y_2(t) = 2x_1(t) - 4x_3(t)$$

即

$$\begin{bmatrix} y_1(t) \\ y_2(t) \end{bmatrix} = \begin{bmatrix} 1 & 1 & 0 \\ 2 & 0 & -4 \end{bmatrix} \begin{bmatrix} x_1(t) \\ x_2(t) \\ x_3(t) \end{bmatrix} + \begin{bmatrix} 0 & 0 \\ 0 & 0 \end{bmatrix} \begin{bmatrix} f_1(t) \\ f_2(t) \end{bmatrix}$$

(2) $\boldsymbol{H}(s) = \boldsymbol{C}(s\boldsymbol{I} - \boldsymbol{A})^{-1}\boldsymbol{B} + \boldsymbol{D} = \dfrac{1}{s^2 + 3s + 2}\begin{bmatrix} 1 & 3s+5 \\ 2s+4 & 4 \end{bmatrix}$

(3) $\boldsymbol{Y}(s) = \boldsymbol{H}(s)\boldsymbol{F}(s)$

即

$$\begin{bmatrix} Y_1(s) \\ Y_2(s) \end{bmatrix} = \frac{1}{s^2 + 3s + 2}\begin{bmatrix} 1 & 3s+5 \\ 2s+4 & 4 \end{bmatrix}\begin{bmatrix} F_1(s) \\ F_2(s) \end{bmatrix}$$

故得

$$Y_1(s) = \frac{1}{s^2 + 3s + 2}F_1(s) + \frac{3s+5}{s^2 + 3s + 2}F_2(s)$$
$$Y_2(s) = \frac{2s+4}{s^2 + 3s + 2}F_1(s) + \frac{4}{s^2 + 3s + 2}F_2(s)$$

故得系统的微分方程为

$$(p^2 + 3p + 2)y_1(t) = f_1(t) + (3p+5)f_2(t)$$
$$(p^2 + 3p + 2)y_2(t) = (2p+4)f_1(t) + 4f_2(t)$$

例 9 - 3 - 5 已知系统的状态方程与输出方程为

$$\begin{bmatrix} \dot{x}_1(t) \\ \dot{x}_2(t) \\ \dot{x}_3(t) \end{bmatrix} = \begin{bmatrix} -1 & 0 & 0 \\ 0 & -2 & 0 \\ 0 & 0 & -3 \end{bmatrix}\begin{bmatrix} x_1(t) \\ x_2(t) \\ x_3(t) \end{bmatrix} + \begin{bmatrix} 0 \\ 1 \\ 1 \end{bmatrix}[f(t)]$$

$$[y(t)] = \begin{bmatrix} 1 & 1 & 0 \end{bmatrix}\begin{bmatrix} x_1(t) \\ x_2(t) \\ x_3(t) \end{bmatrix} + [0][f(t)]$$

(1) 画出系统的信号流图;(2) 求 $\boldsymbol{H}(s)$ 与 $\boldsymbol{h}(t)$;(3) 已知系统的初始状态为

$$\begin{bmatrix} x_1(0^-) \\ x_2(0^-) \\ x_3(0^-) \end{bmatrix} = \begin{bmatrix} 1 \\ 1 \\ 1 \end{bmatrix}$$

求系统的零输入响应 $y_x(t)$。

解 (1) 为了清晰地画出系统的信号流图,可将所给出的状态方程与输出方程改写成线性代数方程组的形式,即

$$\begin{cases} \dot{x}_1(t) = -x_1(t) \\ \dot{x}_2(t) = -2x_2(t) + f(t) \\ \dot{x}_3(t) = -3x_3(t) + f(t) \end{cases}$$
$$y(t) = x_1(t) + x_2(t)$$

于是,根据以上四式即可画出与之对应的信号流图,如图 9 - 3 - 4 所示。

(2) $H(s) = \dfrac{Y(s)}{F(s)} = C(sI - A)^{-1}B + D = \dfrac{1}{s+2}$

故得

$$h(t) = \mathrm{e}^{-2t}U(t)$$

(3) $Y_x(s) = C(sI - A)^{-1}x(0^-) = \dfrac{1}{s+1} + \dfrac{1}{s+2}$

故得

$$y_x(t) = \mathrm{e}^{-t} + \mathrm{e}^{-2t} \qquad t \geqslant 0$$

或

$$y_x(t) = (\mathrm{e}^{-t} + \mathrm{e}^{-2t})U(t)$$

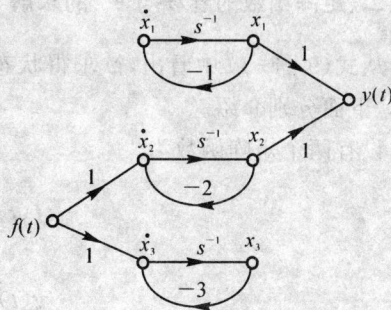

图　9 - 3 - 4

9.4　连续系统状态方程与输出方程的时域解法

一、状态方程的时域解法

给式(9-1-3)的等号两端同时左乘以 e^{-At},即

$$\mathrm{e}^{-At}\dot{x}(t) = \mathrm{e}^{-At}Ax(t) + \mathrm{e}^{-At}Bf(t)$$

即

$$\mathrm{e}^{-At}\dot{x}(t) - \mathrm{e}^{-At}Ax(t) = \mathrm{e}^{-At}Bf(t)$$

即

$$\frac{\mathrm{d}}{\mathrm{d}t}[\mathrm{e}^{-At}x(t)] = \mathrm{e}^{-At}Bf(t)$$

对上式等号两端同时积分,即

$$\int_{0^-}^{t} \frac{\mathrm{d}}{\mathrm{d}\tau}[\mathrm{e}^{-A\tau}x(\tau)]\mathrm{d}\tau = \int_{0^-}^{t} \mathrm{e}^{-A\tau}Bf(\tau)\mathrm{d}\tau$$

故有

$$\mathrm{e}^{-A\tau}x(\tau)\,\Big|_{0^-}^{t} = \int_{0^-}^{t} \mathrm{e}^{-A\tau}Bf(\tau)\mathrm{d}\tau$$

故

$$\mathrm{e}^{-At}x(t) - x(0^-) = \int_{0^-}^{t} \mathrm{e}^{-A\tau}Bf(\tau)\mathrm{d}\tau$$

即

$$\mathrm{e}^{-At}x(t) = x(0^-) + \int_{0^-}^{t} \mathrm{e}^{-A\tau}Bf(\tau)\mathrm{d}\tau$$

给上式等号两端同时左乘以矩阵指数函数 e^{At},即得状态向量的时域解为

$$x(t) = \mathrm{e}^{At}x(0^-) + \int_{0^-}^{t} \mathrm{e}^{A(t-\tau)}Bf(\tau)\mathrm{d}\tau = \underbrace{\mathrm{e}^{At}x(0^-)}_{\text{零输入解}} + \underbrace{\mathrm{e}^{At}B * f(t)}_{\text{零状态解}} \qquad (9-4-1)$$

式中,符号" * "表示卷积。

式(9-4-1)具有明确的物理意义,即系统在任意时刻 t 的状态 $x(t)$ 是由两部分组成:一部分是初始状态 $x(0^-)$ 转移到 t 时刻的分量 $\mathrm{e}^{At}x(0^-)$,故称 e^{At} 为状态转移矩阵;另一部分是由激励 $f(t)$ 引起的分量 $\mathrm{e}^{At}B * f(t)$。这就是说,给系统施以激励 $f(t)$,在 $f(t)$ 的作用下,通过状态转移矩阵 e^{At}(注意,e^{At} 描述的仅是系统本身的特性),即可将系统从初始状态 $x(0^-)$ 转移到任意时刻 t 的状态 $x(t)$。深刻理解 e^{At} 的物理意义,对于研究系统的可控性问题会有裨益。

二、矩阵函数的卷积与 e^{At} 的求解

从式(9-4-1)中看出,欲求得状态向量 $x(t)$,一是必须知道 e^{At},二是必须进行矩阵卷积的运算。下面分别介绍。

设有两个矩阵函数为

$$f(t) = \begin{bmatrix} f_{11}(t) & f_{12}(t) \\ f_{21}(t) & f_{22}(t) \end{bmatrix}$$

$$g(t) = \begin{bmatrix} g_{11}(t) \\ g_{21}(t) \end{bmatrix}$$

则求这两者卷积的运算规则,与两矩阵的乘法运算规则完全相同。即

$$f(t) * g(t) = \begin{bmatrix} f_{11}(t) & f_{12}(t) \\ f_{21}(t) & f_{22}(t) \end{bmatrix} * \begin{bmatrix} g_{11}(t) \\ g_{21}(t) \end{bmatrix} = \begin{bmatrix} f_{11}(t) * g_{11}(t) + f_{12}(t) * g_{21}(t) \\ f_{21}(t) * g_{11}(t) + f_{22}(t) * g_{21}(t) \end{bmatrix}$$

欲求得 e^{At},可将式(9-4-1)与式(9-3-2)加以比较,即可看出有

$$e^{At} = \boldsymbol{\varphi}(t) = \mathscr{L}^{-1}[\boldsymbol{\Phi}(s)] = \mathscr{L}^{-1}(s\boldsymbol{I} - \boldsymbol{A})^{-1} \qquad (9-4-2)$$

同时又可得

$$\boldsymbol{\Phi}(s) = \mathscr{L}[e^{At}] \qquad (9-4-3)$$

即 $\boldsymbol{\Phi}(s)$ 与 $e^{A(t)} = \boldsymbol{\varphi}(t)$ 为一对拉普拉斯变换对。即有

$$e^{At} = \boldsymbol{\varphi}(t) \longleftrightarrow \boldsymbol{\Phi}(s)$$

三、输出方程的时域解与单位冲激响应矩阵 $h(t)$

将式(9-4-1)代入式(9-1-4),即得响应向量的时域解为

$$y(t) = C\{e^{At}x(0^-) + e^{At}B * f(t)\} + Df(t) \qquad (9-4-4)$$

因有 $\delta(t) * f(t) = f(t)$,仿此,引入一个 $m \times m$(m 为系统激励的个数)阶的单位冲激激励对角矩阵 $\boldsymbol{\delta}(t)$,即

$$\boldsymbol{\delta}(t) = \begin{bmatrix} \delta(t) & & & & \mathbf{0} \\ & \ddots & & & \\ & & \delta(t) & & \\ & & & \ddots & \\ \mathbf{0} & & & & \delta(t) \end{bmatrix}_{m \times m阶}$$

则有 $\boldsymbol{\delta}(t) * f(t) = f(t)$。于是可将式(9-4-4)改写为

$$y(t) = Ce^{At}x(0^-) + Ce^{At}B * f(t) + D\boldsymbol{\delta}(t) * f(t) =$$
$$Ce^{At}x(0^-) + \{Ce^{At}B + D\boldsymbol{\delta}(t)\} * f(t) = \underbrace{Ce^{At}x(0^-)}_{零输入响应} + \underbrace{h(t) * f(t)}_{零状态响应}$$

式中
$$h(t) = Ce^{At}B + D\boldsymbol{\delta}(t) = C\boldsymbol{\varphi}(t)B + D\boldsymbol{\delta}(t) \qquad (9-4-5)$$

称为系统的单位冲激响应矩阵,为 $r \times m$ 阶,即与 D 同阶。

将式(9-4-5)进行拉普拉斯变换得

$$\mathscr{L}[h(t)] = H(s) = C\boldsymbol{\Phi}(s)B + D \qquad (9-4-6)$$

可见 $h(t)$ 与 $H(s)$ 为一对拉普拉斯变换对。故又得

$$h(t) = \mathcal{L}^{-1}[\boldsymbol{H}(s)]$$

即有

$$h(t) \longleftrightarrow \boldsymbol{H}(s)$$

例 9 - 4 - 1 用时域法求解例 9 - 3 - 1。

解 （1）求 $\boldsymbol{x}(t)$：零输入解为

$$\mathrm{e}^{\boldsymbol{A}t}\boldsymbol{x}(0^-) = \boldsymbol{\varphi}(t)\boldsymbol{x}(0^-) = \begin{bmatrix} \mathrm{e}^{-t} & 0 \\ \dfrac{1}{2}(\mathrm{e}^{-t} - \mathrm{e}^{-3t}) & \mathrm{e}^{-3t} \end{bmatrix}\begin{bmatrix} 1 \\ 2 \end{bmatrix} = \begin{bmatrix} \mathrm{e}^{-t} \\ \dfrac{1}{2}(\mathrm{e}^{-t} + 3\mathrm{e}^{-3t}) \end{bmatrix}U(t)$$

零状态解为

$$\boldsymbol{\varphi}(t)\boldsymbol{B} * \boldsymbol{f}(t) = \begin{bmatrix} \mathrm{e}^{-t} & 0 \\ \dfrac{1}{2}(\mathrm{e}^{-t} - \mathrm{e}^{-3t}) & \mathrm{e}^{-3t} \end{bmatrix}\begin{bmatrix} 1 \\ 0 \end{bmatrix} * U(t) = \begin{bmatrix} 1 - \mathrm{e}^{-t} \\ \dfrac{1}{6}(2 - 3\mathrm{e}^{-t} + \mathrm{e}^{-3t}) \end{bmatrix}U(t)$$

故

$$\boldsymbol{x}(t) = 零输入解 + 零状态解 = \boldsymbol{\varphi}(t)\boldsymbol{x}(0^-) + \boldsymbol{\varphi}(t)\boldsymbol{B} * \boldsymbol{f}(t) =$$

$$\begin{bmatrix} U(t) \\ \dfrac{1}{3}(1 + 5\mathrm{e}^{-3t})U(t) \end{bmatrix} = \begin{bmatrix} 1 \\ \dfrac{1}{3}(1 + 5\mathrm{e}^{-3t}) \end{bmatrix}U(t)$$

（2）求 $y(t)$：零输入响应为

$$\boldsymbol{C}\boldsymbol{\varphi}(t)\boldsymbol{x}(0^-) = \frac{3}{2}\mathrm{e}^{-3t} \qquad t \geqslant 0$$

单位冲激响应矩阵为

$$h(t) = \mathcal{L}^{-1}[\boldsymbol{H}(s)] = \mathcal{L}^{-1}\left[1 - \frac{1}{2}\frac{1}{s+3}\right] = \delta(t) - \frac{1}{2}\mathrm{e}^{-3t}U(t)$$

故零状态响应为

$$h(t) * f(t) = \left[\delta(t) - \frac{1}{2}\mathrm{e}^{-3t}U(t)\right] * U(t) = \frac{1}{6}(5 + \mathrm{e}^{-3t})U(t)$$

故得全响应为

$$y(t) = 零输入响应 + 零状态响应 =$$

$$\boldsymbol{C}\boldsymbol{\varphi}(t)\boldsymbol{x}(0^-) + h(t) * f(t) = \frac{5}{6}(1 + 2\mathrm{e}^{-3t})U(t)$$

例 9 - 4 - 2 图 9 - 4 - 1 所示系统。（1）列写系统的状态方程与输出方程；（2）求系统的微分方程；（3）当激励 $f(t) = U(t)$ 时，已知系统的全响应为 $y(t) = \left(\dfrac{1}{3} + \dfrac{1}{2}\mathrm{e}^{-t} - \dfrac{5}{6}\mathrm{e}^{-3t}\right)U(t)$，求系统的初始状态 $\begin{bmatrix} x_1(0^-) \\ x_2(0^-) \end{bmatrix}$。

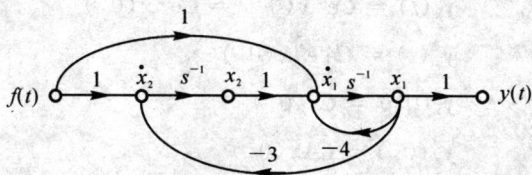

图 9 - 4 - 1

解 （1）选积分器的输出变量 $x_1(t)$，$x_2(t)$ 作为状态变量，则可列出状态方程为

$$\dot{x}_1(t) = -4x_1(t) + x_2(t) + f(t)$$
$$\dot{x}_2(t) = -3x_1(t) + f(t)$$

即

$$\begin{bmatrix} \dot{x}_1(t) \\ \dot{x}_2(t) \end{bmatrix} = \begin{bmatrix} -4 & 1 \\ -3 & 0 \end{bmatrix} \begin{bmatrix} x_1(t) \\ x_2(t) \end{bmatrix} + \begin{bmatrix} 1 \\ 1 \end{bmatrix} [f(t)]$$

输出方程为

$$[y(t)] = x_1(t) = \begin{bmatrix} 1 & 0 \end{bmatrix} \begin{bmatrix} x_1(t) \\ x_2(t) \end{bmatrix} + [0][f(t)]$$

故得各系数矩阵为

$$\boldsymbol{A} = \begin{bmatrix} -4 & 1 \\ -3 & 0 \end{bmatrix}, \quad \boldsymbol{B} = \begin{bmatrix} 1 \\ 1 \end{bmatrix}, \quad \boldsymbol{C} = \begin{bmatrix} 1 & 0 \end{bmatrix}, \quad \boldsymbol{D} = 0$$

（2）$\boldsymbol{\Phi}(s) = [s\boldsymbol{I} - \boldsymbol{A}]^{-1} = \dfrac{1}{s^2 + 4s + 3} \begin{bmatrix} s & 1 \\ -3 & s+4 \end{bmatrix}$

$$H(s) = \boldsymbol{C}\boldsymbol{\Phi}(s)\boldsymbol{B} + \boldsymbol{D} = \frac{s+1}{s^2 + 4s + 3}$$

故得系统的微分方程为

$$y''(t) + 4y'(t) + 3y(t) = f'(t) + f(t)$$

（3）$F(s) = \mathscr{L}[f(t)] = \mathscr{L}[U(t)] = \dfrac{1}{s}$

零状态响应的像函数为

$$Y_f(s) = H(s)F(s) = \frac{s+1}{s^2+4s+3}\frac{1}{s} =$$

$$\frac{s+1}{(s+1)(s+3)}\frac{1}{s} = \frac{1}{s(s+3)} = \frac{1}{3}\frac{1}{s} - \frac{1}{3}\frac{1}{s+3}$$

故得零状态响应为

$$y_f(t) = \frac{1}{3}(1 - e^{-3t})U(t)$$

进而得零输入响应为

$$y_x(t) = y(t) - y_f(t) = \left(\frac{1}{2}e^{-t} - \frac{1}{2}e^{-3t}\right)U(t)$$

又得

$$y_x'(t) = \left(-\frac{1}{2}e^{-t} + \frac{3}{2}e^{-3t}\right)U(t)$$

故

$$y_x(0^+) = 0$$
$$y_x'(0^+) = 1$$

又因有

$$\boldsymbol{y}_x(t) = \boldsymbol{C}e^{\boldsymbol{A}t}\boldsymbol{x}(0^-) = \boldsymbol{C}e^{\boldsymbol{A}t}\boldsymbol{x}(0^+)$$

故得

$$\boldsymbol{y}_x'(t) = \boldsymbol{C}\boldsymbol{A}e^{\boldsymbol{A}t}\boldsymbol{x}(0^+)$$

故有

$$\boldsymbol{y}_x(0^+) = \boldsymbol{C}\boldsymbol{x}(0^+)$$
$$\boldsymbol{y}_x'(0^+) = \boldsymbol{C}\boldsymbol{A}\boldsymbol{x}(0^+)$$

即

$$y_x(0^+) = \begin{bmatrix} 1 & 0 \end{bmatrix} \begin{bmatrix} x_1(0^+) \\ x_2(0^+) \end{bmatrix} = x_1(0^+) = 0$$

$$y_x'(0^+) = \begin{bmatrix} 1 & 0 \end{bmatrix}\begin{bmatrix} -4 & 1 \\ -3 & 0 \end{bmatrix}\begin{bmatrix} x_1(0^+) \\ x_2(0^+) \end{bmatrix} =$$

$$\begin{bmatrix} -4 & 1 \end{bmatrix}\begin{bmatrix} x_1(0^+) \\ x_2(0^+) \end{bmatrix} = -4x_1(0^+) + x_2(0^+) = 1$$

联立求解得 $x_1(0^+) = x_1(0^-) = 0$，$x_2(0^+) = x_2(0^-) = 1$。故得初始状态为

$$\begin{bmatrix} x_1(0^-) \\ x_2(0^-) \end{bmatrix} = \begin{bmatrix} 0 \\ 1 \end{bmatrix}$$

*9.5　离散系统状态变量分析

一、状态方程与输出方程的列写

用状态变量法分析离散系统，与连续系统的情况一样，也是先要建立系统的数学模型——状态方程与输出方程。在离散系统中，状态方程与输出方程的矩阵标准形式为

$$x(k+1) = Ax(k) + Bf(k) \tag{9-5-1}$$
$$y(k) = Cx(k) + Df(k) \tag{9-5-2}$$

式中，$x(k)$ 为状态向量（$n \times 1$ 阶）；$f(k)$ 为激励向量（$m \times 1$ 阶）；$y(k)$ 为响应向量（$r \times 1$ 阶）；$x(k+1)$ 为状态向量 $x(k)$ 经过序号增 1 移序后的向量，相当于连续系统中的 $\dot{x}(t)$；A，B，C，D 为系统的各系数矩阵。

对于离散系统，不管是单输入-单输出系统，还是多输入-多输出系统，其状态方程与输出方程建立的方法以及方程的形式，都与连续系统完全相同，不需再赘述。在离散系统中，状态变量的选取也不是唯一的，但一般都是选取单位延时器的输出变量作为状态变量，相当于连续系统中选取积分器的输出变量作为状态变量一样。下面用实例说明离散系统状态方程与输出方程的列写方法。

例 9-5-1　图 9-5-1 所示为具有两个输入、两个输出的多输入-多输出二阶离散系统。试列写出状态方程与输出方程。

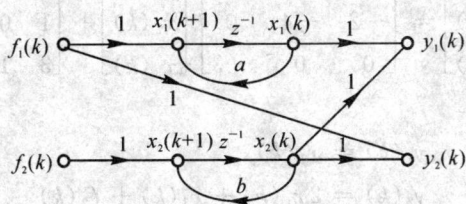

图　9-5-1

解　选每个单位延时器的输出变量 $x_1(k)$，$x_2(k)$ 为状态变量，则可列出状态方程为

$$x_1(k+1) = ax_1(k) + f_1(k)$$
$$x_2(k+1) = bx_2(k) + f_2(k)$$

即

$$\begin{bmatrix} x_1(k+1) \\ x_2(k+1) \end{bmatrix} = \begin{bmatrix} a & 0 \\ 0 & b \end{bmatrix}\begin{bmatrix} x_1(k) \\ x_2(k) \end{bmatrix} + \begin{bmatrix} 1 & 0 \\ 0 & 1 \end{bmatrix}\begin{bmatrix} f_1(k) \\ f_2(k) \end{bmatrix}$$

系统的输出方程为

$$y_1(k) = x_1(k) + x_2(k)$$
$$y_2(k) = x_2(k) + f_1(k)$$

即

$$\begin{bmatrix} y_1(k) \\ y_2(k) \end{bmatrix} = \begin{bmatrix} 1 & 1 \\ 0 & 1 \end{bmatrix} \begin{bmatrix} x_1(k) \\ x_2(k) \end{bmatrix} + \begin{bmatrix} 0 & 0 \\ 1 & 0 \end{bmatrix} \begin{bmatrix} f_1(k) \\ f_2(k) \end{bmatrix}$$

故得系统的各系数矩阵为

$$A = \begin{bmatrix} a & 0 \\ 0 & b \end{bmatrix}, \quad B = \begin{bmatrix} 1 & 0 \\ 0 & 1 \end{bmatrix}, \quad C = \begin{bmatrix} 1 & 1 \\ 0 & 1 \end{bmatrix}, \quad D = \begin{bmatrix} 0 & 0 \\ 1 & 0 \end{bmatrix}$$

例 9 - 5 - 2　图 9 - 5 - 2 所示为具有两个输入、两个输出的三阶多输入-多输出离散系统。试列写出系统的状态方程与输出方程。

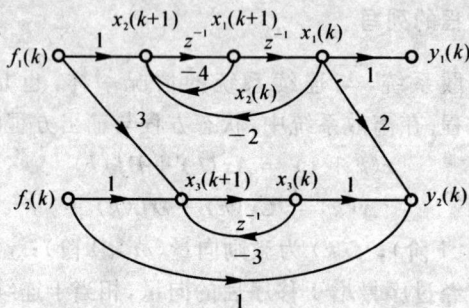

图　9 - 5 - 2

解　选每一个单位延时器的输出变量 $x_1(k)$，$x_2(k)$，$x_3(k)$ 为状态变量,则可列出状态方程为

$$x_1(k+1) = x_2(k)$$
$$x_2(k+1) = -2x_1(k) - 4x_2(k) + f_1(k)$$
$$x_3(k+1) = -3x_3(k) + 3f_1(k) + f_2(k)$$

即

$$\begin{bmatrix} x_1(k+1) \\ x_2(k+1) \\ x_3(k+1) \end{bmatrix} = \begin{bmatrix} 0 & 1 & 0 \\ -2 & -4 & 0 \\ 0 & 0 & -3 \end{bmatrix} \begin{bmatrix} x_1(k) \\ x_2(k) \\ x_3(k) \end{bmatrix} + \begin{bmatrix} 0 & 0 \\ 1 & 0 \\ 3 & 1 \end{bmatrix} \begin{bmatrix} f_1(k) \\ f_2(k) \end{bmatrix}$$

系统的输出方程为

$$y_1(k) = x_1(k)$$
$$y_2(k) = 2x_1(k) + x_3(k) + f_2(k)$$

即

$$\begin{bmatrix} y_1(k) \\ y_2(k) \end{bmatrix} = \begin{bmatrix} 1 & 0 & 0 \\ 2 & 0 & 1 \end{bmatrix} \begin{bmatrix} x_1(k) \\ x_2(k) \\ x_3(k) \end{bmatrix} + \begin{bmatrix} 0 & 0 \\ 0 & 1 \end{bmatrix} \begin{bmatrix} f_1(k) \\ f_2(k) \end{bmatrix}$$

故得系统的各系数矩阵为

$$A = \begin{bmatrix} 0 & 1 & 0 \\ -2 & -4 & 0 \\ 0 & 0 & -3 \end{bmatrix}, \quad B = \begin{bmatrix} 0 & 0 \\ 1 & 0 \\ 3 & 1 \end{bmatrix}, \quad C = \begin{bmatrix} 1 & 0 & 0 \\ 2 & 0 & 1 \end{bmatrix}, \quad D = \begin{bmatrix} 0 & 0 \\ 0 & 1 \end{bmatrix}$$

二、状态方程与输出方程的 z 域解法

1. 状态方程的 z 域解

对式(9-5-1)求 z 变换得

$$z\boldsymbol{X}(z) - z\boldsymbol{x}(0) = \boldsymbol{A}\boldsymbol{X}(z) + \boldsymbol{B}\boldsymbol{F}(z)$$

即

$$(z\boldsymbol{I} - \boldsymbol{A})\boldsymbol{X}(z) = z\boldsymbol{x}(0) + \boldsymbol{B}\boldsymbol{F}(z)$$

式中，$\boldsymbol{X}(z) = \mathscr{Z}[\boldsymbol{x}(k)]$；$\boldsymbol{F}(z) = \mathscr{Z}[\boldsymbol{f}(k)]$；$\boldsymbol{x}(0)$ 为初始状态向量；$\boldsymbol{I}$ 为与 $\boldsymbol{A}$ 同阶的单位矩阵。对上式等号两端同时左乘以矩阵 $(z\boldsymbol{I} - \boldsymbol{A})^{-1}$，即有

$$\boldsymbol{X}(z) = (z\boldsymbol{I} - \boldsymbol{A})^{-1}z\boldsymbol{x}(0) + (z\boldsymbol{I} - \boldsymbol{A})^{-1}\boldsymbol{B}\boldsymbol{F}(z) = \underbrace{\boldsymbol{\Phi}(z)\boldsymbol{x}(0)}_{z\text{域零输入解}} + \underbrace{(z\boldsymbol{I} - \boldsymbol{A})^{-1}\boldsymbol{B}\boldsymbol{F}(z)}_{z\text{域零状态解}}$$

$$(9-5-3)$$

式中

$$\boldsymbol{\Phi}(z) = (z\boldsymbol{I} - \boldsymbol{A})^{-1}z \tag{9-5-4}$$

称为状态预解矩阵，为 $n \times n$ 阶，即与 $\boldsymbol{A}$ 同阶。

对式(9-5-3)进行 z 反变换即得状态向量的时域解为

$$\boldsymbol{x}(k) = \underbrace{\boldsymbol{\Phi}(k)\boldsymbol{x}(0)}_{\text{时域零输入解}} + \underbrace{\mathscr{Z}^{-1}\{(z\boldsymbol{I} - \boldsymbol{A})^{-1}\boldsymbol{B}\boldsymbol{F}(z)\}}_{\text{时域零状态解}} \tag{9-5-5}$$

式中

$$\boldsymbol{\Phi}(k) = \mathscr{Z}^{-1}[\boldsymbol{\Phi}(z)] = \mathscr{Z}^{-1}\{(z\boldsymbol{I} - \boldsymbol{A})^{-1}z\}$$

称为状态转移矩阵。$\boldsymbol{\Phi}(k)$ 与 $\boldsymbol{\Phi}(z)$ 为一对 z 变换对，即 $\boldsymbol{\Phi}(z) = \mathscr{Z}[\boldsymbol{\Phi}(k)]$，即有

$$\boldsymbol{\Phi}(k) \longleftrightarrow \boldsymbol{\Phi}(z)$$

2. 输出方程的 z 域解与转移函数矩阵 $\boldsymbol{H}(z)$

对式(9-5-2)求 z 变换并将式(9-5-3)代入，即得响应向量 $\boldsymbol{y}(k)$ 的 z 域解。即

$$\boldsymbol{Y}(z) = \boldsymbol{C}\boldsymbol{X}(z) + \boldsymbol{D}\boldsymbol{F}(z) \tag{9-5-6a}$$

即

$$\boldsymbol{Y}(z) = \boldsymbol{C}\boldsymbol{\Phi}(z)\boldsymbol{x}(0) + \{\boldsymbol{C}(z\boldsymbol{I} - \boldsymbol{A})^{-1}\boldsymbol{B} + \boldsymbol{D}\}\boldsymbol{F}(z) = \underbrace{\boldsymbol{C}\boldsymbol{\Phi}(z)\boldsymbol{x}(0)}_{z\text{域零输入响应}} + \underbrace{\boldsymbol{H}(z)\boldsymbol{F}(z)}_{z\text{域零状态响应}}$$

$$(9-5-6b)$$

式中

$$\boldsymbol{H}(z) = \boldsymbol{C}(z\boldsymbol{I} - \boldsymbol{A})^{-1}\boldsymbol{B} + \boldsymbol{D} \tag{9-5-7}$$

称为 z 域转移函数矩阵，其物理意义与连续系统的 $\boldsymbol{H}(s)$ 相同。

对式(9-5-6)进行 z 反变换，即得响应向量的时域解为

$$\boldsymbol{y}(k) = \underbrace{\boldsymbol{C}\boldsymbol{\Phi}(k)\boldsymbol{x}(0)}_{\text{时域零输入响应}} + \underbrace{\mathscr{Z}^{-1}[\boldsymbol{H}(z)\boldsymbol{F}(z)]}_{\text{时域零状态响应}} \tag{9-5-8}$$

三、矩阵 $\boldsymbol{A}$ 的特征值与系统的自然频率

与连续系统一样，矩阵 $(z\boldsymbol{I} - \boldsymbol{A})$ 称为矩阵 $\boldsymbol{A}$ 的特征矩阵；行列式 $|z\boldsymbol{I} - \boldsymbol{A}|$ 的展开式称为矩阵 $\boldsymbol{A}$ 的特征多项式；$|z\boldsymbol{I} - \boldsymbol{A}| = 0$ 称为矩阵 $\boldsymbol{A}$ 的特征方程，即系统的特征方程，其根即为矩阵 $\boldsymbol{A}$ 的特征值，亦即 $\boldsymbol{H}(z)$ 中每一个元素 $H_{ij}(z)$ 的极点，也称为系统的自然频率或固有频率，也称为矩阵 $\boldsymbol{A}$ 的特征根。

四、状态方程与输出方程的时域解

1. 状态方程的时域解

离散系统的状态方程为一阶向量差分方程,因此在时域中可用迭代法(即递推法)求解。设系统的初始状态为 $x(0)$,则由式(9-5-1)有

当 $k=0$ 时: $x(1) = Ax(0) + Bf(0)$

当 $k=1$ 时: $x(2) = Ax(1) + Bf(1) = A^2x(0) + ABf(0) + Bf(1)$

当 $k=2$ 时: $x(3) = Ax(2) + Bf(2) = A^3x(0) + A^2Bf(0) + ABf(1) + Bf(2)$

$$\vdots$$

故得

$$x(k) = A^kx(0) + A^{k-1}Bf(0) + A^{k-2}Bf(1) + \cdots + ABf(k-2) + Bf(k-1) =$$

$$A^kx(0) + \sum_{j=0}^{k-1} A^{k-1-j}Bf(j) \tag{9-5-9a}$$

或

$$x(k) = \underbrace{A^kx(0)}_{\text{时域零输入解}} + \underbrace{A^{k-1}B * f(k)}_{\text{时域零状态解}} \qquad k \geqslant 1 \tag{9-5-9b}$$

式中, A^k 称为离散系统的状态转移矩阵。它描述了系统本身的特性,决定了系统的自由运动情况。

式(9-5-9)与式(9-4-1)具有相同的物理意义。即系统在任意时刻 k 的状态 $x(k)$ 是由两部分组成:一部分是初始状态 $x(0)$ 经转移后到达 k 时刻形成的分量 $A^kx(0)$,故称 A^k 为状态转移矩阵;另一部分是 $(k-1)$ 时刻以前的激励引起的分量 $A^{k-1}B * f(k)$。这就是说,给系统施以激励 $f(k)$,在 $f(k)$ 的作用下,通过状态转移矩阵 A^k,即可将系统从初始状态 $x(0)$ 转移到任意时刻 k 的状态 $x(k)$。

由式(9-5-9)看出,欲求得状态向量 $x(k)$,关键是要求得 A^k。将式(9-5-9)与式(9-5-5)加以比较,即可看出有

$$A^k = \boldsymbol{\Phi}(k) = \mathscr{Z}^{-1}[(zI-A)^{-1}z] \tag{9-5-10}$$

同时又可得

$$\boldsymbol{\Phi}(z) = \mathscr{Z}[A^k]$$

即 $\boldsymbol{\Phi}(z)$ 与 A^k 为一对 z 变换对,即有 $A^k \leftrightarrow \boldsymbol{\Phi}(z)$。

2. 输出方程的时域解与单位响应矩阵 $h(k)$

将式(9-5-9)代入式(9-5-2)即得响应向量的时域解为

$$y(k) = CA^kx(0) + \sum_{j=0}^{k-1} CA^{k-1-j}Bf(j) + Df(k) \tag{9-5-11a}$$

或

$$y(k) = CA^kx(0) + CA^{k-1}B * f(k) + D\boldsymbol{\delta}(k) * f(k) =$$

$$C\boldsymbol{\Phi}(k)x(0) + C\boldsymbol{\Phi}(k-1)B * f(k) + D\boldsymbol{\delta}(k) * f(k) =$$

$$C\boldsymbol{\Phi}(k)x(0) + \{C\boldsymbol{\Phi}(k-1)B + D\boldsymbol{\delta}(k)\} * f(k) =$$

$$\underbrace{C\boldsymbol{\Phi}(k)x(0)}_{\text{零输入响应}} + \underbrace{h(k) * f(k)}_{\text{零状态响应}} \tag{9-5-11b}$$

式中

$$h(k) = C\boldsymbol{\Phi}(k-1)B + D\boldsymbol{\delta}(k) = CA^{k-1}B + D\boldsymbol{\delta}(k) \qquad (9-5-12)$$

称为系统的单位冲激响应矩阵;式中的 $\boldsymbol{\delta}(k)$ 为系统的单位激励对角矩阵($m \times m$ 阶),即

$$\boldsymbol{\delta}(k) = \begin{bmatrix} \delta(k) & & & & \mathbf{0} \\ & \ddots & & & \\ & & \delta(k) & & \\ & & & \ddots & \\ \mathbf{0} & & & & \delta(k) \end{bmatrix}_{m \times m 阶}$$

将式(9-5-12)进行 z 变换得

$$\mathscr{Z}[h(k)] = Cz^{-1}\boldsymbol{\Phi}(z)B + D = C(zI - A)^{-1}B + D = H(z) \qquad (9-5-13)$$

即 $h(k)$ 与 $H(z)$ 为一对 z 变换对。即有

$$h(k) \longleftrightarrow H(z)$$

例 9-5-3　离散系统的状态方程与输出方程为

$$\begin{bmatrix} x_1(k+1) \\ x_2(k+1) \end{bmatrix} = \begin{bmatrix} 0 & 1 \\ 3 & 2 \end{bmatrix} \begin{bmatrix} x_1(k) \\ x_2(k) \end{bmatrix} + \begin{bmatrix} 0 \\ 1 \end{bmatrix} [f(k)]$$

$$[y(k)] = \begin{bmatrix} 3 & 3 \end{bmatrix} \begin{bmatrix} x_1(k) \\ x_2(k) \end{bmatrix} + [1][f(k)]$$

已知 $f(k) = \delta(k)$,$x(0) = \begin{bmatrix} x_1(0) \\ x_2(0) \end{bmatrix} = \begin{bmatrix} 1 \\ 0 \end{bmatrix}$。求全响应 $y(k)$。

解　用两种方法求解。

(1) z 域法:

$$(zI - A)^{-1} = \frac{1}{(z+1)(z-3)} \begin{bmatrix} z-2 & 1 \\ 3 & z \end{bmatrix}$$

$$\boldsymbol{\Phi}(z) = (zI - A)^{-1}z = \frac{z}{(z+1)(z-3)} \begin{bmatrix} z-2 & 1 \\ 3 & z \end{bmatrix}$$

又

$$F(z) = \mathscr{Z}[\delta(k)] = 1$$

代入式(9-5-3)有

$$X(z) = \boldsymbol{\Phi}(z)x(0) + (zI - A)^{-1}BF(z) =$$

$$\frac{z}{(z+1)(z-3)} \begin{bmatrix} z-2 & 1 \\ 3 & z \end{bmatrix} \begin{bmatrix} 1 \\ 0 \end{bmatrix} + \frac{1}{(z+1)(z-3)} \begin{bmatrix} z-2 & 1 \\ 3 & z \end{bmatrix} \begin{bmatrix} 0 \\ 1 \end{bmatrix} =$$

$$\frac{1}{(z+1)(z-3)} \begin{bmatrix} z^2 - 2z + 1 \\ 4z \end{bmatrix}$$

再代入式(9-5-6a)得

$$Y(z) = CX(z) + DF(z) =$$

$$\begin{bmatrix} 3 & 3 \end{bmatrix} \frac{1}{(z+1)(z-3)} \begin{bmatrix} z^2 - 2z + 1 \\ 4z \end{bmatrix} + 1 \times 1 = \frac{4z}{z-3}$$

经反变换得 $y(k) = 4(3)^k U(k)$。

(2) 时域法:

$$A^k = \mathscr{Z}^{-1}[\boldsymbol{\Phi}(z)] = \mathscr{Z}^{-1} \begin{bmatrix} \dfrac{3}{4}z \\ \overline{z+1} + \dfrac{\frac{1}{4}z}{z-3} & -\dfrac{\frac{1}{4}z}{z+1} + \dfrac{\frac{1}{4}z}{z-3} \\ -\dfrac{\frac{3}{4}z}{z+1} + \dfrac{\frac{3}{4}z}{z-3} & \dfrac{\frac{1}{4}z}{z+1} + \dfrac{\frac{3}{4}z}{z-3} \end{bmatrix} =$$

$$\frac{1}{4}\begin{bmatrix} 3(-1)^k + (3)^k & -(-1)^k + (3)^k \\ -3(-1)^k + 3(3)^k & (-1)^k + 3(3)^k \end{bmatrix}$$

将 A^k 代入式(9-5-9b) 得

$$\boldsymbol{x}(k) = A^k \boldsymbol{x}(0) + A^{k-1} \boldsymbol{B} * \boldsymbol{f}(k) =$$

$$\frac{1}{4}\begin{bmatrix} 3(-1)^k + (3)^k & -(-1)^k + (3)^k \\ -3(-1)^k + 3(3)^k & (-1)^k + 3(3)^k \end{bmatrix}\begin{bmatrix} 1 \\ 0 \end{bmatrix} +$$

$$\frac{1}{4}\begin{bmatrix} 3(-1)^{k-1} + (3)^{k-1} & -(-1)^{k-1} + (3)^{k-1} \\ -3(-1)^{k-1} + 3(3)^{k-1} & (-1)^{k-1} + 3(3)^{k-1} \end{bmatrix}\begin{bmatrix} 0 \\ 1 \end{bmatrix} * \delta(k) =$$

$$\frac{1}{4}\begin{bmatrix} 3(-1)^k + (3)^k \\ -3(-1)^k + 3(3)^k \end{bmatrix} + \frac{1}{4}\begin{bmatrix} -(-1)^{k-1} + (3)^k \\ (-1)^{k-1} + 3(3)^{k-1} \end{bmatrix} =$$

$$\begin{bmatrix} (-1)^k + 3^{k-1} \\ (-1)^{k-1} + 3^k \end{bmatrix} \qquad k \geqslant 1$$

注意：上述结果对 $k = 0$ 无意义。

求全响应 $y(k)$。当 $k = 0$ 时，有

$$y(0) = \begin{bmatrix} 3 & 3 \end{bmatrix}\begin{bmatrix} x_1(0) \\ x_2(0) \end{bmatrix} + f(0) = \begin{bmatrix} 3 & 3 \end{bmatrix}\begin{bmatrix} 1 \\ 0 \end{bmatrix} + 1 = 4$$

当 $k \geqslant 1$ 时，将上述的 $\boldsymbol{x}(k)$ 代入式(9-5-2)，即得

$$y(k) = C\boldsymbol{x}(k) + Df(k) = \begin{bmatrix} 3 & 3 \end{bmatrix}\begin{bmatrix} (-1)^k + (3)^{k-1} \\ (-1)^{k-1} + 3^k \end{bmatrix} + \delta(k) = 4(3)^k \qquad k \geqslant 1$$

将上述两种情况合并写成

$$y(k) = 4(3)^k U(k)$$

或 $\qquad\qquad\qquad\qquad y(k) = 4(3)^k \qquad k = 0, 1, 2, 3, \cdots$

例 9-5-4　图 9-5-3 所示离散系统。(1) 列写状态方程与输出方程；(2) 已知初始状态 $\begin{bmatrix} x_1(0) \\ x_2(0) \end{bmatrix} = \begin{bmatrix} 1 \\ 1 \end{bmatrix}$，激励 $f(k) = U(k)$，求状态向量 $\begin{bmatrix} x_1(k) \\ x_2(k) \end{bmatrix}$ 与响应向量 $\begin{bmatrix} y_1(k) \\ y_2(k) \end{bmatrix}$；(3) 求 A^k；(4) 求 $H(z)$ 和 $h(k)$。

解　(1) 选单位延时器的输出变量 $x_1(k)$，$x_2(k)$ 作为状态变量，则可列出状态方程与输出方程为

$$\begin{cases} x_1(k+1) = \dfrac{1}{2}x_1(k) + \dfrac{1}{4}x_2(k) + f(k) \\ x_2(k+1) = x_1(k) + \dfrac{1}{2}x_2(k) \end{cases}$$

$$\begin{cases} y_1(k) = x_1(k) + f(k) \\ y_2(k) = x_2(k) + f(k) \end{cases}$$

即
$$\begin{bmatrix} x_1(k+1) \\ x_2(k+1) \end{bmatrix} = \begin{bmatrix} \dfrac{1}{2} & \dfrac{1}{4} \\ 1 & \dfrac{1}{2} \end{bmatrix}\begin{bmatrix} x_1(k) \\ x_2(k) \end{bmatrix} + \begin{bmatrix} 1 \\ 0 \end{bmatrix}[f(k)]$$

$$\begin{bmatrix} y_1(k) \\ y_2(k) \end{bmatrix} = \begin{bmatrix} 1 & 0 \\ 0 & 1 \end{bmatrix}\begin{bmatrix} x_1(k) \\ x_2(k) \end{bmatrix} + \begin{bmatrix} 1 \\ 1 \end{bmatrix}[f(k)]$$

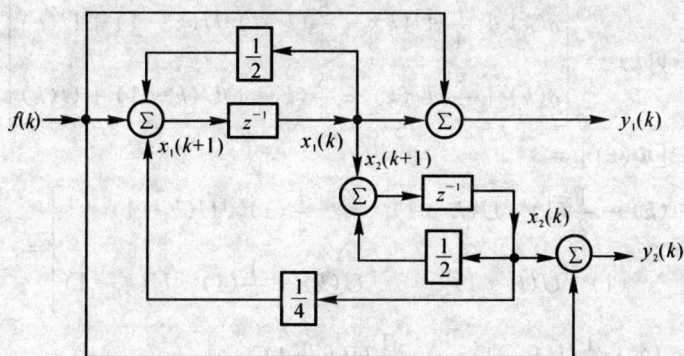

图　9-5-3

$(2)\ (z\boldsymbol{I}-\boldsymbol{A})^{-1} = \dfrac{1}{z(z-1)}\begin{bmatrix} z-\dfrac{1}{2} & \dfrac{1}{4} \\ 1 & z-\dfrac{1}{2} \end{bmatrix}$

$$\boldsymbol{\Phi}(z) = (z\boldsymbol{I}-\boldsymbol{A})^{-1}z = \frac{1}{(z-1)}\begin{bmatrix} z-\dfrac{1}{2} & \dfrac{1}{4} \\ 1 & z-\dfrac{1}{2} \end{bmatrix} =$$

$$\begin{bmatrix} \dfrac{z}{z-1}-\dfrac{\dfrac{1}{2}}{z-1} & \dfrac{\dfrac{1}{4}}{z-1} \\ \dfrac{1}{z-1} & \dfrac{z}{z-1}-\dfrac{\dfrac{1}{2}}{z-1} \end{bmatrix}$$

$$\boldsymbol{X}(z) = \boldsymbol{\Phi}(z)\boldsymbol{x}(0) + (z\boldsymbol{I}-\boldsymbol{A})^{-1}\boldsymbol{B}F(z) =$$

$$\begin{bmatrix} \dfrac{z^2-\dfrac{1}{4}z-\dfrac{1}{4}}{(z-1)^2} \\ \dfrac{z^2-\dfrac{1}{2}z+\dfrac{1}{2}}{(z-1)^2} \end{bmatrix} = \begin{bmatrix} 1+\dfrac{\dfrac{7}{4}z}{(z-1)^2}-\dfrac{\dfrac{5}{4}}{(z-1)^2} \\ 1+\dfrac{\dfrac{3}{2}z}{(z-1)^2}-\dfrac{\dfrac{1}{2}}{(z-1)^2} \end{bmatrix}$$

故得
$$\boldsymbol{x}(k) = \begin{bmatrix} \delta(k)+\dfrac{7}{4}kU(k)-\dfrac{5}{4}(k-1)U(k-1) \\ \delta(k)+\dfrac{3}{2}kU(k)-\dfrac{1}{2}(k-1)U(k-1) \end{bmatrix}$$

$$Y(z) = CX(z) + DF(z) = \begin{bmatrix} 1 + \dfrac{\frac{7}{4}z}{(z-1)^2} - \dfrac{\frac{5}{4}}{(z-1)^2} + \dfrac{z}{z-1} \\[4mm] 1 + \dfrac{\frac{3}{2}z}{(z-1)^2} - \dfrac{\frac{1}{2}}{(z-1)^2} + \dfrac{z}{z-1} \end{bmatrix}$$

故得

$$y(k) = \begin{bmatrix} \delta(k) + \dfrac{7}{4}kU(k) - \dfrac{5}{4}(k-1)U(k-1) + U(k) \\[4mm] \delta(k) + \dfrac{3}{2}kU(k) - \dfrac{5}{4}(k-1)U(k-1) + U(k) \end{bmatrix}$$

(3) $A^k = \mathscr{Z}^{-1}[\boldsymbol{\Phi}(z)] =$

$$\begin{bmatrix} U(k) - \dfrac{1}{2}(1)^{k-1}U(k-1) & \dfrac{1}{4}(1)^{k-1}U(k-1) \\[4mm] (1)^{k-1}U(k-1) & U(k) - \dfrac{1}{2}(1)^{k-1}U(k-1) \end{bmatrix} =$$

$$\begin{bmatrix} \delta(k) + \dfrac{1}{2}U(k-1) & \dfrac{1}{4}U(k-1) \\[4mm] U(k-1) & \delta(k) + \dfrac{1}{2}U(k-1) \end{bmatrix}$$

(4) $H(z) = C(zI - A)^{-1}B + D =$

$$\begin{bmatrix} \dfrac{z^2 - \dfrac{1}{2}}{z(z-1)} \\[5mm] \dfrac{z^2 - z + 1}{z(z-1)} \end{bmatrix} = \begin{bmatrix} 1 + \dfrac{1}{2} \cdot \dfrac{1}{z} + \dfrac{1}{2} \cdot \dfrac{1}{z-1} \\[4mm] 1 - \dfrac{1}{z} + \dfrac{1}{z-1} \end{bmatrix}$$

故

$$h(k) = \mathscr{Z}^{-1}[H(z)] = \begin{bmatrix} \delta(k) + \dfrac{1}{2}\delta(k-1) + \dfrac{1}{2}U(k-1) \\[4mm] \delta(k) - \delta(k-1) + U(k-1) \end{bmatrix}$$

例 9-5-4　图 9-5-4 所示离散系统，以 $x_1(k)$，$x_2(k)$ 为状态变量，$y(k)$ 为输出。(1) 列写系统的状态方程与输出方程；(2) 求系统的差分方程；(3) 已知响应的初始值 $y(0) = 2$，$y(1) = 3$，激励的初始值 $f(0) = 1$，求状态变量的初始值 $x_1(0)$，$x_2(0)$。

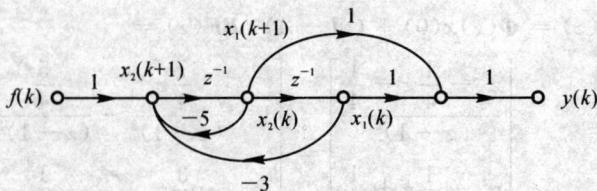

图　9-5-4

解　(1)
$$\begin{cases} x_1(k+1) = x_2(k) \\ x_2(k+1) = -3x_1(k) - 5x_2(k) + f(k) \end{cases}$$
$$y(k) = x_1(k) + x_2(k)$$

即
$$\begin{bmatrix} x_1(k+1) \\ x_2(k+1) \end{bmatrix} = \begin{bmatrix} 0 & 1 \\ -3 & -5 \end{bmatrix} \begin{bmatrix} x_1(k) \\ x_2(k) \end{bmatrix} + \begin{bmatrix} 0 \\ 1 \end{bmatrix} [f(k)]$$

$$[y(k)] = \begin{bmatrix} 1 & 1 \end{bmatrix} \begin{bmatrix} x_1(k) \\ x_2(k) \end{bmatrix} + [0][f(k)]$$

(2) 由状态方程与输出方程求系统的差分方程有两种方法：z 域法与时域法。

z 域法：
$$\boldsymbol{H}(z) = \boldsymbol{C}(z\boldsymbol{I} - \boldsymbol{A})^{-1}\boldsymbol{B} + \boldsymbol{D} =$$
$$\begin{bmatrix} 1 & 1 \end{bmatrix} \left\{ z\begin{bmatrix} 1 & 0 \\ 0 & 1 \end{bmatrix} - \begin{bmatrix} 0 & 1 \\ -3 & -5 \end{bmatrix} \right\}^{-1} \begin{bmatrix} 0 \\ 1 \end{bmatrix} + 0 = \frac{z+1}{z^2 + 5z + 3}$$

故得系统的差分方程为
$$y(k+2) + 5y(k+1) + 3y(k) = f(k+1) + f(k)$$

或
$$y(k) + 5y(k-1) + 3y(k-2) = f(k-1) + f(k-2)$$

时域法：由于所给系统有两个延时器，故系统一定是二阶的。

因有
$$y(k) = x_1(k) + x_2(k) \tag{①}$$

故有
$$y(k+1) = x_1(k+1) + x_2(k+1) =$$
$$x_2(k) + [-3x_1(k) - 5x_2(k) + f(k)] =$$
$$-3x_1(k) - 4x_2(k) + f(k) \tag{②}$$
$$y(k+2) = -3x_1(k+1) - 4x_2(k+1) + f(k+1) =$$
$$12x_1(k) + 17x_2(k) + f(k+1) - 4f(k) \tag{③}$$

于是得二阶差分方程为
$$y(k+2) + a_1 y(k+1) + a_0 y(k) =$$
$$12x_1(k) + 17x_2(k) + f(k+1) - 4f(k) - 3a_1 x_1(k)$$
$$-4a_1 x_2(k) + a_1 f(k) + a_0 x_1(k) + a_0 x_2(k) =$$
$$(12 - 3a_1 + a_0)x_1(k) + (17 - 4a_1 + a_0)x_2(k) +$$
$$f(k+1) + (a_1 - 4)f(k)$$

由上式可见，欲使上式成为差分方程，就必须有
$$12 - 3a_1 + a_0 = 0$$
$$17 - 4a_1 + a_0 = 0$$

联立求解得 $a_0 = 3$，$a_1 = 5$。代入上式即得系统的差分方程为
$$y(k+2) + 5y(k+1) + 3y(k) = f(k+1) + f(k)$$

与 z 域法得到的结果完全相同。

(3) 取 $k = 0$，由上面的式 ① 和式 ② 得
$$y(0) = x_1(0) + x_2(0) = 2 \tag{④}$$
$$y(1) = -3x_1(0) - 4x_2(0) + f(0)$$

即
$$-3x_1(0) - 4x_2(0) + 1 = 3 \tag{⑤}$$

式 ④ 和式 ⑤ 联立求解得 $x_1(0) = 10$，$x_2(0) = -8$。

*9.6 由状态方程判断系统的稳定性

一、连续系统

由式(9-3-8)可知，欲使连续系统稳定，必须使 $H(s)$ 的极点，即特征方程 $|sI-A|=0$ 的根，亦即矩阵 A 的特征值，全部位于 s 平面的左半开平面上。

例 9-6-1 图 9-6-1 所示系统，欲使系统稳定，试确定 K 的取值范围。

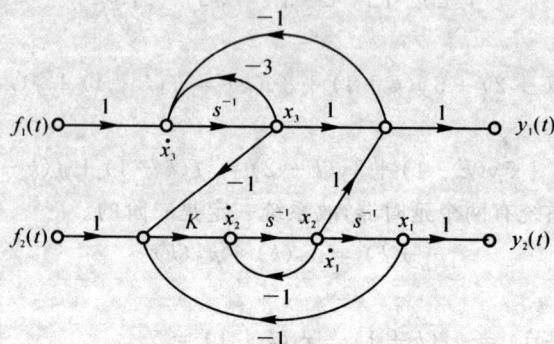

图　9-6-1

解　选每个积分器的输出变量 $x_1(t)$，$x_2(t)$，$x_3(t)$ 为状态变量，则可列出状态方程为

$$\dot{x}_1(t)=x_2(t)$$
$$\dot{x}_2(t)=-x_2(t)+K[-x_1(t)-x_3(t)+f_2(t)]=$$
$$-Kx_1(t)-x_2(t)-Kx_3(t)+Kf_2(t)$$
$$\dot{x}_3(t)=-3x_3(t)-[x_2(t)+x_3(t)]+f_1(t)=$$
$$-x_2(t)-4x_3(t)+f_1(t)$$

即

$$\begin{bmatrix} \dot{x}_1(t) \\ \dot{x}_2(t) \\ \dot{x}_3(t) \end{bmatrix}=\begin{bmatrix} 0 & 1 & 0 \\ -K & -1 & -K \\ 0 & -1 & -4 \end{bmatrix}\begin{bmatrix} x_1(t) \\ x_2(t) \\ x_3(t) \end{bmatrix}+\begin{bmatrix} 0 & 0 \\ 0 & K \\ 1 & 0 \end{bmatrix}\begin{bmatrix} f_1(t) \\ f_2(t) \end{bmatrix}$$

故系统矩阵为

$$A=\begin{bmatrix} 0 & 1 & 0 \\ -K & -1 & -K \\ 0 & -1 & -4 \end{bmatrix}$$

故得系统的特征多项式为

$$|sI-A|=s^3+5s^2+4s+4K$$

可见，欲使系统稳定，其必要条件是 $K>0$。下面再排出罗斯阵列：

$$
\begin{array}{ccc}
s^3 & 1 & 4 \\
s^2 & 5 & 4K \\
s^1 & -\dfrac{4K-20}{5} & 0 \\
s^0 & 4K & 0
\end{array}
$$

可见,欲使系统为稳定系统,必须有

$$4K - 20 < 0$$

$$4K > 0$$

故得

$$0 < K < 5$$

即 K 的值在大于 0 小于 5 的范围内,系统就是稳定的。

例 9 - 6 - 2　图 9 - 6 - 2 所示电路。(1) 欲使电路稳定,求 K 的取值范围;(2) 欲使电路为临界稳定,求 K 的值,并求此时的单位冲激响应 $h(t)$。

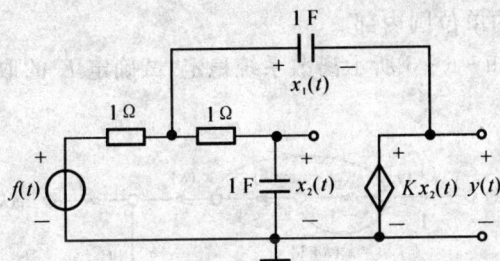

图　9 - 6 - 2

解　(1) 选 $x_1(t)$, $x_2(t)$ 为状态变量,则可列出状态方程为

$$\dot{x}_2(t) = \frac{x_1(t) + Kx_2(t) - x_2(t)}{1} = x_1(t) + (K-1)x_2(t)$$

$$\dot{x}_1(t) = \frac{f(t) - x_1(t) - Kx_2(t)}{1} - \dot{x}(t) =$$

$$-2x_1(t) + (-2K+1)x_2(t) + f(t)$$

即得状态方程为

$$\begin{bmatrix} \dot{x}_1(t) \\ \dot{x}_2(t) \end{bmatrix} = \begin{bmatrix} -2 & -2K+1 \\ 1 & K-1 \end{bmatrix} \begin{bmatrix} x_1(t) \\ x_2(t) \end{bmatrix} + \begin{bmatrix} 1 \\ 0 \end{bmatrix} [f(t)]$$

输出方程为

$$[y(t)] = Kx_2(t) = [0 \quad K] \begin{bmatrix} x_1(t) \\ x_2(t) \end{bmatrix} + [0][f(t)]$$

电路的特征多项式为

$$|s\boldsymbol{I} - \boldsymbol{A}| = s^2 + (3-K)s + 1$$

可见,欲使电路稳定,必须 $3 - K > 0$,即 $K < 3$。

(2) 欲使电路为临界稳定,则必须 $K = 3$。此时电路的自然频率可用如下方法求得:将 $K = 3$ 代入上式有 $s^2 + 1$,令

$$s^2 + 1 = 0$$

故得自然频率为 $p_1 = j1$, $p_2 = -j1$。

(3) 当 $K = 3$ 时,电路的各系数矩阵为

$$\boldsymbol{A} = \begin{bmatrix} -2 & -5 \\ 1 & 2 \end{bmatrix}, \quad \boldsymbol{B} = \begin{bmatrix} 1 \\ 0 \end{bmatrix}, \quad \boldsymbol{C} = [0 \quad 3], \quad \boldsymbol{D} = 0$$

$$\boldsymbol{\Phi}(s) = (s\boldsymbol{I} - \boldsymbol{A})^{-1} = \frac{1}{s^2+1}\begin{bmatrix} s-2 & -5 \\ 1 & s+2 \end{bmatrix}$$

$$\boldsymbol{H}(s) = \boldsymbol{C}\boldsymbol{\Phi}(s)\boldsymbol{B} + \boldsymbol{D} = 3\frac{1}{s^2+1}$$

故得
$$h(t) = 3\sin t\, U(t)$$

二、离散系统

欲使离散系统稳定,必须使 $H(z)$ 的极点,即特征方程 $|z\boldsymbol{I} - \boldsymbol{A}| = 0$ 的根,亦即矩阵 $\boldsymbol{A}$ 的特征值,全部位于 z 平面的单位圆内部。

例 9-6-3　欲使图 9-6-3 所示离散系统稳定,试确定 K 的取值范围。

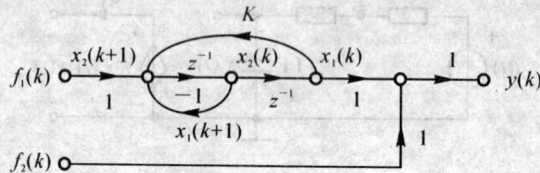

图　9-6-3

解　选每个单位延时器的输出变量 $x_1(k)$,$x_2(k)$ 为状态变量,于是可列出状态方程为
$$x_1(k+1) = x_2(k)$$
$$x_2(k+1) = Kx_1(k) - x_2(k) + f_1(k)$$

即
$$\begin{bmatrix} x_1(k+1) \\ x_2(k+1) \end{bmatrix} = \begin{bmatrix} 0 & 1 \\ K & -1 \end{bmatrix}\begin{bmatrix} x_1(k) \\ x_2(k) \end{bmatrix} + \begin{bmatrix} 0 & 0 \\ 1 & 0 \end{bmatrix}\begin{bmatrix} f_1(k) \\ f_2(k) \end{bmatrix}$$

故得系统矩阵为
$$\boldsymbol{A} = \begin{bmatrix} 0 & 1 \\ K & -1 \end{bmatrix}$$

系统的特征方程为
$$D(z) = |z\boldsymbol{I} - \boldsymbol{A}| = z^2 + z - K = 0$$

为使系统稳定,必须使特征根位于 z 平面的单位圆内部,即必须有
$$D(1) = 1 + 1 - K > 0$$
$$D(-1) = 1 - 1 - K > 0$$
$$1 > |-K|$$

联立求解得上述三个不等式的交集为
$$-1 < K < 0$$

习　题　九

9-1　图题 9-1 所示电路,已知 $x_1(t)$ 与 $x_2(t)$ 为状态变量,试证明以下各对变量是否都可以作为状态变量。(1) $i_L(t)$,$u_L(t)$;(2) $i_C(t)$,$u_C(t)$;(3) $u_{R1}(t)$,$u_L(t)$;(4) $i_C(t)$,$u_L(t)$;(5) $i_C(t)$,$u_{R3}(t)$;(6) $i_{R1}(t)$,$i_{R2}(t)$。

9-2　图题 9-2 所示电路,以 $x_1(t)$,$x_2(t)$,$x_3(t)$ 为状态变量,试列写电路的状态方程,并写成矩阵形式。

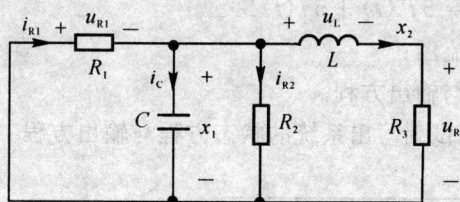
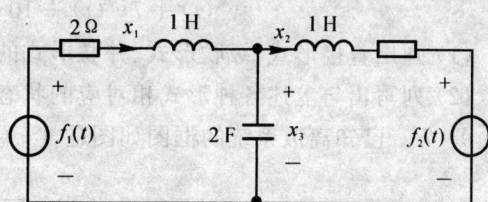

图题 9-1　　　　　　　　　　　　　　图题 9-2

9-3　图题 9-3 所示电路，以 $x_1(t)$，$x_2(t)$，$x_3(t)$ 为状态变量，以 $y_1(t)$，$y_2(t)$ 为响应变量，试列写电路的状态方程与输出方程。

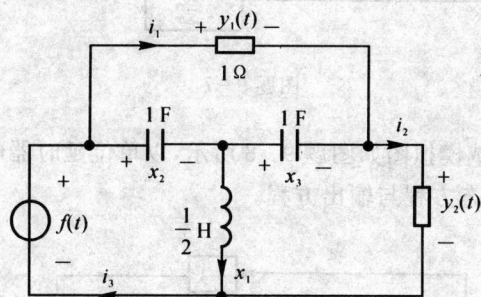

图题 9-3

9-4　已知系统的微分方程为

$$y'''(t) + 5y''(t) + 7y'(t) + 3y(t) = f(t)$$

试列写系统的状态方程与输出方程，并写出矩阵 $\boldsymbol{A}, \boldsymbol{B}, \boldsymbol{C}, \boldsymbol{D}$。

9-5　图题 9-5 所示系统，以积分器的输出信号为状态变量，试列写系统的状态方程与输出方程。

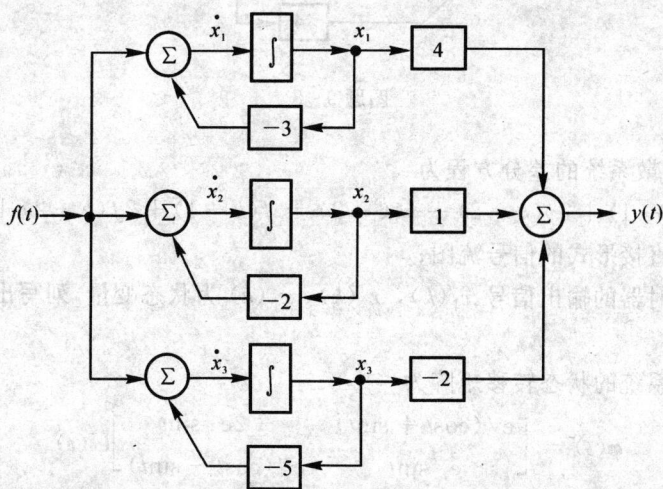

图题 9-5

9-6   已知系统的微分方程为

$$y'''(t) + 7y''(t) + 10y'(t) = 5f'(t) + 5f(t)$$

(1) 画出直接形式、级联形式、并联形式的信号流图；

(2) 列写出与上述各种形式相对应的状态方程与输出方程。

9-7   已知离散系统的框图如图题 9-7 所示，试列写出系统的状态方程与输出方程。

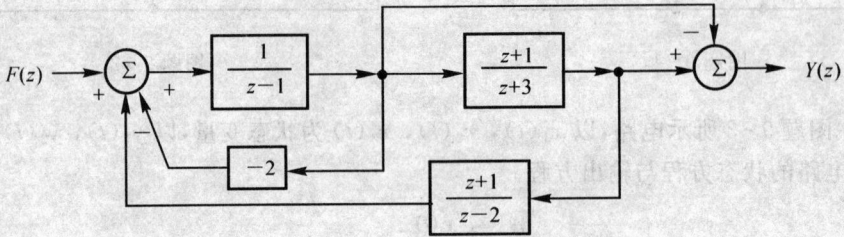

图题 9-7

9-8   离散系统的时域模拟图如图题 9-8 所示，以单位延时器的输出信号 $x_1(k)$，$x_2(k)$ 为状态变量，列写系统的状态方程与输出方程。

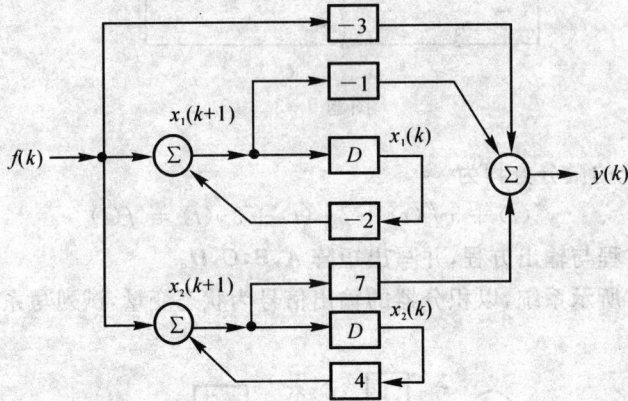

图题 9-8

9-9   已知离散系统的差分方程为

$$y(k) + 3y(k-1) + 2y(k-2) + y(k-3) = f(k-1) + 2f(k-2) + 3f(k-3)$$

(1) 画出系统直接形式的信号流图；

(2) 以单位延时器的输出信号 $x_1(k)$，$x_2(k)$，$x_3(k)$ 为状态变量，列写出系统的状态方程与输出方程。

9-10   已知系统的状态转移矩阵为

$$\boldsymbol{\varphi}(t) = \begin{bmatrix} \mathrm{e}^{-t}(\cos t + \sin t) & -2\mathrm{e}^{-t}\sin t \\ \mathrm{e}^{-t}\sin t & \mathrm{e}^{-t}(\cos t - \sin t) \end{bmatrix} U(t)$$

求系统矩阵 $\boldsymbol{A}$。

9-11   已知系统的状态方程为

$$\begin{bmatrix} \dot{x}_1(t) \\ \dot{x}_2(t) \end{bmatrix} = \begin{bmatrix} -1 & 1 \\ 0 & -2 \end{bmatrix}\begin{bmatrix} x_1(t) \\ x_2(t) \end{bmatrix} + \begin{bmatrix} 1 \\ -1 \end{bmatrix}[f(t)]$$

激励 $f(t) = e^{-t}U(t)$，初始状态为 $\begin{bmatrix} x_1(0^-) \\ x_2(0^-) \end{bmatrix} = \begin{bmatrix} 1 \\ 2 \end{bmatrix}$。(1) 求系统的状态转移矩阵 $\boldsymbol{\varphi}(t)$；(2) 求状态向量 $\boldsymbol{x}(t) = \begin{bmatrix} x_1(t) \\ x_2(t) \end{bmatrix}$。

9-12　已知系统的状态转移矩阵为

$$\boldsymbol{\varphi}(t) = \begin{bmatrix} 2e^{-t} - e^{-2t} & -2e^{-t} + 2e^{-2t} \\ e^{-t} - e^{-2t} & -e^{-t} + 2e^{-2t} \end{bmatrix} U(t)$$

当激励 $f(t) = \delta(t)$ 时的零状态解与零状态响应分别为

$$\begin{bmatrix} x_1(t) \\ x_2(t) \end{bmatrix} = \begin{bmatrix} 12e^{-t} - 12e^{-2t} \\ 6e^{-t} - 12e^{-2t} \end{bmatrix} U(t)$$

$$y(t) = \delta(t) + (6e^{-t} - 12e^{-2t})U(t)$$

求系统的系数矩阵 $\boldsymbol{A},\boldsymbol{B},\boldsymbol{C},\boldsymbol{D}$。

9-13　已知系统的信号流图如图题 9-13 所示。

(1) 以积分器的输出信号 $x_1(t)$，$x_2(t)$ 为状态变量，列写系统的状态方程与输出方程；

(2) 求系统函数矩阵 $\boldsymbol{H}(s)$；

(3) 求单位冲激响应矩阵 $\boldsymbol{h}(t)$。

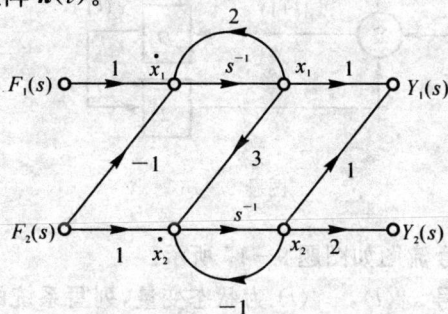

图题 9-13

9-14　已知离散系统的状态方程与输出方程为

$$\begin{bmatrix} x_1(k+1) \\ x_2(k+1) \end{bmatrix} = \begin{bmatrix} 0 & 1 \\ -6 & 5 \end{bmatrix}\begin{bmatrix} x_1(k) \\ x_2(k) \end{bmatrix} + \begin{bmatrix} 0 \\ 1 \end{bmatrix}[f(k)]$$

$$\begin{bmatrix} y_1(k) \\ y_2(k) \end{bmatrix} = \begin{bmatrix} 1 & 1 \\ 2 & -1 \end{bmatrix}\begin{bmatrix} x_1(k) \\ x_2(k) \end{bmatrix}$$

系统的初始状态为 $\begin{bmatrix} x_1(0) \\ x_2(0) \end{bmatrix} = \begin{bmatrix} 1 \\ 2 \end{bmatrix}$。(1) 求状态转移矩阵 $\boldsymbol{\Phi}(k) = \boldsymbol{A}^k$；(2) 求激励 $f(k) = 0$ 时的状态向量 $\boldsymbol{x}(k)$ 和响应向量 $\boldsymbol{y}(k)$。

9-15　已知系统的状态方程与输出方程为

$$\begin{bmatrix} \dot{x}_1(t) \\ \dot{x}_2(t) \end{bmatrix} = \begin{bmatrix} -1 & 2 \\ -1 & -4 \end{bmatrix}\begin{bmatrix} x_1(t) \\ x_2(t) \end{bmatrix} + \begin{bmatrix} 0 \\ 1 \end{bmatrix}[f(t)]$$

$$[y(t)] = [1 \quad 1]\begin{bmatrix} x_1(t) \\ x_2(t) \end{bmatrix} + [1][f(t)]$$

今选新的状态向量 $w(t) = \begin{bmatrix} w_1(t) \\ w_2(t) \end{bmatrix}$，它与原状态向量 $x(t)$ 的关系为

$$x(t) = \begin{bmatrix} 2 & -1 \\ -1 & 1 \end{bmatrix} w(t)$$

(1) 求关于 $w(t)$ 的状态方程与输出方程；(2) 已知系统的初始状态为 $x(0^-) = \begin{bmatrix} x_1(0^-) \\ x_2(0^-) \end{bmatrix} =$

$\begin{bmatrix} 3 \\ 2 \end{bmatrix}$，激励 $f(t) = \delta(t)$，求两种状态变量下的响应 $y(t)$。

9-16 已知离散系统的模拟图如图题 9-16 所示。

(1) 求激励 $f(k) = \delta(k)$ 时的状态向量 $x(k)$；

(2) 求系统的差分方程。

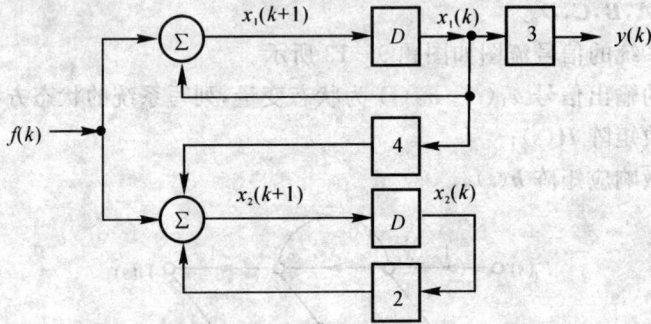

图题 9-16

9-17 已知系统的信号流图如图题 9-17 所示。

(1) 以积分器的输出信号 $x_1(t)$，$x_2(t)$ 为状态变量，列写系统的状态方程与输出方程；

(2) 求系统的微分方程；

(3) 已知激励 $f(t) = U(t)$ 时的全响应为 $y(t) = \left(\dfrac{1}{3} + \dfrac{1}{2}e^{-t} - \dfrac{5}{6}e^{-3t} \right) U(t)$，求系统的零输入响应 $y_x(t)$ 与初始状态 $x(0^-)$；

(4) 求系统的单位冲激响应 $h(t)$。

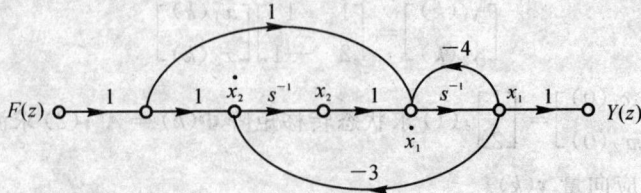

图题 9-17

9-18 已知系统的信号流图如图题 9-18 所示。试求 K 满足什么条件时系统为稳定。

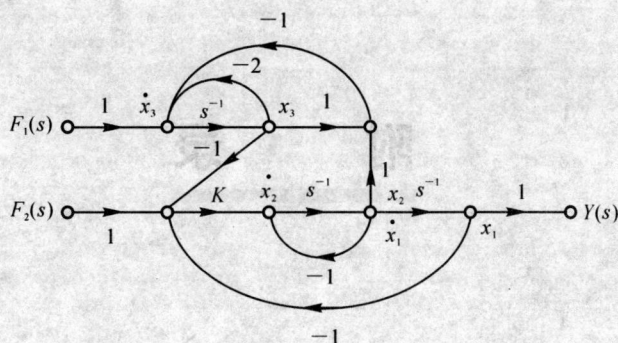

图题 9 - 18

9 - 19　图题 9 - 19 所示电路,激励 $f(t) = U(t)$ V。求电路的单位阶跃响应 $y(t)$。

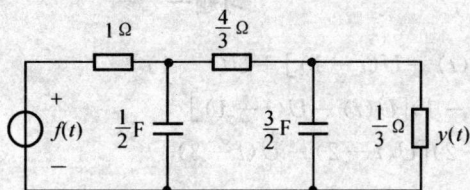

图题 9 - 19

附　　录

一、习题参考答案

习题一

1-2　$f_1(t) = t[U(t) - U(t-1)] + U(t-1)$

　　　$f_2(t) = -(t-1)[U(t) - U(t-1)]$

　　　$f_3(t) = (t-2)[U(t-2) - U(t-3)]$

1-3　$f_1(t) = \begin{cases} \dfrac{1}{2}(t+2) = \dfrac{1}{2}t + 1 & -2 \leqslant t \leqslant 0 \\ \dfrac{1}{2}(-t+2) = -\dfrac{1}{2}t + 1 & 0 \leqslant t \leqslant 2 \end{cases}$

　　　$f_2(t) = U(t) + U(t-1) + U(t-2)$

　　　$f_3(t) = -\sin\dfrac{\pi}{2}t[U(t+2) - U(t-2)]$

　　　$f_4(t) = U(t+2) - 2U(t+1) + 3U(t-1) - 4U(t-2) + 2U(t-3)$

1-5　(1) 是，$T = \dfrac{2\pi}{3}$ s　　　(2) 是，$T = \pi$ s　　　(3) 不是

1-6　(1) $\dfrac{1}{2}U\left(t - \dfrac{1}{2}\right)$　　　(2) $\dfrac{\sqrt{2}}{2}\delta'(t)$　　　(3) -1

1-7　(1) $\cos\omega$　　　(2) 0　　　(3) e^{-2t_0}

1-8　(a) $f_1'(t) = 2U(t+1) - 3U(t) + U(t-2)$

　　　(b) $f_2'(t) = U(t+1) - 2U(t-1) + 3U(t-2) - U(t-3)$

　　　(c) $f_3'(t) = -\sin\dfrac{\pi}{2}t[U(t) - U(t-5)] + \delta(t)$

1-11　C

1-13　$f_0(t) = U(-t-1) - U(t-1)$

1-15　(1) 线性、时不变、因果系统。　　　　(2) 线性、时变、因果系统。

　　　(3) 非线性、时变、因果系统。　　　　(4) 线性、时变、非因果系统。

　　　(5) 线性、时变、非因果系统。　　　　(6) 非线性、时不变、因果系统。

　　　(7) 线性、时不变、因果系统。　　　　(8) 线性、时变、非因果系统。

1－16　$y(t) = U(t) - U(t-1) - U(t-2) + U(t-3)$

1－18　$y(t) = (t-1)U(t-1) - (t-2)U(t-2)$

1－19　$y(t) = (-e^{-t} + 3\cos\pi t)U(t)$

1－20　$(8 - 5e^{-5t})U(t)$ A

习题二

2－1　$H(p) = \dfrac{3}{p^2 + 4p + 4}$

　　　$\dfrac{d^2}{dt^2}u_2(t) + 4\dfrac{d}{dt}u_2(t) + 4u_2(t) = 3f(t)$

2－2　$H(p) = \dfrac{10p + 10}{p^2 + 11p + 30}$

　　　$\dfrac{d^2}{dt^2}i(t) + 11\dfrac{d}{dt}i(t) + 30i(t) = 10\dfrac{d}{dt}f(t) + 10f(t)$

2－3　$i(t) = 5e^{-t} - 3e^{-2t}$ A　　$t \geqslant 0$

　　　$u_C(t) = -5e^{-t} + 6e^{-2t}$ V　　$t \geqslant 0$

2－4　(1) $u_C(t) = 8e^{-2t} - 2e^{-8t}$ V　　$t \geqslant 0$

　　　　$i(t) = 4e^{-2t} - 4e^{-8t}$ A　　$t \geqslant 0$

　　　(2) $R = 2\ \Omega$

2－5　$u_C(t) = \left(-\dfrac{1}{3}e^{-t} + \dfrac{4}{3}e^{-4t}\right)U(t)$ V

　　　$i(t) = \left(\dfrac{4}{3}e^{-t} - \dfrac{4}{3}e^{-4t}\right)U(t)$ A

　　　$g(t) = \left(1 - \dfrac{4}{3}e^{-t} + \dfrac{1}{3}e^{-4t}\right)U(t)$ A

2－6　$h(t) = 2(e^{-t} - e^{-2t})U(t)$ V

　　　$g(t) = (-2e^{-t} + e^{-2t} + 1)U(t)$ V

2－7　(1) $(t-1)[U(t-1) - U(t-3)]$

　　　(2) $\delta(t)$

2－8　(1) $y_1(t) = 1 + (1 - e^{-t})U(t) = \begin{cases} 1 & t < 0 \\ 2 - e^{-t} & t \geqslant 0 \end{cases}$

　　　(2) $y_2(t) = [1 - \cos(t-1)]U(t-1)$

2－12　(1) $y(t) = (1 - e^{-t})U(t)$

　　　(2) $y_1(t) = \begin{cases} e^t & t < 0 \\ 1 & t \geqslant 0 \end{cases}$

　　　　$y_2(t) = (1 - e^{-t})U(t)$

　　　(3) 非因果系统;因果系统

2－13　$h(t) = (5\sin\omega t + \omega\cos\omega t)U(t)$

2－14　(1) $h(t) = (e^{-t} - e^{-2t})U(t)$

　　　(2) $y(t) = (-e^{-t} + e^{-2t} + te^{-t})U(t)$

2-15　(1) $h(t) = U(t) - \delta(t-1)$

　　　(2) $y(t) = -(1 - e^{-t})U(t) - e^{-(t-1)}U(t-1)$

2-16　$h(t) = \delta'(t) + \delta(t) + e^{-2t}U(t)$

　　　$y(t) = \left(1 - \dfrac{1}{2}e^{-2t}\right)U(t) + \delta(t)$

2-17　$h(t) = \cos t\, U(t)$

　　　$y(t) = \sin t\,[U(t) - U(t-6\pi)]$

2-18　$g(t) = (e^{-t} - e^{-4t})U(t)$

　　　$y(t) = (e^{-t} - e^{-4t})U(t) - 2[e^{-(t-2)} - e^{-4(t-2)}]U(t-2) + 7[e^{-4(t-4)} - e^{-(t-4)}]U(t-4)$

2-19　$y_x(t) = 2e^{-2t}U(t)$

　　　$y(t) = 2\delta(t)$

2-20　$h(t) = (-e^{-t} + 3e^{-2t})U(t)$, $g(t) = \left(\dfrac{1}{2} + e^{-t} - \dfrac{3}{2}e^{-2t}\right)U(t)$

习题三

3-1　$C_n = \dfrac{2}{n\pi}[(-1)^n - 1]$

3-2　$\dot{A}_n = \dfrac{-1}{jn\pi}$ $(n \neq 0)$

　　　$f(t) = \dfrac{1}{2} - \dfrac{1}{\pi}\displaystyle\sum_{n=1}^{\infty}\dfrac{1}{n}\sin n\Omega t$

3-3　$\dot{A}_n = \dfrac{1}{n^2\pi^2}[(-1)^n - 1] + \dfrac{j}{n\pi}(-1)^n$, $A_0 = \dfrac{1}{2}$

　　　$f(t) = \dfrac{A_0}{2} + \dfrac{1}{2}\displaystyle\sum_{\substack{n=-\infty \\ n\neq 0}}^{\infty}\dot{A}_n e^{jn\Omega t}$

3-4　$\dot{A}_n = -\dfrac{4E}{\pi(4n^2 - 1)}$

　　　$f(t) = \displaystyle\sum_{n=-\infty}^{\infty} -\dfrac{2E}{\pi(4n^2 - 1)}e^{j2n\pi t}$

3-6　$F(j\omega) = j\omega A\tau^2 \text{Sa}^2\left(\dfrac{\omega\tau}{2}\right)$

3-7　$F(j\omega) = \pi\delta(\omega) + \dfrac{\text{Sa}\left(\dfrac{\omega}{2}\right)}{j\omega}$

3-8　$F(j\omega) = 4\cos 2\omega\, \text{Sa}(\omega)$

3-10　(1) $j\dfrac{1}{2}F'\left(j\dfrac{\omega}{2}\right)$ 　　　　　　　　(2) $jF'(j\omega) - 2F(j\omega)$

　　　(3) $j\dfrac{1}{2}F'\left(-j\dfrac{\omega}{2}\right) - F\left(-j\dfrac{\omega}{2}\right)$ 　　　(4) $-[\omega F'(j\omega) + F(j\omega)]$

　　　(5) $F(-j\omega)e^{-j\omega}$ 　　　　　　　　(6) $-jF'(-j\omega)e^{-j\omega}$

　　　(7) $\dfrac{1}{2}F\left(j\dfrac{\omega}{2}\right)e^{-j\frac{5}{2}\omega}$ 　　　　　　(8) $\pi j\delta'(\omega) - \dfrac{1}{\omega^2}$

3-11　$F(j\omega) = \dfrac{E\Omega}{\Omega^2 - \omega^2}(1 + e^{-j\frac{T}{2}\omega})$

3-12　$F(j\omega) = 3\pi\delta(\omega) + \dfrac{1}{j\omega}\mathrm{Sa}\left(\dfrac{\omega}{2}\right)e^{-j\frac{1}{2}\omega}$

3-13　(1) $-j\mathrm{sgn}(\omega)$　　　(2) $\omega\mathrm{sgn}(\omega)$　　　(3) $2\pi j^n\delta^{(n)}(\omega)$

3-14　$X(j\omega) = 2a(\omega + \omega_0)\cos(\omega + \omega_0) + 2a(\omega - \omega_0)\cos(\omega - \omega_0)$

3-15　$f(t) = -\dfrac{6}{\pi}\mathrm{Sa}\left[3\left(t - \dfrac{3}{2}\right)\right]$

$t = \dfrac{k\pi}{3} + \dfrac{3}{2}$　$(k \neq 0)$

3-16　(1) $f(t) = -\delta'(t)$　　　　　　　　　　(2) $f(t) = -\dfrac{1}{2}t\mathrm{sgn}(t)$

　　　(3) $f(t) = \dfrac{1}{2\pi}e^{j2t}$　　　　　　　　　(4) $f(t) = \delta(t-1) + \delta(t+1)$

　　　(5) $f(t) = \dfrac{1}{2\pi(a + jt)}$　　$-\infty < t < \infty$

　　　(6) $f(t) = 3 - e^{2t}U(-t) - e^{-3t}U(t)$

3-17　$f(t) = \dfrac{A\omega_0}{\pi}\mathrm{Sa}[\omega_0(t - t_0)]$

3-18　$A_n = \dfrac{1}{n^2\pi^2}[(-1)^n - 1] + \dfrac{j}{n\pi}(-1)^n,\ n \neq 0$

$A_0 = \dfrac{1}{2}$

$f(t) = \dfrac{A_0}{2} + \dfrac{1}{2}\sum_{n=-\infty}^{\infty}\dot{A}_n e^{jn\Omega t},\ n \neq 0$

3-19　$Y(j\omega) = \dfrac{1}{2\pi}[\delta(\omega) + 2F_1(j\omega) + F_1(j\omega) * F_1(j\omega)]$

3-20　(1) $\dfrac{\pi}{a}$　　　(2) $\dfrac{2\pi}{3a}$　　　(3) $\dfrac{\pi}{2a^3}$

3-21　4π

3-22　$\dfrac{10}{\pi}$

习题四

4-1　$H(j\omega) = \dfrac{1}{(j\omega)^2 LC + j\omega\dfrac{L}{R} + 1}$

4-2　$H_1(j\omega) = \dfrac{1}{RC} \times \dfrac{1}{j\omega + \dfrac{1}{RC}}$

$H_2(j\omega) = \dfrac{1}{R}\left[1 - \dfrac{\dfrac{1}{RC}}{j\omega + \dfrac{1}{RC}}\right]$

$$h_1(t) = \frac{1}{RC}e^{-\frac{1}{RC}t}U(t)$$

$$h_2(t) = \frac{1}{R}\delta(t) - \frac{1}{R^2C}e^{-\frac{1}{RC}t}U(t)$$

4-3　$h(t) = \frac{1}{2}e^{-2t}U(t)$ A

　　　$i(t) = (-5.5e^{-2t} + 5e^{-t})U(t) + \frac{1}{2}U(t)$ A

4-4　$y(t) = (e^{-3t} + e^{-t} - e^{-2t})U(t)$

4-5　$y(t) = -\frac{1}{2}e^{-t}U(t) + \left(9e^{-2t} - \frac{13}{2}e^{-3t}\right)U(t)$

4-6　$y(t) = -f(t)$

4-7　$Y(j\omega) = \frac{1}{4}A\tau\left\{Sa\left[\frac{(\omega + 3\omega_0)\tau}{2}\right] + Sa\left[\frac{(\omega + \omega_0)\tau}{2}\right] + Sa\left[\frac{(\omega - \omega_0)\tau}{2}\right] + Sa\left[\frac{(\omega - 3\omega_0)\tau}{2}\right]\right\}$

4-8　(1) $y(t) = Sa(\pi t)$　　　　(2) $y(t) = Sa(\pi t)$

4-9　$y(t) = 10\cos 100t$　　　$t \in \mathbf{R}$

4-10　$y(t) = \frac{1}{2\pi}Sa(t)$　　　$t \in \mathbf{R}$

4-11　$y(t) = 50\cos(\omega_0 - \omega_m)t$　　　$t \in \mathbf{R}$

4-12　$y(t) = \frac{\sin t}{2\pi t}\cos 1\,000t$　　　$t \in \mathbf{R}$

4-13　$y(t) = 2 + 2\cos\left(5t - \frac{\pi}{2}\right)$　　　$t \in \mathbf{R}$

4-15　$y(t) = 1 - \frac{\sin 2\pi t}{\pi}$　　　$t \in \mathbf{R}$

　　　$Y(j\omega) = 2\pi\delta(\omega) - j\delta(\omega + 2\pi) + j\delta(\omega - 2\pi)$

4-16　$y(t) = \frac{1}{2\pi}Sa(t)$　　　$t \in \mathbf{R}$

4-17　$Y(j\omega) = H(j\omega)G_{2\omega_C}(\omega)$

4-18　$y(t) = 2\pi\sin\pi t + \frac{3\pi}{2}\cos 3\pi t$　　　$t \in \mathbf{R}$

4-19　$f_N = \frac{100}{\pi}$ Hz,　　　$T_N = \frac{\pi}{100}$ s

4-20　(1) $f_N = \frac{100}{\pi}$ Hz,　　　$T_N = \frac{\pi}{100}$ s

　　　(2) $f_N = 63.66$ Hz,　　　$T_N = 15.7$ ms

　　　(3) $f_N = 159.15$ Hz,　　　$T_N = 6.28$ ms

4-21　$T_N = \frac{1}{3\,000}$ s

习题五

5-1　(1) $F(s) = \frac{\alpha}{s(s+\alpha)}$　　　　　　　　(2) $F(s) = \frac{s\sin\psi + \omega\cos\psi}{s^2 + \omega^2}$

(3) $F(s) = \dfrac{s}{(s+\alpha)^2}$　　　　　　(4) $F(s) = \dfrac{1}{s(s+\alpha)}$

(5) $F(s) = \dfrac{2}{s^3}$　　　　　　　　(6) $F(s) = \dfrac{3s^2 + 2s + 1}{s^2}$

(7) $F(s) = \dfrac{s^2 - \omega^2}{(s^2 + \omega^2)^2}$　　　　(8) $F(s) = \dfrac{\alpha^2}{s^2(s+\alpha)}$

5－2　(1) $f(t) = \left(\dfrac{3}{8} + \dfrac{1}{4}e^{-2t} + \dfrac{3}{8}e^{-4t}\right)U(t)$

　　　(2) $f(t) = \left(\dfrac{12}{5}e^{-2t} - \dfrac{34}{9}e^{-3t} + \dfrac{152}{45}e^{-12t}\right)U(t)$

　　　(3) $f(t) = 2\delta(t) + (2e^{-t} + e^{-2t})U(t)$

　　　(4) $f(t) = \delta(t) + (e^{-t} - 4e^{-2t})U(t)$

5－3　(1) $f(t) = \delta'(t) + (2e^{-2t} - 4e^{-4t})U(t)$

　　　(2) $f(t) = \left(\dfrac{1}{2}t^2 + 2t + 3\right)e^{-t}U(t) + (t-3)U(t)$

5－4　(1) $f(t) = e^t \sin 2t U(t) + \dfrac{1}{2}e^t \sin 2(t-1)U(t-1)$

　　　(2) $f(t) = \displaystyle\sum_{k=0}^{\infty} U(t-k)\qquad k \in \mathbf{N}$

　　　(3) $f(t) = tU(t) - 2(t-1)U(t-1) + (t-2)U(t-2)$

5－5　$f(t) = [e^{-3t} + (3-2t)e^{-2t}]U(t)$

5－6　(1) 终值不存在，$f(0^+) = 1$　　　　(2) $f(\infty) = 0$，$f(0^+) = 0$

　　　(3) $f(\infty) = \dfrac{1}{2}$，$f(0^+) = 0$　　　　(4) 终值不存在，$f(0^+) = 0$

5－7　$y(0^+) = 1$，$y'(0^+) = 3$

5－8　$u(t) = \left(\dfrac{3}{2} - \dfrac{5}{2}e^{-2t}\right)U(t)$ V

5－9　$u(t) = \sin 2t U(t)$ V

5－10　$u(t) = [-2e^{-t} + 2.8e^{-2t} + 0.447\cos(t - 63.43°)]U(t)$ V

5－11　$u(t) = (1+t)e^{-t}U(t)$ V

5－12　$u(t) = 0$

5－13　$u(t) = (-3e^{-t} + 18e^{-6t})U(t)$ V

5－14　$u_2(t) = 0.4e^{-0.2t}U(t)$ V

5－15　$i_1(t) = i_2(t) = \dfrac{5}{2}e^{-t}U(t)$ A

5－16　$u_x(t) = (8t+6)e^{-2t}U(t)$ V

　　　$u_f(t) = [3 - (6t+3)e^{-2t}]U(t)$ V

　　　$u(t) = [3 + (2t+3)e^{-2t}]U(t)$ V

5－17　$u(t) = -2te^{-t}U(t)$ V

5－18　$y_f(t) = (3e^{-t} - 4e^{-2t} + e^{-3t})U(t)$

　　　$y_x(t) = (11e^{-2t} - 8e^{-3t})U(t)$

$$y(t) = (3e^{-t} + 7e^{-2t} - 7e^{-3t})U(t)$$

习题六

6-1　$H(s) = \dfrac{2s^2 + 2s + 1}{s^2 + s + 1}$

6-2　$H(s) = \dfrac{s^2 + 2s}{s^2 + 5s + 3}$

6-3　$f(t) = \dfrac{3}{5}\delta(t) + (1 + e^{-5t})U(t)$

6-4　(1) $h(t) = \delta(t) - 2e^{-2t}(\cos t - 2\sin t)U(t)$

　　　(2) $y(t) = \delta(t) - 2e^{-t}\cos 2t\,U(t)$

　　　(3) $y(t) = (1 - 2e^{-t}\sin 2t)U(t)$

6-5　(1) $h(t) = te^{-t}U(t)$ V

　　　(2) $u(0^-) = 0,\ i(0^-) = 1$ A

　　　(3) $u(0^-) = 1$ V, $i(0^-) = 0$

6-6　(1) $H(s) = \dfrac{s^2 + \dfrac{1}{C}}{s^2 + \dfrac{2}{C}s + \dfrac{1}{C}}$

　　　(2) $u_2(t) = \left[\dfrac{2}{5}\left(\dfrac{8}{5} - t\right)e^{-t} + \dfrac{3}{5}\cos(2t + 53.1°)\right]U(t)$ V

　　　(3) $C = 0.25$ F

　　　　　$u_2(t) = \left[1.077e^{-(4+2\sqrt{3})t} - 0.077e^{-(4-2\sqrt{3})t}\right]U(t)$ V

6-7　(1) $H(s) = \dfrac{K}{s^2 + (3 - K)s + 1}$

　　　(2) $K < 3$

　　　(3) $h(t) = \dfrac{4}{\sqrt{3}}e^{-\frac{1}{2}t}\sin\dfrac{\sqrt{3}}{2}t\,U(t)$ V

6-8　(1) $y''(t) + 5y'(t) + 6y(t) = f'(t) + 5f(t)$

　　　(3) $y_f(t) = (2e^{-t} - 3e^{-2t} + e^{-3t})U(t)$

　　　　　$y_x(t) = (7e^{-2t} - 5e^{-3t})U(t)$

　　　　　$y(t) = (4e^{-2t} - 4e^{-3t})U(t) + 2e^{-t}U(t)$

6-9　(1) $H(s) = \dfrac{s}{s^3 + 3s^2 + s - 2}$

6-10　(1) $a = 4,\ b = 2$

　　　(2) $b > -2$

　　　(3) $g(t) = (e^{-2t} - e^{-3t})U(t)$

6-11　(1) $H(s) = \dfrac{Ks}{s^2 + (4 - K)s + 4}$

　　　(2) $K \leqslant 4$

　　　(3) $h(t) = 4\cos 2t\,U(t)$

6 - 12　$H(s) = \dfrac{2(s^2 + 4s + 5)}{s^3 + 3s^2 + 9s + 27}$

6 - 13　(1) $H(s) = \dfrac{s+3}{(s+1)(s+2)^2}$

6 - 14　(1) $H(s) = \dfrac{s+3}{(s+1)(s+3)} = \dfrac{s+3}{s^2 + 4s + 3}$

　　　　　$h(t) = e^{-t}U(t)$

　　　　(2) $y''(t) + 4y'(t) + 3y(t) = f'(t) + 3f(t)$

6 - 15　$h_2(t) = tU(t)$

6 - 16　$H(s) = \dfrac{3s^4 + 16s^2 + 27s + 12}{s^4 + 5s^3 + 8s^2 + 4s}$

6 - 17　$y(t) = \sqrt{2}\cos(t - 45°)U(t)$

6 - 18　$y(t) = 7.2\cos(2t - 146.3°)U(t)$

6 - 19　(1) 为稳定系统。

　　　　(2) $H(s) = \dfrac{s+1}{s^2 + 100^2}$

　　　　(5) $y(t) = (10^{-4} - 10^{-4}\cos 100t + 10^{-2}\sin 100t)U(t)$

6 - 20　(1) $H(s) = \dfrac{10s + 10}{s^3 + s^2 + (10K + 10)s + 10}$

　　　　(2) $K > 0$

　　　　(3) $\pm j\sqrt{10}$ rad/s

习题七

7 - 1　12×10^4 个

7 - 2　$f(k) = (k^2 - 2)U(k)$

　　　　$f(k) = -2\delta(k) - \delta(k-1) + 2\delta(k-2) + 7\delta(k-3) +$

　　　　　　$14\delta(k-4) + 23\delta(k-5) + \cdots$

7 - 3　(1) 是,$N = 14$　　　　(2) 不是　　　　(3) 不是

7 - 4　(1) $\Delta^2 y(k) = 2$

　　　　(2) $\Delta y(k) = f(k+1)$

　　　　(3) $\Delta[y(k-1)] = \Delta y(k-1) = \delta(k)$

　　　　　　$\nabla[y(k-1)] = \nabla y(k-1) = \delta(k-1)$

7 - 5　$\Delta f(k) = \delta(k+3) - 3\delta(k+2) + 2\delta(k+1) + \delta(k) +$

　　　　　　$\delta(k-1) + \delta(k-2) - 2\delta(k-3) - \delta(k-4)$

　　　　$\Delta f(k+1) = \delta(k+4) - 3\delta(k+3) + 2\delta(k+2) + \delta(k+1) +$

　　　　　　$\delta(k) + \delta(k-1) - 2\delta(k-2) - \delta(k-3)$

　　　　$\Delta^2 f(k) = \delta(k+4) - 4\delta(k+3) + 5\delta(k+2) - \delta(k+1) +$

　　　　　　$0\delta(k) + 0\delta(k-1) - 3\delta(k-2) + \delta(k-3) + \delta(k-4)$

7 - 6　$y(k) = \delta(k+3) + 3\delta(k+2) + 5\delta(k+1) + 6\delta(k) +$

　　　　　　$5\delta(k-1) + 3\delta(k-2) + \delta(k-3)$

7-7　(1) $(k+1)U(k)$

(2) $\dfrac{4}{3}\left[1-(0.25)^{k+1}\right]U(k)$

(3) $\dfrac{1}{2}\left[(5)^{k+1}-(3)^{k+1}\right]U(k)$

(4) $U(k)+U(k-1)+U(k-2)$

7-8　(1) $y(k)=(1-k)(-1)^{k}U(k)$

(2) $y(k)=\left[(-1-k)2^{k}+3^{k}\right]U(k)$

7-9　$h(k)=\left[3\left(\dfrac{1}{2}\right)^{k}-2\left(\dfrac{1}{3}\right)^{k}\right]U(k)-\left[3\left(\dfrac{1}{2}\right)^{k-2}-2\left(\dfrac{1}{3}\right)^{k-2}\right]U(k-2)$

7-10　$y(k)=\left[\dfrac{1}{2}-3(2)^{k}+\dfrac{7}{2}(3)^{k}\right]U(k)$

7-11　(1) $y(k+1)-1.05y(k)=U(k)$

(2) 13.206 8 万元

7-12　$y(k)=\dfrac{2}{3}(-1)^{k}-(-2)^{k}+\dfrac{1}{3}(2)^{k}\qquad k\geqslant 0$

7-13　(1) $y_{x}(k)=\left[4\left(\dfrac{1}{2}\right)^{k}-3\left(\dfrac{1}{3}\right)^{k}\right]U(k)$

$y_{f}(k)=\left[18\left(\dfrac{1}{2}\right)^{k}-15\left(\dfrac{1}{3}\right)^{k}-3\right]U(k)$

$y(k)=\left[22\left(\dfrac{1}{2}\right)^{k}-18\left(\dfrac{1}{3}\right)^{k}-3\right]U(k)$

(2) 稳定

7-14　$y_{f}(k)=\left[\dfrac{9}{2}(-3)^{k}-4(-2)^{k}+\dfrac{1}{2}(-1)^{k}\right]U(k)$

$y(k)+3y(k-1)+2y(k-2)=f(k)$

7-15　(1) $y(k)-7y(k-1)+10y(k-2)=$

$14f(k)-85f(k-1)+111f(k-2)$

(2) $y(k)=2\{[2^{k}+3(5)^{k}+10]U(k)-[2^{k-10}+3(5)^{k-10}+10]U(k-10)\}$

7-17　(a) $y(k+1)+\dfrac{1}{5}y(k)=f(k+1)$

$y(k)+\dfrac{1}{5}y(k-1)=f(k)$

(b) $y(k+2)+5y(k+1)+6y(k)=f(k+2)$

$y(k)+5y(k-1)+6y(k-2)=f(k)$

7-18　$y(k)=2f(k-1)+f(k-2)+0.5f(k-3)$

$h(k)=2\delta(k-1)+\delta(k-2)+0.5\delta(k-3)$

7-19　$h(k)=\left[-3(2)^{k}+4(3)^{k}\right]U(k)$

习题八

8-1　$R_{N}(z)=\dfrac{z-z^{-N+1}+Nz^{-N+1}-Nz^{-N+2}}{(z-1)^{2}}$

$$R_4(z) = \frac{z^2 + 2z + 3}{z^3}$$

8-2　(1) $F(z) = \dfrac{z}{z - \dfrac{1}{2}}$，极点 $p_1 = \dfrac{1}{2}$，零点 $z_1 = 0$

(2) $F(z) = \dfrac{1}{1 - 2z}$，极点 $p_1 = \dfrac{1}{2}$，无零点

(3) $F(z) = \dfrac{-5z}{12\left(z - \dfrac{1}{4}\right)\left(z - \dfrac{2}{3}\right)}$，极点 $p_1 = \dfrac{1}{4}$，$p_2 = \dfrac{2}{3}$，零点 $z_1 = 0$

(4) $F(z) = \dfrac{2z}{2z - 1}$，极点 $p_1 = \dfrac{1}{2}$，零点 $z_1 = 0$

(5) $F(z) = \dfrac{z}{z - \dfrac{1}{5}} - \dfrac{3z}{3z - 1}$，极点 $p_1 = \dfrac{1}{5}$，$p_2 = \dfrac{1}{3}$，零点 $z_1 = 0$

(6) $F(z) = \dfrac{z}{z - \mathrm{e}^{\mathrm{j}\omega_0}}$，极点 $p_1 = \mathrm{e}^{\mathrm{j}\omega_0}$，零点 $z_1 = 0$

8-3　(1) $F(z) = \dfrac{z}{z^2 - 1}$ 　　　　(2) $F(z) = \dfrac{z - z^{-5}}{z - 1}$

(3) $F(z) = \dfrac{-z}{(z + 1)^2}$ 　　　　(4) $F(z) = \dfrac{2z^2}{(z - 1)^3}$

(5) $F(z) = \dfrac{z^2}{z^2 + 1}$ 　　　　(6) $F(z) = \dfrac{4z^2}{4z^2 + 1}$

8-4　(1) $f(k) = 2\left[1 - \cos\dfrac{\pi}{3}k\right]U(k)$

(2) $f(k) = \dfrac{1}{4}\left[(-1)^k + 2k - 1\right]U(k)$

(3) $f(k) = (-2)^{k-6}U(k - 6)$

8-5　(1) $f(0) = 1$，$f(1) = \dfrac{3}{2}$，$f(\infty) = 2$

(2) $f(0) = 1$，$f(1) = 3$，终值不存在

8-6　$y_x(k) = \left[2(2)^k - (-1)^k\right]U(k + 2)$

$y_f(k) = \left[2(2)^k + \dfrac{1}{2}(-1)^k - \dfrac{3}{2}(1)^k\right]U(k)$

$y(k) = \left[2(2)^k - (-1)^k\right]U(k + 2) + \left[2(2)^k + \dfrac{1}{2}(-1)^k - \dfrac{3}{2}(1)^k\right]U(k)$

8-7　(1) $H(z) = \dfrac{z^3}{z^3 - 2z^2 - 5z + 6}$ 　　　　(2) $H(z) = \dfrac{2 - z^3}{z^3 - \dfrac{1}{2}z^2 + \dfrac{1}{18}z}$

(3) $H(z) = \dfrac{z^4 + z^2 - 2}{z^3(z - 1)}$ 　　　　(4) $H(z) = \dfrac{3z^2 + 2z}{z^2 - 4z - 5}$

8-8　$f(k) = (0.2)^{k-1}U(k - 1)$

8-9　$h(k) = \left(\dfrac{1}{2}\right)^{k-1}U(k - 1) - \left(\dfrac{1}{2}\right)^k U(k)$

8 - 10　(1) $y(k) - y(k-1) + 0.5y(k-2) = f(k-1)$

　　　　(2) $H(z) = \dfrac{z}{z^2 - z + 0.5}$

　　　　(3) $h(k) = 2\left(\dfrac{\sqrt{2}}{2}\right)^k \sin\dfrac{\pi}{4}kU(k)$

8 - 11　$f(k) = \dfrac{1}{2}\left(\dfrac{1}{2}\right)^{k-1}U(k-1)$

8 - 12　(1) $H(z) = \dfrac{z^2}{z^2 - \dfrac{3}{4}z + \dfrac{1}{8}}$

　　　　　　$h(k) = \left[2\left(\dfrac{1}{2}\right)^k - \left(\dfrac{1}{4}\right)^k\right]U(k)$

　　　　(2) $y(k) - \dfrac{3}{4}y(k-1) + \dfrac{1}{8}y(k-2) = f(k)$

　　　　(3) $g(k) = \left[-2\left(\dfrac{1}{2}\right)^k + \dfrac{1}{3}\left(\dfrac{1}{4}\right)^k + \dfrac{8}{3}(1)^k\right]U(k)$

8 - 13　$y(k) = 2U(k-2)$

8 - 15　(1) $H(z) = \dfrac{z}{z - \dfrac{1}{3}}$,　　　$|H(e^{j\omega})| = \dfrac{1}{\sqrt{\dfrac{10}{9} - \dfrac{2}{3}\cos\omega}}$

8 - 16　(1) $y(k) - 0.8y(k-1) = 0.2f(k)$

　　　　(2) $y(k) = 1 + 0.22\cos\left(\dfrac{\pi}{3}k - 49.1°\right) + 0.11\cos\pi k$

8 - 17　(1) $y(k+1) - 0.5y(k) = f(k+1) + 0.5f(k)$

　　　　(3) $y(k) = \dfrac{1 + 0.5e^{-j\omega}}{1 - 0.5e^{-j\omega}}e^{j\omega k}$

　　　　(4) $y_s(k) = \cos\left(\dfrac{\pi}{2}k - 8.13°\right)$

8 - 18　$a_0 = a_1 = a_2 = a_3 = \dfrac{1}{4}$

　　　　$H(z) = \dfrac{z^3 + z^2 + z + 1}{4z^3}$

8 - 20　(1) $H(z) = \dfrac{4z}{z - 1}$

　　　　(2) $f(k) = (-3)^kU(k)$

8 - 21　(1) $H(z) = \dfrac{\dfrac{1}{2}z}{z^2 - \dfrac{1}{2}z - \dfrac{1}{2}}$

　　　　　　$y_x(k) = \left[\dfrac{2}{3}\left(-\dfrac{1}{2}\right)^k + \dfrac{4}{3}(1)^k\right]U(k)$

　　　　(2) $y_f(k) = \left[-\dfrac{3}{20}(-3)^k + \dfrac{1}{15}\left(-\dfrac{1}{2}\right)^k + \dfrac{1}{12}(1)^k\right]U(k)$

8 - 22　　(1) $H(z) = \dfrac{3\left(\dfrac{1}{2} + \dfrac{1}{3}z^{-1}\right)\left(\dfrac{1}{2} - \dfrac{1}{3}z^{-1}\right)}{\left(1 - \dfrac{1}{2}z^{-1}\right)\left(1 + \dfrac{1}{2}z^{-1}\right)\left(1 - \dfrac{1}{3}z^{-1}\right)},\quad |z| > \dfrac{1}{3}$

(2) $y(k) - \dfrac{1}{3}y(k-1) - \dfrac{1}{4}y(k-2) + \dfrac{1}{12}y(k-3) = \dfrac{3}{4}f(k) - \dfrac{1}{3}f(k-2)$

(3) $h(k) = \left[\dfrac{9}{5}\left(\dfrac{1}{3}\right)^k - \dfrac{7}{8}\left(\dfrac{1}{2}\right)^k - \dfrac{7}{40}\left(-\dfrac{1}{2}\right)^k\right]U(k)$

(4) 稳定系统

(5) $f(k) = U(k)$

习题九

9 - 1　前 5 对可以，第(6) 对不能。

9 - 2　$\begin{bmatrix} \dot{x}_1(t) \\ \dot{x}_2(t) \\ \dot{x}_3(t) \end{bmatrix} = \begin{bmatrix} -2 & 0 & 1 \\ 0 & -2 & 1 \\ \dfrac{1}{2} & -\dfrac{1}{2} & 0 \end{bmatrix} \begin{bmatrix} x_1(t) \\ x_2(t) \\ x_3(t) \end{bmatrix} + \begin{bmatrix} 1 & 0 \\ 0 & -1 \\ 0 & 0 \end{bmatrix} \begin{bmatrix} f_1(t) \\ f_2(t) \end{bmatrix}$

9 - 3　$\begin{bmatrix} \dot{x}_1(t) \\ \dot{x}_2(t) \\ \dot{x}_3(t) \end{bmatrix} = \begin{bmatrix} 0 & -2 & 0 \\ 1 & -2 & -2 \\ 0 & -2 & -2 \end{bmatrix} \begin{bmatrix} x_1(t) \\ x_2(t) \\ x_3(t) \end{bmatrix} + \begin{bmatrix} 2 \\ 1 \\ 1 \end{bmatrix} [f(t)]$

$\begin{bmatrix} y_1(t) \\ y_2(t) \end{bmatrix} = \begin{bmatrix} 0 & 1 & 1 \\ 0 & -1 & -1 \end{bmatrix} \begin{bmatrix} x_1(t) \\ x_2(t) \\ x_3(t) \end{bmatrix} + \begin{bmatrix} 0 \\ 1 \end{bmatrix} [f(t)]$

9 - 4　$\begin{bmatrix} \dot{x}_1(t) \\ \dot{x}_2(t) \\ \dot{x}_3(t) \end{bmatrix} = \begin{bmatrix} 0 & 1 & 0 \\ 0 & 0 & 1 \\ -3 & -7 & -5 \end{bmatrix} \begin{bmatrix} x_1(t) \\ x_2(t) \\ x_3(t) \end{bmatrix} + \begin{bmatrix} 0 \\ 0 \\ 1 \end{bmatrix} [f(t)]$

$[y(t)] = [1 \quad 0 \quad 0] \begin{bmatrix} x_1(t) \\ x_2(t) \\ x_3(t) \end{bmatrix} + [0][f(t)]$

9 - 5　$\begin{bmatrix} \dot{x}_1(t) \\ \dot{x}_2(t) \\ \dot{x}_3(t) \end{bmatrix} = \begin{bmatrix} -3 & 0 & 0 \\ 0 & -2 & 0 \\ 0 & 0 & -5 \end{bmatrix} \begin{bmatrix} x_1(t) \\ x_2(t) \\ x_3(t) \end{bmatrix} + \begin{bmatrix} 1 \\ 1 \\ 1 \end{bmatrix} [f(t)]$

$[y(t)] = [4 \quad 1 \quad -2] \begin{bmatrix} x_1(t) \\ x_2(t) \\ x_3(t) \end{bmatrix}$

9 - 6　直接形式：

$\begin{bmatrix} \dot{x}_1(t) \\ \dot{x}_2(t) \\ \dot{x}_3(t) \end{bmatrix} = \begin{bmatrix} 0 & 1 & 0 \\ 0 & 0 & 1 \\ 0 & -10 & -7 \end{bmatrix} \begin{bmatrix} x_1(t) \\ x_2(t) \\ x_3(t) \end{bmatrix} + \begin{bmatrix} 0 \\ 0 \\ 1 \end{bmatrix} [f(t)]$

$$[y(t)] = [5 \quad 5 \quad 0]\begin{bmatrix} x_1(t) \\ x_2(t) \\ x_3(t) \end{bmatrix}$$

级联形式：

$$\begin{bmatrix} \dot{x}_1(t) \\ \dot{x}_2(t) \\ \dot{x}_3(t) \end{bmatrix} = \begin{bmatrix} -5 & -1 & 1 \\ 0 & -2 & 1 \\ 0 & 0 & 0 \end{bmatrix}\begin{bmatrix} x_1(t) \\ x_2(t) \\ x_3(t) \end{bmatrix} + \begin{bmatrix} 0 \\ 0 \\ 5 \end{bmatrix}[f(t)]$$

$$[y(t)] = [1 \quad 0 \quad 0]\begin{bmatrix} x_1(t) \\ x_2(t) \\ x_3(t) \end{bmatrix}$$

并联形式：

$$\begin{bmatrix} \dot{x}_1(t) \\ \dot{x}_2(t) \\ \dot{x}_3(t) \end{bmatrix} = \begin{bmatrix} 0 & 0 & 0 \\ 0 & -2 & 0 \\ 0 & 0 & -5 \end{bmatrix}\begin{bmatrix} x_1(t) \\ x_2(t) \\ x_3(t) \end{bmatrix} + \begin{bmatrix} 1 \\ 1 \\ 1 \end{bmatrix}[f(t)]$$

$$[y(t)] = \begin{bmatrix} \dfrac{1}{2} & \dfrac{5}{6} & -\dfrac{4}{3} \end{bmatrix}\begin{bmatrix} x_1(t) \\ x_2(t) \\ x_3(t) \end{bmatrix}$$

9 - 7
$$\begin{bmatrix} x_1(k+1) \\ x_2(k+1) \\ x_3(k+1) \end{bmatrix} = \begin{bmatrix} -3 & 0 & -1 \\ 0 & -1 & -1 \\ -2 & 0 & 1 \end{bmatrix}\begin{bmatrix} x_1(k) \\ x_2(k) \\ x_3(k) \end{bmatrix} + \begin{bmatrix} 1 \\ 1 \\ 1 \end{bmatrix}[f(k)]$$

$$[y(k)] = [1 \quad 0 \quad -1]\begin{bmatrix} x_1(k) \\ x_2(k) \\ x_3(k) \end{bmatrix}$$

9 - 8
$$\begin{bmatrix} x_1(k+1) \\ x_2(k+1) \end{bmatrix} = \begin{bmatrix} -2 & 0 \\ 0 & 4 \end{bmatrix}\begin{bmatrix} x_1(k) \\ x_2(k) \end{bmatrix} + \begin{bmatrix} 1 \\ 1 \end{bmatrix}[f(k)]$$

$$[y(k)] = [2 \quad 28]\begin{bmatrix} x_1(k) \\ x_2(k) \end{bmatrix} + [3][f(k)]$$

9 - 9
$$\begin{bmatrix} x_1(k+1) \\ x_2(k+1) \\ x_3(k+1) \end{bmatrix} = \begin{bmatrix} 0 & 1 & 0 \\ 0 & 0 & 1 \\ -1 & -2 & -3 \end{bmatrix}\begin{bmatrix} x_1(k) \\ x_2(k) \\ x_3(k) \end{bmatrix} + \begin{bmatrix} 0 \\ 0 \\ 1 \end{bmatrix}[f(k)]$$

$$[y(k)] = [3 \quad 2 \quad 1]\begin{bmatrix} x_1(k) \\ x_2(k) \\ x_3(k) \end{bmatrix} + [0][f(k)]$$

9 - 10　$\boldsymbol{A} = \begin{bmatrix} 0 & -2 \\ 1 & -2 \end{bmatrix}$

9 - 11　$\boldsymbol{\varphi}(t) = \begin{bmatrix} e^{-t} & e^{-t} - e^{-2t} \\ 0 & e^{-2t} \end{bmatrix}U(t)$　　　$\boldsymbol{x}(t) = \begin{bmatrix} 4e^{-t} - 3e^{-2t} \\ -e^{-t} + e^{-2t} \end{bmatrix}U(t)$

9 - 12　$A = \begin{bmatrix} 0 & -2 \\ 1 & -3 \end{bmatrix}$　　　$B = \begin{bmatrix} 0 \\ -6 \end{bmatrix}$　　　$C = \begin{bmatrix} 0 & 1 \end{bmatrix}$　　　$D = \begin{bmatrix} 1 \end{bmatrix}$

9 - 13　$\begin{bmatrix} \dot{x}_1(t) \\ \dot{x}_2(t) \end{bmatrix} = \begin{bmatrix} 2 & 0 \\ 3 & -1 \end{bmatrix} \begin{bmatrix} x_1(t) \\ x_2(t) \end{bmatrix} + \begin{bmatrix} 1 & -1 \\ 0 & 1 \end{bmatrix} \begin{bmatrix} f_1(t) \\ f_2(t) \end{bmatrix}$

$\begin{bmatrix} y_1(t) \\ y_2(t) \end{bmatrix} = \begin{bmatrix} 1 & 1 \\ 0 & 2 \end{bmatrix} \begin{bmatrix} x_1(t) \\ x_2(t) \end{bmatrix} + \begin{bmatrix} 0 & 0 \\ 0 & 0 \end{bmatrix} \begin{bmatrix} f_1(t) \\ f_2(t) \end{bmatrix}$

$H(s) = \begin{bmatrix} \dfrac{2}{s-2} + \dfrac{-1}{s+1} & \dfrac{2}{s+1} + \dfrac{-2}{s-2} \\ \dfrac{2}{s-2} + \dfrac{-2}{s+1} & \dfrac{4}{s+1} + \dfrac{-2}{s-2} \end{bmatrix}$

$h(t) = \begin{bmatrix} 2e^{2t} - e^{-t} & 2e^{-t} - 2e^{2t} \\ 2e^{2t} - 2e^{-t} & 4e^{-t} - 2e^{2t} \end{bmatrix} U(t)$

9 - 14　$\Phi(k) = \begin{bmatrix} 3(2)^k - 2(3)^k & -(2)^k + (3)^k \\ 6(2)^k - 6(3)^k & -2(2)^k + 3(3)^k \end{bmatrix} U(k)$

$x(k) = \begin{bmatrix} 2^k \\ 2(2)^k \end{bmatrix} U(k)$

$y(k) = \begin{bmatrix} 3(2)^k \\ 0 \end{bmatrix} U(k)$

9 - 15　(1) $\begin{bmatrix} \dot{w}_1(t) \\ \dot{w}_2(t) \end{bmatrix} = \begin{bmatrix} -2 & 0 \\ 0 & -3 \end{bmatrix} \begin{bmatrix} w_1(t) \\ w_2(t) \end{bmatrix} + \begin{bmatrix} 1 \\ 2 \end{bmatrix} [f(t)]$

$[y(t)] = \begin{bmatrix} 1 & 0 \end{bmatrix} \begin{bmatrix} w_1(t) \\ w_2(t) \end{bmatrix} + [1][f(t)]$

(2) $y(t) = 6e^{-2t}U(t) + \delta(t)$

9 - 16　$x(k) = \begin{bmatrix} 1 \\ -[4 - 5(2)^{k-1}] \end{bmatrix} U(k-1)$　　　$y(k+1) - y(k) = 3f(k)$

9 - 17　(1) $\begin{bmatrix} \dot{x}_1(t) \\ \dot{x}_2(t) \end{bmatrix} = \begin{bmatrix} -4 & 1 \\ -3 & 0 \end{bmatrix} \begin{bmatrix} x_1(t) \\ x_2(t) \end{bmatrix} + \begin{bmatrix} 1 \\ 1 \end{bmatrix} [f(t)]$

$y(t) = \begin{bmatrix} 1 & 0 \end{bmatrix} \begin{bmatrix} x_1(t) \\ x_2(t) \end{bmatrix} + [0][f(t)]$

(2) $y''(t) + 4y'(t) + 3y(t) = f'(t) + f(t)$

(3) $y_x(t) = \left(\dfrac{1}{2}e^{-t} - \dfrac{1}{2}e^{-3t} \right) U(t)$

$x(0^-) = \begin{bmatrix} 0 \\ 1 \end{bmatrix}$

(4) $h(t) = e^{-3t}U(t)$

9 - 18　$0 < K < 4$

9 - 19　$y(t) = \left(\dfrac{1}{8} - \dfrac{1}{4}e^{-2t} + \dfrac{1}{8}e^{-4t} \right) U(t)$ V

二、西北工业大学明德学院信号与系统课程期末考试题及解答

（时间:2 小时　　满分 100 分）

一、填空题(10×5 = 50 分)

1. 图题 1 所示离散系统的单位序列响应 $h(k) =$ _____。

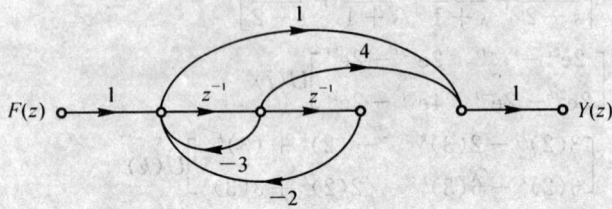

图题 1

2. 已知系统的单位冲激响应 $h(t) = \delta(t) + 2e^{-2t}U(t)$，零状态响应 $y(t) = e^{-2t}U(t)$，则系统的激励 $f(t) =$ _____。

3. 已知 $F(j\omega) = U(\omega + 100) - U(\omega - 100)$，则 $f(t) =$ _____。

4. 图题 4 所示电路，$t < 0$ 时 S 闭合，电路已工作于稳态。今于 $t = 0$ 时刻打开 S，画出 $t > 0$ 时的 s 域电路模型。

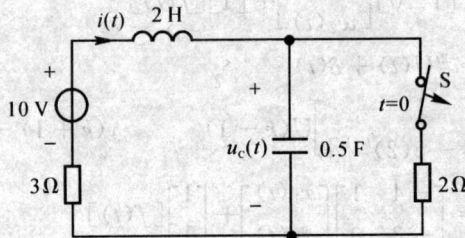

图题 4

5. 图题 5 所示系统的 $H(s) = \dfrac{Y(s)}{F(s)} =$ _____，$h(t) =$ _____。

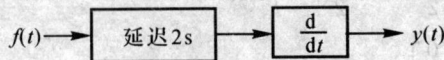

图题 5

6. $f_1(t)$ 和 $f_2(t)$ 的波形如图题 6 所示，$y(t) = f_1(t) * f_2(t)$，则 $y(0) =$ _____，$y(-1) =$ _____。

7. $\displaystyle\int_{-\infty}^{+\infty} \dfrac{\sin 2t}{t} \cdot 2\delta(-t)\mathrm{d}t =$ _____，$\displaystyle\int_{-\infty}^{t} \dfrac{\sin 2\tau}{\tau} \cdot 2\delta(-\tau)\mathrm{d}\tau =$ _____。

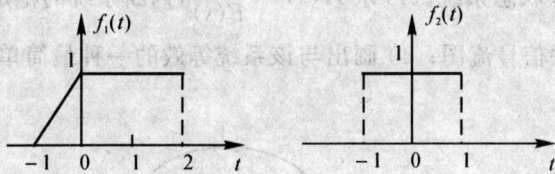

图题 6

8. 连续信号 $f(t)$ 的频谱中的最高频率 $f_m = 50\ \text{kHz}$,今对 $f(t)$ 抽样,则奈奎斯特周期 $T_N = $ _____ s;若要从其抽样信号中恢复原信号 $f(t)$,则所需理想低通滤波器的最低截止频率 $f_c = $ _____ Hz。

9. 信号 $f_1(k)$ 与 $f_2(k)$ 的波形如图题 9 所示,$y(k) = f_1(k) * f_2(k)$,则 $y(2) = $ _____ , $y(3) = $ _____ 。

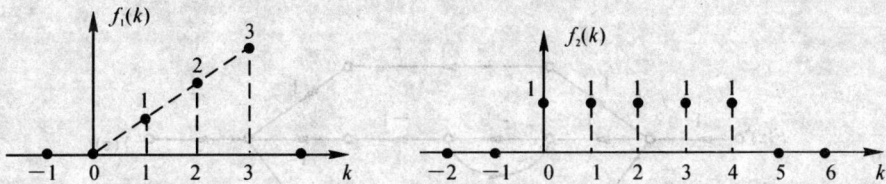

图题 9

10. 图题 10 所示电路的单位冲激响应 $h(t) = $ _____ V。

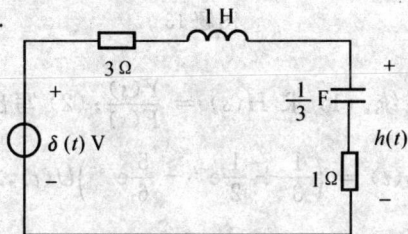

图题 10

二、分析计算题(5 × 10 = 50 分)

11. 如图题 11 所示系统,$f(t) = \text{Sa}(t)$, $t \in \mathbf{R}$;$s(t) = \cos 1\ 000t$, $t \in \mathbf{R}$;$H(\text{j}\omega) = U(\omega + 1) - U(\omega - 1)$, $\varphi(\omega) = 0$。求零状态响应 $y(t)$,画出 $y(t)$ 的波形。

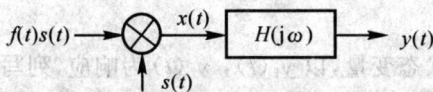

图题 11

12. 图题 12 所示零状态系统。(1) 求 $H(s) = \dfrac{Y(s)}{F(s)}$,判断系统的稳定性;(2) 求 $h(t)$;(3) 画出与该系统等效的并联信号流图;(4) 画出与该系统等效的一种最简单的时域电路模型,标出电路元件的值。

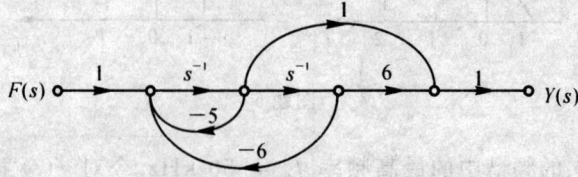

图题 12

13. 图题 13 所示离散系统。(1) 求 $H(z) = \dfrac{Y(z)}{F(z)}$;(2) 写出系统的差分方程;(3) 求 $h(k)$;(4) $f(k) = U(k)$,$y(0) = 2$,$y(1) = 7$,求系统的零输入响应 $y_x(k)$。

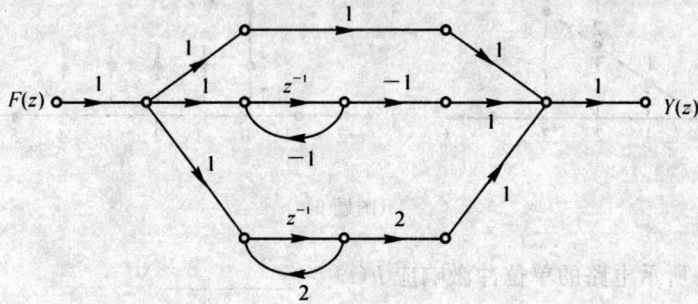

图题 13

14. 图题 14 所示连续系统。(1) 求 $H(s) = \dfrac{Y(s)}{F(s)}$;(2) 写出系统的微分方程;(3) 已知 $f(t) = U(t)$ 时的全响应为 $y(t) = \left(\dfrac{1}{3} + \dfrac{1}{2}e^{-t} - \dfrac{5}{6}e^{-3t}\right)U(t)$,求系统的零输入响应 $y_x(t)$。

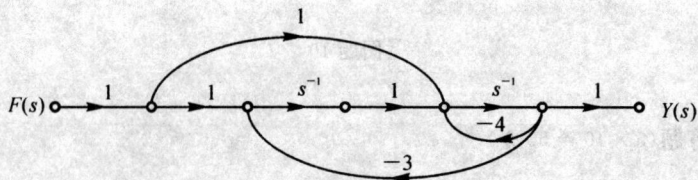

图题 14

15. 图题 15 所示系统。

(1) 以 $x_1(t)$,$x_2(t)$ 为状态变量,以 $y_1(t)$,$y_2(t)$ 为响应,列写矩阵形式的状态方程与输出方程;

(2) 求系统的自然频率。

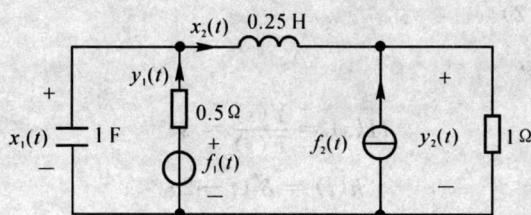

图题 15

参考解答

1. $H(z) = \dfrac{z^2 + 4z}{z^2 + 3z + 2} = \dfrac{3z}{z+1} + \dfrac{-2z}{z+2}$

   $h(k) = [3(-1)^k - 2(-2)^k]U(k)$

2. $H(s) = 1 + \dfrac{2}{s+1} = \dfrac{s+4}{s+2}$　　　$Y(s) = \dfrac{1}{s+2}$

$$F(s) = \dfrac{Y(s)}{H(s)} = \dfrac{\dfrac{1}{s+2}}{\dfrac{s+4}{s+2}} = \dfrac{1}{s+4}$$

故　　　　　　　　　　　　$f(t) = e^{-4t}U(t)$

3. 因有　　　　　$Sa(\omega_0 t) \longleftrightarrow \dfrac{\pi}{\omega_0}G_{2\omega_0}(\omega)$

令 $2\omega_0 = 200$，则 $\omega_0 = 100$。故

$$\dfrac{100}{\pi}Sa(100t) \longleftrightarrow G_{200}(\omega)$$

故得　　　　　$f(t) = \dfrac{100}{\pi}Sa(100t)$　　　$t \in \mathbf{R}$

4. $t < 0$ 时 S 闭合，电路已工作于稳态，电感相当于短路，电容相当于开路，故有

$$i(0^-) = \dfrac{10}{3+2} = 2 \text{ A}$$

$$u_C(0^-) = 2i(0^-) = 2 \times 2 = 4 \text{ V}$$

$t > 0$ 时 S 打开，其 s 域电路模型如图答 4 所示。

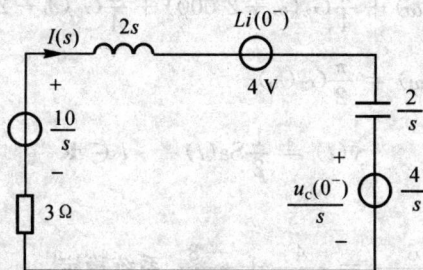

图答 4

5. $y(t) = \dfrac{\mathrm{d}}{\mathrm{d}t} f(t-2)$

$Y(s) = sF(s)\mathrm{e}^{-2s}$

故
$$H(s) = \frac{Y(s)}{F(s)} = s\mathrm{e}^{-2s}$$

$$h(t) = \delta'(t-2)$$

6. $y(0) = 1.5$, $y(-1) = 0.5$

7. 4, $4U(t)$

8. 10^{-5}, 50×10^3

9. 3, 6

10. s 域电路模型如图答 10 所示,故

$$H(s) = \frac{\dfrac{3}{s} + 1}{s + 3 + \dfrac{3}{s} + 1} = \frac{s+3}{(s+3)(s+1)} = \frac{1}{s+1}$$

故得
$$h(t) = \mathrm{e}^{-t}U(t) \text{ V}$$

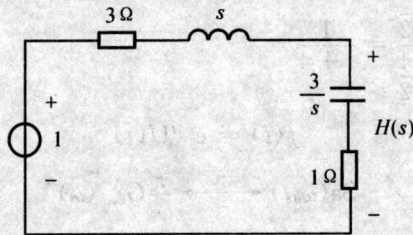

图答 10

11. $F(\mathrm{j}\omega) = \pi G_2(\omega)$

$S(\mathrm{j}\omega) = \pi[\delta(\omega + 1\,000) + \delta(\omega - 1\,000)]$

$X(\mathrm{j}\omega) = \dfrac{1}{(2\pi)^2} \cdot \pi G_2(\omega) * \pi[\delta(\omega + 1\,000) + \delta(\omega - 1\,000)] *$

$\qquad \pi[\delta(\omega + 1\,000) + \delta(\omega - 1\,000)] =$

$\qquad \dfrac{\pi}{4} G_2(\omega) * [\delta(\omega + 2\,000) + \delta(\omega - 2\,000) + 2\delta(\omega)] =$

$\qquad 2 \times \dfrac{\pi}{4} G_2(\omega) + \dfrac{\pi}{4} G_2(\omega + 2\,000) + \dfrac{\pi}{4} G_2(\omega - 2\,000)$

$Y(\mathrm{j}\omega) = X(\mathrm{j}\omega) H(\mathrm{j}\omega) = \dfrac{\pi}{2} G_2(\omega)$

故
$$y(t) = \frac{1}{2}\mathrm{Sa}(t) \qquad t \in \mathbf{R}$$

$y(t)$ 的波形如图答 11 所示。

12. (1) $H(s) = \dfrac{s+6}{s^2+5s+6} = \dfrac{4}{s+2} + \dfrac{-3}{s+3}$,系统稳定。

(2) $h(t) = (4\mathrm{e}^{-2t} - 3\mathrm{e}^{-3t})U(t)$

图答 11

（3）并联信号流图如图答 12(a) 所示。

（4）将 $H(s)$ 的表达式改写为

$$H(s) = \frac{1 + \dfrac{6}{s}}{s + 5 + \dfrac{6}{s}} = \frac{1 + \dfrac{6}{s}}{s + 4 + 1 + \dfrac{6}{s}}$$

故可画出最简单的一种等效电路,如图答 12(b) 所示。

(a)

(b)

图答 12

13. （1） $H(z) = \dfrac{Y(z)}{F(z)} = 1 + \dfrac{-1}{z+1} + \dfrac{2}{z-2} = \dfrac{z^2 + 2}{z^2 - z - 2}$

（2） $y(k+2) - y(k+1) - 2y(k) = f(k+2) + 2f(k)$

或　　　　　　　　$y(k) - y(k-1) - 2y(k-2) = f(k) + 2f(k-2)$

（3） $h(k) = \delta(k) + [-1(-1)^{k-1} + 2(2)^{k-1}]U(k-1)$

（4）因 $f(k) = U(k)$ 是在 $k = 0$ 时刻作用于系统的,因而 $y(0)$ 和 $y(1)$ 是全响应的初始值,而不是系统的初始状态。系统的初始状态应是 $y_x(-1)$,$y_x(-2)$。

取 $k = 1$,代入原差分方程有

$$y(1) - y(0) - 2y(-1) = U(1) + 2U(-1) = 1 + 2 \times 0$$

解得
$$y(-1) = y_x(-1) = 2$$

取 $k = 0$,有

$$y(0) - y(-1) - 2y(-2) = U(0) + 2U(-2) = 1 + 2 \times 0$$

解得
$$y(-2) = y_x(-2) = -\frac{1}{2}$$

故
$$y_x(k) = A_1(-1)^k + A_2(2)^k$$

故
$$y_x(-1) = -A_1 + \frac{1}{2}A_2 = 2$$

$$y_x(-2) = A_1 + \frac{1}{4}A_2 = -\frac{1}{2}$$

联立求解得 $A_1 = -1$, $A_2 = 2$.故得

$$y_x(k) = -1(-1)^k + 2(2)^k \qquad k \geqslant -2$$

或
$$y_x(k) = [-1(-1)^k + 2(2)^k]U(k+2)$$

14. (1) 用梅森公式求 $H(s)$

$$L_1 = -4s^{-1}, \quad L_2 = s^{-1} \times 1 \times s^{-1} \times (-3) = -3s^{-2}$$

$$\Delta = 1 - (L_1 + L_2) = 1 + 4s^{-1} + 3s^{-2}$$

$$p_1 = 1 \times 1 \times s^{-1} \times 1 = s^{-1}, \quad \Delta_1 = 1$$

$$p_2 = 1 \times 1 \times s^{-1} \times 1 \times s^{-1} \times 1 = s^{-2}, \quad \Delta_2 = 1$$

$$\sum_k p_k \Delta_k = s^{-1} \times 1 + s^{-2} \times 1 = s^{-1} + s^{-2}$$

$$H(s) = \frac{\sum_k p_k \Delta_k}{\Delta} = \frac{s^{-1} + s^{-2}}{1 + 4s^{-1} + 3s^{-2}} = \frac{s+1}{s^2 + 4s + 3} = \frac{s+1}{(s+1)(s+3)} = \frac{1}{s+3}$$

(2) 系统的微分方程为

$$y''(t) + 4y'(t) + 3y(t) = f'(t) + f(t)$$

(3) $Y_f(s) = H(s)F(s) = \frac{1}{s+3} \times \frac{1}{s} = \frac{\frac{1}{3}}{s} + \frac{-\frac{1}{3}}{s+3}$

故得零状态响应为

$$y_f(t) = \left[\frac{1}{3} - \frac{1}{3}e^{-3t}\right]U(t)$$

故得零输入响应为

$$y_x(t) = y(t) - y_f(t) = \left(\frac{1}{2}e^{-t} - \frac{1}{2}e^{-3t}\right)U(t)$$

15. $\begin{bmatrix} \dot{x}_1(t) \\ \dot{x}_2(t) \end{bmatrix} = \begin{bmatrix} -2 & -1 \\ 4 & -4 \end{bmatrix} \begin{bmatrix} x_1(t) \\ x_2(t) \end{bmatrix} + \begin{bmatrix} 2 & 0 \\ 0 & -4 \end{bmatrix} \begin{bmatrix} f_1(t) \\ f_2(t) \end{bmatrix}$

$\begin{bmatrix} y_1(t) \\ y_2(t) \end{bmatrix} = \begin{bmatrix} -2 & 0 \\ 0 & 1 \end{bmatrix} \begin{bmatrix} x_1(t) \\ x_2(t) \end{bmatrix} + \begin{bmatrix} 2 & 0 \\ 0 & 1 \end{bmatrix} \begin{bmatrix} f_1(t) \\ f_2(t) \end{bmatrix}$

$\left| s \begin{bmatrix} 1 & 0 \\ 0 & 1 \end{bmatrix} - \begin{bmatrix} -2 & -1 \\ 4 & -4 \end{bmatrix} \right| = s^2 + 6s + 12 = 0$

解得 $p_1 = -3 + j\sqrt{3}$, $p_2 = -3 - j\sqrt{3}$。